工业和信息化高职高专“十二五”规划教材立项项目
高等职业院校机电类“十二五”规划教材

电工电子技术

陆丽梅　付润生　李柏雄　主编

人 民 邮 电 出 版 社
北　京

图书在版编目（CIP）数据

电工电子技术 / 陆丽梅，付润生，李柏雄主编. --
北京 : 人民邮电出版社，2013.9
高等职业院校机电类“十二五”规划教材
ISBN 978-7-115-32138-1

Ⅰ. ①电… Ⅱ. ①陆… ②付… ③李… Ⅲ. ①电工技术－高等职业教育－教材②电子技术－高等职业教育－教材 Ⅳ. ①TM②TN

中国版本图书馆CIP数据核字(2013)第176885号

内容提要

本书以培养学生的电工电子技能训练为核心，以工作过程为导向，详细介绍了电工电子基本定律、基本元件使用与测试，以及单元电路的工艺设计、制作、检测操作等内容。

本书以工作过程为导向，采用项目教学的方式组织内容，每个项目都来源于企业的典型案例。主要内容包括 8 个由简单到复杂的电路产品的理论分析到仿真制作及检测。通过学习和训练，学生不仅能够掌握电工电子技术的理论知识，而且能够掌握产品的制作方法、检测方法和维修技能。

本书可作为职业院校、技师学院电子、通信、安防、机械、汽车等专业的教学用书，也可供相关专业技术人员使用。

◆ 主　　编　陆丽梅　付润生　李柏雄
责任编辑　李育民
责任印制　沈　蓉　杨林杰

◆ 人民邮电出版社出版发行　　北京市崇文区夕照寺街 14 号
邮编　100061　　电子邮件　315@ptpress.com.cn
网址　http://www.ptpress.com.cn
北京艺辉印刷有限公司印刷

◆ 开本：787×1092　1/16
印张：18.25　　2013 年 9 月第 1 版
字数：454 千字　　2013 年 9 月北京第 1 次印刷

定价：39.80 元

读者服务热线：(010)67170985　印装质量热线：(010)67129223
反盗版热线：(010)67171154
广告经营许可证：京崇工商广字第 0021 号

前　言

在新一轮职业教育课程改革浪潮中，以就业为导向、以学生为中心、以工作为本位的课程开发，在各类高级技校、技师学院、职业学校，乃至高职高专中广泛开展。什么是工作过程系统化的职教课程，这是广大职教工作者亟盼寻找的答案。《电工电子技术》以职业活动导向课程为主体，依据工作过程系统化的理念而编写的，它具有如下三大显著特点。

1. 本书以学习任务书引领，改变传统学科教材编写模式，强调任务的典型性和岗位应用性。把专业基础知识分解到每个项目的学习中，创新理论学习与技能操作“一体化”的教材编写体例。

2. 为了体现工作过程的系统化，本书以大量的典型案例呈现详实的工作过程。不仅让学生学会电子基础知识，还让学生学会电子电路的设计规律，完善了“怎么做”与“怎样做得更好”的内容设计，拓展了学生的职业能力。

3. 为了落实做与学同步，我们配套设计与该课程对接的开放性学生学习手册、项目考核方案、题库和实训指导项目。学生在教师的指导下，根据不同的实习项目，采用边听边做、先听后做、先做后听相结合的方法学习，项目学习完毕，项目训练也就落到实处。目的是促进学生有效地学习，并使学生在职业态度、专业技能和职业能力3个方面协调发展。

本书是电子类专业的核心基础课程，专业技术的应用性很强。建议教学时结合开放式作业设计，引导任务驱动和行动导向，让学生一体化学习使学生从学会到会学，从仿真到熟练的动手制作，完成一系列学习任务。

本书项目一、项目二、项目三、项目四由陆丽梅编写，项目五由李柏雄编写，项目六、项目七、项目八由付润生编写，本书配套教学资料（教学指导手册、学习手册、课程系列化课件、课程考核方案与题库）由史学媛编写，最后由李柏雄审核。本书在编写和修改过程中，得到邓育年、赵顺灵等同志的大力支持和具体指导，在此对他们的表示衷心的感谢！

由于编者水平有限，错漏之处在所难免，欢迎有关专家、广大师生和读者批评指正。

编　者

2013年6月

目录

任务一　制件简易直流电路

任务引入与目标

计算机、电视机、手机等电器的出现，使世界变小了，使我们的生活丰富多彩了，所有这些都归功于电子技术的发展，归功于其中的电路的功能。本任务通过简易电路的制作认识电路中基本的元件（直流电源、电阻、电容、二极管等），知道电路的连接方法，掌握电路的基本测量方法，从而理解电路的工作原理，为下一步的学习打下良好的基础。在教学中要突出学生的直观检测及实际的动手操作，弱化理论分析计算。

制作简易直流电路首先需要学生认识直流电路的基本组成，包括直流电源、用电器（电阻、发光二极管）、电容、开关等，因此任务的首个内容就是让学生认识元件并掌握这些元件的测试检测方法；接着，通过电路的制作让学生掌握电路的连接及制作电路的基本技能；最后，通过电路的测量及检测让学生掌握电路的工作原理及电路维修的基本技能。因此在本任务的实施过程中知识的学习与实训技能的培养是同时进行的。

【知识目标】

（1）掌握电路的基本概念和定律：①理解电路的基本概念，能绘制电路图；② 知道电路中的基本物理量。

（2）电阻器知识：①掌握电阻器与电阻值；②了解电阻器在电路中的作用。

（3）电容器知识：①掌握电容器与电容量；②了解电容器的充电与放电。

【能力目标】

（1）测量电阻器；（2）测量电容器；（3）能根据电路图制作出简易电路。

相关知识

一、电路的基本概念

1. 电路的组成

在图 1.1.1 所示的电路中，电灯通过导线接到电池两端，灯就亮了，这说明有电流流过电灯，电灯把电能转换成了光能和热能；电流流通的路径称为电路（electric circuit）。图 1.1.1 所示就是一个最简单的电路，它由电源、负载、中间环节组成。

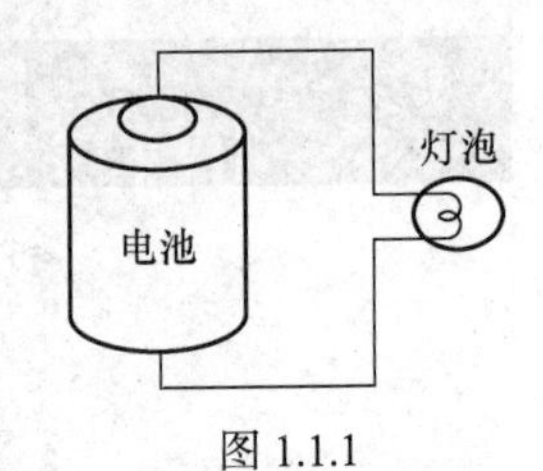

图 1.1.1

（1）电源（electric source）是供应电能的装置，可以把热能、水能、核能等非电能转化为电能，通常用字母 E 表示，如干电池、发电机、信号源等都是电源；

（2）负载是用电设备，是吸收电能或接收信号的装置器件，它们将电能转化为其他形式的能量，负载也称用电器，常用字母 R_L 表示，如电灯、计算机、电视机等电子产品都是负载；

（3）中间环节连接电源和负载，用于传输、控制及保护电能和电信号，如导线、开关、保险等，导线常用铜线、铝线等；开关是控制和调节电路的器件，如各种刀开关、组合开关、断路器等。

表 1.1.1　　部分常见电气器件图形符号 GB/T4728《电气简图用图形符号》

图形符号	名称	图形符号	名称	图形符号	名称
	热地		电池组		定值电阻
	熔断器		电位器		交叉连接导线
	电感线圈		冷地		电容器
	开关		电池		灯
	二极管		发光二极管	c b e PNP	c b e NPN

2. 基本功能

（1）传输分配和转换电能。

（2）信息的传输和处理。

3. 电路分类

（1）电路根据其电源性质可分为直流电路和交流电路。直流电路供电电源为直流电源,交流电路供电电源为交流电源。

（2）根据电流流通的路径可分为内电路和外电路。电源内部的电路称为内电路，其电流是由电源的负极流向电源的正极。从电源一端经过开关、负载和导线，再回到电源另一端的电路称为外电路，其电流是由电源正极流向电源的负极。内电路与外电路构成的闭合电路称为全电路。

（3）按电压与电流的关系可分为纯电阻电路和非纯电阻电路。在纯电阻电路中是给一个电压电路中马上就产生电流，这种电压与电流呈线性关系的电路也称线性电路；而对于非纯电阻电路来说，给电路一个电压电路中不一定有电流，这种电路也称非线性电路。

4. 电路图

电路图是用符号代替电路元件的图形，如图 1.1.2 所示。

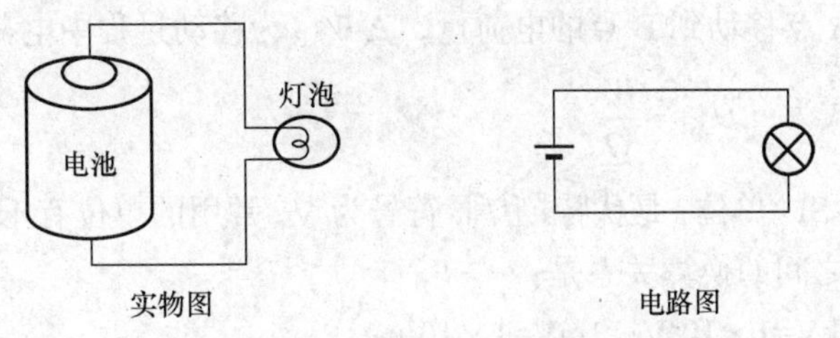

图 1.1.2　电路元件符号

5. 电路的 3 种状态

电路有通路、开路和短路 3 种状态。

（1）通路。开关闭合，电路处于通路状态，此时电路处于正常工作状态，如图 1.1.3 所示。

（2）开路。开路也叫断路，此时电路处于“休息”状态，如图 1.1.4 所示。

（3）短路。如图 1.1.5 所示的开关闭合，电源被短路，此电路没有电流流过用电器，但流过电源的电流很大，可以在很短的时间内烧坏电源。

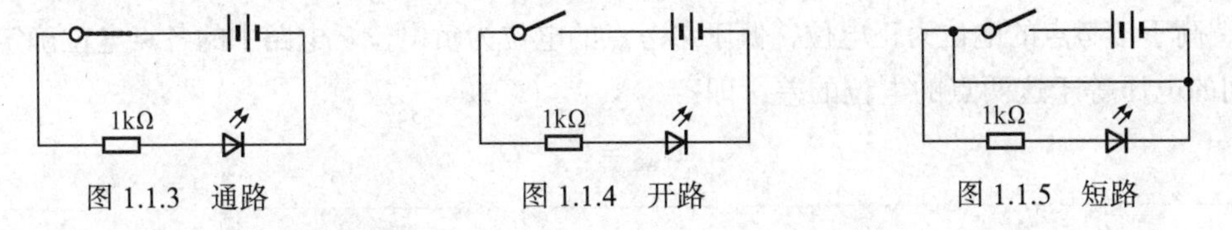

图 1.1.3　通路　　图 1.1.4　开路　　图 1.1.5　短路

二、电路中的基本物理量

1. 电流

（1）定义：带电粒子（电子、离子等）的定向运动，称为电流，用符号 I 表示。电流在数值上等于 1s 时间内通过导体某一横截面的电量。物体中形成电流的内因是物体内有自由电荷，外因是导体两端有电压，电流是一个用来衡量导体中电流大小的物理量，正电荷移动的方向为电流方向。

（2）直流电流：当电流的量值和方向都不随时间变化时，称为直流电流，简称直流。若在 1s 时间内通过某一横截面的电量为库仑，则电流 I 可用公式表示为：

$$I=\frac{Q}{t}$$

公式中 Q 为电量，单位为库仑；t 为时间，单位为秒；电流的单位是安培，简称安，用符号 A 表示。

（3）交流电流：量值和方向随着时间按周期性变化的电流，称为交流电流，简称交流，常用英文小写字母 i 表示。

若在 1 秒时间内通过导体横截面的电量为 1 库伦，则电流就是 1 安培，即 1 安培=1 库伦/1 秒。

在电子电路中，常用的电流单位还有 mA 和 μA，它们之间的换算关系是：

$1\text{A}=1\times10^3\text{mA}$；$1\text{mA}=1\times10^3\mu\text{A}$；$1\text{A}=10^3\text{mA}=10^6\mu\text{A}$

2. 电压与电位

（1）电压：电路中 A、B 两点间的电压是单位正电荷在电场力的作用下由 A 点移动到 B 点所减少的电能，即 $u_{\text{AB}}=\lim\limits_{\Delta q\to 0}\dfrac{\Delta W_{\text{AB}}}{\Delta q}=\dfrac{\text{d}W_{\text{AB}}}{\text{d}q}$

式中，Δq 为由 A 点移动到 B 点的电荷量，ΔW_{AB} 为移动过程中电荷所减少的电能。

直流电压的表达式为：$U_{\text{AB}}=\dfrac{W}{Q}$

电压的国际单位（SI）单位：是伏特［伏］，符号为 V，常用的单位有千伏（kV）、毫伏（mV）、微伏（μV）等，它们之间的换算关系是：

$1\text{V}=1\times10^3\text{mV}$；$1\text{kV}=1\times10^3\text{V}$；$1\text{mV}=1\times10^3\mu\text{V}$

直流电压，用大写字母 U 表示。交流电压，用小写字母 u 表示。

电压的方向：分析电路时，首先应该规定电流、电压的参考方向，若电压的参考方向与实际方向一致，电压为正；若电压的参考方向与实际方向相反，电压为负。一般情况下，我们默认电压降低的方向为电压方向。

（2）电位：在电路中任选一点，叫做参考点（常用字母 0 表示），则某点的电位就是由该点到参考点 0 的电压，为了求得电路中某点的电位，必须先在电路中确定一个参考点 0，并且规定参考点的电位为零，这个参考点常称为“地”。电路中的参考点选定后，电路中的某点 A 电位记为 U_{A}，高于参考点的电位为正电位，低于参考点的电位为负电位。电路中的各点电位确定之后，两点间的电压等于这两点的电位的差，即：

$$U_{\text{AB}}=U_{\text{A}}-U_{\text{B}}$$

参考点不同，各点的电位不同，但两点间的电压与参考点的选择无关。

3. 电动势

电动势（electromotive force，emf）是一个表征电源特征的物理量。电源的电动势是电源将其他形式的能转化为电能的本领，在数值上等于非静电力将单位正电荷从电源的负极通过电源内部移送到正极时所做的功。它是能够克服导体电阻对电流的阻力，使电荷在闭合的导体回路中流动的一种作用。常用符号 E（有时也可用 ε）表示，单位是伏（V）。

W 是电源中非静电力（电源力）把正电荷量 q 从负极经过电源内部移送到电源正极所作的功，则电动势大小为

$$E=\frac{W}{q}$$

电动势的方向规定为从电源的负极经过电源内部指向电源的正极，即与电源两端电压的方向相反。

4. 电功和电功率

（1）电功。

定义：电路中电场力对定向移动的电荷所做的功，简称电功，通常也说成是电流的功，用

W 表示。电流做功的实质是将电能转化为其他形式的能，电动机做功是将电能转化为动能，电热器做功是将电能转化为热能。

表达式：$W=UIt$

式中，W 是电功（kW·h）；U 是电路两端电压（V）；I 是电路中的电流（A）。

在实际生产、工作中，电功的单位是“度”。1 度电表示功率 1kW 的用电器使用 1h（1 小时）所消耗的电能（或者说电流所做的功），即

1 度=1kW×1h=1kW·h（读作 1 千瓦时）

（2）电功率。

电功率反映传递、转换电能的速率，大小等于单位时间内电流所做的功。电功率的单位用瓦特（W）或千瓦（kW）表示。它们之间的换算关系为：$1\text{kW}=1\times10^3\text{W}$

计算电功率的公式有 3 种形式：①$P=UI$；②$P=I^2R$；③$P=U^2/R$。

式中，P 为电功率（W）；U 为电压（V）；I 为电流（A）。

例如：一只 60W、220V 的白炽灯泡，每月耗电按 30 天，按每天 4 小时计算，其消耗的电能为

$W=Pt=60\times4\times30=7200=7.2\text{kW}\cdot\text{h}$

在电工电子技术里，负载的大小是指用电设备吸收或消耗功率的大小，消耗功率大称为负载重，消耗功率小称为负载轻。

三、电路中常用的元器件

（一）电阻与电阻器

1. 电阻

电阻反映了导体对电流的阻碍作用。电阻的单位是欧姆，简称欧，用符号 Ω 表示。当导体两端电压是 1V，流过导体的电流为 1A 时，这段导体的电阻就是 1Ω。常用的单位还有千欧（kΩ）和兆欧（MΩ），它们之间的关系是：

$1\text{M}\Omega=1\times10^3\text{k}\Omega$　　$1\text{k}\Omega=1\times10^3\Omega$

电阻是导体固有的参数，它的大小与导体的几何尺寸和导体的材料有关，而与导体两端电压和流过导体的电流无关。实验证明：在一定的温度下，导体的电阻与导体的长度成正比，与导体的横截面积成反比，还与导体的材料有关。其公式为：

$$R=\rho\frac{L}{S}$$

式中，ρ 与导体的材料有关，称为电阻率，是指长 1 米、横截面积为 1 平方毫米的某种材料的导体所具有的电阻。

2. 常用电阻器及其测量

利用导体的电阻性能制成具有一定阻值的实体元件，称为电阻器，它是各种电路中常用的基本元件，主要用于调整电路中的电流和电压等。电阻器分类如下。

（1）固定电阻器。这类电阻器的阻值不变，一般有薄膜电阻器、线绕电阻器。图 1.1.6 是常见固定电阻器实体。

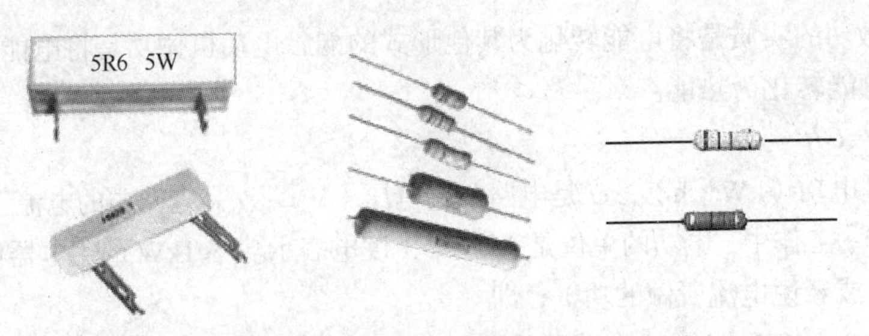

图 1.1.6　固定电阻器实体

（2）可变电阻器。这类电阻器的阻值可在一定的范围内变化，具有 3 个引出端，常称为电位器，如图 1.1.7 所示。

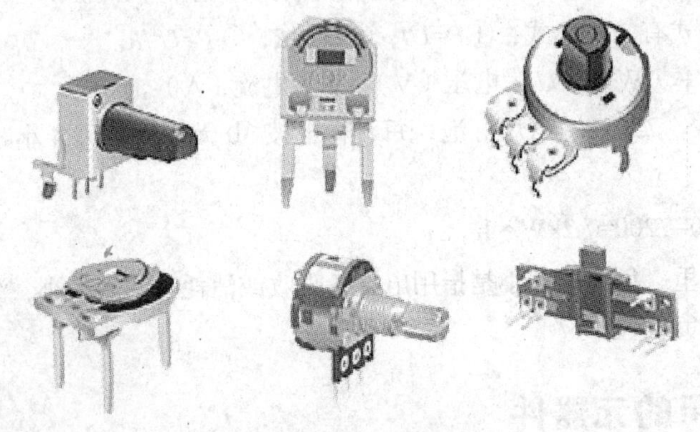

图 1.1.7　电位器实体

（3）敏感电阻器。这类电阻器的阻值对温度、电压、光通、机械力、湿度及气体浓度等表现敏感，根据对应的表现敏感的物理量不同，可分为热敏、压敏、光敏、力敏、湿敏及气敏等主要类型，敏感电阻器所用的电阻器材料几乎都是半导体材料，所以又称为半导体电阻器。

3. 电阻器的主要指标

电阻器的主要指标有标称阻值、允许误差、额定功率。一般都用数字或色环标注在表面。

（1）标称阻值。成品电阻器上所标注的电阻值称为标称阻值。为了便于生产，同时考虑到满足使用需要，国家规定了一系列数值作为产品标准，这一系列数值叫做电阻器的标称系列值。几个系列的标称系列值见表 1.1.2。电阻器的标称阻值应为表中所列数值的 10*n* 倍，其中 *n* 为正整数、负整数或零。

表 1.1.2　　电阻器的标称系列值

系列	误差	标称系列值							
E24	±5%（J）	1.0	1.1	1.2	1.3	1.5	1.6	1.8	2.0
		2.2	2.4	2.7	3.0	3.3	3.6	3.9	4.3
		4.7	5.1	5.6	6.2	6.8	7.5	8.2	9.1
E12	±10%（K）	1.0	1.2	1.5	1.8	2.2	2.7	3.3	3.9
		4.7	5.6	6.8	8.2				
E6	±20%（M）	1.0	1.5	2.2	3.3	4.7	6.8		

（2）允许误差。允许误差指电阻器实际阻值相对于标称阻值所允许的最大误差范围，它标示着产品的精度，常用百分数或字母表示。表 1.1.2 中列出了 3 个等级精度，I 级精度是±5%（J）；

II 级精度是±10%（K）；III 级精度是±20%（M）。

（3）额定功率。它是指在额定环境温度下，电阻器长期安全连续工作所允许消耗的最大功率。

4. 电阻器色环标示方法

电阻器色标法是把电阻器的主要参数用不同颜色直接标示在产品上的一种方法。采用色环标注电阻器，颜色醒目，标示清晰，不易褪色，从各方位都能看清阻值和误差，有利于电子设备的装配、调试和检修，因此国际上广泛采用色环标示法。常用的色环电阻有两种，即四色环和五色环。表 1.1.3 列出了固定电阻器的色标符号及其意义。

表 1.1.3　电阻器的色标符号及其意义

色环	第一环（数值）	第二环（数值）	第三环（倍乘）	第四环（允许误差）
黑	0	0	1	
棕	1	1	10	±1%
红	2	2	100	±2%
橙	3	3	1 000	
黄	4	4	10^4	
绿	5	5	10^5	±0.5%
蓝	6	6	10^6	±0.2%
紫	7	7	10^7	±0.1%
灰	8	8	10^8	
白	9	9	10^9	±5%
金				±5%
银				±10%
无色环				±20%

四色环和五色环的环数表示对比如图 1.1.8 所示。

四色环电阻：前两条色环用来表示阻值，第三环表示数字后面添加“0”的个数，这 3 条色环是相隔比较近的，而第四环相对距离较大，这是表示误差的。如果电阻色环不好分辨出哪个是第一个色环，最简单的方法就是“第四环”不是金色就是银色，而其他颜色会出现的很少（只对四环电阻有用，五环电阻不适用）。

例如：红，黄，棕，金　　24 × 10=240Ω　　误差为 5%　　记录为 240（1±5%）Ω

　　　绿，红，黄，银　　52 × 10 000=520kΩ　　误差为 10%

五色环电阻：第一道色环表示阻值的第一位数字，第二道色环表示阻值的第二位数字，第三道色环表示阻值的第三位数字，第四道色环表示阻值的倍乘数，第五道色环表示误差范围。一般五环电阻是相对较精密的电阻。

例如：红、红、黑、黑、棕，220 × 1=220Ω　　误差为 1%

　　　紫、红、棕、红、绿，521 × 100=52.1kΩ　　误差为 0.5%

六色环电阻：就是指用六色环表示阻值的电阻，六色环电阻前五色环与五色环电阻表示方法一样，第六色环表示该电阻的温度系数。只在有特定要求的场合下的电子产品才会使用，一般使用非常少。

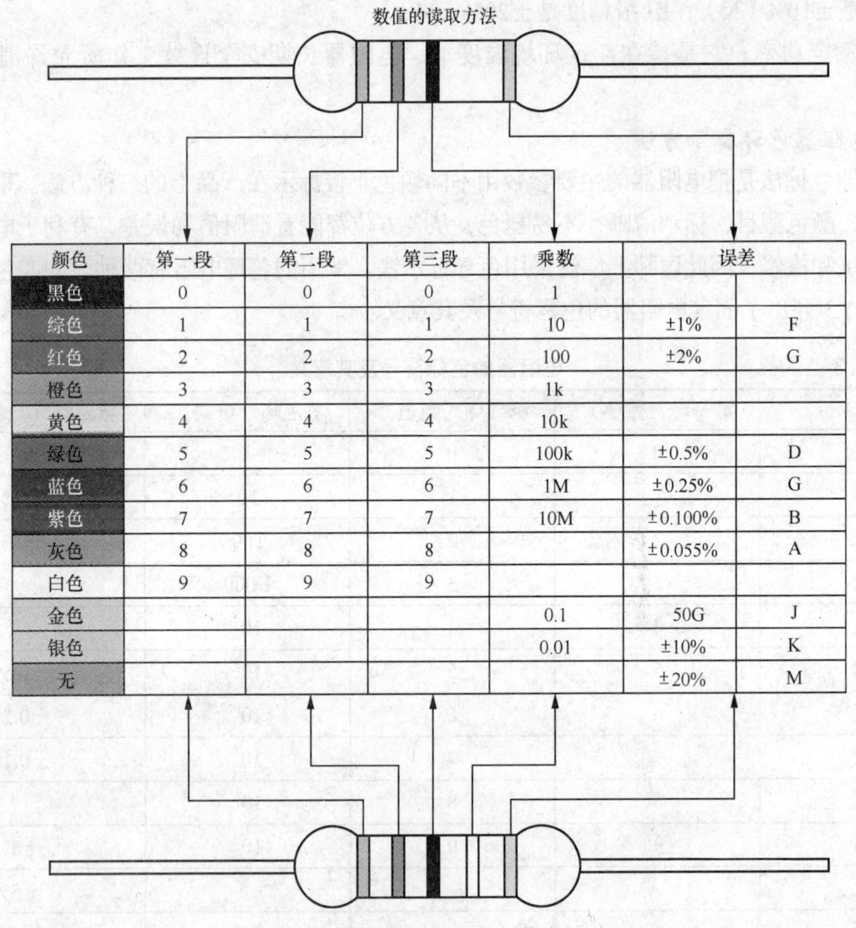

颜色	第一段	第二段	第三段	乘数	误差	
黑色	0	0	0	1		
综色	1	1	1	10	±1%	F
红色	2	2	2	100	±2%	G
橙色	3	3	3	1k		
黄色	4	4	4	10k		
绿色	5	5	5	100k	±0.5%	D
蓝色	6	6	6	1M	±0.25%	G
紫色	7	7	7	10M	±0.100%	B
灰色	8	8	8		±0.055%	A
白色	9	9	9			
金色				0.1	50G	J
银色				0.01	±10%	K
无					±20%	M

图 1.1.8　四色环和五色环的环数表示对比

5. 电阻器选用

电阻器应根据其规格、性能指标以及在电路中的作用和技术要求来选用。具体原则是：电阻器的标称阻值与电路的要求相符；额定功率要比电阻器在电路中实际消耗的功率大 1.5～2 倍；允许误差应在要求的范围之内。

(二)电容器和电容

1. 电容

电容在电路中起到存储电荷的作用，电容器是储存电荷的电子元器件。任何两个金属极板，中间隔以绝缘体，就形成了一个电容器。组成电容器的两个金属导体叫极板，而中间的绝缘物质叫介质。如果两个极板加上电压，如图 1.1.9 所示，电容器的两个电极就储存了电荷。

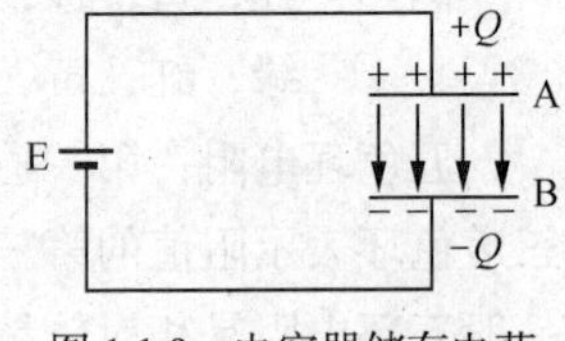

图 1.1.9　电容器储存电荷

我们用电容 C 来表示电容器储存电荷的大小。

对一定结构的电容器，其电容大小等于电容器中任何一个极板所储存的电荷 Q 与两极板间电压 U 的比值，是一个常数。

$$C=\frac{Q}{U}$$

式中，Q 是一个极板上储存的电荷电量，单位为 C（库伦）；U 是两极板间的电压，单位为 V（伏特）；C 是电容量，单位为 F（法拉）。

电容量 C 的大小，表明电容器储存电荷能力的大小。在实际应用中，电容量的单位一般用微法（μF）、皮法（pF），其换算关系如下：

$1\mu F=1\times10^{-6}F \qquad 1pF=1\times10^{-6}\mu F=1\times10^{-12}F$

2. 电容器作用及电路符号

在直流电路中，电容器是相当于断路的。在交流电路中，因为电流的方向是随时间呈一定的函数关系变化的，这时，在极板间形成变化的电场，而这个电场也是随时间变化的函数。实际上，电流是通过场的形式在电容器间通过的，因此电容器具有通交流、隔直流的功能。电容器因其充放电功能及通交流、隔直流功能在电子电路中应用极为广泛。

（1）电容的作用。

① 旁路。旁路电容是为本地器件提供能量的储能器件，它能使稳压器的输出均匀化，降低负载需求。就像小型可充电电池一样，旁路电容能够被充电，并向器件放电。为尽量减少阻抗，旁路电容要尽量靠近负载器件的供电电源管脚和地管脚。这能够很好地防止输入值过大而导致的地电位抬高和噪声。

② 去耦。又称解耦。就电路来说，总是可以区分为驱动的电源和被驱动的负载。如果负载电容比较大，驱动电路要对电容充电、放电，才能完成信号的跳变，在上升沿比较陡峭的时候，电流比较大，这样驱动的电流就会吸收很大的电源电流，这种电流相对于正常情况来说实际上就是一种噪声，会影响前级的正常工作，这就是所谓的“耦合”。去耦电容就是起到一个“电池”的作用，满足驱动电路电流的变化，避免相互间的耦合干扰，在电路中进一步减小电源与参考地之间的高频干扰阻抗。

将旁路电容和去藕电容结合起来会更容易理解。旁路电容实际也是去耦合的，只是旁路电容一般是指高频旁路，也就是给高频的开关噪声提供一条低阻抗泄放途径。高频旁路电容一般比较小，根据谐振频率一般取 0.1μF、0.01μF 等；而去耦合电容的容量一般较大，可能是 10μF 或者更大，依据电路中分布参数以及驱动电流的变化大小来确定。旁路是把输入信号中的干扰作为滤除对象，而去耦是把输出信号的干扰作为滤除对象，防止干扰信号返回电源。

③ 滤波。滤波就是电容充电、放电的过程，把脉动较大的电信号滤清为脉动较小的波。从理论上（即假设电容为纯电容）说，电容越大，阻抗越小，通过的频率也越高。但实际上超过 1μF 的电容大多为电解电容，有很大的电感成分，所以频率高后反而阻抗会增大。有时会看到有一个电容量较大的电解电容并联了一个小电容，这时大电容通低频，小电容通高频。电容的作用就是通高阻低，通高频阻低频，电容越大低频越不容易通过。具体用在滤波中，大电容（1000μF）滤低频，小电容（20pF）滤高频。

④ 储能。储能型电容器通过整流器收集电荷，并将存储的能量通过变换器引线传送至电源的输出端。电压额定值为 40～450VDC、电容值为 220～150 000μF 的铝电解电容器是较为常用的。根据不同的电源要求，器件有时会采用串联、并联或其组合的形式，对于功率级超过 10kW 的电源，通常采用体积较大的罐形螺旋端子电容器

（2）电路符号。

电容器对电路的阻碍作用称为容抗，用字母 X_c 表示，$X_c=\dfrac{1}{\omega c}$。从式中可知，$\omega=0$ 时，

容抗为无穷大，电路中电流为 0，即直流时，容抗为∞，也就是电容是通交隔直，而且频率越大容抗越小（电容通交隔直，通高阻低）。图 1.1.10 为常见电容的外形，图 1.1.11 为电容的符号。

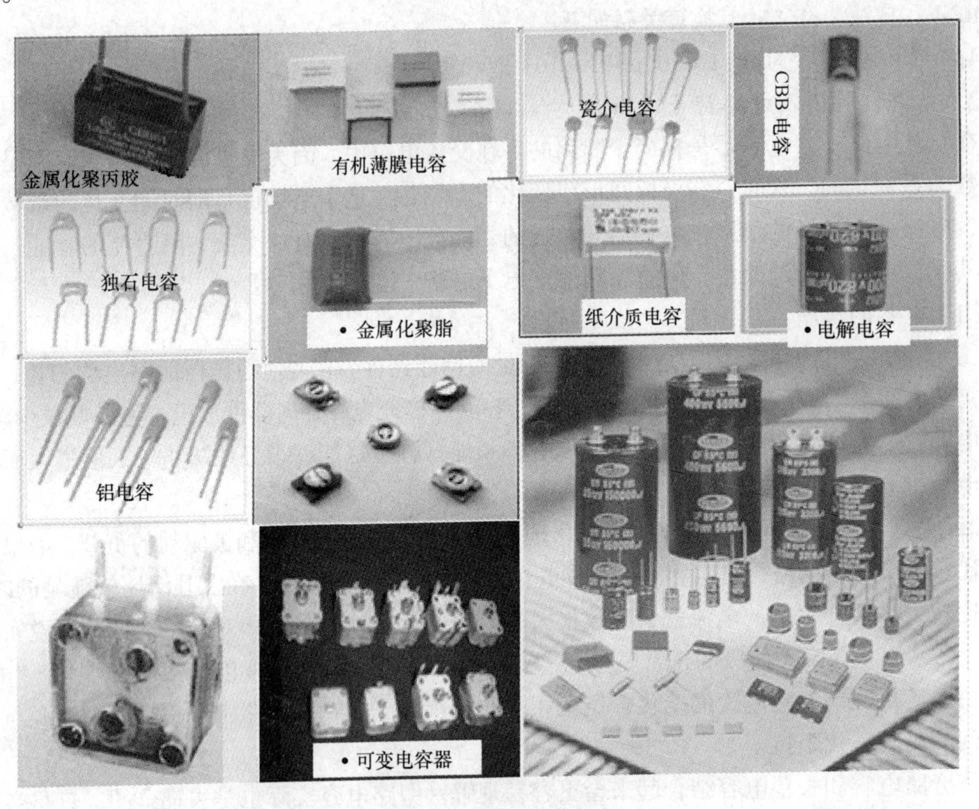

图 1.1.10　常见电容的外形

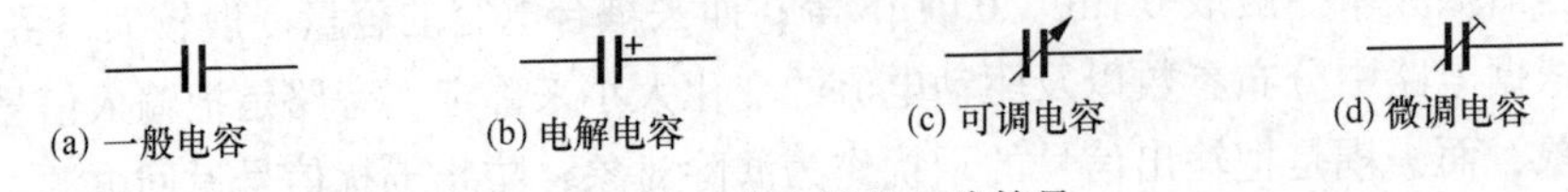

图 1.1.11　电容器的电路符号

3. 电容器的参数表示方法（与电阻的表示方法类似）

（1）直标法：直接把电容器的标称容量、偏差、额定电压等参数标于电容器上。

（2）文字符号法：用文字和符号表示电容器的标称值和额定电压。

（3）数码表示法：用 3 位数字表示电容器的标称容量。最后一位数为 9 时表示 10^{-1}。

（4）色标法：色环或色点表示电容器的标称容量。色环含义与电阻相同，单位为 pF。

（三）二极管

二极管是用半导体材料制成的，故叫晶体二极管，其核心是一个 PN 结，二极管广泛应用于各种电路中。

1. PN 结的形成及其特性

在 P 型半导体内有一定可自由移动的正电荷（实质为空穴），N 型半导体内部有可自由移动的负电荷（实质为自由电子），通过一定的工艺制作，把 P 型半导体与 N 型号半导体制成如图

1.1.12 所示的交结区，在这个交结区，P 型半导体一侧带负电，N 型半导体一侧带正电，形成了一个带电层，这个带电层就称为 PN 结。

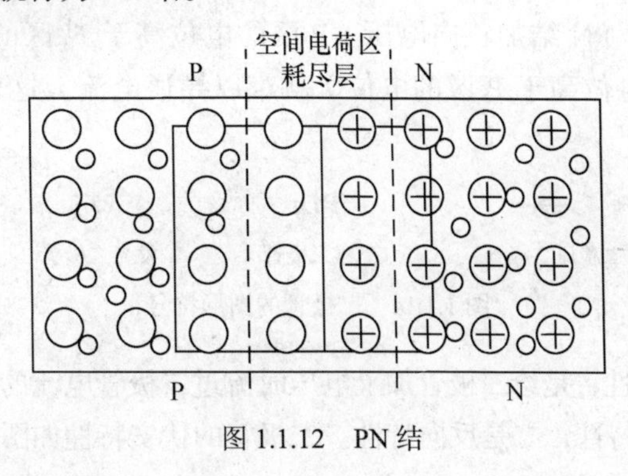

图 1.1.12　PN 结

PN 结最基本的特性就是单向导电，根本原因就是 PN 结中形成了阻挡层。阻挡层在外加电压作用下，使通过 PN 结的电流单一方向流动。

2. 二极管的电路图符号

（1）在 PN 结的 P 区和 N 区各接一个电极，再进行外壳封装并印上标记，就制成了一只二极管，图 1.1.13 是常见的几种二极管外形，它们都是由电极（引脚）和主体部分构成。主体内部就是一个 PN 结，一般只能看到 PN 结封装后的外形。

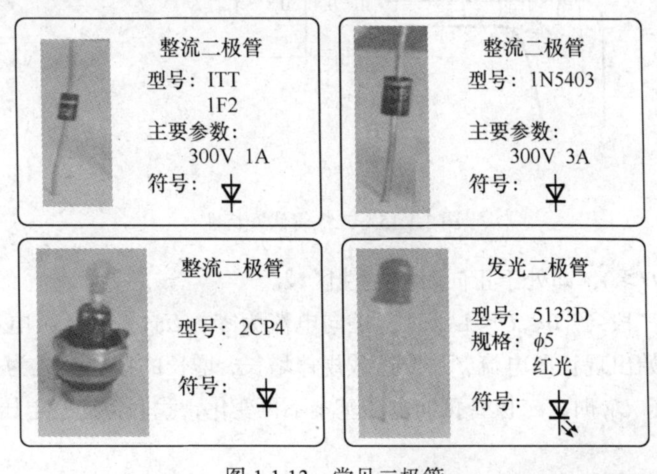

图 1.1.13　常见二极管

二极管的两个电极分别称为阳极（也叫正极）、阴极（也叫负极）。阳极是从 P 区引出，阴极从 N 区引出。从二极管的外形看，可初步分辨出二极管的阳极和阴极。对于圆锥形二极管，锥端表示阴极，圆面端表示阳极。这种外表形象地表述了 PN 结正向电流的方向。对于圆柱形二极管来说，常在外表一端用色环或色点表示阴极（负极），没有标记的一端就是阳极（正极）。对于球冠形二极管来说，常用黑点标记在阴极（负极）旁。对于无色标的，但两引脚一长一短，长脚表示阳极（正极），短脚表示阴极（负极）。后面还要介绍用万用表判断电极的方法。

（2）二极管在电路图中的图形符号。二极管的种类与用途较多，为了在绘制电路图时便于描述，人为地规定了二极管图形符号。对不同种类二极管，规定了不同的图形符号，如图 1.1.14 所示。

3. 二极管的特性

二极管由 PN 结构成，要了解二极管的特性，就要分析 PN 结的特性。经过对 PN 结的特性分析，得到的结论为：PN 结加正向电压（P 区的电位高于 N 区的电位）能导通电流，PN 结加反向电压（N 区的电位高于 P 区的电位）就难以导通电流。这表明 PN 结具有单向导电特性。

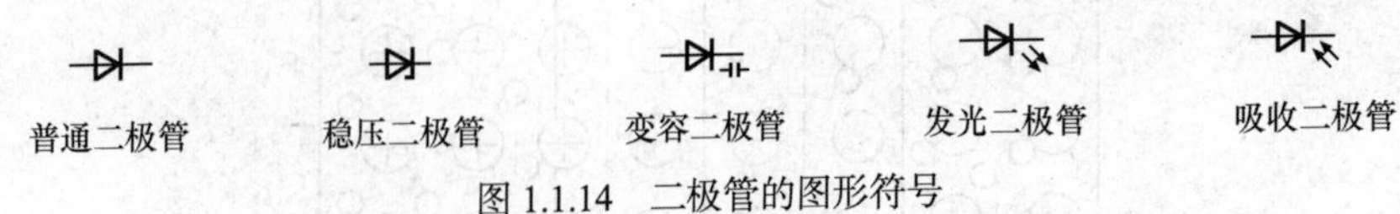

图 1.1.14　二极管的图形符号

所谓二极管的伏安特性，是给二极管加上电压时流过二极管电流的情况。二极管的伏安特性包括两个方面，一是正向特性，二是反向特性。二极管的伏安特性如图 1.1.15 所示。

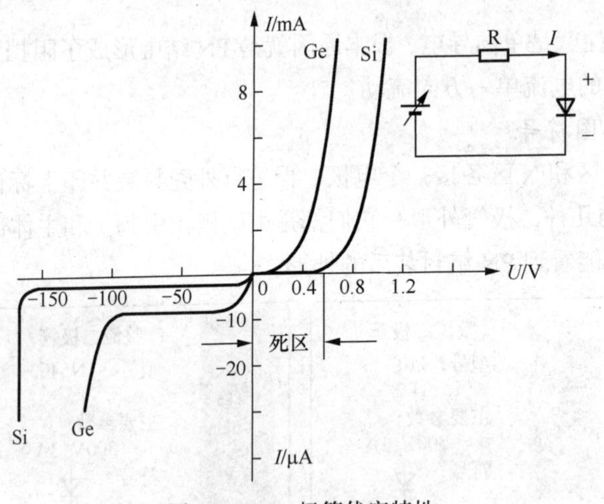

图 1.1.15　二极管伏安特性

正向特性：当 $U>0$，即处于正向时的特性区域。

正向区又分为三段,当 $0<U<U_{th}$ 时，正向电流为零，U_{th} 称为死区电压或门槛电压；当 $U_D>U>U_{th}$ 时，开始出现正向电流，并按指数规律增长，增长的指数公式为：$I=I_S(e^{u/U_T}-1)$；当电压达到导通电压 U_D 时，二极管正向电压基本不再变化，我们将这一电压称为二极管的正向导通压降。

硅二极管的死区电压 U_{th}=0.3～0.5V，导通电压在 0.6～0.7V，锗二极管的死区电压 U_{th}=0.1～0.2V，导通电压在 0.2～0.3V。

反向特性：当 $U<0$，即处于反向时的特性区域。

反向区也分两个区域，当 $U_{BR}<U<0$ 时，反向电流很小，且基本不随反向电压的变化而变化，此时的反向电流也称反向饱和电流 I_S，当 $U\geqslant U_{BR}$ 时，反向电流急剧增加，U_{BR} 称为反向击穿电压，由图 1.1.14 可知，反向击穿电压一般都比正向导通电压大。所以二极管具有正向导通、反向截止的特性。

4. 整流二极管的主要参数

（1）最大整流电流 I_{DM}。最大整流电流是指在保证长期正常工作二极管不损坏的前提下，允许流过二极管的最大电流，不同型号的二极管有不同的最大整流电流值。该参数可通过查阅二极管参数手册获得。

（2）最高反向工作电压 V_{RM}。整流二极管工作过程中，受到交流电负半周的反向电压，不同电路，不同时刻，反向电压大小也不一样，二极管能够承受电路的最高反向电压，就能长期正常工作。否则就会被击穿，整流二极管被反向电压击穿后就会损坏。不同型号的二极管最高反向工作电压 V_{RM} 的值是不同的。表 1.1.4 列出了部分常用整流二极管的主要参数。

5. 稳压二极管的参数

（1）最大整流电流 I_F。二极管长期连续工作时，允许通过二极管的最大整流电流的平均值。

（2）反向击穿电压 U_{BR}。二极管反向电流急剧增加时对应的反向电压值称为反向击穿电压 U_{BR}。

（3）最大反向工作电压 U_{RM}。为安全起见，在实际工作时，最大反向工作电压 U_{RM} 一般只按反向击穿电压 U_{BR} 的一半计算。

（4）反向电流 I_R。硅二极管的反向电流一般在纳安（nA）级；锗二极管在微安（μA）级。

（5）正向压降 U_F。在规定的正向电流下，二极管的正向电压降。小电流硅二极管的正向压降在中等电流水平下，约 0.6～0.8V；锗二极管约 0.2～0.3V。

（6）动态电阻 r_d。反映了二极管正向特性曲线斜率的倒数。显然，r_d 与工作电流的大小有关，即

$$r_d=U_F/I_F$$

表 1.1.4　　列出了常见进口稳压二极管参数

产品型号 \ 单位参数符号		V_{BR}（V）	V_{RWM}（V）	I_F（mA）	I_R（μA）	V_F（V）	t_{rr}（ns）
硅开关二极管	1N914A	≥100	≥75	≥20	≤5.0	≤1.0	≤4
	1N915	≥75	≥50	≥50	≤0.025	≤1.0	≤10
	1N4148	≥100	≥75	≥10	≤5.0	≤1.0	≤5
	1N4149	≥100	≥75	≥10	≤5.0	≤1.0	≤4
		正向特性			反向特性		
		I_{FM}（A）	$V_{F(V)}$@I_{FM}	I_{FSM}（A）	V_R（V）	I_R（μA）@V_R	t_{rr}（ns）
大电流开关二极管	RG1A～M	1	1.2	30	25～1 000	1	250
	RG2A～M	2	1.2	50	25～1 000	1	300
	RG3A～M	3	1.2	60	25～1 000	2	350
	RG4A～M	4	1.2	80	25～1 000	2	400
玻璃钝化整流管	1N4001G	1.0	1.1	30	50	5.0	
	1N4002G	1.0	1.1	30	100	5.0	
	1N4007G	1.0	1.1	30	1 000	5.0	
	1N5391G	1.5	1.1	50	50	5.0	
	1N5392G	1.5	1.1	50	100	5.0	
高速整流管	SF11G	1.0	1.0	30	50	5.0	35
	SF12G	1.0	1.0	30	100	5.0	35
	SF25G	2.0	1.25	65	300	5.0	35
	SF62G	6.0	1.0	250	100	5.0	35

续表

型号	参数	V_Z（±5%）（V）	I_Z（mA）	I_{Zmax}（mA）	r_{Zmax}（Ω）	V_R（V）	I_{Rmax}	α_{VZ}（10^{-4}/℃）
硅稳压二极管0.5W	IN754A	6.8	20	5.0	20	0.1	1	≤5.0
	IN957B	6.8	18.5	4.5	18.5	150	5.2	≤5.0
	1N746A	3.3	20	28	20	10	1	≥-7.0
	1N746A	3.3	20	28	20	10	1	≥-7.0
	1N968B	20	6.2	25	6.2	5	15.2	≤8.6
	1N97IB	27	4.6	41	4.6	5	20.6	≤9.0

6. 二极管的类型

根据所用的半导体材料，可分为锗二极管（Ge管）和硅二极管（Si管）。

根据其不同用途不同，可分为检波二极管、整流二极管、稳压二极管、开关二极管等。

根据管芯结构，又可分为点接触型二极管、面接触型二极管及平面型二极管。点接触型二极管是用一根很细的金属丝压在光洁的半导体晶片表面，通以脉冲电流，使触丝一端与晶片牢固地烧结在一起，形成一个“PN结”。由于是点接触，只允许通过较小的电流（不超过几十毫安），适用于高频小电流电路，如收音机的检波等。面接触型二极管的“PN结”面积较大，允许通过较大的电流（几安到几十安），主要用于把交流电变换成直流电的“整流”电路中。平面型二极管是一种特制的硅二极管，它不仅能通过较大的电流，而且性能稳定可靠，多用于开关、脉冲及高频电路中。

7. 二极管的检测方法

二极管是由一个PN结构成的半导体器件，具有单向导电特性。通过用万用表检测其正、反向电阻值，可以判别出二极管的电极，还可估测出二极管是否损坏，具体测量方法如图1.1.16所示。

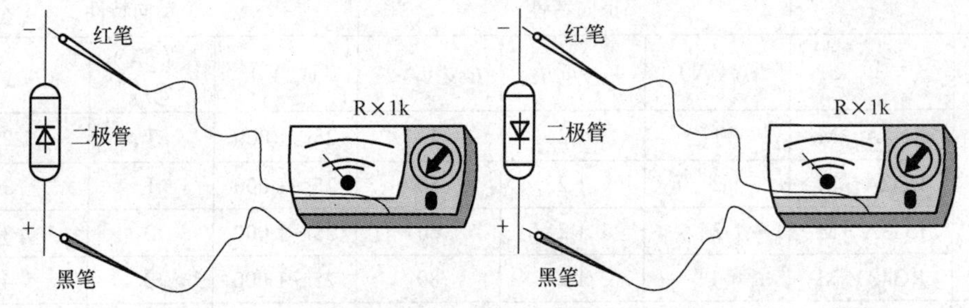

图1.1.16　二极管正反向电阻的检测

（1）极性的判别。将万用表置于$R\times100$挡或$R\times1$k挡，两表笔分别接二极管的两个电极，测出一个结果后，对调两表笔，再测出一个结果。两次测量的结果中，一次测量出的阻值较大（为反向电阻），一次测量出的阻值较小（为正向电阻）。在阻值较小的一次测量中，黑表笔接的是二极管的正极，红表笔接的是二极管的负极。通常，锗材料二极管的正向电阻值为1kΩ左右，反向电阻值为300kΩ左右。硅材料二极管的正向电阻值为5kΩ左右，反向电阻值为∞（无穷大）。正向电阻越小越好，反向电阻越大越好。正、反向电阻值相差越悬殊，说明二极管的单向导电特性越好。

若测得二极管的正、反向电阻值均接近 0 或阻值较小，则说明该二极管内部已击穿短路或漏电损坏。若测得二极管的正、反向电阻值均为无穷大，则说明该二极管已开路损坏。

（2）反向击穿电压的检测。二极管反向击穿电压（耐压值）可以用晶体管直流参数测试表测量。其方法是：测量二极管时，应将测试表的“NPN/PNP”选择键设置为 NPN 状态，再将被测二极管的正极接测试表的“C”插孔内，负极插入测试表的“e”插孔，然后按下“V（BR）”键，测试表即可指示出二极管的反向击穿电压值。

四、电路基本定律

1. 欧姆定律

（1）部分电路欧姆定律。欧姆定律的严格表述：一段导体，在温度一定的条件下，加在导体两端的电压与流过导体的电流的比值是一个常数，这个比值就称为导体的电阻。

$R=\dfrac{U}{I}$　　　$U=IR$　　　$I=\dfrac{U}{R}$

式中，电压 U 的单位为 V，电阻 R 的单位为 Ω，电流 I 的单位是 A。

电流流过电阻时，总是沿着电位降落的方向，所以在电阻 R 两端产生的电压 $U=IR$ 通常称为电压降，简称压降。

（2）全电路欧姆定律。用导线把电源、用电器连成一个闭合电路，电路中才有电流，如图 1.1.17 所示，用电器、导线组成外电路，电源内部是内电路。外电路的电阻叫做外电阻，用 R 表示，内电路的电阻叫做内电阻（简称内阻），用 R_i 表示。内电阻是我们研究全电路时必须要考虑的因素。

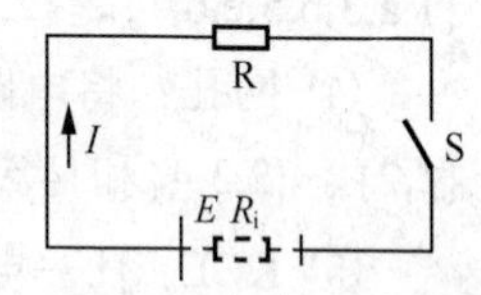

图 1.1.17　闭合电路

在外电路中，电流由电势高处向电势低处流动，在外电阻上沿电流方向有电势降落 $U_{外}$，在内电阻上也有电势降落 $U_{内}$。在电源内部，由负极到正极电势升高，升高的数值等于电源的电动势 E。理论分析表明，在闭合电路中，电源内部电势升高的数值 E 等于电路中电势降落的数值，即电源的电动势 E 等于 $U_{外}$ 和 $U_{内}$ 之和：$E=U_{外}+U_{内}$

设闭合电路中的电流为 I，外电阻为 R，内电阻为 R_i，由部分电路欧姆定律可知，$U_{外}=IR$，$U_{内}=IR_i$。因此

$$E=IR+IR_i$$

$$I=\frac{E}{R+R_i}$$

全电路中的电流与电源的电动势成正比，与整个电路的电阻成反比。这个规律叫做全电路欧姆定律。

（3）电源的外特性。电源的外特性由 $I=\dfrac{E}{r+R}$ 可得：$E=I(r+R)=Ir+IR=U_r+U$

其中，$U_r=Ir$ 是电源内阻上的压降，称为内压降；$U=IR$ 是电源的端电压，也是负载两端的电压，可见，电源电动势等于内压降与电源端电压之和。

由 $E=U_r+U$ 可得：$U=E-U_r=E-Ir$

可见，电源的端电压总是小于电源电动势。当电源电动势 E 和内阻 r 一定时，电源的端电压 U 将随负载电流的变化而变化。这就是电源的外特性。

2. 基尔霍夫定律

基尔霍夫定律是阐明电路中流入和流出节点的各电流间以及沿回路各段电压之间的关系的定律，1845 年由德国物理学家 G.R.基尔霍夫提出。基尔霍夫定律包括电流定律（KCL）和电压定律（KVL）。介绍一下电路的几个名词。

① 支路：一个二端元件视为一条支路，其电流和电压分别称为支路电流和支路电压。图 1.1.18 所示的电路共有 6 条支路。

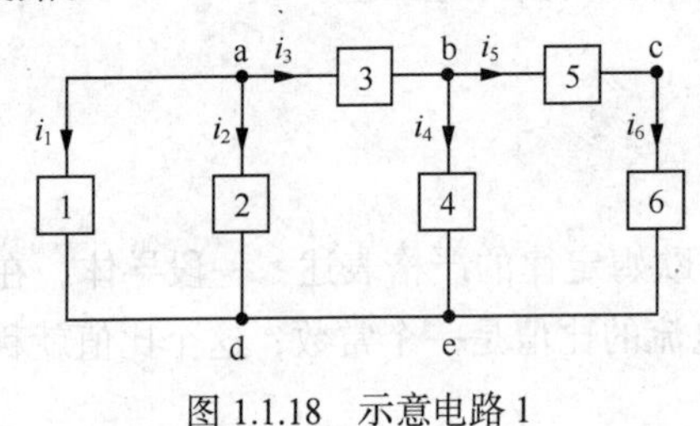

图 1.1.18 示意电路 1

② 节点：电路元件的连接点称为节点，图 1.1.18 所示电路中，a、b、c 点是节点，d 点和 e 点间由理想导线相连，应视为一个节点。该电路共有 4 个节点：a、b、d、c。

③ 回路：由支路组成的闭合路径称为回路，图 1.1.18 所示电路中{1,a,2,d,1}、{1,a,3,b,4,e,1}、{1,a,3,b,5,e,6,1}、{2,a,3,b,4,e,2}、{2,a,3,b,5,6,a}和{4,b,5,6,4}都是回路

④ 网孔：将电路画在平面上内部不含有支路的回路，称为网孔。图 1.1.18 所示电路中的{1,2}、{2,3,4}和{4,5,6}回路都是网孔。

⑤ KCL：任一电路中的任一节点，在任一瞬间流出该节点的所有电流的代数和恒为零，即就参考方向而言，流出节点的电流在式中取正号，流入节点的电流取负号。基尔霍夫电流定律是电荷守恒定律在电路中的体现。其数学表达式为：$\sum i=0$。例如，图 1.1.19 所示电路中的 a、b、c、d 4 个节点写出的 KCL 方程分别为

$$i_1+i_2+i_3=0$$
$$-i_3+i_4+i_5=0$$
$$-i_1-i_2-i_4-i_6=0$$
$$-i_5+i_6=0$$

⑥ KVL：电路中的任一回路，在任一瞬间沿此回路的各段电压的代数和恒为零，即电压的参考方向与回路的绕行方向相同时，该电压在式中取正号，否则取负号。基尔霍夫电压定律是能量守恒定律在电路中的体现。其数学表达式为$\sum u=0$，对图 1.1.20 电路的三个回路，沿顺时针方向绕行回路一周，写出的 KVL 方程为

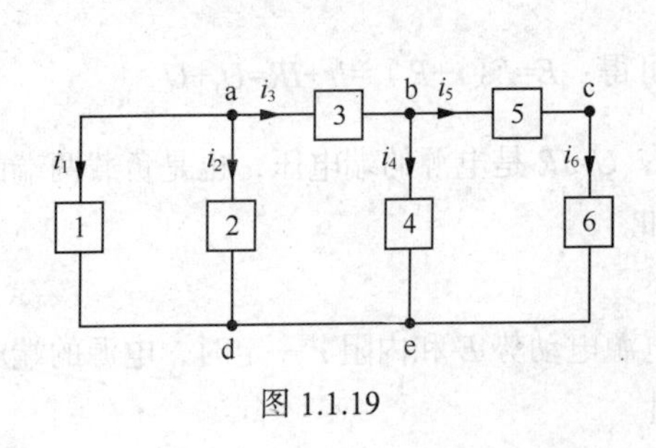

图 1.1.19

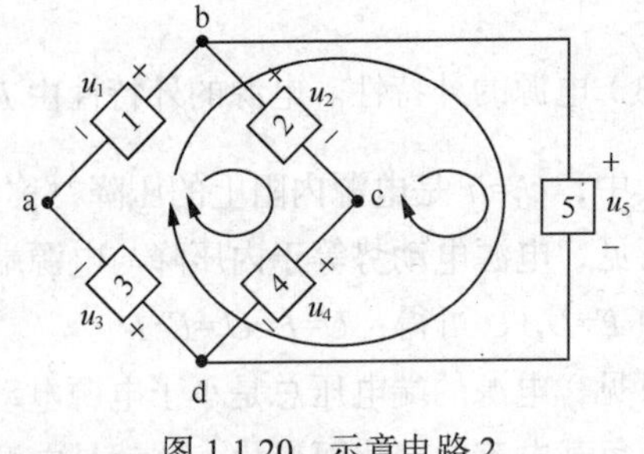

图 1.1.20 示意电路 2

$U_2+U_4+U_3-U_1=0$

$U_5-U_4-U_2=0$

$U_5+U_3-U_4=0$

五、电路的连接

（一）电阻的连接

1. 电阻串联电路

在电路中将两只或两个以上的电阻首尾相接构成无分支的连接方式叫做串联。三个电阻串联的电路如图 1.1.21 所示。

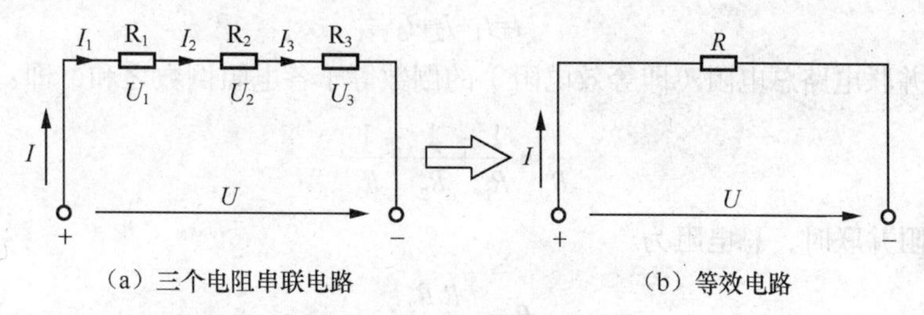

图 1.1.21 电阻串联电路

电阻串联电路的特点

① 电阻串联时流过每个电阻的电流都相等，即：$I=I_1=I_2=I_3$

② 电阻串联电路电路两端的总电压等到于各个电阻两端电压之和，即：

$$U=U_1+U_2+U_3$$

③ 电阻串联电路的总电阻（等效电阻）等于各电阻之和，即：

$$R=R_1+R_2+R_3$$

电阻串联电路中各电阻上电压的分配与电阻的阻值成正比，即：

$$U_n=IR_n$$

由 $U=IR$，得到

$$\frac{U_n}{U}=\frac{IR_n}{IR}=\frac{R_n}{R}$$

即 $U_n=\frac{R_n}{R}U$

上式称为分压公式，其中 $\frac{R_n}{R}$ 为分压比。三个电阻 R_1、R_2、R_3 串联电路的分压比为：

$$U_1=\frac{R_1}{R_1+R_2+R_3}U \qquad U_2=\frac{R_2}{R_1+R_2+R_3}U \qquad U_3=\frac{R_3}{R_1+R_2+R_3}U$$

电阻串联电路中消耗的总功率等于各电阻消耗功率之和，即：

$$P=P_1+P_2+P_3$$

2. 电阻并联电路

在电路中，将两个或两个以上的电阻，并列连接在相同两点之间的连接方式叫做电阻并联。3 个电阻并联电路如图 1.1.22 所示。

电阻并联电路特点如下。

（1）电阻并联时电路两端总电压与各电阻两端电压相等，即：

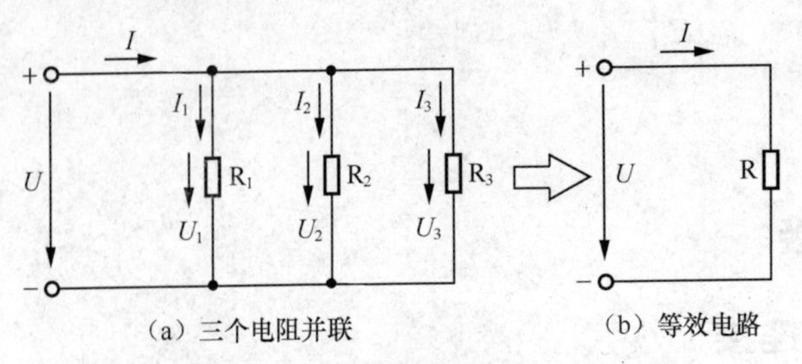

（a）三个电阻并联　　（b）等效电路

图 1.1.22　电阻并联电路

$$U=U_1=U_2=U_3$$

（2）电阻并联电路中的总电流等于流过各电阻电流之和，即：

$$I=I_1+I_2+I_3$$

（3）电阻并联电路总电阻（即等效电阻）的倒数等于各电阻倒数之和，即：

$$\frac{1}{R}=\frac{1}{R_1}+\frac{1}{R_2}+\frac{1}{R_3}$$

当两个电阻并联时，总电阻为

$$R=\frac{R_1R_2}{R_1+R_2}$$

（4）电阻并联电路中，各电阻上分配的电流与其阻值成反比，即：

$$I_n=\frac{U}{R_n}=\frac{R}{R_n}I$$

分流公式：两个电阻并联时的分流公式为

$$I_1=\frac{R_2}{R_1+R_2}I \qquad I_2=\frac{R_1}{R_1+R_2}I$$

（5）电阻并联电路中各电阻上消耗的功率与其阻值成反比，即：

$$P_n=\frac{U^2}{R_n}$$

3. 电阻并联电路的应用

（1）采用几只电阻器并联来获得较小阻值的电阻器。

（2）用并联电阻的方法来扩大电流表的量程。

【例 1】如图 1.1.23 所示电路中，已知电路中电流 I=3A，R_1=30Ω，R_2=60Ω。试求总电阻及流过每个电阻的电流。

解：两个电阻并联的总电阻为：

$$R=\frac{R_1R_2}{R_1+R_2}=\frac{30\times60}{30+60}=20\Omega$$

利用分流公式得

$$I_1=\frac{R_2}{R_1+R_2}I=\frac{60}{90}\times3=2\text{A} \qquad I_2=\frac{R_1}{R_1+R_2}I=\frac{30}{90}\times3=1\text{A}$$

【例 2】现有一表头，满度电流 I_g 是 100μA（即表头允许通过的最大电流是 100μA），表头等效电阻是 1kΩ。若将它改装成量程为 10mA 的电流表，如图 1.1.24 所示，问应在表头上并联

多大的分流电阻 R_f？

解：因为分流电阻与表头并联，所以分流电阻两端电压与表头两端电压相等，即：

$$U_g = I_g r_g = (I - I_g)R_f$$

$$R_f = \frac{I_g}{I - I_g}R_f = \frac{100\times10^{-3}}{10-100\times10^{-3}}\times10^3 = 10.1\Omega$$

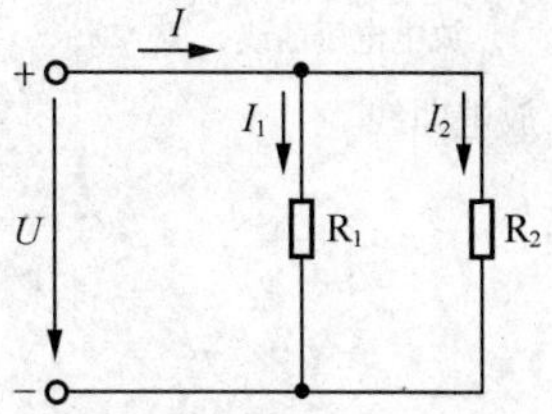

图 1.1.23　电流并联电路

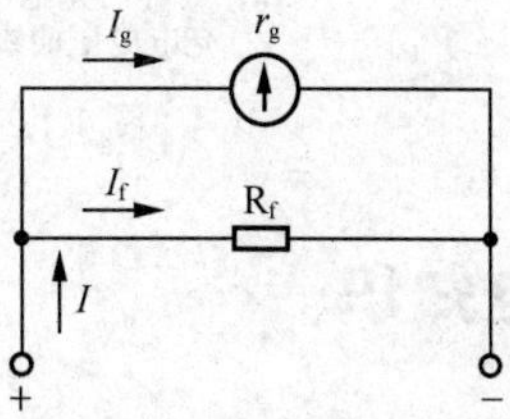

图 1.1.24　电流表

4. 电阻混联电路

既有电阻串联又有电阻并联方式的电路，叫做电阻混联电路，如图 1.1.25 所示。

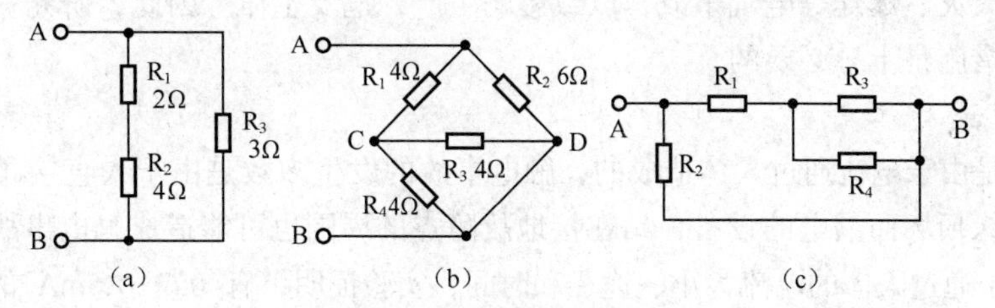

图 1.1.25　电阻混联电路

在图 1.1.25（a）中，电阻 R_1、R_2 串联后与 R_3 并联，3 只电阻器混联后，等效电阻为：

$$R = \frac{(R_1 + R_2)R_3}{R_1 + R_2 + R_3} = \frac{(2+4)\times3}{2+4+3} = 2\Omega$$

在图 1.1.25（b）中，由于连接关系复杂一些，可采用画等效电路的方法，把电路改画成容易判别的串、并联关系电路，然后进行计算。图 1.1.25（b）的等效电路如图 1.1.25（c）所示，其等效电阻为：

$$R_{134} = R_1 + \frac{R_3R_4}{R_3 + R_4} = R_1 + \frac{R_3}{2} = 6\Omega \qquad R = R_{AB} = \frac{R_2R_{134}}{R_2 + R_{134}} = \frac{R_2}{2} = \frac{6}{2} = 3\Omega$$

（二）电容器的电路

电容器充电后，如果把开关从 1 点转到 2 点，如图 1.1.26 所示，此时电容器与电阻串联，形成闭合回路，电容器开始放电，放电电流如虚线所示，放电电流方向与充电电流方向相反。随放电进行，电容器两端电压减小，放电电流也减小，最后都为零，放电完毕。放电过程电流与电压变化规律如图 1.1.27（b）所示。从电容器充电、放电过程可看出，电容器两端电压是不能突变的，要经历过渡过程（即充、放电过程）。

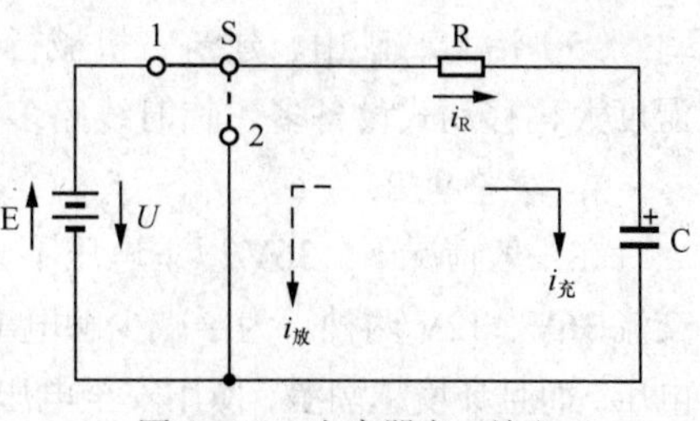

图 1.1.26　电容器充、放电

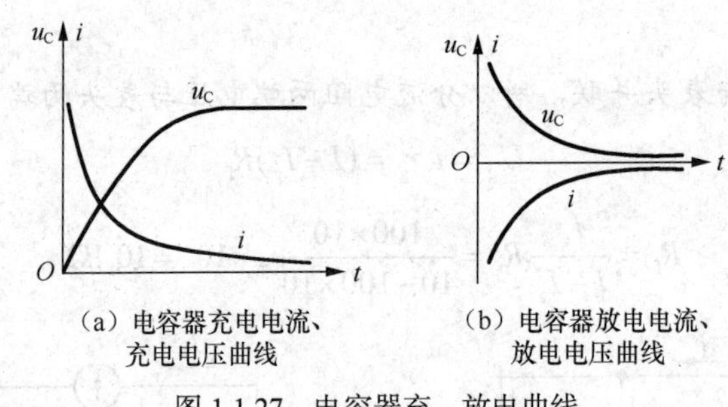

（a）电容器充电电流、充电电压曲线　　（b）电容器放电电流、放电电压曲线

图 1.1.27　电容器充、放电曲线

六、安全用电知识

1. 触电现象

随着科学技术的发展，电能已成为工农业生产和人民生活不可缺少的重要能源之一，电气设备的应用也日益广泛，人们接触电气设备的机会随之增多。如果没有安全用电知识，就很容易发生触电、火灾、爆炸等电气事故，以致影响生产，危及生命。因此，研究和探讨触电事故的规律和预防措施是十分必要的。

2. 触电事故

触电事故是由于电流通过人体造成的，触电事故的发生多数是由于人直接碰到了带电体或者接触到因绝缘损坏而漏电的设备，站在接地故障点的周围也可能造成触电事故。触电的伤亡程度主要决定于通过人体的电流大小、途径和时间，实验证明，有 0.6～1.5mA 的电流通过人体就有感觉，手指麻刺发抖。50～80mA 电流通过人体使人呼吸麻痹、心室开始颤动。电流通过人体的途径以两手之间通过的情况最危险。通电时间越长，人体电阻越小，危险越大。由于触电事故的发生都很突然，并在相当短的时间内造成严重后果，所以死亡率较高。根据对触电事故的统计分析，其规律可概括为以下几点。

（1）具有明显的季节性。每年的 6 至 9 月是触电事故的多发季节，这是由于这段时间多雨、潮湿，电气设备绝缘性能降低，同时由于天气炎热，人身衣单而多汗，增加了触电的可能性。

（2）低压设备触电事故多。这是由于低压电网分布广，低压设备多而且比较简陋，管理不善，人们接触的机会多所致。

（3）中青年和非电工触电事故多。这些人电气安全知识不足，技术不成熟，易发生触电事故。

（4）便携式和移动式设备触电事故多。这是因为该类设备需要经常移动，工作条件较差，容易发生故障。

（5）冶金、矿山、建筑、机械行业触电事故多。这几个行业工作现场比较混乱，温度高，湿度大，移动式设备多，临时线路多，难以管理。

3. 安全电压

在一般情况下，36V 以下电压不会造成人身伤亡，称为安全电压。工程上规定的安全电压有交流 36V、12V 两种。为了减少触电事故，要求所有工作人员经常接触的电气设备全部使用安全电压，而且环境越潮湿，使用安全电压等级越低。例如机床上的照明灯使用 36V 电压供电；坦克、装甲车使用 24V 供电；汽车使用 24V、12V 供电。

4. 触电方式

电流对人体的伤害有电击和电伤。

电击——电流直接通过人体的伤害。电流通过人体内部造成器官的损伤，破坏人体内细胞的正常工作，主要表现为生物学效应。电流通过人体会引起麻感、针刺感、压迫感、打击感、痉挛、疼痛、呼吸困难、血压异常、昏迷、心率不齐、心室颤动等症状，造成伤亡。

电伤——电流转换为其他形式的能量作用于人体的伤害。电伤是由电流的热效应、化学效应、机械效应等对人造成的伤害。

（1）电灼伤。一般有接触灼伤和电弧灼伤两种，接触灼伤多发生在高压触电事故时通过人体皮肤的进出口处，灼伤处呈黄色或褐黑色并累及皮下组织、肌腱、肌肉、神经和血管，甚至使骨骼显碳化状态，一般治疗期较长，电弧灼伤多是由带负荷拉、合刀闸，带地线合闸时产生的强烈电弧引起的，其情况与火焰烧伤相似，会使皮肤发红、起泡烧焦组织，并使其坏死。

（2）电烙印。它发生在人体与带电体有良好的接触，但人体不被电击的情况下，在皮肤表面留下和接触带电体形状相似的肿块痕迹，一般不发炎或化脓，但往往造成局部麻木和失去知觉。不同电流强度对人体的影响如表 1.1.5 所示。

表 1.1.5　不同电流强度对人体的影响

电流/mA	人体的反应
0.5～1.5	开始有感觉——轻微颤抖
2～3	手指部强烈颤抖
5～7	手部痉挛
8～10	手已难于摆脱带电体，手指尖部到手腕剧痛
20～22	手迅速麻痹，不能摆脱带电体，呼吸困难
50～80	呼吸麻痹，心室开始颤动
90～100	呼吸麻痹，延续 3s 或更长时间时则心脏麻痹，心室颤动
300 以上	作用 0.1s 以上，呼吸及心脏麻痹，肌体组织受到破坏

5. 触电的种类

直接触电——按照人体触及带电体的方式和电流通过人体的途径，此类事故可分为单相触电和两相触电。单相触电是指人体在地面或其他接地导体上，人体某一部分触及一相带电体而发生的事故。两相触电是指人体两处同时触及两带电体而发生的事故，其危险性较大。

间接触电——接触电压触电（正常情况下，电气设备的金属外壳是不带电的，当绝缘损坏而漏电时，触及到这些外壳就会发生触电事故，触电情况和接触带电体一样。此类事故占全部触电事故的 50%以上。）

跨步电压触电（当带电体接地有电流流入地下时，电流在接地点周围产生电压降，人在接地点周围两脚之间出现电压降，即造成跨步电压触电。）

高压电弧触电（当人走进高压的附近时，高压电对人体产生电弧放电。）

图 1.1.28 为家庭电网触电的方式。

6. 触电急救

（1）人体触电后的表现——假死（失去知觉、面白、瞳孔大、心跳、呼吸停止）、局部灼伤。较轻触电者死亡的几个象征：①心跳、呼吸停止；②瞳孔放大；③尸斑；④尸僵；⑤血管硬化。

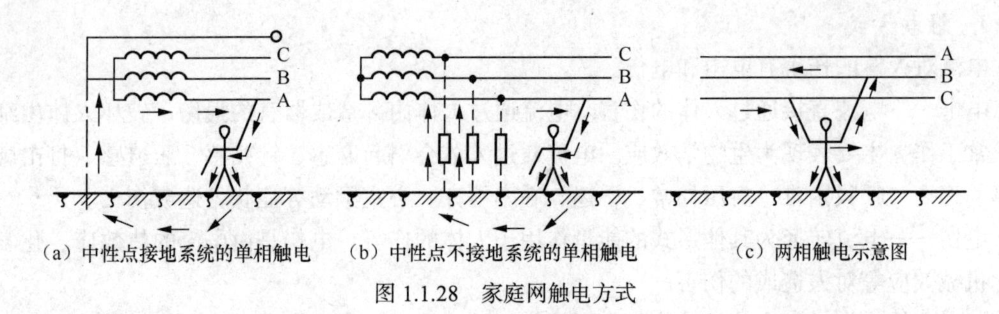

（a）中性点接地系统的单相触电　（b）中性点不接地系统的单相触电　（c）两相触电示意图

图 1.1.28　家庭网触电方式

这五个象征只要 1～2 个未出现，应当作假死去抢救。

（2）急救方法。

① 立即使患者脱离电源。

② 立即进行心肺复苏，就是常见的“人工呼吸”。

③ 心电监护，及时纠正心律失常。

（3）急救原则——迅速、就地、准确、坚持、严谨。

任务实施

一、元器件检测

1. 目的

（1）熟悉组成电路的电子元器件；

（2）掌握电路中电流电压电位的检测；

（3）熟悉常用的仪器仪表。

2. 仪器

（1）直流电源；

（2）万用表；

（3）电阻、电容、二极管。

3. 实验内容及步骤

（1）用万用表检测电阻。从元件袋里任意取出 10 只色环标识的电阻器，检查万用表是否正常，准备测量电阻。按下表的要求测量电阻器的阻值，并记录在表 1.1.6 中。

表 1.1.6　测量电阻器阻值

序号	色环标识	识读标称值 R	测量值 r	绝对误差=$R-r$
1				
2				
3				
4				
5				

续表

序号	色环标识	识读标称值 *R*	测量值 *r*	绝对误差=*R*-*r*
6				
7				
8				
9				
10				

（2）用万用表检测无极性电容。取 5 只容量不同的无极性电容，按表 1.1.7 所示的要求检测并记录。（万用表 × 10k）

表 1.1.7　　　　　　　　　　　　检测电容器

电容器	电容标称值	万用表指针摆动最大位置（电阻刻度）	万用表指针回复位置（电阻刻度）	电容器漏电电阻
1				
2				
3				
4				
5				

（3）检测二极管。分别取发光二极管、整流二极管、稳压二极管，按表 1.1.8 进行测量并记录。

表 1.1.8　　　　　　　　　　　　检测二极管

二极管	型号	正向电阻	反向电阻	备注
1				
2				
3				
4				
5				

（4）电流、电压与电位测量。用万用表测量电路中的电流、电压和电位是电子技术中的重要内容，在生产、检修和开发电子产品中，精确测量电路参数，是对从事电子技术工作人员技能方面的基本要求。

① 认识万用表的直流电流、电压的刻度（如图 1.1.29 所示）。从表头刻度盘上可以看出，第二条刻度线右端标有 mA，左端标有 V͂，表明第二条刻度线为直流电流、直流电压、交流电压共用的读取数据专用刻度线，它与万用表的量程转换开关配合使用。

量程：指针偏转满度时所指示的值。可通过转换开关来实现各量程的切换（如图 1.1.30 所示）。

直流电压部分量程：1 000V、500V、250V、50V、10V、2.5V、1V、0.25V。

图 1.1.29　MF47 型万用表刻度

图 1.1.30　万用表转换开关

直流电流部分量程：500mA、50mA、5mA、0.5mA、50μA。

交流电压部分量程：1 000V、500V、250V、50V、10V。

② 用万用表测量直流电流、直流电压、电位。

- 直流电流测量：测量流过电阻器 R 的电流，如图 1.1.31 所示。开关转至直流电流挡，确定量程，测量时红表笔接高电位，电流流入红表笔，黑表笔接低电位，电流从黑表笔流出，电流表串联在被测电路中。假设指针偏转如表头刻度图 1.1.31 所示，电流表量程为 50mA，则流过电阻 R 的电流为 38.6mA。

- 直流电压测量：测量电路如图 1.1.32 所示，测量直流电压时，开关转至直流电压挡，确定量程，红表笔接高电位，黑表笔接低电位，电压表并联在被测电路两端（若接反，指针会向左侧偏转）。假设指针偏转如表头刻度图 1.1.32 所示，电压表量程为 10V，则该电压为 7.7V（估读 1 位）。

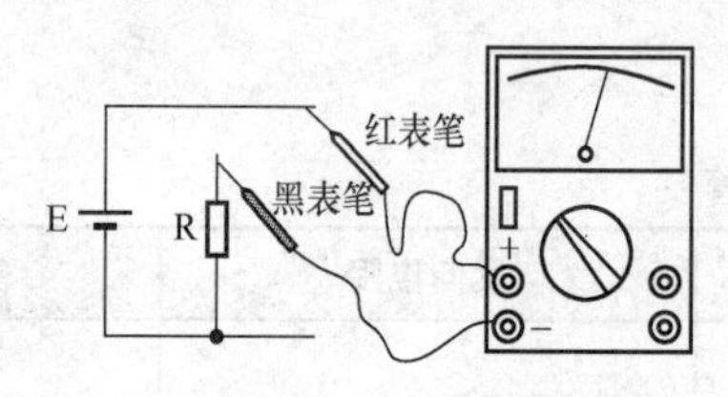

图 1.1.31　直流电流测量

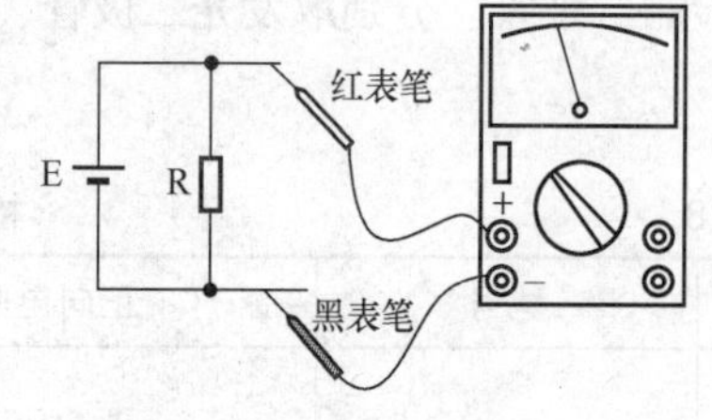

图 1.1.32　直流电压测量

- 交流电压测量：测量电路如右图所示，开关转至交流电压挡，合理确定量程，测量时两表笔可任意接入，电压表与被测电路并联。假设指针偏转如表头刻度图 1.1.33 所示，交流电压量程为 250V，则该电压为 193V。

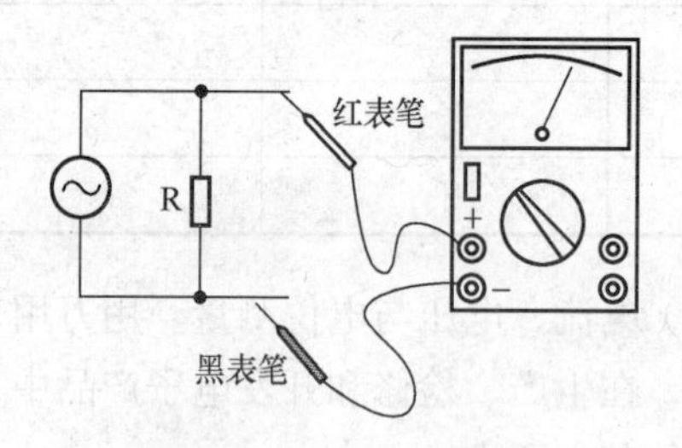

图 1.1.33　交流电压测量

③ 测量电中的直流电流、电压与电位。

- 检测电子电路时，为了迅速而准确地判断晶体管的工作状态，判断集成电路是否正常工作，普遍使用测量电路中各点电位或集成电路各引脚电位的检测方法。为了方便分析和测量电路中各点电位，设计电路时必须在电路中确定一个参考点，而且规定参考点的电位为零。电路参考点用符号“⊥”表示（称做“地”）。电路参考点确定后，电路中某点的电位就等于该点与参考点的电压，这样电路中各点电位就有了一个确定的数值，高于参考点的电位为正，低于参考点的电位为负。

用指针万用表测量电位时，应根据测量点电位的正、负正确使用红、黑表笔。原则是红表笔接高电位，黑表笔接低电位。使用数字万用表测量直流电位时，应将黑表笔接参考点，电位的高、低与正、负可直接在显示屏上显示出来。

- 测量如图 1.1.34 所示的连接电路，按要求测量并记录。

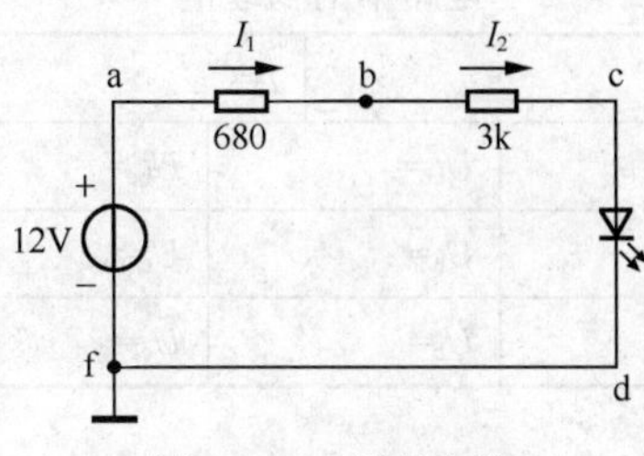

图 1.1.34　测量电路

测量电路中的 I_1、I_2。

I_1=________；I_2=________。

测量电路中各段电路的电压。

U_{ab}=________；U_{bc}=________；U_{cd}=________；U_{fa}=________；U_{af}=________。

以 f 点为参考点（黑表笔接 f 点），红表笔测量电路中各点电位。

U_a=________；U_b=________；U_c=________；U_d=________。

以 a 点为参考点（黑表笔接 a 点），红表笔测量电路中各点电位。

U_b=________；U_c=________；U_d=________；U_f=________。

讨论：参考点由 f 点换到 e 点后，电路中的各点电位变化情况如何？总结电位变化规律。

二、电路的制作及检测

1. 实验目的

（1）掌握手工焊接技术；

（2）会测量电路中电流、电压、电位并掌握电路的原理；

（3）熟悉常用的仪器仪表。

2. 实验仪器

（1）直流电源；

（2）万用表；

（3）电阻、电容、二极管。

3. 实验内容及步骤

（1）根据电路图（见图 1.1.35）焊接电路。

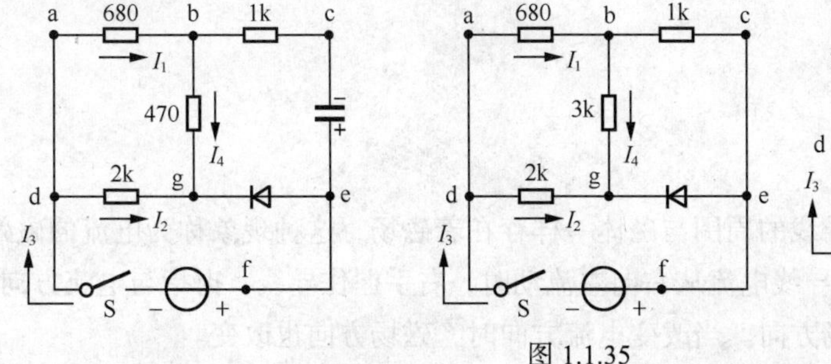

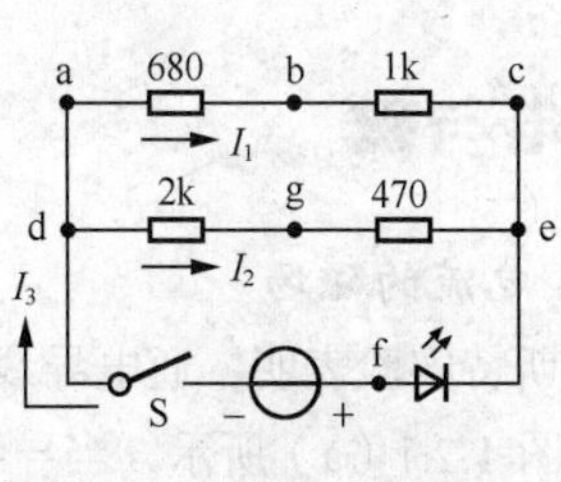

图 1.1.35

（2）用万用表检测电路的通或断。

（3）测试电路的物理量并记录到表 1.19。

表 1.1.9　　电路中的物理量

电流（mA）	I_1=		I_2=		I_3=
电压（V）	U_{ab}=	U_{bc}=	U_{be}=	U_{de}=	U_{ef}=
电位 V（以 f 点为参考点）	U_a=	U_b=	U_c=	U_d=	U_e=
电位 V（以 d 点为参考点）	U_a=	U_b=	U_c=	U_e=	U_f=

总结欧姆定律：

总结以不同点为电位的数字的规律：

任务二　制作简易交流电路

任务引入与目标

本任务通过制作简易交流电路认识交流电路的基本组成（交流电源、电阻、电容、电感等），知道交流电的特点，掌握交流电路的基本物理量，进而理解信号的基本参数，为下一单元的信号放大电路打下良好的基础。

【知识目标】

（1）掌握交流电路的基本概念和定律：①理解交流电路的基本概念，能绘制简单交流电路图；② 知道交流电路中的基本物理量。

（2）变压器知识：①掌握变压器功能与作用；②了解变压器电路的作用。

【能力目标】

（1）知道测量变压器；（2）能根据电路图制作出简易电路。

相关知识

一、电与磁

1. 电流的磁场

奥斯特实验表明，通电导线的周围与磁体一样存在着磁场，这种现象称为电流的磁效应。如。如图 1.2.1（a）所示，当导线电流从右向左流动时，右手握住导线，拇指与电流方向一致，则其余四指所指方向即为磁场方向。当改变电流方向时，磁场方向也改变。

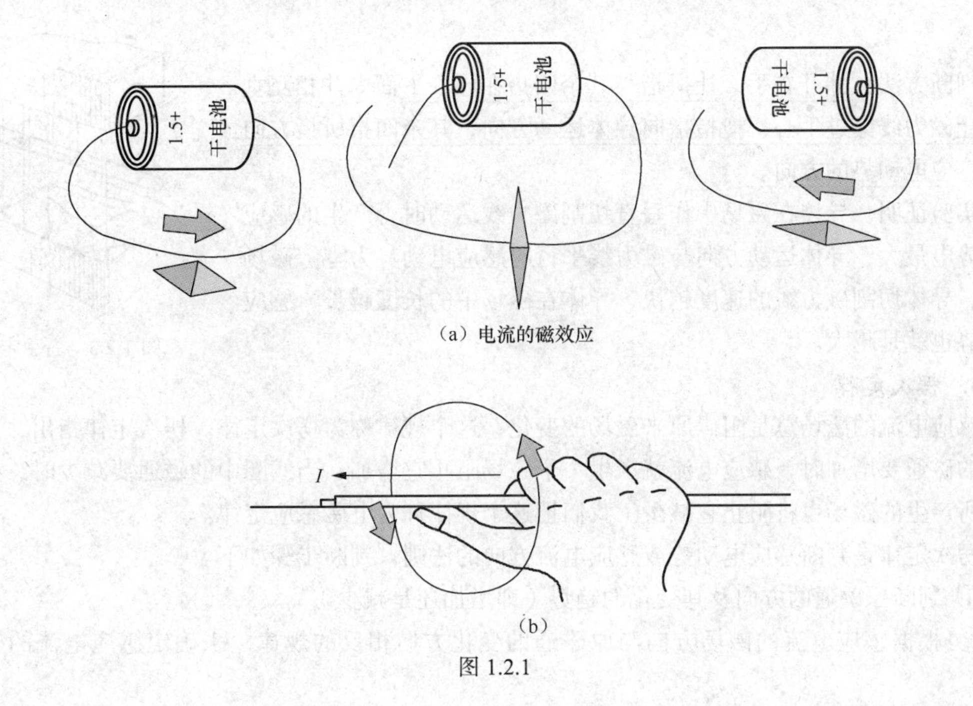

（a）电流的磁效应

（b）

图 1.2.1

上面现象说明，载流导线周围的磁场是由导线中的电流产生的。磁场的强弱取决于电流的大小，磁场方向取决于电流的方向。一般可用磁力线描述载流导线周围的磁场，如图 1.2.1（b）所示。用右手螺旋定则判断通电直导线的磁场方向时，先将其四指握住导线，使拇指方向与导线电流方向一致，其余四指所指的方向就是导线周围磁场方向。

还可以用右手螺旋定则判断通电螺线管的磁场方向，如图 1.2.2（b）所示。用右手握住通电螺线管，使弯曲的四指指向电流的方向，则拇指所指的方向就是通电螺线管的 N 极。

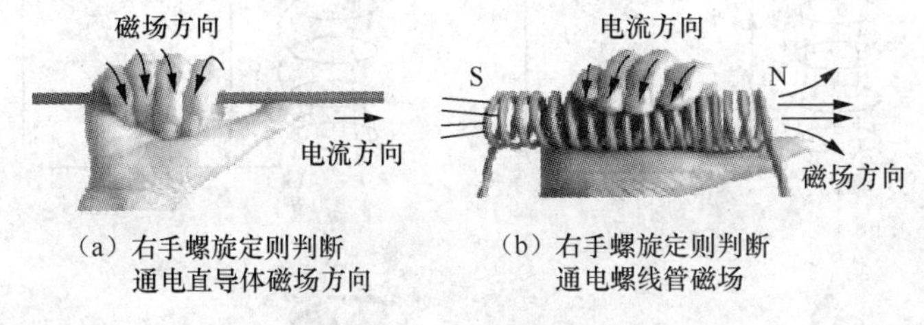

（a）右手螺旋定则判断通电直导体磁场方向　（b）右手螺旋定则判断通电螺线管磁场

图 1.2.2　右手螺旋定则

2. 电磁感应

电流可以产生磁场，磁场能否产生电流呢？英国物理学家法拉第经过多次实验，于 1831 年发现了导体在磁场中与磁场作相对运动时，可以产生电流。以后在此基础上经过人们系统地研究和实验，制造了发电机。从此电能在科学技术实践、生产和生活中逐渐得到广泛的应用。

当闭合电路的部分导体在磁场里作切割磁力线运动或穿过闭合回路的磁力线发生变化时，闭合回路就产生感应电流。这种现象叫做电磁感应现象，由电磁感应产生的电动势叫感应电动势。

磁场方向、导体运动方向和感应电动势方向三者之间的关系可用右手定则判定，如图 1.2.3

所示。

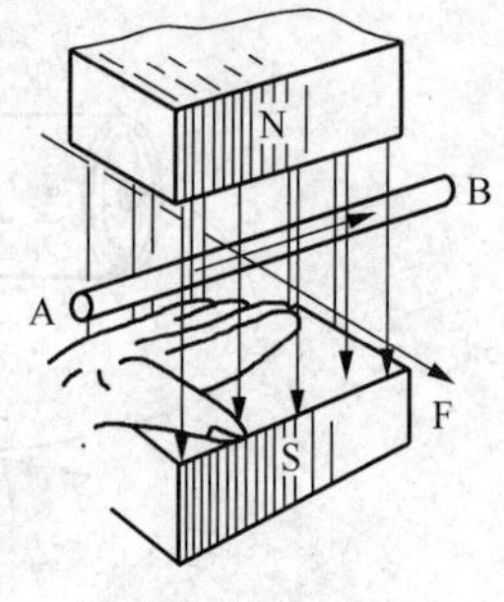

图 1.2.3　右手定则

判断方法：伸开右手，让拇指与其余四指在同一平面内并相互垂直，让磁力线穿过手心，拇指指向导体运动方向，其余四指所指方向就是感应电动势的方向。

实验证明，导体在磁场中作垂直切割磁力线运动时，产生的感应电动势电最大，导体运动方向与磁力线平行时感应电动势为零。磁场越强、导体切割磁力线的速度越快、导体在磁场中的长度越长，感应电动势也就是越大。

3. 楞次定律

感应电流的磁场总是阻碍原来磁场的变化，这个规律称为楞次定律。楞次定律指出，当线圈中的磁通要增加时，感应电流就产生一个磁场阻止它增加；当线圈中的磁通要减少时，感应电流所产生的磁场也将阻止它减少。我们把这个规律称为电磁感应定律。

楞次定律是判断感应电动势或感应电流方向的法则，判断步骤如下。

① 判断原磁通的方向及其变化的趋势（即增加还是减少）；

② 根据感应电流的磁场方向与原磁通的变化方向相反的规律，来确定感应电流的磁场方向；

③ 利用右手螺旋定则判定感应电流的方向，如图 1.2.4 所示，感应电动势方向和感应电流方向是一致的。

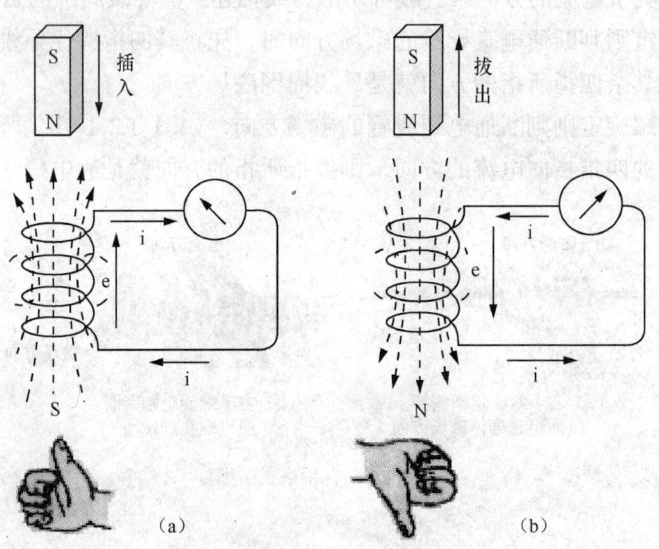

图 1.2.4　判断感电流或感应电动势

楞次定律只说明了感应电动势的方向，没有说明感应电动势的大小。要解决这个问题，应该引入法拉弟电磁感应定律进行计算，这里我们暂不作介绍。

二、正弦交流电

量值随时间变动的电流称为时变电流，其中量值随时间作周期性变动的电流称为周期电流。如果周期电流在一个周期内的平均值为零，则称之为交变电流或简称交流电。

交流电的来源大致有两类，一类是由机械振动或其他非电信号转换为电振荡，如传声器将声音变为电振荡，压电晶体把机械振动变为电振荡等；另一类则是交流发电机或电子振荡器，作为能源使用的都属于后一类型。

电力网中所用的交流电源都是根据 M·法拉第 1831 年发现的电磁感应现象制成的，称为交流发电机。如图 1.2.5 所示，将一个线圈放在永久磁铁（或电磁铁）的磁场中旋转，则穿过线圈的磁通 Φ 随时间变化，因而将产生感应电动势 $e=-\mathrm{d}\Phi/\mathrm{d}t$。如果线圈的旋转是匀速的，且角速率为 ω，则感应电动势就是周期性的，其频率 $f=\omega/2\pi$，$\omega=2\pi f$ 常称之为角频率。由于线圈旋转一周后其中磁通 Φ 的累积变动量等于零，所以感应电动势在一周期内的平均值也等于零，即电动势是交变的。通常这种交变电动势通过安装在旋转轴上的两个导电滑环用两个电刷引出，图 1.2.6（a）为发电机的剖面图，图 1.2.6（b）为截图。若接通外电路，则在外电路中获得频率为 f 的交流电。为了获得固定频率的交流电，这种发电机的转速必须是固定不变的，因此被称为同步发电机。用这种将机械能转换为电能的装置产生交流电，由于受到机械结构强度的限制，其转速不能太高，因此频率也就不可能很高，一般限于 10 000 赫以下。为了获得更高频率的交流电源，可以采用电子振荡器。广播电台、高频感应加热、电磁振动台、声呐等装置上所使用的较高频率交流电源就属这一类。

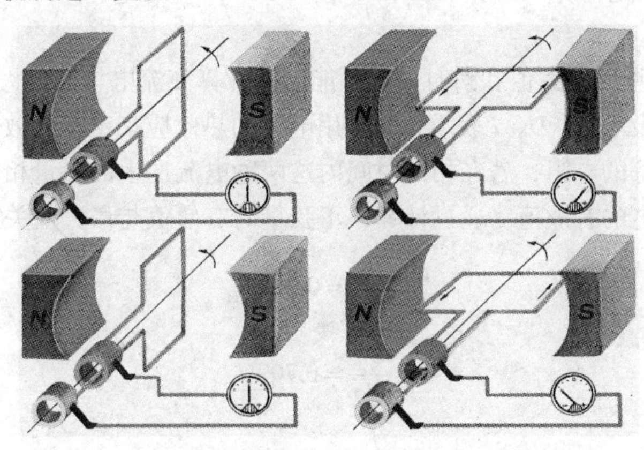

图 1.2.5　电磁感应现象

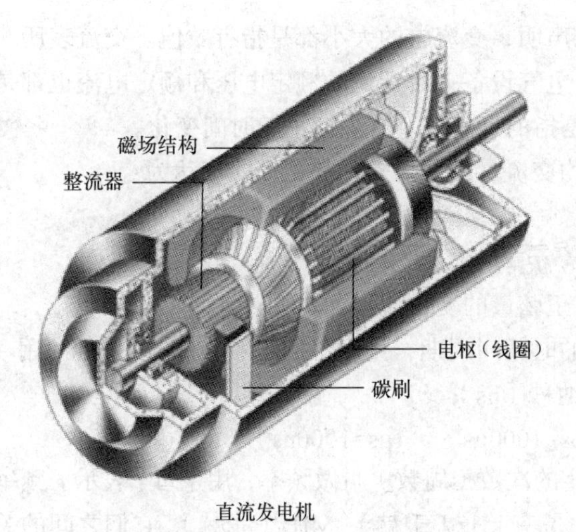

（a）

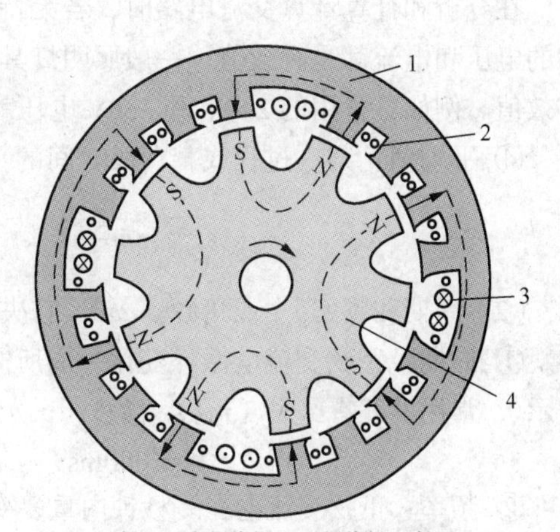

（b）

图 1.2.6　发电机

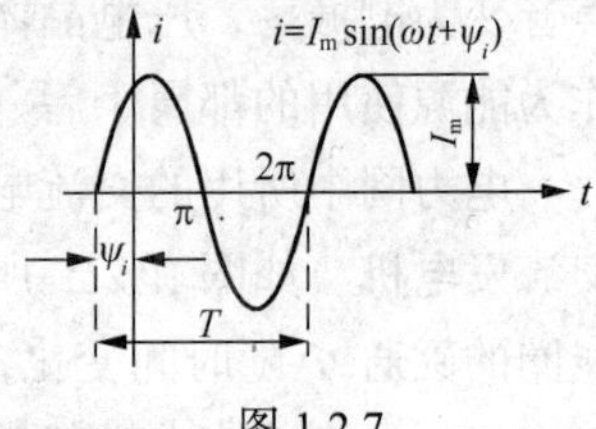

图 1.2.7

目前，在动力方面，绝大部分电力网都是交流的，因为交流电可以方便地变换电压；在信息传输方面也时常用到交流电，例如载波通信的载波电流就是交流电。

大小和方向随时间作正弦规律变化的电流、电压，称为“正弦交流电”。通常说的“交流电”，一般都是指“正弦交流电”，如图 1.2.7 所示。正弦交流电的三要素如下。

（1）正弦值：瞬时值、最大值、有效值、平均值。

① 瞬时值：正弦量的大小是随时间变化的。把正弦量在任意时刻的数值称为瞬时值。瞬时值分别用小写字母 e、u、i 表示。瞬时值是时间的函数，不同时刻其瞬时值是不同的，在波形图上，不同时刻的瞬时值对应于该时刻曲线的高度。

瞬时值表达式（三角函数式）：

$e = E_{\mathrm{m}}\sin(\omega t + \phi_e)$　　$i = I_{\mathrm{m}}\sin(\omega t + \phi_i)$　　$u = U_{\mathrm{m}}\sin(\omega t + \phi_u)$

② 最大值（振幅）：最大的瞬时值称为最大值，也称振幅值或峰值。正弦电动势、电压和电流分别用 E_{m}、U_{m}、I_{m} 表示。最大值反映了交流电变化的范围，在波形图上，曲线最高点对应的值就是最大值。

③ 有效值：正弦量的最大值和瞬时值都不能准确计算交流电量值的大小，为此引入了有效值，分别用大写字母表示 E、U、I 表示，通常用电流的热效应来定义有效值，即让交流电和直流电分别通过阻值相等的电阻，若在相同时间内这两种电流产生的热量相等，则就把此直流电的量值定义为该交流电的有效值。通过计算，正弦量的有效值与最大值关系为：

$$E = \frac{E_{\mathrm{m}}}{\sqrt{2}} = 0.707E_{\mathrm{m}}$$

$$U = \frac{U_{\mathrm{m}}}{\sqrt{2}} = 0.707U_{\mathrm{m}}$$

$$I = \frac{I_{\mathrm{m}}}{\sqrt{2}} = 0.707I_{\mathrm{m}}$$

在分析和计算计算交流电路时，若无特殊声明，交流电的大小都是指有效值。交流表所测出的电压和电流都是有效值；一般照明灯具、电气设备上所标注的额定电压和额定电流也都是有效值。例如日常用的 220V 和 380V 电压就是指的有效值。有效值不随时间变化。

④ 平均值：某一过程或某一段时间的平均交流量，平均电动势的公式表达为：

$$\overline{N} = n\bullet\frac{\Delta\Phi}{\Delta t} \qquad \overline{I} = \frac{\overline{E}}{R + r} \qquad \overline{U} = \overline{I}R$$

（2）周期和频率 f（或角频率 ω），它决定正弦量的变化快慢。

① 周期：正弦交流电循环变化一周所需的时间叫周期，用字母 T 表示，单位是秒（用 s 表示），常用的还有毫秒（ms）、微秒（μs）、纳秒（ns）；

1s=1000ms　　1ms=1000μs　　1μs=1000ns

② 频率：正弦交流电在一秒钟内重复变化的次数（周数）叫做频率，用字母 f 表示。频率的单位是赫兹，用字母 Hz 表示。比 Hz 大的单位有 kHz（千赫）、MHz（兆赫），它们之间的关系是：

1MHz=1000kHz　　1kHz=1000Hz

角频率：正弦交流电在 1s 时间变化的电角度称为角频率，用字母 ω 表示。角频率的单位是赫兹，用字母 rad/s 表示。正弦交流电变化一次是 2π 弧度，若在 1s 时间变化了 f 次，则正弦交流电的电角度就变化了 2πf 弧度，所以角频率、周期之间的关系为：

$$\omega = 2\pi f = \frac{2\pi}{T}$$

（3）初相位与相位差。

① 初相位。$\omega t+\Psi$ 称为相位角，当 t=0 时，正弦交流电的相位角称为初相角，又叫初相位，简称初相。图 1.2.8 是三个同频率正弦交流电压的初相位波形。它们是，当 t=0 时：$\Psi_i=\Psi$。一个正弦交流电比另一个同频率的正弦交流电提前到达零值或正的最大值，那么在相位上说，前者“超前”于后者，或者说后者“滞后”于前者。

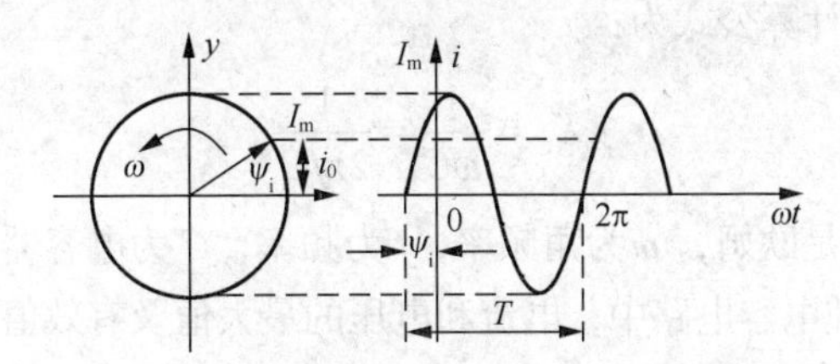

图 1.2.8　同频率正弦交流电压的初相位波形

若两个同频率正弦交流电具有相同的初相位，即它们同时到达零值和最大值（幅度可以相同，也可以不相同)，则称它们为同相；若两者初相位差 180° ，即一个到达正的最大值时，另一个正好到达负的最大值，这时我们称它们为反相。

② 相位差。两个同频率的正弦交流电在任何瞬时的相位之差称为相位差。即两个正弦量进行相位比较时，必须是同频率、在相位差角小于 180° （或丌弧度）的前提下，才能确定超前或滞后的关系。若是不同频率的两个正弦量，其相位差是随时间变化的量，谈不上谁超前谁滞后，相位差这个概念没有讨论的价值。

在分析和计算交流电路时，若无特殊说明，交流电的大小都是指有效值。交流表所测出的电压和电流都是有效值；一般照明灯具、电气设备上所标注的额定电压和额定电流也都是有效值。例如日常用的 220V 和 380V 电压就是指的有效值。有效值不随时间变化。

要注意的是，在计算电气设备的绝缘耐压水平时，要考虑到交流电压的最大值。

三、最基本的交流电路公式

1. 纯电阻电路

经数学计算，在纯电阻电路中，电流和电压的瞬时值、最大值及有效值与电阻之间均符欧姆定律。即：

$$i = \frac{u}{R} \qquad I_m = \frac{U_m}{R} \qquad I = \frac{U}{R}$$

2. 纯电感电路

（1）在交流电路中，电感线圈存在着对交流电流的阻碍作用，我们把这种阻碍作用叫做线圈的感抗，用字母 X_L 表示。其计算公式为：

$$X_L=\omega L$$

式中，感抗 X_L 的单位是欧姆；L 为线圈的自感，由线圈自身（尺寸、匝数）决定。

（2）经数学计算，在纯电感电路中，电流和电压的最大值及有效值与电阻之间均符合欧姆定律。即：

$$I_m = \frac{U_{Lm}}{X_L} \qquad I = \frac{U_L}{X_L}$$

必须指出，在纯电感电路中，电压与电流的瞬时值不是正比关系，两者相位不同，故电压与电流的瞬时值之间不符合欧姆定律，即 $i \neq \frac{u_L}{X_L}$。

3. 纯电容电路

（1）在交流电路中，电容存在着对交流电流的阻碍作用，我们把这种阻碍作用叫做电容器的容抗，用字母 X_C 表示。其计算公式为：

$$X_C = \frac{1}{\omega C} = \frac{1}{2\pi f C}$$

式中，容抗 X_C 的单位是欧姆，ω 为角频率，f 为频率，C 为电容器容量。

（2）经数学计算，在纯电容电路中，电流和电压的最大值及有效值与电阻之间均符合欧姆定律。即：

$$I_m = \frac{U_{Cm}}{X_C} \qquad I = \frac{U_C}{X_C}$$

必须指出，在纯电容电路中，电压与电流的瞬时值不是正比关系，两者相位不同，故电压与电流的瞬时值之间不符合欧姆定律，即 $i \neq \frac{u_C}{X_C}$。

四、电感器与变压器

1. 电感器

电感器是能够把电能转化为磁能而存储起来的元件。电感器的结构类似于变压器，但只有一个绕组。电感器具有一定的电感，它只阻止电流的变化。如果电感器中没有电流通过，则它阻止电流流过它；如果有电流流过它，则电路断开时它将试图维持电流不变。电感器又称扼流器、电抗器、动态电抗器。电感器是由导线绕制成螺线管形的电子元件，有时有磁性的芯。在电路中起调谐、滤波、振荡、阻波、延迟、补偿等作用，图 1.2.9 为常见电感的实物图。

电感器对电路的阻碍作用称为感抗 X_L，$X_L=\omega L$ 从式中可知，$\omega=0$ 时，感抗为 0，即电路中电流为直流时，感抗为 0，也就是电感是通直隔交，而且频率越大感抗越大。（电感通直隔交，通低阻高）

2. 电感器的主要参数

（1）标称电感量和偏差。生产厂家按一定规格来生产不同感量的电感，这种规格就是标称值。偏差是指实际电感量与标称电感量间的差值。

（2）品质因数（Q 值）。品质因数是指线圈在某一频率下工作时，所表现出的感抗和线圈的总损耗电阻之比，即 $Q=\omega L/R$。

（3）分布电容。线圈匝与匝间、层和层间铁心与铁心间存在着电容效应，等效为分布电容，频率高时会影响电容器的性能。

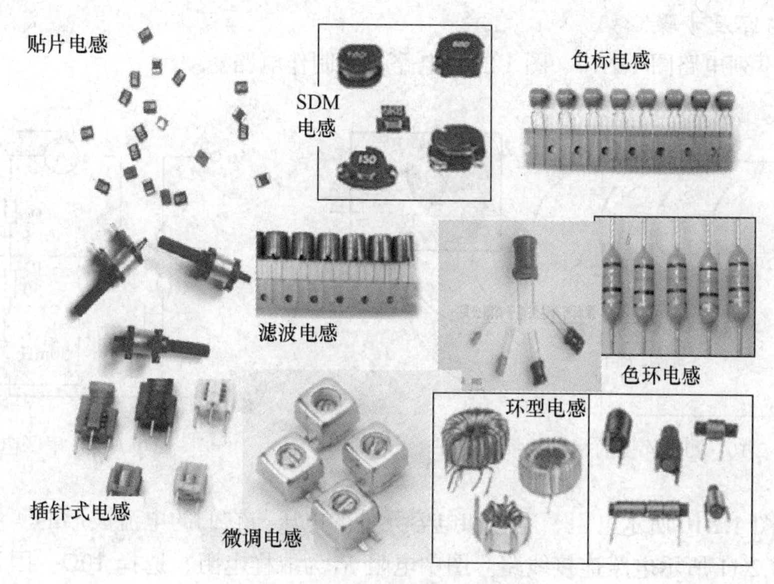

图 1.2.9　常见电感的实物图

（4）额定电流。电感器中允许通过的最大电流。

（5）电感器直流电阻。电感器导线的直流电阻。该阻值越小，Q 值越高。

3. 电感器的种类

（1）固定电感。一般在铁氧体上绕线圈构成，体积较小，电感范围大，Q 值高，常用直标法或色环表示法标出感量，用于滤波、陷波、扼流、延迟等电路中。

（2）片式叠层电感器。由组成磁心的铁氧体浆料和作为线圈的导电浆料片相间叠放后，烧结而成的无引线片式电感器，其特点为体积小、可靠性高，常制成贴片元件。

（3）平面电感器。用真空蒸发、光刻、电镀在陶瓷基片上形成一层金属导线线圈，并加以封装。特点是性能稳定可靠、精度高。也可直接制作在印制电路板上。

（4）高频真空小电感线圈在不同直径的圆柱上单层密绕脱胎而成，结构简单，损耗小，调整方便。

（5）可调电感线圈。电感中的磁心可旋入旋出，从而改变电感量。

任务实施

1. 目的

（1）验证电阻、电容和电感元件在正弦交流电路中电压与电流相位关系；

（2）了解电阻、感抗、容抗与频率的关系，熟悉组成电路的电子元器件；

（3）熟悉常用的仪器仪表。

2. 仪器

（1）直流电源；

（2）万用表；

（3）电阻、电容、二极管。

3. 实验内容及步骤

（1）识读下列电路图 1.2.10、图 1.2.11 电路，并制作电路。

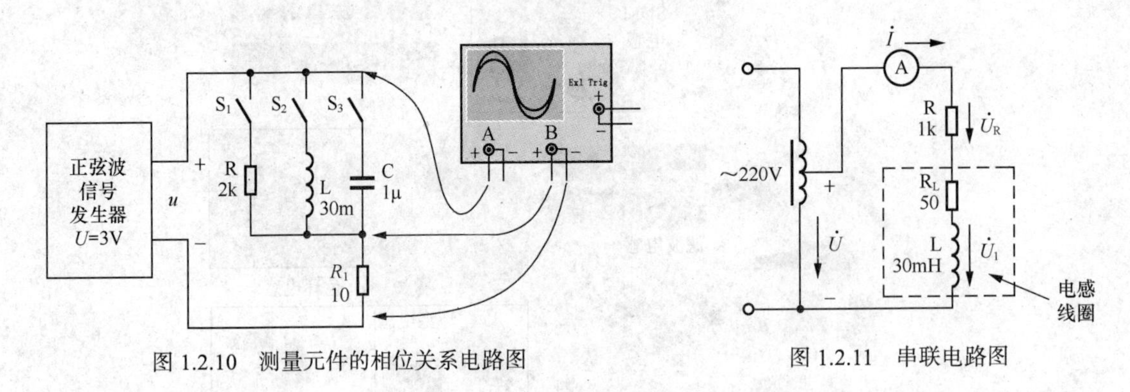

图 1.2.10　测量元件的相位关系电路图

图 1.2.11　串联电路图

（2）完成图 1.2.10 所示电阻、电感和电容元件的电压与它们的电流波形的测量。

① 按图 1.2.11 所示电路连接线路。图中电阻 R_1 为取样电阻，选择 10Ω。因为示波器只能输入电压信号，所以我们通过 R_1 两端的电压（反映电流信号）来观察电流波形。由于 R_1 的阻值很小，对 R、L、C 元件输出电压性质的影响可以不考虑。

② 电阻电压与电流波形的测试。开启信号发生器电源，将信号发生器的正弦波频率调至 1kHz，幅值调至 3V，并保持幅值不变。合上 S_1 开关，观察记录 R_1 上的电压 u_{R1} 与 R 上的电压 u_R 波形。

③ 同上步骤进行电感电压与电流波形的测试。断开 S_1 开关，合上 S_2 开关，调节信号发生器的频率至 1kHz，观察记录 R_1 上的电压 u_{R1} 与 L 上的电压 u_L 波形。

④ 电容电压与电流波形的测试。断开 S_2 开关，合上 S_3 开关，调节信号发生器的频率至 1kHz，观察记录 R_1 的电压 u_{R1} 与 C 上的电压 u_C 波形。

（3）测量图 1.2.11 所示 RC 并联电路中电压与电流的关系。

按图 1.2.11 所示电路连接线路。将三相自耦调压器输出电压调至交流电压表有效值示数为 U=50V，对电路的各支路电流进行测试。将相关表计数据分别记录于表 1.2.1 中。

表 1.2.1　　　　串联电路测试表

U_R/V	U_L/A	I/A

（4）实验的注意事项。

① 动作要稳，先想好测量电路中的部位，将万用表拨至交流 500V 量程，测量前要再检查一遍。

② 检查万用表表笔是否有破损，笔线是否连接可靠，防止漏电伤人。

③ 测量时同组人不要碰触正在操作人的身体，以防连带触电，防止发生测量短路。

④ 在实验中选用电阻时，为避免损坏电阻，注意尽量选取大功率的电阻。

在实验图 1.2.10 的接线时，应将信号发生器、示波器和交流毫伏表的接地端连接在一起，即做到“共地”，以防外界干扰影响到测量的准确性。

人身安全！请操作时特别小心！防止触电！

（5）填写实训报告。

① 绘制实训电路图；

② 简单叙述实训电路工作过程；

③ 测量数据；

④ 实训总结：可谈谈通过实训在知识与技能方面的收获和提高，未能理解的问题，实训体会。

项目小结

本项目是通过制作简易电路，使学生理解电子技术中常见的电子元件及电路的基本原理、基本分析方法，掌握电路的基本排版及制作，知道常用仪器登记表的使用。项目采用的是行为导向教学法，学生在“做”中“学”、“学”中“做”，因此项目弱化了理论的分析，强化了技能的制作。

习　题

1．填空题

（1）一节干电池的电压是________，我国家庭电路的电压是________，对人体的安全电压是_________；若一小电动机工作时需要电源的电压是 6V，如果现在要用干电池作电源，需要________节________联起来。

（2）电阻在电路中的主要作用有________、________、________，一个 6kΩ 的电阻和一个 4kΩ 的电阻并联在一起总电阻值为________。串联在一起的总电阻为________，色环电阻的第一、第二色环代表电阻器的第一、二位________，第三色环代表________。

（3）电容在电路中可以________，电容器对信号有如下的作用：通________隔________，阻________通________。电容量单位换算 1F=________μF=________pF。

（4）电感在电路中可以把电能转换成________能，对信号具有通________隔________，阻________通________作用。电感的单位是________，1H=________mH=________μH。

2．判断题

（1）PN 结正向偏置时，电阻是无穷大。（　　）

（2）交流表测量的是交流电压和交流电流的有效值。（　　）

（3）二极管正向导通时电阻很大，反向截止时电阻很小。（　　）

（4）变压器可以将交、直流电压进行变换。（　　）

（5）二极管只要工作在反向击穿区，一定会被击穿。（　　）

（6）电阻并联时流过每个电阻的电流都相等。（　　）

（7）电路中的电容器就是起通交隔直的作用。（　　）

（8）万用表不同的电阻挡测量二极管的正向电阻值也不同。（　　）

（9）电解电容接在电路中可以不分极性。（　　）

（10）发光二极管的管压降和整流二极管相同。（　　）

3．应用题

在图 1.2.12 中，已知：i_2=2A，i_4=−1A，i_5=6A。求 i_3。

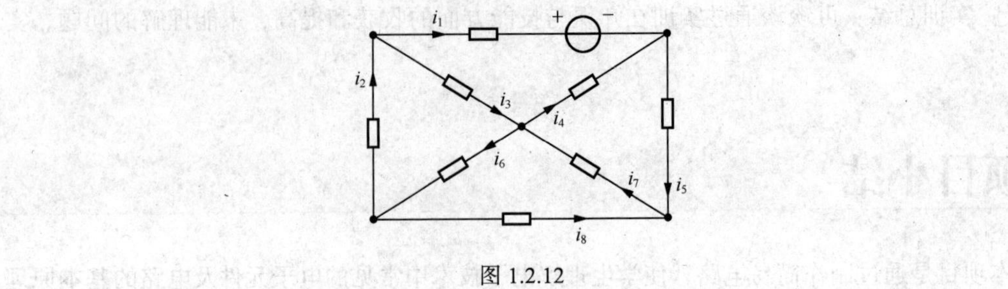

图 1.2.12

任务一　制作串联稳压电源

任务引入与目标

当今社会人们极大地享受着电子设备带来的便利，但是任何电子设备都有一个共同的电路——电源电路。大到超级计算机、小到袖珍计算器，所有的电子设备都必须在电源电路的支持下才能正常工作。可以说电源电路是一切电子设备的基础，没有电源电路就不会有种类如此繁多的电子设备。本任务通过制作直流稳压电源，让学生在掌握相应知识的同时，还能为今后的学习、制作做为好更进一步的准备。

【知识目标】

（1）知道直流稳压电路的基本构成；掌握直流稳压电路中各部分电路的基本工作原理。

（2）会分析直流稳压电路；掌握集成稳压电路工作原理。

（3）能根据电路图分析稳压电源电路的工作原理与工作过程。

【能力目标】

（1）会使用万用表检测稳压电源电路，并能排除电路的简单故障。

（2）能按照设计要求制作集成直流稳压电源。

相关知识

一、直流稳压电源电路原理

直流稳压电源一般由变压器、整流器、滤波器和稳压器四部分组成，如图 2.1.1 所示。变压器把 220V 交流电（市电）变为稳压所需的低压交流电；整流器把低压交流电变为直流电；

整流后的直流电中仍会含有交流成分，可以通过滤波电路将交流成分滤除；经滤波后，稳压器再把不稳定的直流电压变为稳定的直流电压输出。

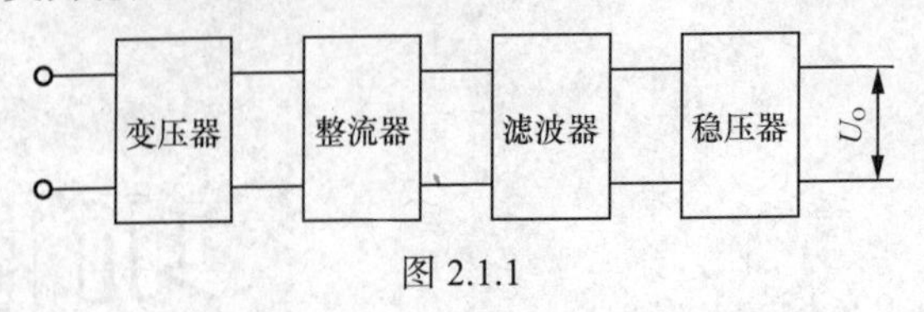

图 2.1.1

二、电源变压器

电源变压器（Power Transformers）的功能是功率传送、电压变换和绝缘隔离，在本项目中变压器的主要作用是将 220V、50Hz 交流市电变成整流滤波所需的交流电压。

根据传送功率的大小，电源变压器可以分为几挡：10kVA 以上为大功率，0.5～10kVA 为中功率，25VA～0.5kVA 为小功率，25VA 以下为微功率。传送功率不同，电源变压器的设计也不一样。

1. 电源变压器结构

变压器可将一种电压的交流电能变换为同频率的另一种电压的交流电能，变压器的主要部件是一个铁芯和套在铁芯上的两个绕组，图 2.1.2（a）所示为 E 型变压器的外形图，图 2.1.2（b）所示为结构原理图。与电源相连的线圈接收交流电能，称为一次绕组，也称初级绕组，相应的电动势、电压、电流，线圈匝数用字母 E_1、U_1、I_1、N_1 表示。与负载相连的线圈送出交流电能，称为二次绕组，也称次级绕组，相应的电动势、电压、电流，线圈匝数用字母 E_2、U_2、I_2、N_2 表示。

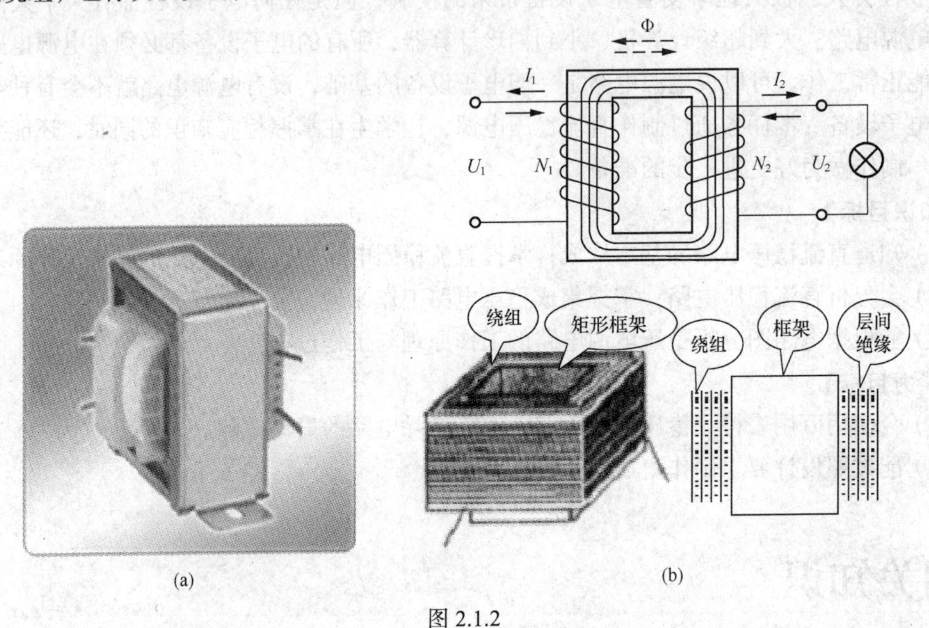

(a) (b)

图 2.1.2

（1）铁芯是变压器中主要的磁路部分。通常由含硅量较高，厚度为 0.35\0.3\0.27mm，表面涂有绝缘漆的热轧或冷轧硅钢片叠装或绕制而成，铁芯分为铁芯柱和横片两部分，铁芯柱套有绕组，横片是闭合磁路之用。铁芯结构的基本形式有芯式和壳式两种。

（2）绕组是变压器的电路部分，它是用双丝包（纸包）绝缘扁线或漆包圆线绕成。

当次级线圈接上负载时，忽略变压器的损耗，根据能量守恒定律，则输入功率 $P_1=P_2$，即 $U_1I_1=U_2I_2$，则有 $\frac{U_1}{U_2}=\frac{I_2}{I_1}=\frac{N_1}{N_2}$。

实际中，变压器的初、次级线圈和导磁铁心总要消耗部分电功率，包括铜损、铁损（磁滞损失、涡流损失）等，也就是说，变压器的效率 η 不是 100%，而是 $\eta=100\%\times P_2/P_1$。变压器的效率与铁心质量、绕制工艺等多种因素有关。一般来说，变压器的容量越大，效率就越高，功率为 1 000W 以下的变压器效率为 65%～90%。

2. 变压器的检测

（1）通过观察变压器的外貌来检查其是否有明显异常现象。如线圈引线是否断裂、脱焊，绝缘材料是否有烧焦痕迹，铁芯紧固螺杆是否有松动，硅钢片有无锈蚀，绕组线圈是否有外露等。

（2）绝缘性测试。用万用表 $R\times10\text{k}$ 挡分别测量铁芯与初级、初级与各次级、铁芯与各次级、静电屏蔽层与各次级、次级各绕组间的电阻值，万用表指针均应指在无穷大位置不动。否则，说明变压器绝缘性能不良。

（3）线圈通断的检测。将万用表置于 $R\times1$ 挡，测试中，若某个绕组的电阻值为无穷大，则说明此绕组有断路性故障。

（4）判别初、次级线圈。电源变压器初级引脚和次级引脚一般都是分别从两侧引出的，并且初级绕组多标有 220V 字样，次级绕组则标出额定电压值，如 15V、24V、35V 等。根据这些标记进行识别。

（5）空载电流的检测。

① 直接测量法。将次级所有绕组全部开路，把万用表置于交流电流挡（500mA），串入初级绕组。当初级绕组的插头插入 220V 交流市电时，万用表所指示的便是空载电流值。此值不应大于变压器满载电流的 10%～20%。一般常见电子设备电源变压器的正常空载电流应在 100mA 左右。如果超出太多，则说明变压器有短路性故障。

② 间接测量法。在变压器的初级绕组中串联一个 10Ω/5W 的电阻，次级仍全部空载。把万用表拨至交流电压挡，加电后，用两表笔测出电阻 R 两端的电压降 U，然后用欧姆定律算出空载电流 $I_{空}$，即 $I_{空}=U/R$。

（6）空载电压的检测。将电源变压器的初级接 220V 市电，用万用表交流电压接依次测出各绕组的空载电压值（U_{21}、U_{22}、U_{23}、U_{24}）应符合要求值，允许误差范围一般为：高压绕组≤±10%，低压绕组≤±5%，带中心抽头的两组对称绕组的电压差应≤±2%。

（7）一般小功率电源变压器允许温升为 40℃～50℃，如果所用绝缘材料质量较好，允许温升还可提高。

（8）检测判别各绕组的同名端。在使用电源变压器时，有时为了得到所需的次级电压，可将两个或多个次级绕组串联起来使用。采用串联法使用电源变压器时，参加串联的各绕组的同名端必须正确连接，不能搞错。否则，变压器不能正常工作。

（9）电源变压器短路性故障的综合检测判别。电源变压器发生短路性故障后的主要症状是发热严重和次级绕组输出电压失常。通常，线圈内部匝间短路点越多，短路电流就越大，变压器发热就越严重。检测判断电源变压器是否有短路性故障的简单方法是测量空载电流（测试方法前面已经介绍）。存在短路故障的变压器，其空载电流值将远大于满载电流的 10%。当短路严重时，变压器在空载加电后几十秒钟之内便会迅速发热，用手触摸铁心会有烫手的感觉。此时不用测量空载电流便可断定变压器有短路点存在。

三、整流电路

整流就是把交流电变为直流电的过程。电源电路中的整流电路主要有半波整流电路、全波整流电路和桥式整流电路三种。利用具有单向导电特性的器件（如二极管），可以把方向和大小改变的交流电变换为直流电。下面介绍利用晶体二极管组成的各种整流电路。

1. 单向半波整流电路

半波整流电路是一种最简单的整流电路。如图 2.1.3 所示的半波整流电路由整流二极管 VD 和负载电阻 R_L 组成。变压器把市电电压（多为 220V）变换为所需要的交变电压 e_2，VD 再把交流电变换为脉动直流电。变压器次级电压 e_2 是一个方向和大小都随时间变化的正弦波电压，它的波形如图 2.1.3（a）所示。在 0～π 时间内，e_2 为正半周即变压器上端为正，下端为负。此时二极管承受正向电压而导通，e_2 通过它加在负载电阻 R_L 上，在 π～2π 时间内，e_2 为负半周，变压器次级下端为正，上端为负。这时 VD 承受反向电压，不导通，R_L 上无电压。在 π～2π 时间内，重复 0～π 时间的过程，而在 3π～4π 时间内，又重复 π～2π 时间的过程……这样反复下去，交流电的负半周就被“削”掉了，只有正半周通过 R_L，在 R_L 上获得了一个单一右向（上正下负）的电压，如图 2.1.3（b）所示，达到了整流的目的，但是负载电压 U_o 以及负载电流的大小还随时间而变化，因此，通常称它为脉动直流。

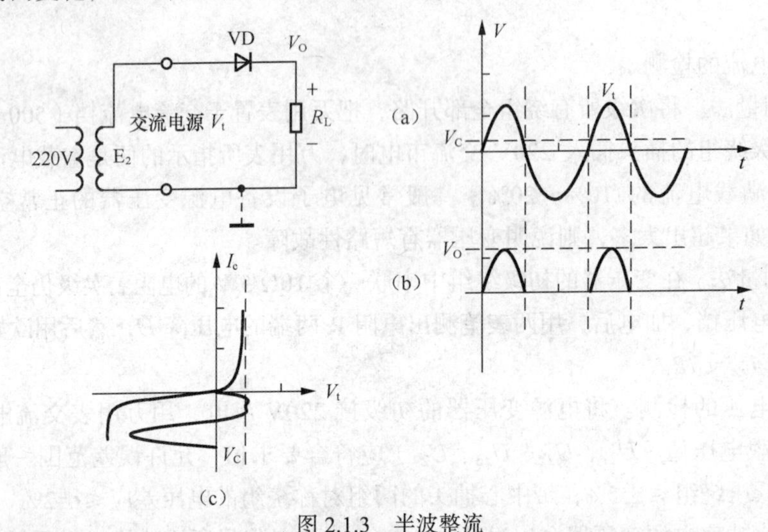

图 2.1.3　半波整流

这种除去半周、用下半周的整流方法，叫半波整流。不难看出，半波整说是以“牺牲”一半交流为代价而换取整流效果的，电流利用率很低。

在分析整流电路的性能时，主要考虑以下几项参数：输出直流电压 U_o、整流输出电压脉动系数、整流二极管正向平均电流 i_D 和最大反向峰值电压 U_{RM}（U_R=U_P）。前两项参数整流电路的质量，后两项参数体现了整流电路对二极管的要求，可以根据后面两项参数来选择适用的器件。

（1）输出直流电压 U_o。根据数学计算，单相半波整流电路输出直流电压与变压器次级交流电压可用如下的关系表示：

$$U_o=0.45U_2$$

上式说明，经半波整流后，负载上得到的直流电压只有次级电压有效值的 45%。如果考滤整流管的正向内阻和变压器内阻上的压降，则 U_o 数值还要低。

（2）脉动系数。经数学计算，单相半波整流电路输出电压的脉动系数 S=1.57，说明脉动成分很大。

（3）二极管正向平均电流 i_D。温升是决定半导体使用极限的一个重要指标，整流二极管的温升与通过二极管的有效值有关，但由于平均电流是整流电路的主要工作参数，在出厂时已经将二极管的允许温升折算成半波整流的平均值，在器件手册中给出。

在半波整流电路中，二极管的导通电流任何时候都等于输出电流，所以二者的平均电流也相等，即 $i_D=i_o$。当负载电流已知时，可以根据 i_o 来选定二极管的 i_D。

（4）二极管最大反峰电压 U_{RM}。每只整流管的最大反峰电压 U_{RM} 是指整流管不导电时，在它两端出现的最大反向电压。选管时应选比这个数值高的管子，以免被击穿。由图 2.1.3 很容易看出，整流二极管承受的最大反向电压就是变压器次级电压的最大值，即 $U_{RM}=U_P$。

2. 全波整流

图 2.1.4 所示为含两个二极管的全波整流电路，当输入电压处于交流电压的正半周时，二极管 VD_1 导通，输出电压 $u_o=u_2-u_{D1}$。当输入电压处于交流电压的负半周时，二极管 VD_2 导通，输出电压 $u_o=u_2-u_{D2}$。

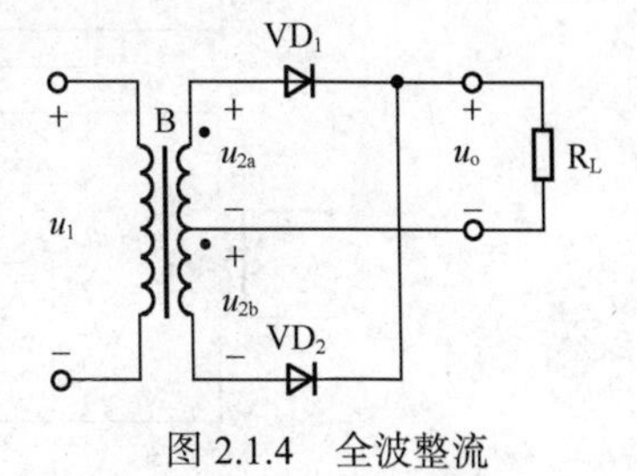

图 2.1.4　全波整流

全波整流的波形如图 2.1.5 所示，在 0～π 间内，u_{2a} 对 VD_1 为正向电压，VD_1 导通，在 R_L 上得到上正下负的电压；u_{2b} 对 VD_2 为反向电压，VD_2 不导通，如图 2.1.5 所示。在 π～2π 时间内，u_{2b} 对 VD_2 为正向电压，VD_2 导通，在 R_L 上得到的仍然是上正下负的电压；u_{2a} 对 VD_1 为反向电压，VD_1 不导通。如此反复，由于两个整流元件 VD_1、VD_2 轮流导电，结果负载电阻 R_L 上在正、负两个半周作用期间，都有同一方向的电流通过，因此称为全波整流，全波整流不仅利用了正半周，而且还巧妙地利用了负半周，从而大大地提高了整流效率。通过与半波整流相类似的计算，可以得到全波整流输出电压有效值 $U_{orsm}=0.9U_{rsm}$。

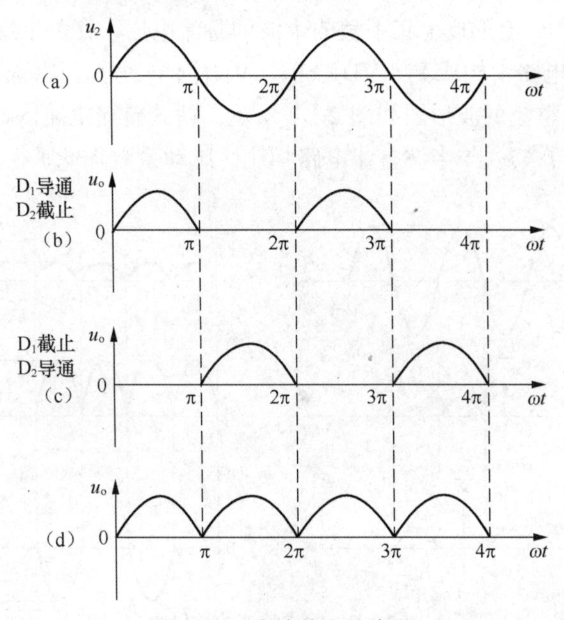

图 2.1.5　全波整流的波形

两个二极管的全波整流电路，需要变压器有一个使两端对称的次级中心抽头，这给制作上带来很多的麻烦。另外，这种电路中，每只整流二极管承受的最大反向电压，是变压器次级电压最大值的两倍，因此需用能承受较高电压的二极管。

3. 单相全波（桥式）整流电路

桥式整流电路是使用最多的一种整流电路。这种电路，只要增加两只二极管口连接成“桥”式结构，便具有全波整流电路的优点，而同时在一定程度上克服了它的缺点。

图 2.1.6 所示为桥式整流电路，电路中采用了 4 只二极管，互相接成桥式，故称桥式整流电路，电路常采用的 3 种画法如图 2.1.6 所示。

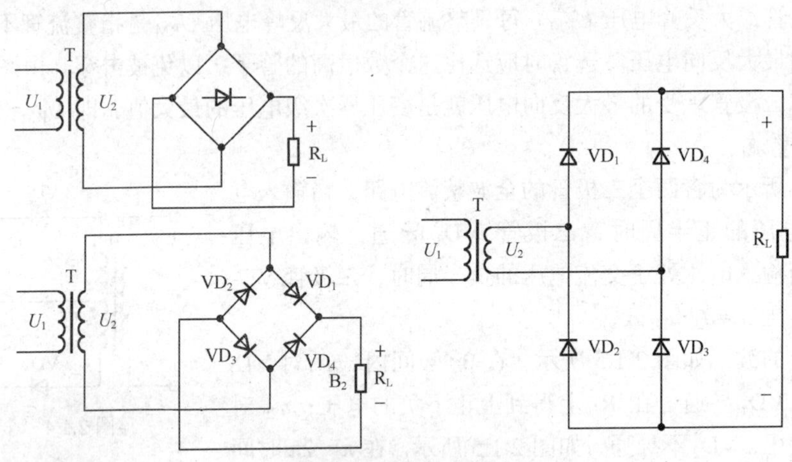

图 2.1.6 桥式整流电路

桥式整流电路的工作原理如下：e_2 为正半周时，对 VD_1、VD_3 加正向电压，VD_1、VD_3 导通；对 VD_2、VD_4 加反向电压，VD_2、VD_4 截止。电路中构成 e_2、VD_1、R_L、VD_3 通电回路，在 R_L 上形成上正下负的半波整流电压，e_2 为负半周时，对 VD_2、VD_4 加正向电压，VD_2、VD_4 导通；对在正半周，VD_1、VD_3 加正向电压，VD_1、VD_3 导通，VD_2、VD_4 截止。电路中构成 u_2、VD_1、R_L、VD_3 通电回路，在 R_L 上形成上正下负的半波的整流电压；在负半周，VD_1、VD_3 加反向电压，VD_1、VD_3 截止，电路中构成 e_2、VD_2、R_L、VD_4 通电回路，同样在 R_L 上形成上正下负的另外半波的整流电压。整流的波形图如图 2.1.7 所示。桥式整流电路的输出电压 U_o 与全流一样 $U_o=0.9U_2$，脉动系数 $S=0.67$。与半波整流电路相比，脉动系数降低了很多。

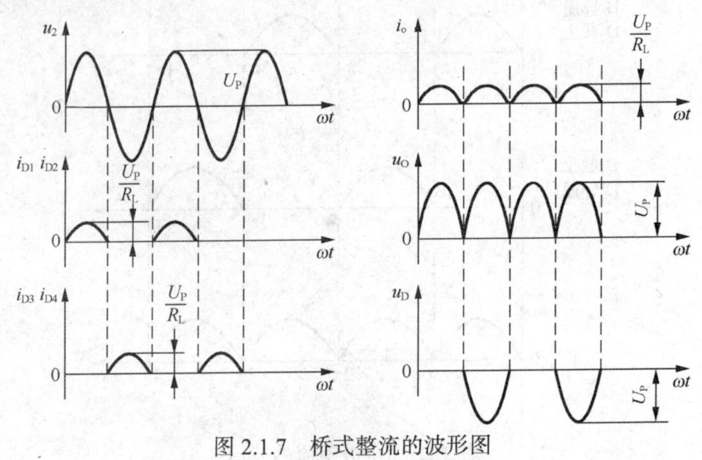

图 2.1.7 桥式整流的波形图

四、滤波电路

无论哪种整流电路，它们的输出电压都含有较大的脉动成分，如图 2.1.8 所示。滤波电路一般由电抗元件组成，如在负载电阻两端并联电容器 C，或与负载串联电感器 L，以及由电容、电感组成的各种复式滤波电路。一方面尽量降低输出电压中的脉动成分，另一方面又要尽量保留其中的直流成分，使输出电压接近于理想的直流电压。

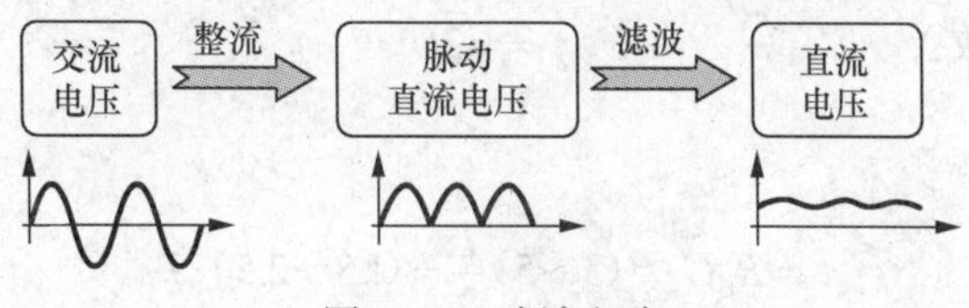

图 2.1.8 滤波电路

1. 电容滤波电路

以单向桥式整流电容滤波为例进行分析，其电路如图 2.1.9 所示。电容滤波电路如图 2.1.9 所示，在负载电阻 R_L 上并联一只电容，就构成了电容滤波电路，在这里电容为什么能起滤波作用呢？下面我们进行分析。

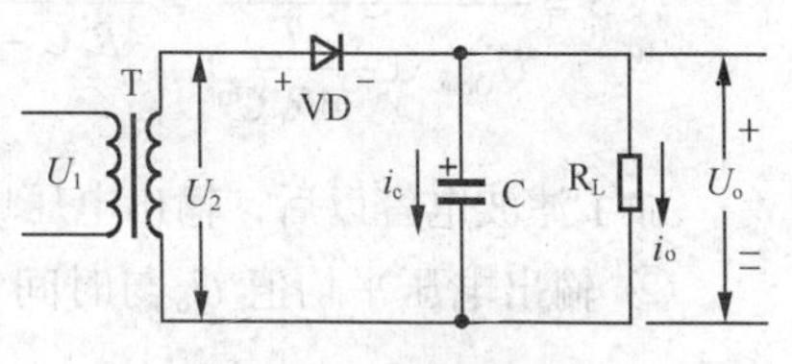

图 2.1.9 电容滤波电路

图 2.1.10 所示为波形图，没有接电容时，整流二极管在 u_2 的正半周导通，负半周截止，输出电压 u_o 的波形如图 2.1.10 虚线所示。并联电容以后，假设在 ωt=0 时，接通电源，则当 u_2 由零逐渐增大时二极管 VD 导通，通过二极管的电流向负载供电的同时，向电容 C 充电，电容器电压上正下负，如果忽略二极管的内阻，则在 u_o 等于变压器次级电压 u_2。u_2 达最大值后开始下降，此时电容上的电压也将由于放电而下降。当 $u_2 < u_o$ 时二极管反偏，于是 u_o 以一定的时间常数按指数规律下降，直到下一个正半周，当 $u_2 > u_o$ 时二极管又导通。输出电压的波形如图 2.1.10 中实线所示。

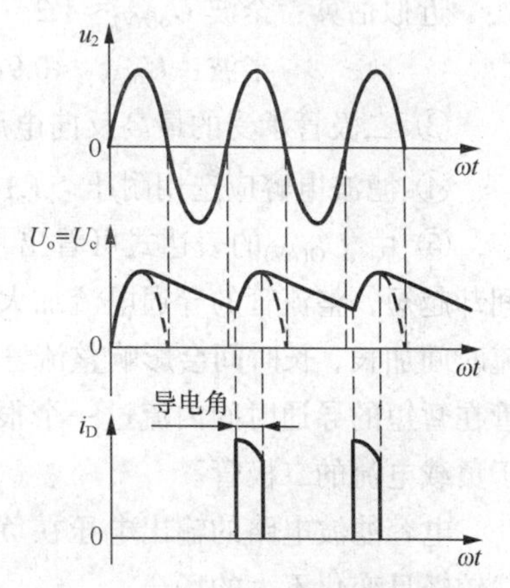

图 2.1.10 半波整流滤波波形图

桥式整流电容滤波的原理与半波整流相同，其原理电路和波形分别如图 2.1.11 和图 2.1.12 所示。

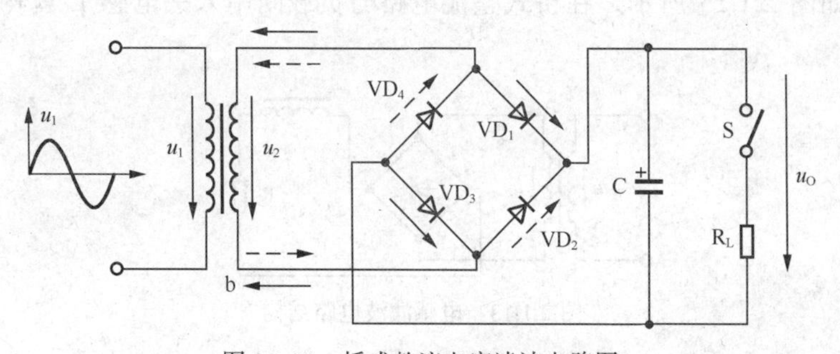

图 2.1.11 桥式整流电容滤波电路图

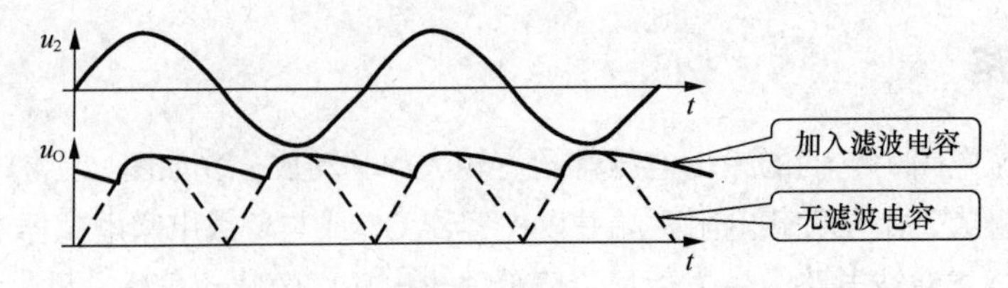

图 2.1.12　桥式整容电容滤波波形图

电容滤波的主要参数：　　　　　$U_{RM}=\sqrt{2}U_2$

① 脉动系数 S：

$$\tau=R_LC\approx(3\sim5)\frac{T}{2}=(1.5\sim2.5)\ T$$

$$\therefore S=\frac{\frac{T}{4R_LC}U_{Omax}}{U_{Omax}(1-\frac{T}{4R_LC})}=\frac{T}{4R_LC-T}=\frac{1}{\frac{4R_LC}{T}-1}$$

加了滤波电容以后，输出电压中的脉动成分降低了。

② 输出电压平均值 U_o 与时间常数 R_LC 有关。R_LC 愈大，电容器放电愈慢 U_o（平均值）愈大。

近似估算：全波 $U_{o(AV)}\approx1.2\sim1.5U_2$

半波：$U_{o(AV)}\approx0.9U_2$

③ 二极管承受的最高反向电压。

④ 滤波电容应选用耐压＞$1.1\sqrt{2}U_2$ 的电解电容。

⑤ 由 $U_{O(AV)}$的表达式可看出，C 越大，$U_{O(AV)}$也越大，$I_{O(AV)}$也会增大，而整流管的通电时间却越短，整流管的导通电流加大，如果 C 太大则初始充电时间要长，整流管中通过的冲击电流时间加长，长时间会影响整流管使用寿命。所以一般选择整流管 $I_{D(AV)}$＞（2～3）$I_{O(AV)}$。整流管在暂短的导通时间内流过一个很大的冲击电流，对管子寿命影响很大，所以必须选择 I_{DM} 大于负载电流的二极管。

电容滤波电路的输出电压在负载变化时波动较大，说明它的带负载能力较差，只适用于负载较轻且变化不大的场合

2. 电感滤波电路

电路结构如图 2.1.13 所示，在桥式整流电路与负载间串入一电感 L 就构成了电感滤波电路。

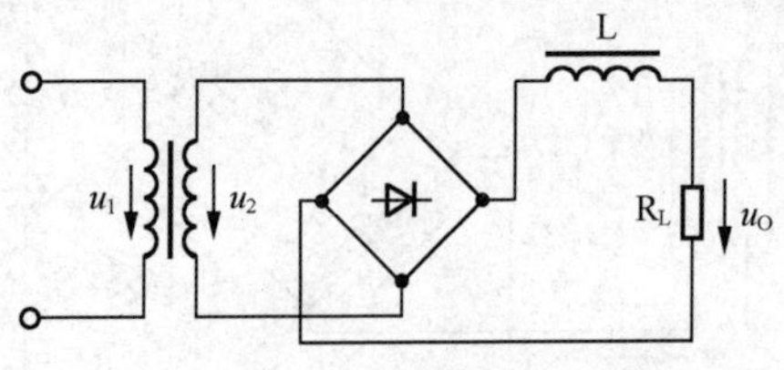

图 2.1.13　电感滤波电路结构

电感对直流分量相当于短路（X_L=0），所以直流电压大部分降在 R_L 上，对高频（谐波分量）

频率 f 越高，感抗 X_L 越大，所以交流电压大部分降在 X_L 上。因此，在输出端得到比较平滑的直流电压，如图 2.1.14 所示。电感越大，滤波效果越好。电感滤波适用于负载电流较大的场合。它的缺点是制作复杂、体积大、笨重且存在电磁干扰。

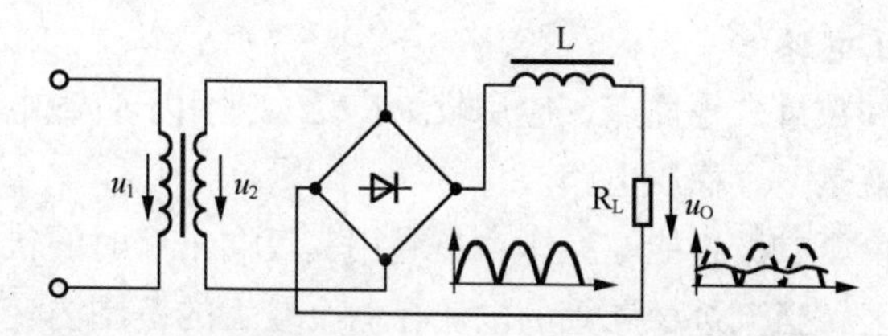

图 2.1.14　电感滤波电路，电感越大，滤波效果越好

3. 其他形式的滤波电路

① 改善滤波特性的方法：RC-π 滤波器。如图 2.1.15 所示。

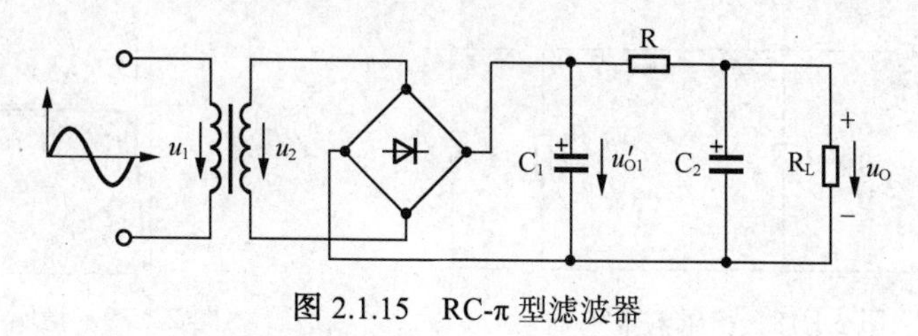

图 2.1.15　RC-π 型滤波器

② L-C 型滤波电路。如图 2.1.16 所示。

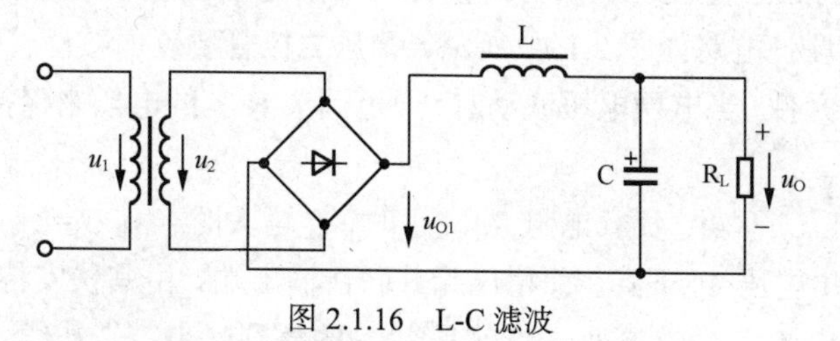

图 2.1.16　L-C 滤波

③ LC-π 型滤波电路。如图 2.1.17 所示。

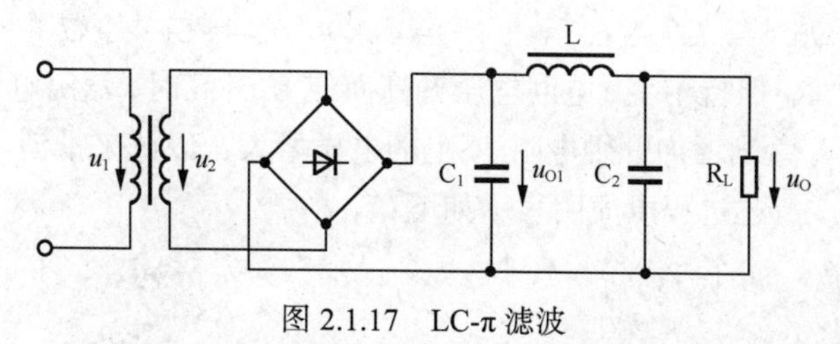

图 2.1.17　LC-π 滤波

LC、LC-π 型滤波电路适用于负载电流较大，要求输出电压脉动较小的场合。在负载较轻时，经常采用电阻替代笨重的电感，构成 RC-π 型滤波电路，同样可以获得脉动很小的输出电压。但电阻对交、直流均有压降和功率损耗，故只适用于负载电流较小的场合。

五、基本稳压电路

稳压电路的作用：为负载提供不随电源电压波动和负载波动影响的稳定的输出电压。常见的小功率稳压电路有三种，即稳压二极管的稳压电路、线性稳压电路、开关型稳压电路，其中稳压二极管电路最简单，但是带负载能力差，一般只提供基准电压，不作为电源使用；开关型稳压电路效率较高，目前用得也比较多，因学时有限，这里不做介绍。这里主要的介绍线性稳压电路。

1. 稳压二极管稳压电路

具有电路简单、元件数量少等优点，应用较为广泛。适用于负载电流小、负载电压不变的场合。如图 2.1.18 所示就是一个稳压电路。

（1）稳压二极管。稳压二极管能够稳压，是利用其反向击穿时的伏安特性，从图 2.1.19 中可以看出，在反向击穿区，当流过稳压管的电流在一个较大的范围内变化时（变化量为图中的 ΔI），稳压管两端相应的变化量 ΔU 却很小。因此如果将稳压二极管和负载并联，就能在一定条件下保持输出电压基本稳定。

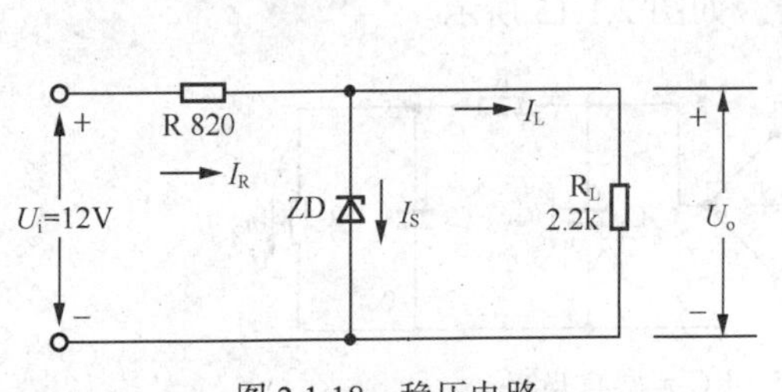

图 2.1.18 稳压电路

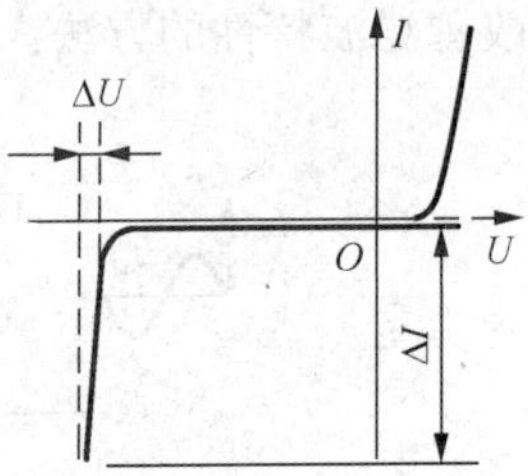

图 2.1.19 稳压二极管电路图

（2）二极管稳压原理。整流滤波所得的直流电压作为稳压电路的输入电压 U_i，稳压二极管 ZD 与负载电阻 R_L 并联。电路如图 2.1.18 所示，稳压二极管要反向接法，限流电阻 R 也是稳压电路不可缺少的组成元件，当电网电压波动时，通过调节 R 上的电压来保持输出电压基本不变。电路的稳压原理如下。

① 假设输入电压 U_i 不变，负载电阻 R_L 减小时，I_L 增大时，由 $U_i=U_R+U_o$ 得知，电流在电阻 R 上的电压升高，输出电压 U_o 下降。而稳压管并联在输出端，由其伏安特性可见，当稳压管两端电压略有下降时，电流 I_z 急剧减小，也就是由 I_z 的急剧减小，来补偿 I_L 的增大，最终使 I_R 基本保持不变，因而输出电压也维持基本稳定。上述过程可简明表示如下：

$$R_L\downarrow\rightarrow I_o\uparrow\rightarrow I_R\uparrow\rightarrow U_R\uparrow\rightarrow U_o\downarrow\rightarrow I_Z\downarrow\rightarrow U_R\downarrow\rightarrow U_o\uparrow$$

② 假设负载电阻 R_L 保持不变，电网电压升高而使 U_i 升高时，输出电压 U_o 也将随之上升，但此时稳压管的电流 I_z 急剧增加，则电阻 R 上的电压增大，以此来抵消 U_i 的升高，从而使输出电压基本保持不变。上述过程可简明表示如下：

$$u_I\uparrow\rightarrow u_2\uparrow\rightarrow U_o\uparrow\rightarrow I_Z\uparrow\rightarrow I_R\uparrow\rightarrow U_R\uparrow\rightarrow U_o\downarrow$$

2. 线性稳压电路

电路一般由调整、比较放大、取样、基准四大部分组成，如图 2.1.20 所示，一般的比较放

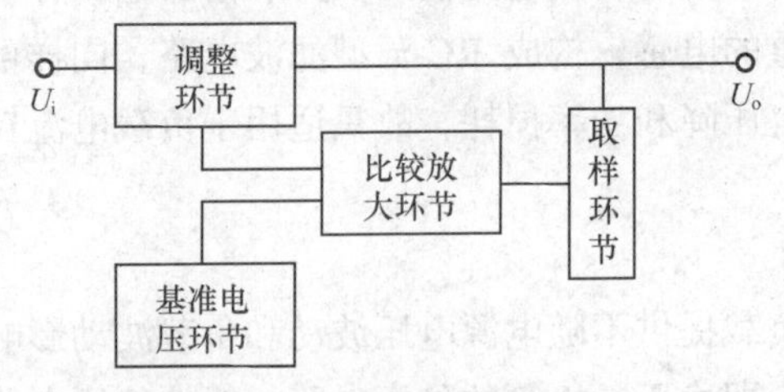

图 2.1.20 线性稳压电路组成图

大电路及调整电路是由三极管组成的电路。

（1）认识三极管。图 2.1.21 所示为常见的一些三极管的封装图，三极管是利用一定的掺杂工艺把两个 PN 结而成。根据内部 PN 结的顺序不同，分有 NPN、PNP 两种，它们的电路符号如图 2.1.22 所示。其中 NPN 内部结构如图 2.1.23 所示，从内部引出 3 条引线，分别称为基极、发射极、集电极。

图 2.1.21　常见三极管

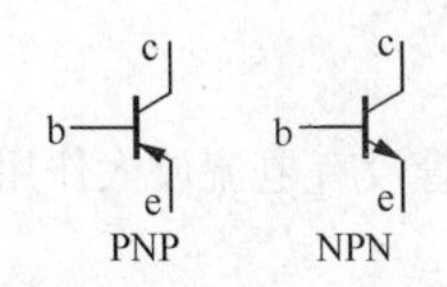

图 2.1.22　PNP 和 NPN 电路符号

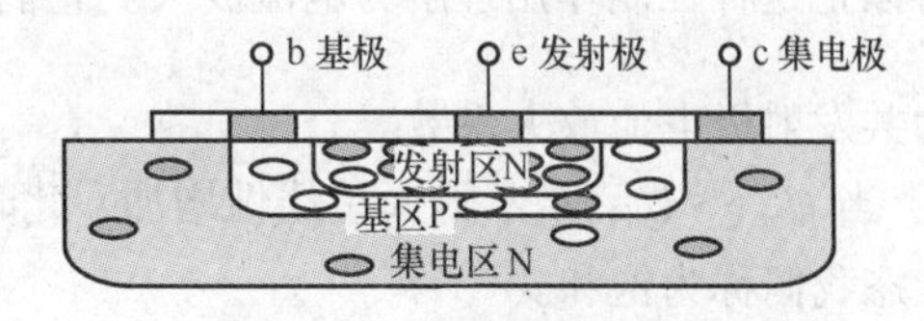

图 2.1.23　NPN 内部结构图

① 发射区掺杂浓度很高，以便有足够的载流子供“发射”。

② 基区的特点是很薄，为的是减少载流子在基区的复合机会，一般为几个微米，且掺杂浓度较发射极低。

③ 集电区体积较大，且为了顺利收集边缘载流子，掺杂浓度很低。

（2）三极管的封装。凡型号第一个字母为 3 的，是中国生产的三极管，3 表示有 3 个电极；凡型号第一个字母为 2 的，是国外生产的，2 表示有两个 PN 结。

（3）三极管的基本特性。三极管在电路中的应用非常广泛，可做为电流放大、电压放大、功率放大等作用。

实现电流放大作用有条件如下。

① 发射结必须“正向偏置”，即 $U_{BE}>U_{th}$ 以利于发射区电子的扩散，扩散电流即发射极电流 i_e，扩散电子的少数与基区空穴复合，形成基极电流 i_b，多数继续向集电结边缘扩散。

② 集电结必须“反向偏置”，即 $U_c>U_b>U_e$，以利于收集扩散到集电结边缘的多数扩散电子，收集到集电区的电子形成集电极电流 i_c。

③ 三极管放大电路如图 2.1.24 所示。

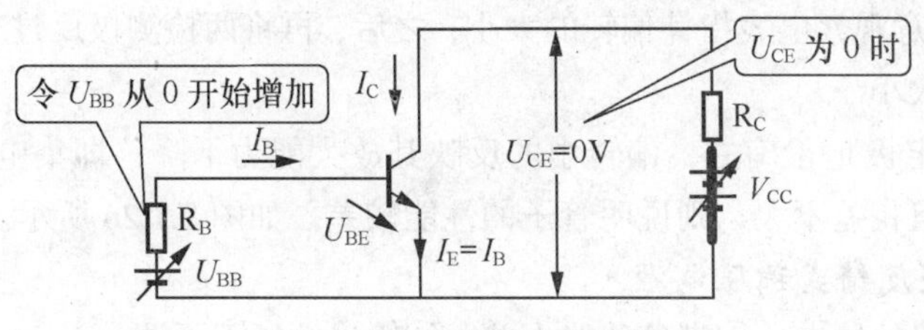

图 2.1.24　三极管放大电路

用万用表测各极电流如表 2.1.1 所示。

表 2.1.1　　NPN 管 S9013 的导通电流测量数据

电流表	各极电流	第一次测量	第二次测量	第三次测量	第四次测量
1	I_b（μA）	8	16	24	32
2	I_C（mA）	1	2	3	4

从表中的数据可以总结以下几点：

① 根据基尔霍夫 KCL 节点电流定义，整个过程中，发射区向基区发射的电子数等于基区复合掉的电子与集电区收集的电子数之和，即：$I_E=I_B+I_C$。

② 当 $U_{be} << U_{th}$ 时，$I_b=0$，$I_C=0$，此时三极管没有电流放大作用，当 $U_{be} >> U_{th}$ 时，集电极电流 I_C 随着基极电流微小的变化而产生较大的变化。这说明基极电流对集电极电流有控制作用，我们可以把这种控制作用理解为电流放大。它们的关系用公式表示为 $I_C=\beta I_b$ 或 $\beta=\frac{I_C}{I_b}$，式中 β 称为共发射极电流放大系数。

③ 当 $U_{be} >> U_d$，I_C 不随 I_b 呈线性增加，此时 $U_{ce}=0$，三极管没有电流放大作用，三极管的这种状态我们称为饱和。

④ 不同型号、不同类型和用途的三极管，β 值的差异较大，大多数三极管的 β 值通常在几十至几百的范围。

（4）用万用表测试三极管好坏及极性的方法。

① 用指针式万用表检测三极管的基极和管型。如图 2.1.25 所示先将万用表置于 R×1k 欧姆挡，将红表棒接假定的基极 B，黑表棒分别与另两个极相接触，观测到指针不动（或近满偏）时，则假定的基极是正确的；晶体管类型为 NPN 型（或 PNP 型），如果把红黑两表棒对调后，指针仍不动（或仍偏转），则说明管子已经老化（或已被击穿）。

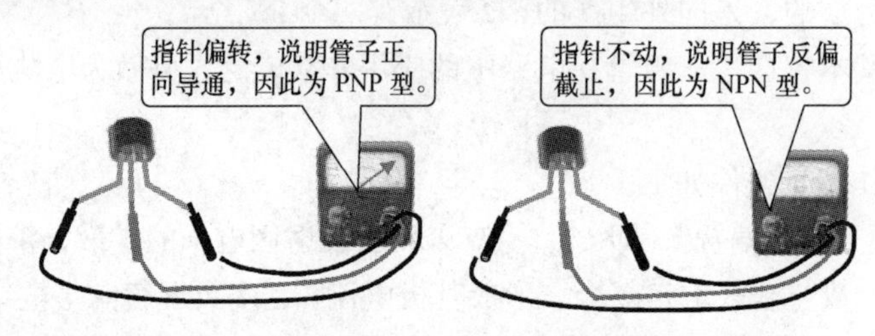

图 2.1.25　用指针式万用表检测三极管的基极和管型

② 用万用表 $R\times1$k 欧姆挡判别发射极 E 和集电极 C。若被测管为 NPN 三极管，让黑表棒接假定的集电极 C，红表棒接假定的发射极 E。两手分别捏住 B、C 两极充当基极电阻 R_B（两手不能相接触）。注意观察电表指针偏转的大小；之后，再将两检测极反过来假定，仍然注意观察电表指针偏转的大小。

偏转较大的假定极是正确的，偏转小的反映其放大能力下降，即集电极和发射极接反了，如果两次检测时电阻相差不大，则说明管子的性能较差。如图 2.1.26 所示。

3. 晶体管串联反馈式稳压电源

稳压管稳压电路的缺点：①带负载能力差；②输出电压不可调。

为改进带负载能力差的特点，做了如下的改进。

（1）提高带负载能力：在输出端加一射极输出器，如图 2.1.27 所示。

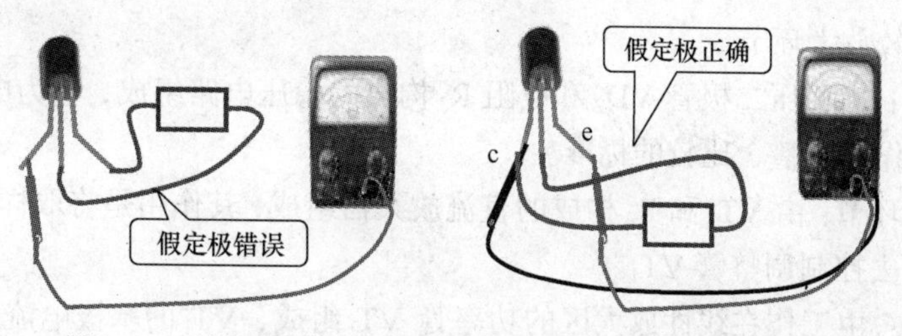

图 2.1.26　用万用表 R × 1k 欧姆挡判别发射极 E 和集电极 C

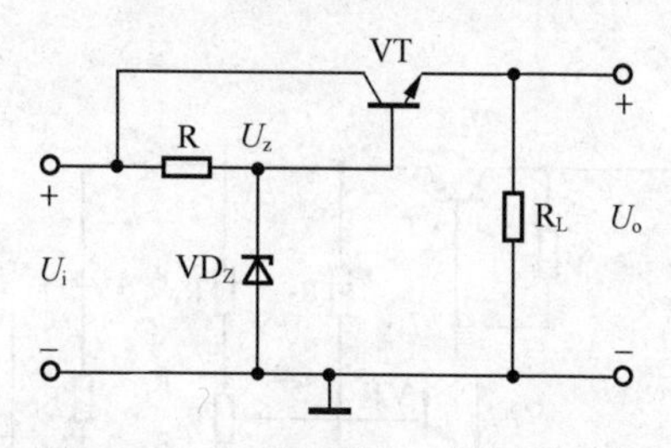

图 2.1.27　在输出端加一射极输出器

（2）使输出电压可调：在射极输出器前加一带有负反馈的放大器。调节反馈系数 U_f 即可调节放大倍数，如图 2.1.28 所示。

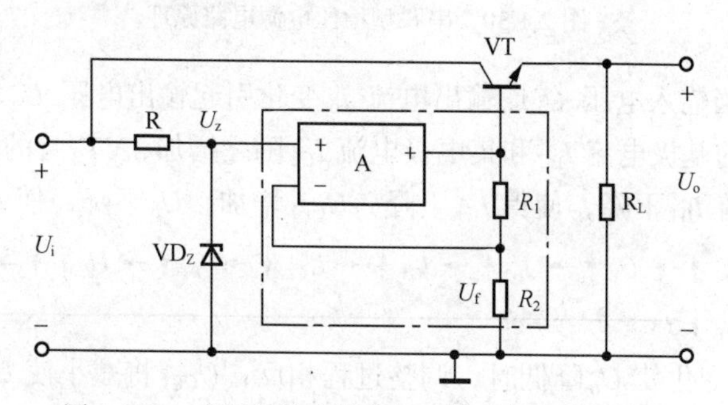

图 2.1.28　在射极输出器前加一带有负反馈放大器

（3）串联型稳压电源的构成。为了进一步稳定输出电压，将反馈元件接到输出端，如图 2.1.29 所示，这样电路就由 4 部分组成：基准电压、调整管、取样电路、放大比较环节。

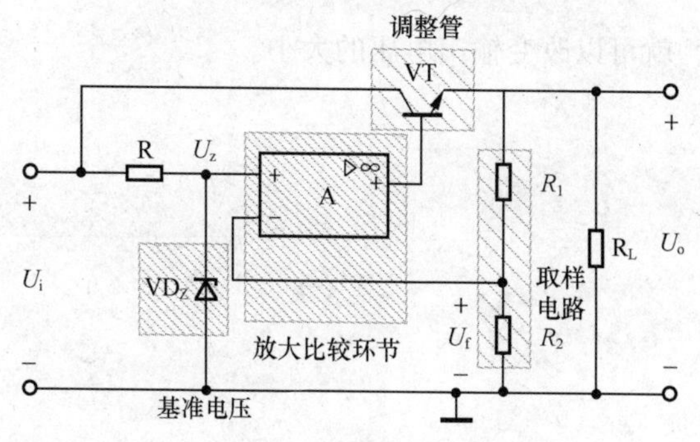

图 2.1.29　将反馈元件接到输出端

串联型稳压电源电路原理如图 2.1.30 所示。电路的组成及各部分的作用如下。

① 取样电路：由 R_1、R_P、R_2 组成的分压电路构成，它将输出电压 U_o 分出一部分作为取样

电压 U_F，送到比较放大环节。

② 基准电压：由稳压二极管 VD_Z 和电阻 R_3 构成的稳压电路组成，它为电路提供一个稳定的基准电压 U_Z，作为调整、比较的标准。

③ 比较放大环节：由 VT_2 和 R_4 构成的直流放大器组成，其作用是将取样电压 U_F 与基准电压 U_Z 之差放大后去控制调整管 VT_1。

④ 调整环节：由工作在线性放大区的功率管 VT_1 组成，VT_1 的基极电流 I_{B1} 受比较放大电路输出的控制，它的改变又可使集电极电流 I_{C1} 和集、射电压 U_{CE1} 改变，从而达到自动调整稳定输出电压的目的。

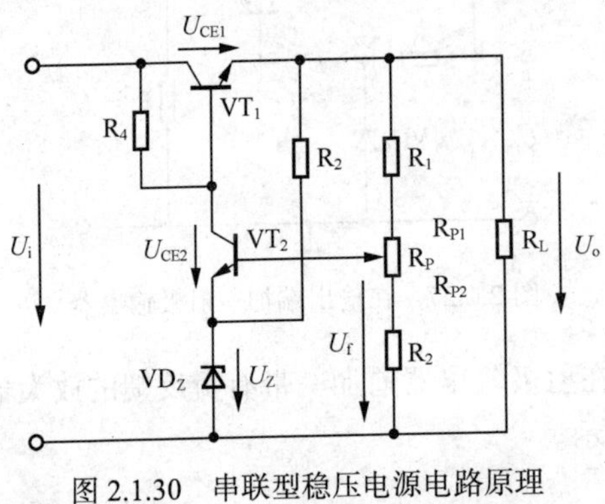

图 2.1.30　串联型稳压电源电路原理

电路工作原理：当输入电压 U_i 或输出电流 I_o 变化引起输出电压 U_o 增加时，取样电压 U_F 相应增大，使 VT_2 管的基极电流 I_{B2} 和集电极电流 I_{C2} 随之增加，VT_2 管的集电极电位 U_{C2} 下降，因此 VT_1 管的基极电流 I_{B1} 下降，使得 I_{C1} 下降，U_{CE1} 增加，U_o 下降，使 U_o 保持基本稳定。

$$U_o\uparrow \rightarrow U_F\uparrow \rightarrow I_{B2}\uparrow \rightarrow I_{C2}\uparrow \rightarrow U_{C2}\downarrow \rightarrow I_{B1}\downarrow \rightarrow U_{CE1}\uparrow \rightarrow U_o\downarrow$$

同理，当 U_i 或 I_o 变化使 U_o 降低时，调整过程相反，U_{CE1} 将减小使 U_o 保持基本不变。

从上述调整过程可以看出，该电路是依靠电压负反馈来稳定输出电压的。设 VT_2 发射结电压 U_{BE2} 可忽略则：$U_F=U_Z=\dfrac{R_b}{R_a+R_b}U_o$ 或 $U_o=\dfrac{R_a+R_b}{R_b}U_Z$

调节电位器的大小，就可以改变输出电压的大小。

任务实施

一、整流滤波

1. 目的

（1）熟悉单相半波、全波、桥式整流电路；

（2）观察了解电容滤波作用；

（3）了解并联稳压电路。

2. 器材

（1）示波器；

（2）数字万用表。

3. 内容

（1）半波整流、桥式整流电路实验。电路分别如图 2.1.33、图 2.1.34 所示。分别接两种电路，用示波器观察 U_2 及 U_L 的波形，并测量 U_2、U_D、U_L。

为避免经常烧保险，不得通电接线，接线要准确，确定无误后再通电。否则极易烧毁保险。

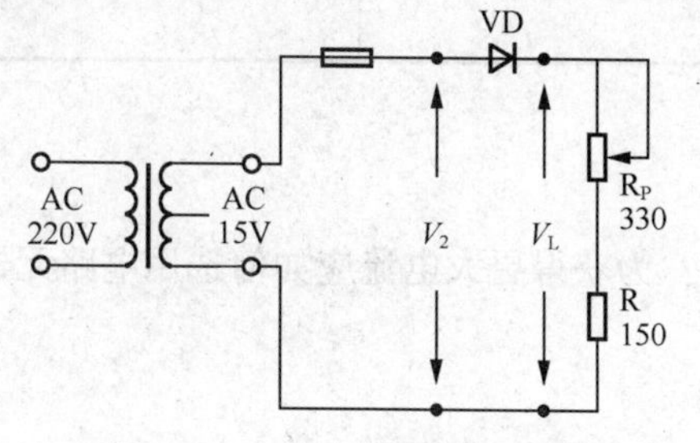

图 2.1.31　半波整流实现电路

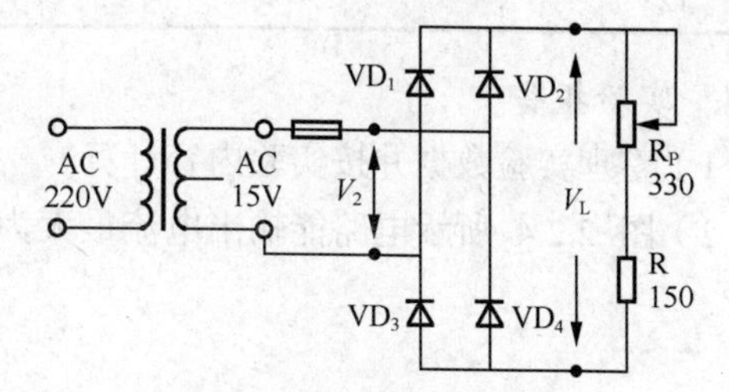

图 2.1.32　桥式整流实验电路

（2）电容滤波电路。实验电路如图 2.1.33 所示。

① 分别用不同电容接入电路，R_L 先不接，用示波器观察波形，用电压表测 U_L 并记录。

② 接上 R_L，先用 R_L=1kΩ，重复上述实验并记录。

③ 将 R_L 改为 150Ω，重复上述实验。

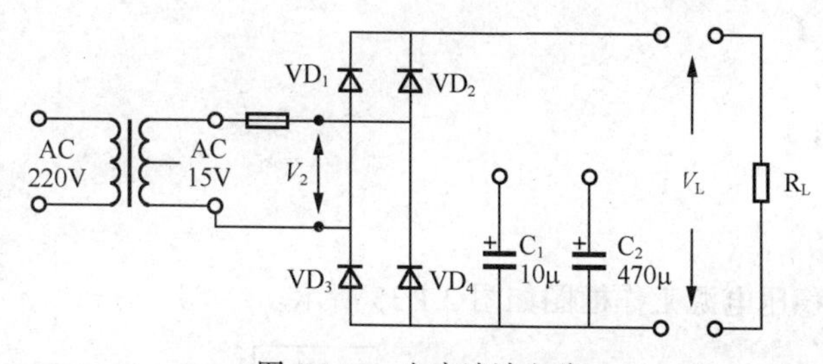

图 2.1.33　电容滤波电路

（3）并联稳压电路。实验电路如图 2.1.34 所示。

① 电源输入电压不变，负载变化时电路的稳压性能。改变负载电阻 R_L 使负载电流 I_L=5mA，10mA，15mA 分别测量 U_L、U_R、I_L、I_R，计算电源输出电阻。

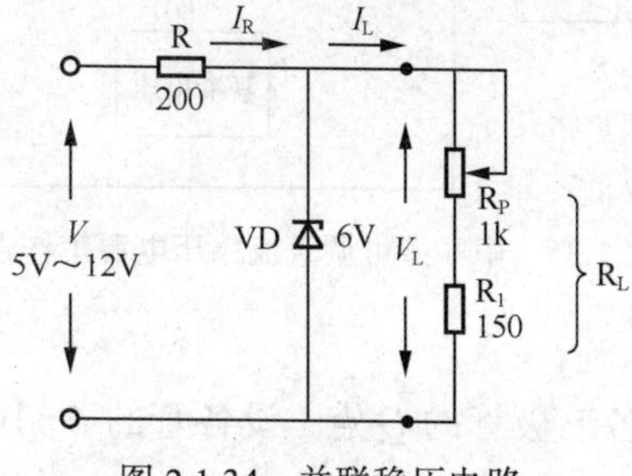

图 2.1.34　并联稳压电路

② 负载不变，电源电压变化时电路的稳压性能。用可调的直流电压变化模拟 220V 电源电压变化，电路接入前将可调电源调到 10V（模拟工作稳定时），然后分别调到 8V、9V、11V、12V（模拟工作不稳定时），按表 2.1.2 内容测量填表，并计算稳压系数。

表 2.1.2

U_I	U_L	I_R(mA)	I_L(mA)
10V			
8V			
9V			
11V			
12V			

4. 实验报告

（1）整理实验数据并按实验内容计算。

（2）图 2.2.4 所示电路能输出电流最大为多少？为获得更大电流应如何选用电路元器件及参数？

二、串联型稳压电源

1. 目的

（1）研究稳压电源的主要特性，掌握串联稳压电路的工作原理；

（2）学会稳压电源的调试及测量方法。

2. 仪器

（1）直流电压表；

（2）直流毫安表；

（3）示波器；

（4）数字万用表。

串联型可调直流稳压电源工作框图如图 2.1.35 所示。

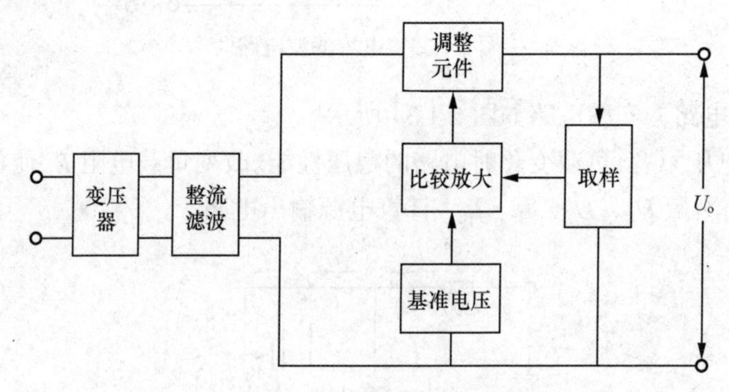

图 2.1.35　串联型可调直流稳压电源工作框图

3. 要求

（1）估算图 2.1.36 电路中各三极管的 Q 点（设各管的 β=100，电位器 R_P 滑动端处于中间位置。

（2）画好数据表格。

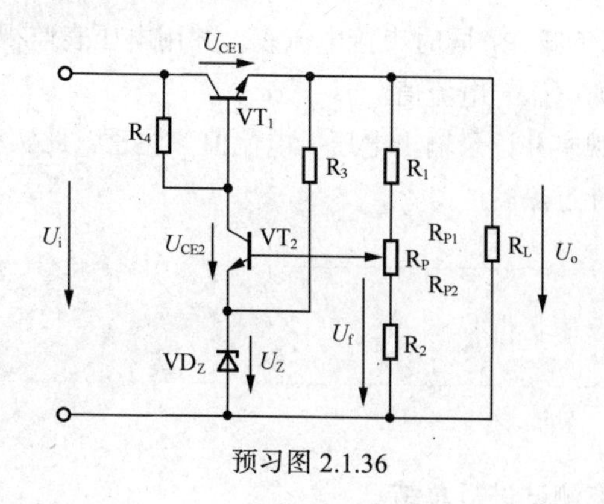

预习图 2.1.36

4. 内容

（1）静态调试。

① 看清楚实验电路板的接线，查清引线端子。

② 按图 2.1.36 接线，负载 R_L 开路，即稳压电源空载。

③ 将+5V～+27V 电源调到 9V，接到 U_i 端。再调电位器 R_P，使 U_O=6V。测量各三极管的 Q 点。

④ 调试输出电压的调节范围。调节 R_P，观察输出电压 U_O 的变化情况，并记录 U_O 的最大和最小值。

（2）动态测量。

① 测量电源稳压特性。使稳压电源处于空载状态，调节电位器，模拟电网电压波动±10%；即 U_i 由 8V 变到 10V。量测相应的 ΔU。根据

$S=\dfrac{\Delta U_o/U_o}{\Delta U_i/U_i}$ 计算稳压系数。

② 测量稳压电源内阻。稳压电源的负载电流 I_L 由空载变化到额定值 I_L=100mA 时，测量输出电压 U_O 的变化量，即可求出电源内阻 $r_o=\left|\dfrac{\Delta U_o}{\Delta I_L}\times 100\%\right|$。测量过程中使 U_i=9V 保持不变。

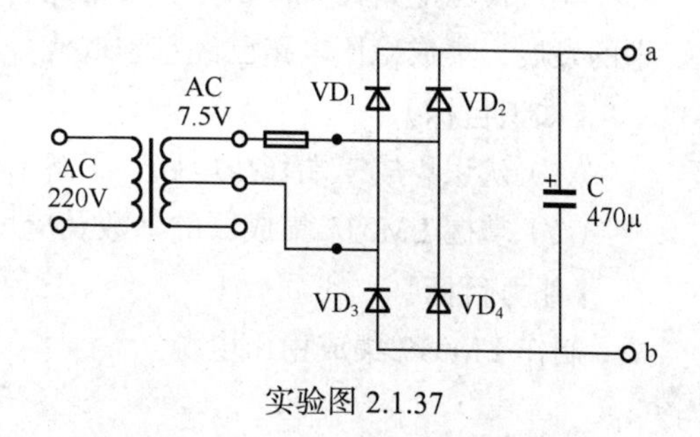

实验图 2.1.37

③ 测试输出的纹波电压。将图 2.1.37 中电压输入端 U_i 接到图 2.1.36 的整流滤波电路输出端（即接通 A-a，B-b），在负载电流 I_L=100mA 条件下，用示波器观察稳压电源输入输出中的交流分量 U_O，描绘其波形。用晶体管毫伏表，量测交流分量的大小。

A：如果把图 2.2.6 电路中电位器的滑动端往上（或是往下）调，各三极管的 Q 点将如何变化？可以试一下。

B：调节 R_L 时，VT_1 的发射极电位如何变化？电阻 R4 两端电压如何变化？

C：如果把 C_3 去掉（开路），输出电压将如何？

D：这个稳压电源哪个三极管消耗的功率大？

（3）输出保护。

① 在电源输出端接上负载 R_L 同时串接电流表。并用电压表监视输出电压，逐渐减小 R_L 值，直到短路，记录此时的电压、电流值。

② 逐渐加大 R_L 值，观察并记录输出电压、电流值。注意：此实验内容短路时间应尽量短（不超过 5 秒），以防元器件过热。

如何改变电源保护值？

5. 实验报告

（1）对静态调试及动态测试进行总结。

（2）计算稳压电源内阻 $r_o = \dfrac{\Delta U_o}{\Delta U_L}$ 及稳压系数 S_r。

任务二　集成稳压电源制作

任务引入与目标

集成稳压电路具有体积小、价格低、可靠性高、调整简便等一系列优点，随着集成电路技术的发展，集成稳压电路已经基本取代分立件电路。

【知识目标】

（1）认识集成三端稳压电路，了解 LM7800、LM7900 系列电路的参数及应用。

（2）掌握 LM317 集成器的参数及应用电路。

【能力目标】

制作 LM317 集成稳压电源。

相关知识

一、三端固定集成稳压器

1. 7788、7799 系列的型号命名

① CCW780 系列（正电源）和 CWCW79 系列（负电源）。

② 输出电压 5V/6V/9V/12V/15V/18V/24V。

③ 输出电流

778L××798L××——输出电流 100mA

778M××79MM××——输出电流 5 500mA

778××/79××——输出电流 1.5A

例如：CW7805 输出 5V，最大电流 1.5A；

CW78L12 输出 12V，最大电流 0.1A。

2. 三端集成稳压电路的外形封装

三端集成稳压电路的外形封装如图 2.2.1 所示。

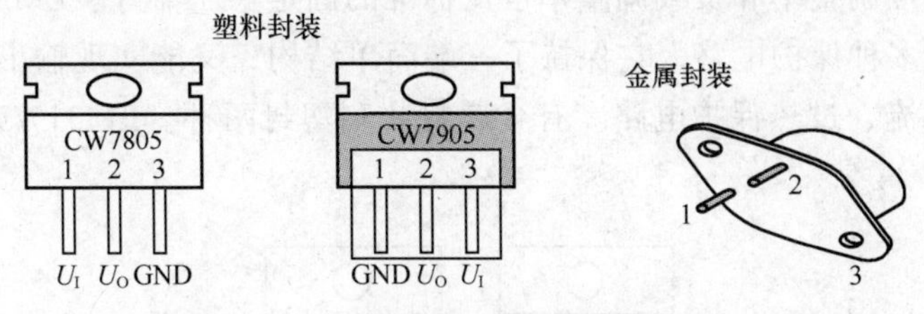

图 2.2.1　三端集成稳压电路的外形封装

3. 典型应用电路

典型应用电路如图 2.2.2 所示。

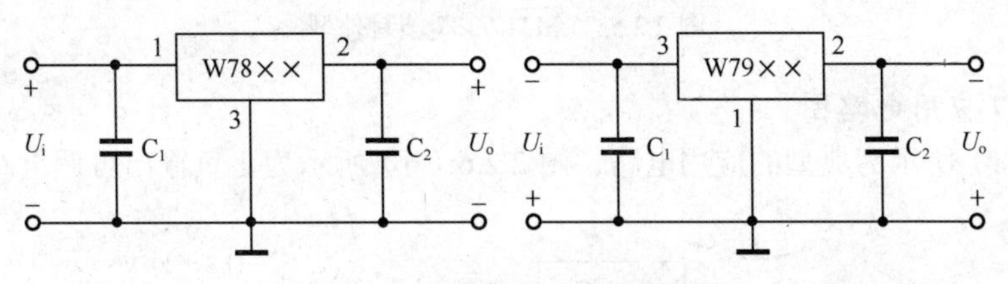

图 2.2.2　典型集成三端稳压电路

4. 输出正、负固定电压的电路

输出正、负固定电压的电路如图 2.2.3 所示。

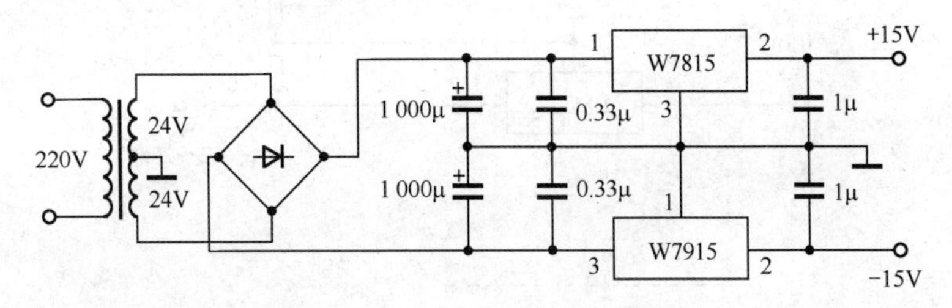

图 2.2.3　输出正、负固定电压的电路

5. 提高输出电压的电路

提高输出电压的电路如图 2.2.4 所示。

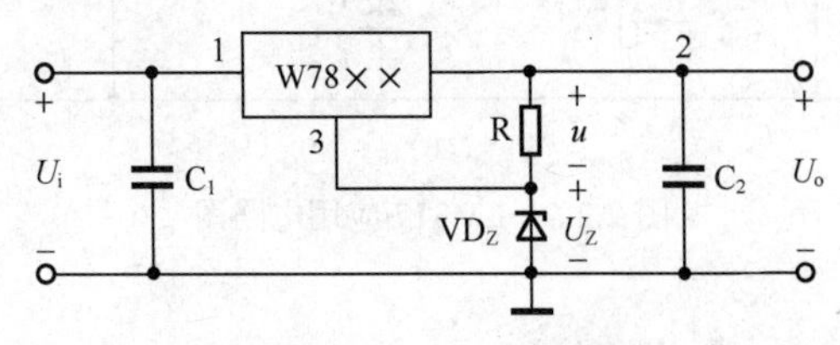

图 2.2.4　提高输出电压的电路

输出电压 $U_o=U+U_Z$

二、可调式三端集成稳压器（正电压 LM317、负电压 LM337）

1. LM317 特点

LM317 是美国国家半导体公司的三端可调正稳压器集成电路。LM317 的输出电压范围是 1.2V 至 37V，负载电流最大为 1.5A。它的使用非常简单，仅需两个外接电阻来设置输出电压。此外它的线性调整率和负载调整率也比标准的固定稳压器好。LM317 内置有过载保护、安全区保护等多种保护电路，它保持了三端简单结构，又能实现输出电压的连续可调，稳压器内部含有过流、过热保护电路。有金属封装和塑封两种。LM317/337 塑封外型如图 2.2.5 所示。

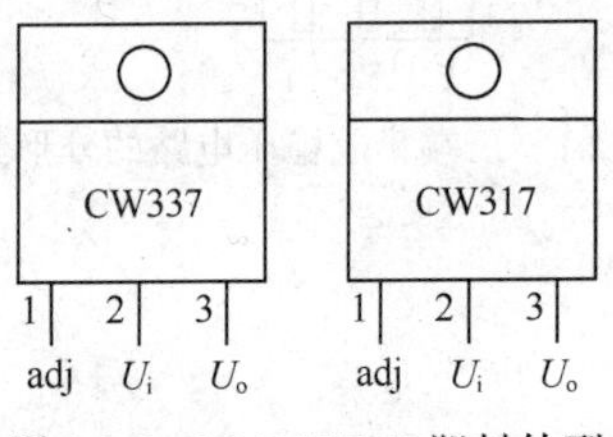

图 2.2.5　LM317/337 塑封外型

2. LM317 应用电路图

图 2.2.6（a）所示为典型的应用电路，图 2.2.6（b）所示为正负输出可调电路。

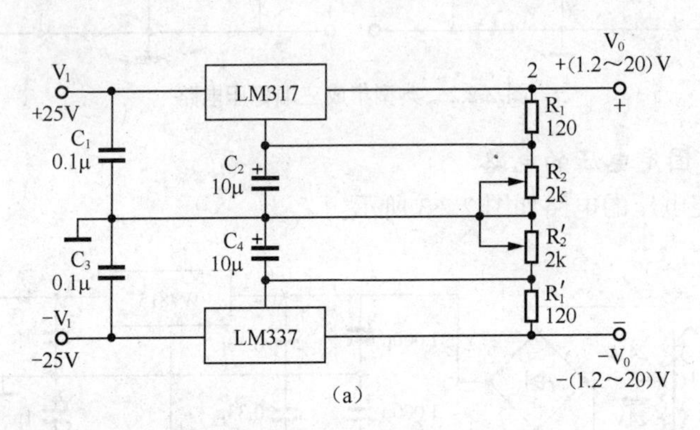

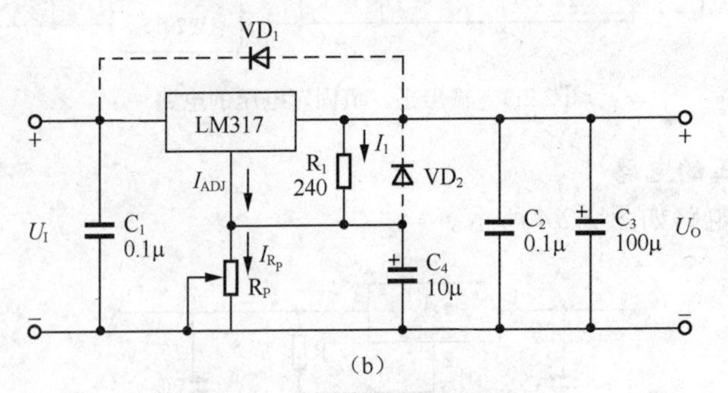

图 2.2.6　LM317 应用电路图

3. 工作原理

LM317 为三端可调式正电压输出集成稳压器，其输出端 2 与调整端 1 之间为固定不可变的基准电压 1.25V（在 LM317 内部）。输出电压 U_O 由电阻 R_1 和 R_P 的数值决定，$U_O = 1.25(1+\frac{R_P}{R_1})$，改变 R_P 的数值，可以调节输出电压的大小。

在图 2.3.6（a）中 R_1 的值为 120～240Ω，流经 R_1 的泄放电流为 5～10mA。C_1 用来抑制高频干扰，电容 C_4 与 R_P 并联组成滤波电路，以减小输出的纹波电压，C_2 用来克服 LM317 在深度负反馈工作下可能产生的自激振荡，还可进一步减小输出电压中的纹波分量。VD_1 的作用是防止输出端短路时，C_3 放电损坏稳压器。VD_2 的作用是防止输出端短路时，C_4 放电损坏稳压器。在正常工作时，保护二极管 VD_1、VD_2 都处于截止状态。

4. 0～30V 可调电路

为实现从 0 开始调节，电路图改进如图 2.3.7 所示，用 LM317 制作的稳压器，由于受集成块内电其电路的限制，最低输出电压为 1.25V。而图 2.3.6 所示电路则可以使电压从 0V 开始调整。该电路和 LM317 基本应用电路的不同之处是增加了一组负压辅助电源。稳压管 VD 正极对地电压为-1.25V，调压电位器 R_2 的下端没有接在地端，而是接在稳压管正极，稳压电源的输出电压仍然从三端稳压器的输出端与地之间获得。这样当 VD 的阻值调到零时，R_1 上的 1.25V 电压刚好和 VD 上的-1.25V 相抵消，从而使输出电压为 0V。该电路可以从 0V 起调，输出电压可达 30V 以上。

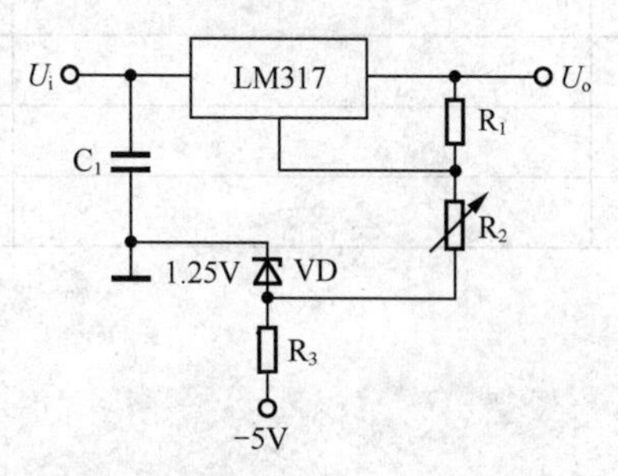

图 2.2.7　LM3170～30V 电路改进图

任务实施

1. 目的

（1）理解集成稳压器 78XX、79XX 及 LM317 的应用；

（2）能应用集成稳压器制成稳压电路；

（3）能对稳压电路进行检测与维修。

2. 仪器

（1）直流电源；

（2）万用表；

（3）电阻、电容、二极管、LM317。

3. 实验内容及步骤

（1）购置元件，按照电路图 2.2.6（b），列出元件清单，填入表 2.2.1，要注意元件参数应符合电路要求。

表 2.2.1

（2）设计电源外壳，电路板，及元件布局。

（3）组装电路。

（4）调试电路。

（5）测量电路指标，填入表 2.2.2。

表 2.2.2

项目小结

直流稳压电源是电子产品必不可少的单元电路或产品，本项目通过制作直流稳压电源，理解直流稳压电源电路的基本组成、电路的工作原理，掌握电路的测试方法及产品的排版技能。通过制作稳压电源电路让学生理解知识的同时，提高学生的电子制作技能，更进一步地提高学生的学习兴趣。

习　题

1．判断题

（1）整流电路可将正弦电压变为脉动的直流电压。（　　）

（2）电容滤波电路适用于小负载电流，而电感滤波电路适用于大负载电流。（　　）

（3）在单相桥式整流电容滤波电路中，若有一只整流管断开，输出电压平均值变为原来的一半。（　　）

（4）对于理想的稳压电路，$\Delta U_O/\Delta U_I = 0$，$R_o = 0$。（　　）

（5）线性直流电源中的调整管工作在放大状态。（ ）

（6）因为串联型稳压电路中引入了深度负反馈，因此也可能产生自激振荡。（ ）

2．选择题

（1）整流的目的是______。

A．将交流变为直流　　B．将高频变为低频　　C．将正弦波变为方波

（2）在单相桥式整流电路中，若有一只整流管接反，则______。

A．输出电压约为 $2U_D$　　B．变为半波直流　　C．整流管将因电流过大而烧坏

（3）直流稳压电源中滤波电路的目的是______。

A．将交流变为直流　　B．将高频变为低频

C．将交、直流混合量中的交流成分滤掉

（4）滤波电路应选用______。

A．高通滤波电路　　B．低通滤波电路　　C．带通滤波电路

（5）串联型稳压电路中的放大环节所放大的对象是______。

A．基准电压　　B．采样电压　　C．基准电压与采样电压之差

3．应用题

电路如图 2.2.8 所示，变压器副边电压有效值为 $2U_2$。

（1）画出 u_2、u_{D1} 和 u_O 的波形。

（2）求出输出电压平均值 $U_{O(AV)}$ 和输出电流平均值 $I_{L(AV)}$ 的表达式。

（3）二极管的平均电流 $I_{D(AV)}$ 和所承受的最大反向电压 U_{Rmax} 的表达式。

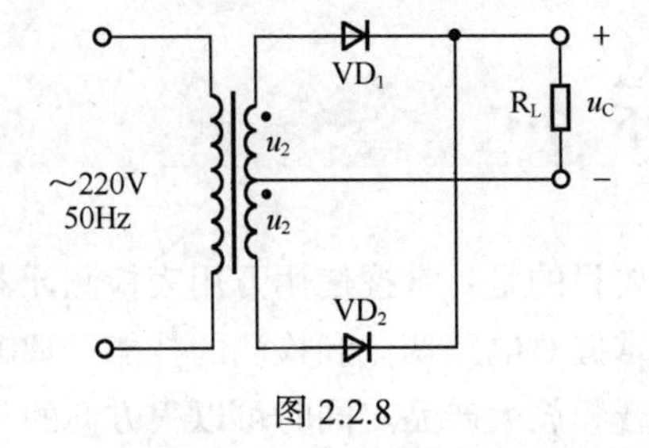

图 2.2.8

项目三

制作功率放大器

任务一 制作前置放大器

任务引入与目标

设计制作功率放大器的主要目的是：掌握使用万用表检测元器件的技能；掌握电路设计、电路组装、装配工艺等技能；掌握对电路调试和检测的技能；理解基本放大器的工作原理及其应用，前置放大器可以制作成音频放大产品。同时可以很方便的利用实训场室的仪器仪表进行相关的测试（如测试放大倍数，观察信号放大、失真情况等等），以达到对放大器的原理和特性的直观认识。

【知识目标】

（1）掌握基本放大电路的基本构成和工作原理。
（2）会分析基本放大电路直流通路与交流通路。
（3）了解两级放大电路的工作特点。
（4）熟悉负反馈电路工作过程。

【能力目标】

（1）能熟练地分析单级交流电压放大电路的工作原理，并熟练检测单级放大器。
（2）会使用万用表、示波器检测负反馈放大电路，并能排除电路的故障。
（3）能按照设计要求制作高、低音调节电路。

相关知识

一、放大器的基本知识

1. 放大器的概述

把微小的输入变化的信号放大到足够大，只放大信号的量（幅度），不改变信号的（频率、波形）的装置，叫做放大器。放大器把小信号放大需要直流电源提供能量，可见，放大器可以看成是一种能量转换器。它具有如下两个基本作用：

（1）放大作用：放大器的输出信号的幅值（电流、电压或功率）大于输入信号；

（2）传输作用：要求输出波形与输入波形相同或相近，即尽量不失真地传输。

2. 放大器的基本结构

如图 3.1.1 所示，电路由信号源、放大器、直流电源、负载 4 大部分组成。

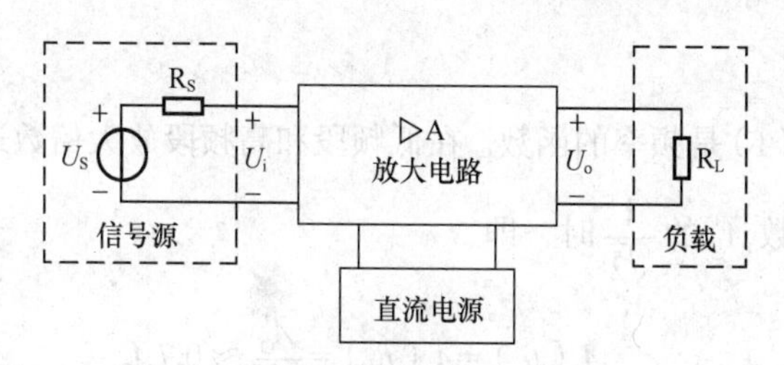

图 3.1.1　放大器方框图

3. 放大电路的主要技术指标

（1）放大倍数——表示放大器的放大能力。

根据放大电路输入信号的条件和对输出信号的要求，放大器可分为四种类型，所以有四种放大倍数的定义。在应用中，为了表示和计算的方便，放大器的放大能力常用放大倍数的对数值来表示，称为增益，用 G 表示。

① 电压放大倍数定义为：　$A_u=\dfrac{u_o}{u_i}$（重点）　$G_u=20\lg\dfrac{u_o}{u_i}$(dB)

② 电流放大器　$A_i=\dfrac{i_o}{i_i}$　$G_i=20\lg\dfrac{i_o}{i_i}$(dB)

③ 功率放大倍数　$A_p=\dfrac{P_o}{P_i}$　$G_p=10\lg\dfrac{P_o}{P_i}$(dB)

三者之间关系是：　$A_p=A_uA_i$

（2）输入电阻 r_i——从放大电路输入端看进去的等效电阻输入电阻。

一般来说，r_i 越大越好。

① r_i 越大，i_i 就越小，从信号源索取的电流越小。

② 当信号源有内阻时，r_i 越大，u_i 就越接近 u_S。r_i 的定义如图 3.1.2 所示，公式如下：

$$r_i=\frac{u_i}{i_i}$$

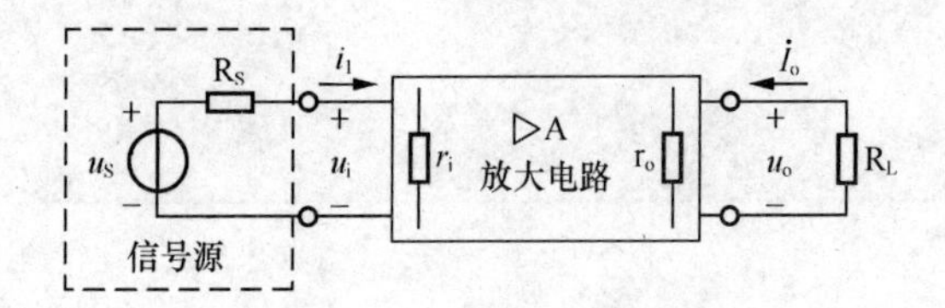

图 3.1.2　放大器的输入电阻

（3）输出电阻 r_o——当放大器不接负载时，从放大电路输出端看进去的等效电阻。

输出电阻表明放大电路带负载的能力，r_o 大，表明放大电路带负载的能力差，反之则强。r_o 的定义如图 3.1.2 所示，公式如下：

$$r_o=\frac{u_o}{i_o}$$

放大倍数、输入电阻、输出电阻通常都是在正弦信号下的交流参数，只有在放大电路处于放大状态且输出不失真的条件下才有意义。

（4）通频带。

放大电路的增益 A（f）是频率的函数。在低频段和高频段放大倍数通常都要下降。当 $A(f)$ 下降到中频电压放大倍数 A_O 的 $\frac{1}{\sqrt{2}}$ 时，即

$$A(f_L)=A(f_H)=\frac{A_O}{\sqrt{2}}\approx 0.7A_O$$

相应的频率 f_L 称为下限频率，f_H 称为上限频率，如图 3.1.3 所示。

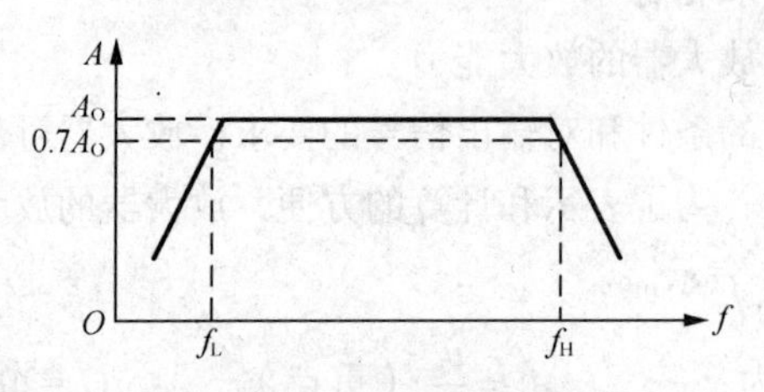

图 3.1.3　通频带的定义

二、晶体管放大电路的组成及其工作原理

1. 共射基本放大电路的组成及电流形成

晶体管工作在放大状态时一定要加上适当的直流偏置电压：V_{BB} 给发射结加正向电压，V_{CC} 给集电结加反向电压，如图 3.1.4 所示。

（1）单管共射极放大电路的结构及各元件的作用。基极电源 V_{BB} 与基极电阻 R_b 使发射结正偏，并提供适当的静态工作点 I_B 和 U_{BE} 集电极电源 V_{CC} 为电路提供能量，并保证集电结反偏。集电极电阻 R_C 将变化的电流转变为变化的电压。

（2）在三极管内电流的形成如下。

① I_E 形成：在 V_{BB} 作用下，发射区向基区注入电子形成 I_{EN}，基区空穴向发射区扩散形成 I_{EP}。

$I_{EN}>>I_{EP}$方向相同。

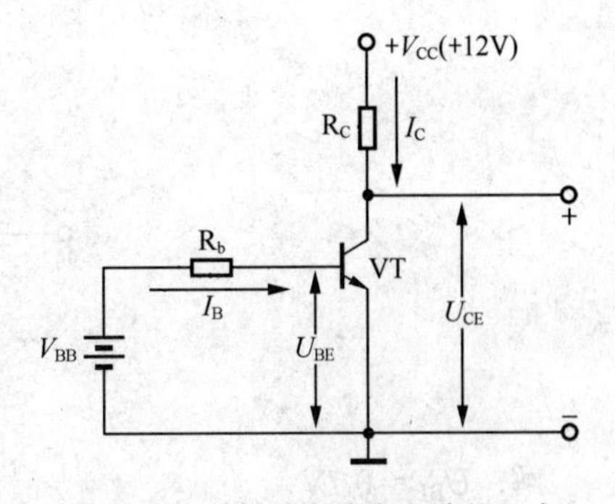

图 3.1.4　共射基本放大电路的组成及电流形成

② I_B形成：由发射区注入基区的电子继续向集电结。扩散，扩散过程中少部分电子与基区空穴复合形成电流 I_{BN}。由于基区薄且浓度低，所以 I_{BN}较小。

③ I_C形成：由于集电结反偏，所以基区中扩散到集电结边缘的电子在电场作用下漂移过集电结，到达集电区，形成电流 I_{CN}。集电结收集到的电子包括两部分：发射区扩散到基区的电子 I_{CN} 和基区的少数载流子 I_{CBO}。

（3）电流的关系如下。

$I_E=I_{EN}+I_{EP}$，且有 $I_{EN}>>I_{EP}$

$I_{EN}=I_{CN}+I_{BN}$，且有 $I_{EN}>>I_{BN}$，$I_{CN}>>I_{BN}$

$I_E=I_C+I_B$

对于集电极电流 I_C 和基极电流 I_B 之间的关系可以用系数来说明，定义 $\beta=\dfrac{I_c}{I_B}$。

2. 电路的分析方法

（1）为使电路更简单，省去了 V_{BB}，采用单电源供电如图 3.1.5 所示，耦合电容 C_1 为电解电容，有极性，大小为 10～50μF，C_2 的作用是隔直通交，隔离输入输出与电路直流的联系，同时能使信号顺利输入输出。

（2）分析三极管电路的基本思想。利用叠加定理，分别分析电路中的交、直流成分。直流通路（u_i=0）分析静态，交流通路（u_i）分析动态。

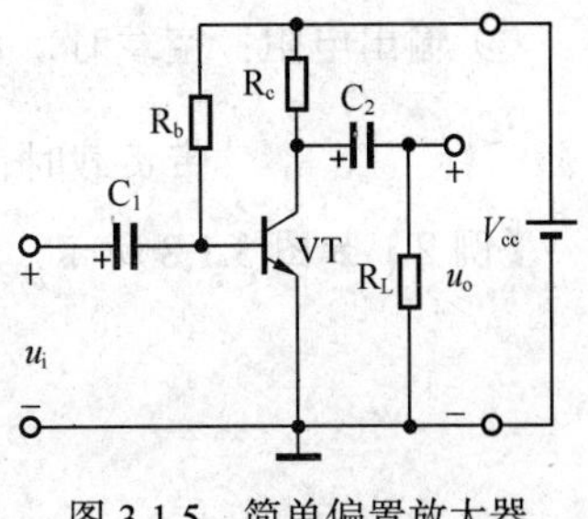

图 3.1.5　简单偏置放大器

（3）静态工作情况分析。放大电路没有输入信号时的工作状态称为静态，静态分析的任务是根据电路参数和三极管的特性确定静态值（直流值）U_{BE}、I_B、I_C 和 U_{CE}。可用放大电路的直流通路来分析，将图 3.1.5 中的交流电压源短路，将电容开路就得到电路的直流通路，如图 3.1.6 所示，R_b 称为偏置电阻，I_B 称为偏置电流。

用估算法分析放大器的静态工作点。

估算 I_B（$U_{BE}=0.7$V）。

$$I_B=\frac{V_{CC}-U_{BE}}{R_b}\approx\frac{V_{CC}-0.7}{R_b}\approx\frac{V_{CC}}{R_b}$$

估算 U_{CE}、I_C。

$U_{CE}=V_{CC}-I_CR_C$

$I_C=\beta I_B$，$I_C\approx\overline{\beta}I_B=37.5\times0.04=1.5\text{mA}$

【例 1】用估算法计算图 3.1.6 中静态工作点，已知：V_{CC}=12V，R_C=4kΩ，R_b=300kΩ，β=37.5

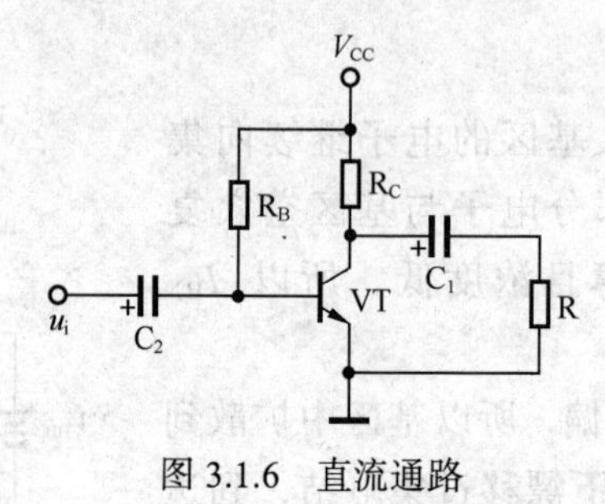

图 3.1.6　直流通路

解：$U_{BE}\approx 0.7V$

$$I_B \approx \frac{V_{cc}}{R_b} = \frac{12}{300} = 0.04\text{mA} = 40\mu\text{A}$$

$$U_{CE} = V_{CC} - I_C R_C = 12 - 1.5\times 4 = 6\text{V}$$

（4）动态分析，即交流通路分析。

交流通路的画法：将电路中电容短路，电感开路，直流电源对公共端短路。图 3.1.5 的交流通路如图 3.1.7 所示。各参数分析如下。

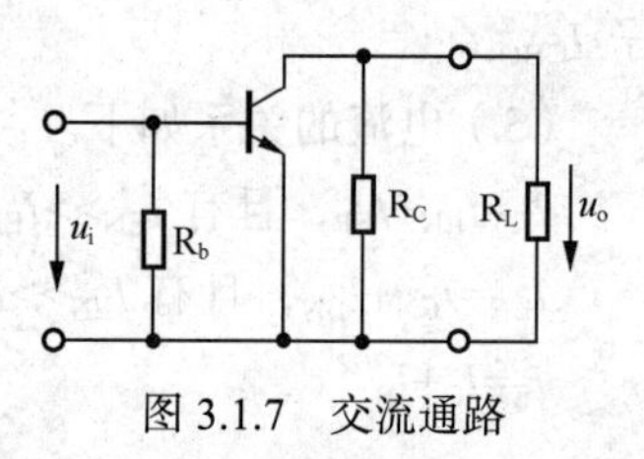

图 3.1.7　交流通路

① 输入电阻：$R_i = \dfrac{V_i}{V_o} = R_b // r_{be} = \dfrac{R_b \bullet r_{be}}{R_b + r_{be}} \approx r_{be}$ 其中 $r_{b'e} = (1+\beta)\dfrac{26\text{mV}}{I_E}$

R_{bb} 的值基本为 50～1 000Ω，它是由三极管本身决定。

② 电压放大倍数：$A_v = \dfrac{V_o}{V_i} = -\dfrac{\beta R_c}{r_{be}}$，$V_O=-R_c \cdot I_c=-\beta I_b R_c V_i=r_{bs} \cdot I_b$

③ 输出电阻：空载时，$R_o = \dfrac{V_o}{I_o} = \dfrac{I_c \bullet R_c}{I_c} = R_c$

带负载时，$R_O=R_C // R_L$

【例 2】如图 3.1.8 所示，$r_{bb'}$=100Ω，β=50，求 A_v、R_i、R_o。

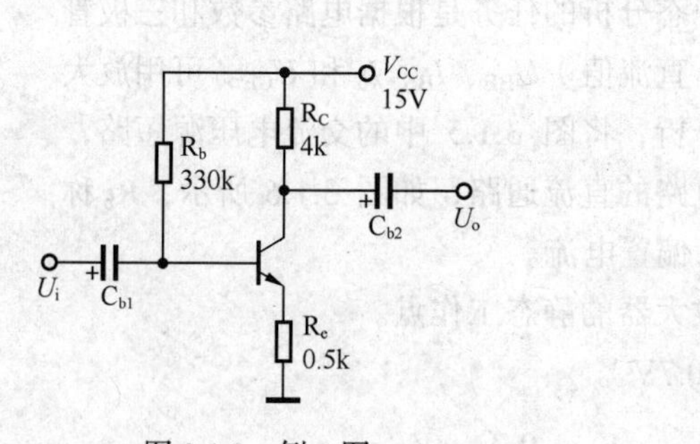

图 3.1.8　例 2 图

解：静态各点为：$I_B = \dfrac{V_{cc} - 0.7\text{V}}{R_b} = \dfrac{15 - 0.7}{330\text{k}} = 43\mu\text{A}$

$I_E=I_B+\beta I_B\approx 2.1\text{mA}$

$$r_{be} = r_{bb'} + (1+\beta)\frac{26\text{mV}}{I_E}$$

$=100+51\times 26/2=0.763\text{k}$

$$A_v = \frac{V_o}{V_i} = \frac{-\beta R_c}{r_{be} + (1+\beta) R_e} = -7.62$$

$$R_i = R_b \mathbin{/\mkern-6mu/} \left[r_{be} + (1+\beta)\ R_e \right] = 330\text{k} \mathbin{/\mkern-6mu/} \left[0.763\text{k} + (1+50)0.5\text{k} \right] = 24.3\text{k}\Omega$$

$$R_o = R_C = 4\text{k}\Omega$$

3. 放大电路的非线性失真问题

因工作点不合适或者信号太大使放大电路的工作范围超出了晶体管特性曲线上的线性范围，从而引起非线性失真，由于放大器件工作在非线性区而产生的非线性失真有 4 种：饱和失真、截止失真、交越失真和不对称失真，其中交越失真是乙类推挽放大器所特有的失真，将在后面的功放电路中再进一步学习。下面对饱和失真、截止失真进行说明。

以图 3.1.5 为例，在共发射极放大电路中，设输入信号 U_i 为正弦波，并且工作点选择在输入特性曲线的直线部分，这样它的输入电流 i_b 也将是正弦波。

如果由于电路元件参数选择不当，使静态工作点（Q 点）电流 I_{CQ} 比较高，使得输出电压的负半周的底部被削，不再是正弦波，产生了失真。这种由于放大器件工作到特性曲线的饱和区产生的失真，称为饱和失真。

相反地,如果静态工作点电流 I_{CQ} 选择的比较低，在输入电流的负半周，晶体管将工作到截止区，从而使输出电压的正半周的顶部被削，产生了失真。这种失真是由于放大器工作到特性曲线的截止区产生的，称为截止失真。

如果所使用的放大器件是 PNP 型的，则饱和失真时将出现削顶，而截止失真将出现削底。若输入信号幅度过大，有可能同时出现饱和失真和截止失真。不难看出，为避免产生这两种失真，静态工作点 Q 应设置合适，并要求输入信号幅度不要过大。

三、分压式电流负反馈偏置放大器

实验表明，单管共射放大电路存在温度漂移的问题，温度升高，三极管的 I_{CBO}、β 跟着变化，当温度 $T\uparrow \to I_{CBO}\uparrow$，温度每升高 10℃，$I_{CBO}$ 升高一倍，温度每升高 1℃,$\Delta\beta/\beta$ 上升 0.5～1，由于温度的上升使静态工作点上升，所以放大器就容易出现饱和失真。为使放大器的静态工作点稳定，电路采用分压式电流负反馈偏置放大器。

（1）电路结构（见图 3.1.9）。

R_{b1}：上偏流电阻；R_{b2}：下偏流电阻；R_e：发射极电阻。

（2）工作点稳定的原理。

① 稳定的条件：U_B 固定，

$U_B = V_{CC} \times R_{B2} / (R_{B1} + R_{B2})$

$I_1 >> I_B$　　硅管 $I_1 =$（5～10）I_{BQ}

　　　　　　锗管 $I_1 =$（10～20）I_{BQ}

$U_B >> U_{BE}$　　硅管 $U_B =$（3～5）V

　　　　　　锗管 $U_B =$（1～3）V

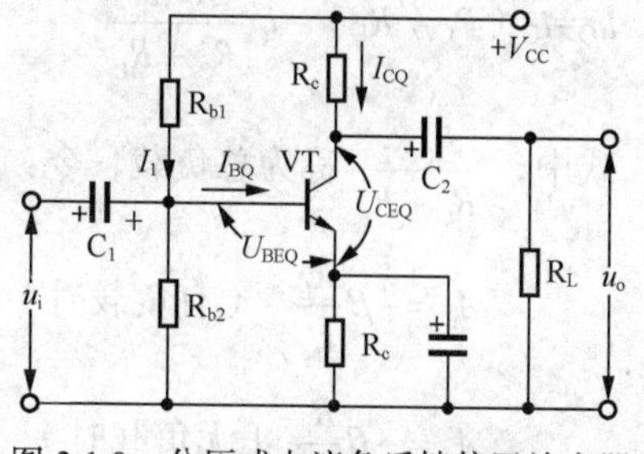

图 3.1.9　分压式电流负反馈偏置放大器

② 稳定原理：当环境的温度上升时，

$T\uparrow \to I_{CQ}\uparrow \to I_{CQ}\times R_E\uparrow \to U_B$ 固定$\to U_{BE}\downarrow \to I_{BQ}$

③ C_e 的作用。隔直通交的作用，使交流信号顺利通过，保证放大器有足够的放大倍数。

（3）静态分析（工作点的计算）。

① 画出电路的直流通路：将电容器看成开路，上题中的直流等效通路如图 3.1.10 所示。

② 求静态工作点：根据分压原理可得

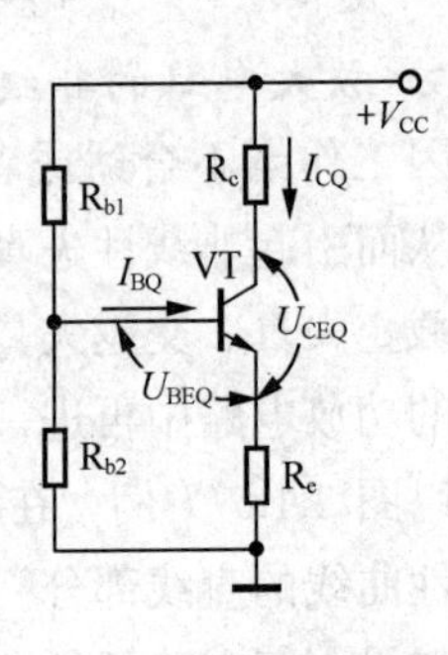

图 3.1.10　分压式电流负反馈偏置放大器的直流通路

$$U_{bQ}=V_{CC}\frac{R_{b2}}{R_{b1}+R_{b2}}\text{（在 }I_1\approx I_2\gg I_b\text{）}$$

$$U_{eQ}=U_b-U_{BEQ}=U_{bQ}-0.7$$

$$I_{eQ}=\frac{U_{bQ}-U_{bEQ}}{R_E}\qquad I_{eQ}\approx I_{CQ}\qquad I_{bQ}\approx I_{CQ}/\beta$$

$$I_{eQ}=\frac{U_{eQ}}{R_e}=\frac{U_{bQ}-0.7}{R_e}$$

$$I_{bQ}=\frac{I_{CQ}}{\beta}\approx\frac{I_{eQ}}{\beta}$$

$$U_{ceQ}=V_{CC}-I_{CQ}R_C-I_{eQ}R_e\approx V_{CC}-I_{CQ}(R_C+R_e)$$

（4）动态分析。

画交流通路方法：将电容器看成短路，将电源对地看成短路。上题中的交流等效通路如图 3.1.11 所示。

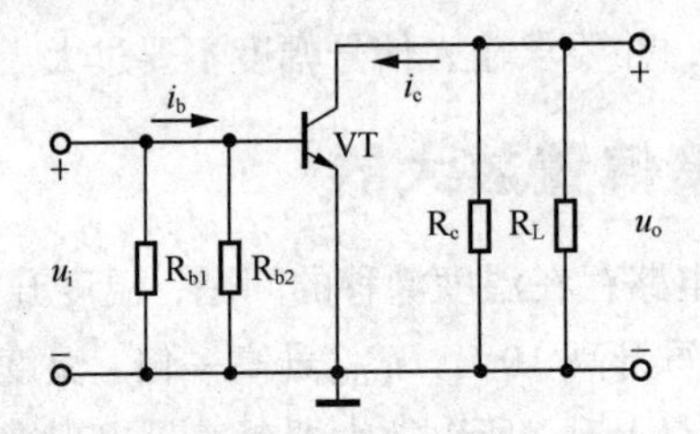

图 3.1.11　分压式电流负反馈偏置放大器的交流通路

$$u_i=i_b\,(R_{b1}/\!/R_{b2}/\!/r_{be})\approx i_p\times r_{be}\;(R_{b1},R_{b2}\gg r_{be})$$

$$u_O=i_C\,(R_C/\!/R_L)=i_C\frac{R_CR_L}{R_C+R_L}$$

式中，$\frac{R_CR_L}{R_C+R_L}$ 称为总负载，令：$\frac{R_CR_L}{R_C+R_L}=R_L'$

$$A_u=-\beta\frac{R_L'}{r_{be}}\text{（有负载时）}$$

$$A_u=-\beta\frac{R_C}{r_{be}}\text{（无负载时）}$$

分压电流负反馈放大器的电压放大倍数和简单偏置共射极放大器一样（由于C_e的旁路作用，R_e对交流信号可视为短路）。

四、共集电极放大器

共集电集放大器，又称为射极输出器、射极跟随器

（1）电路组成。射极输出器电路组成如图 3.1.12 所示。

（2）静态分析。画出直流通路如图 3.1.13 所示。

（3）动态分析。画出交流通路如图 3.1.14 所示。

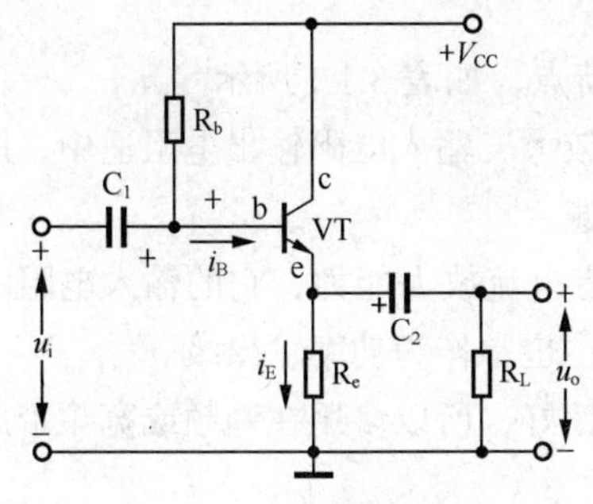

图 3.1.12　射极输出器

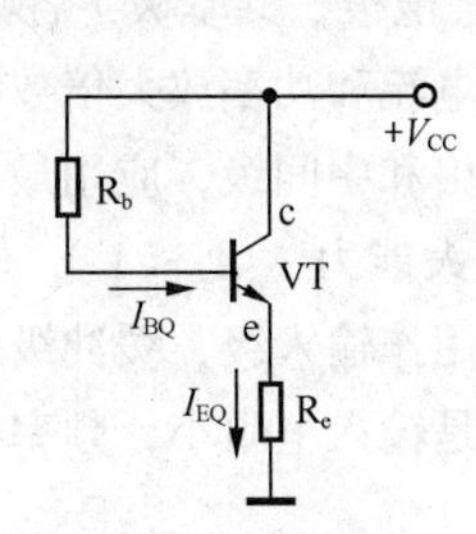

图 3.1.13　射极输出器直流通路

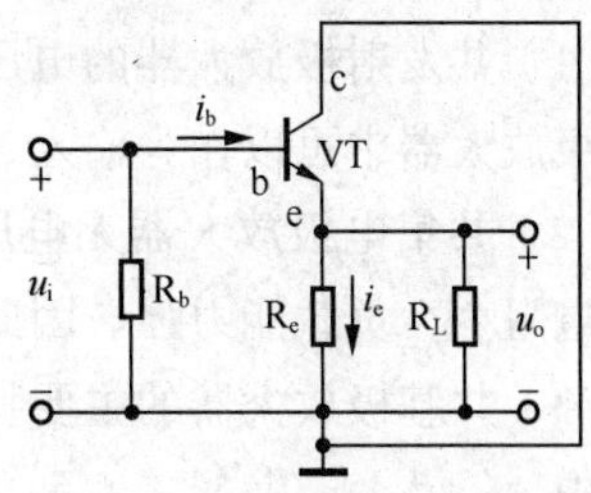

图 3.1.14　射极输出器交流通路

由交流通路可以得出：

输入电压 u_i：$u_i=i_b\times r_{be}+i_e R_e'=i_b r_{be}+(1+\beta)\ i_b R_e'$

其中，$R_e'=R_e/\!/R_L=\dfrac{R_e\times R_L}{R_e+R_L}$

输出电压 u_O：$u_O=i_e R_e=(1+\beta)\ i_b R_e'$

电压放大倍数：$A_u=\dfrac{u_O}{u_i}=\dfrac{(1+\beta)R_e'}{r_{be}+(1+\beta)R_e'}\approx 1$（有负载时）

$$A_u=\frac{u_O}{u_i}=\frac{(1+\beta)R_e}{r_{be}+(1+\beta)R_e}\approx 1\text{（无负载时）}$$

结论：共集电极放大器无电压放大作用，有电流放大作用，输出电阻小，负载能力强。

五、共基极放大器

共基极放大器由于其频率特性好，因此多用在调频和宽频带放大器中。

（1）电路组成如图 3.1.15 所示。

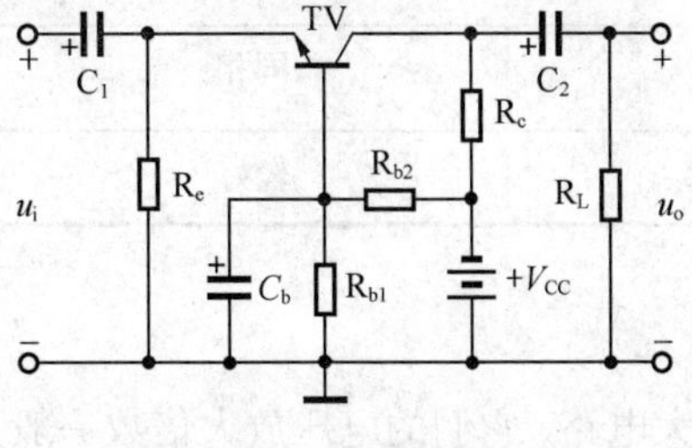

图 3.1.15　共基极放大器

（2）电路特性。用以前的交流分析方法可知如下内容。

电压放大倍数：$A_u = \dfrac{\beta R_L'}{r_{be}}$

输入电阻：$r_i = R_e // \dfrac{r_{be}}{1+\beta} \approx \dfrac{r_{be}}{1+\beta}$

输出电阻：$r_o = R_c$

结论：共基极放大器有电压放大能力（放大倍数大小和共射极放大器相同，但无倒相作用），无电流放大能力；输入电阻很小（一般只有几欧到几十欧），输出电阻较大。

六、3 种基本组态的放大器比较

3 种基本放大器（共射极、共集电极、共基极）各具特点，如表 3.1.1 所示

（1）共发射极放大器的电压、电流和功率放大倍数都较大，输入电阻输出电阻适中，所以在多级放大器中可以作为输入、输出和中间级，应用最普遍。

（2）共集电极放大器无电压放大能力（$A_u \approx 1$），但有电流放大能力，它的输入电阻大，输出电阻小，负载能力强。因此除用作输入级、缓冲级外，也常作为功率输出级。

（3）共基极放大器的主要特点是输入电阻小，频率特性好，所以多用在调频或宽频带放大电路中。

表 3.1.1　　3 种组态放大器特点比较一览表

电路组态 / 电路特点	共发射极放大器	共集电极放大器（射极输出器）	共基极放大器
组成电路	R_b, R_c, I_{CQ}, $+V_{CC}$, C_1, I_{BQ}, U_{CEQ}, C_2, U_{BEQ}, VT, u_i, u_o 电路的简化画法	R_b, $+V_{CC}$, c, C_1, b, VT, C_2, e, i_B, i_E, R_e, R_L, u_i, u_o	VT, C_1, C_2, R_c, R_e, R_{b2}, u_i, R_L, u_o, C_b, R_{b1}, $+V_{CC}$
电压增益	几十～几百	$A_u \approx 1$	几十～几百
电流增益	几十～一百	几十～一百	略小于 1 Ω
输入电阻	约 1 kΩ	几十 Ω～几百 kΩ	几十 Ω
输出电阻	几 kΩ～几十 kΩ	几十 Ω	几 kΩ～几百 kΩ
关系（u_O与u_i）	反相	同相	同相
频率响应	差	较好	好

七、多级放大器

由一个晶体管组成基本放大电路，它们的电压放大倍数一般只有几十。但是在实际应用中，

往往需要放大非常微弱的信号，上述的放大倍数是远远不够的。为了获得更高的电压放大倍数，可以把多个基本放大电路连接起来，组成“多级放大电路”。其中每一个基本放大电路叫做一“级”，而级与级之间的连接方式则叫做“耦合方式”。

1. 多级放大电路的耦合方式

耦合——多级放大电路的连接，产生了单元电路耦合——多级放大电路的连接，产生了单元电路间的级联问题，即耦合问题。放大电路的级间耦合必须要保证信号的传输，且保证各级的静态工作点正确。常用耦合方式有直接耦合、阻容耦合、变压器发、光电耦合。如表 3.1.2 所示。

表 3.1.2　各种耦合的特点

	电路形式	优点	缺点
直接耦合	A_1 A_2	电路简单，能放大交、直流信号，便于集成	各级的静态工作点相互影响，会给设计、计算和调试带来不便；存在零点漂移问题
阻容耦合	A_1 A_2	各级的“Q”相互独立；在传输过程中，交流信号损失少，电路的温漂小；体积小，成本低	无法集成；低频特性差；只能使信号直接通过，而不能改变其参数
变压器耦合	A_1 A_2	前后级的“Q”相互独立；基本上没有温漂现象；在传送交流信号的同时，可以实现电流、电压以及阻抗变换	高频和低频性能都很差，体积大，成本高，无法集成
光电耦合	A_1 A_2	输入和输出端之间绝缘电阻大，耐压高；有单向传输性，输出信号不会影响输入端 ；共模抑制比很大； 容易和逻辑电路配合	速度慢且耗电

2. 多级放大电路的分析

（1）静态工作点的分析。在阻容耦合放大器和变压器耦合放大器中，由于各级工作点彼此独立，各级的设置和调测与单级放大器相同。

【例 3】如图 3.1.16 所示的两级电压放大电路，已知 $\beta_1=\beta_2=50$,VT_1 和 VT_2 均为 3DG8D。计算前、后级放大电路的静态值（$U_{BE}=0.6V$）。

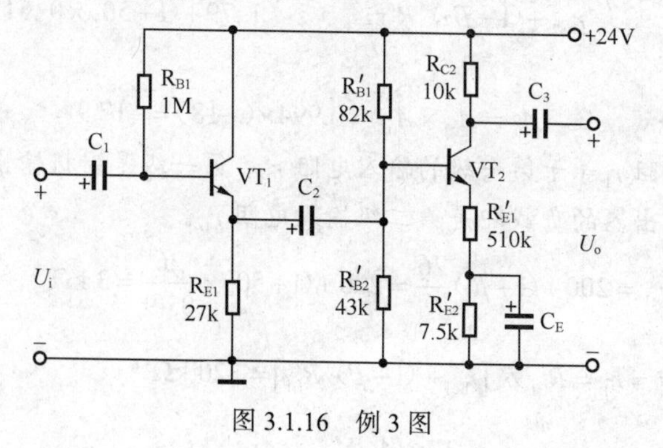

图 3.1.16　例 3 图

解： 两级放大电路的静态值可分别计算。

① 第一级是射极输出器。

$$I_{B1}=\frac{U_{CC}-U_{BE}}{R_{B1}+(1+\beta)\ R_{E1}}=\frac{24-0.6}{1000+(1+50)\times 27}=9.8\mu A$$

$$U_{CE}=U_{CC}-I_{E1}R_{E1}=24-0.49\times 27=10.77V$$

② 第二级是分压式偏置电路。

$$U_{B2}=\frac{U_{CC}}{R'_{B1}+R'_{B2}}R'_{B2}=\frac{24}{82+43}\times 43=8.26V$$

$$I_{C2}=\frac{U_{B2}-U_{BE2}}{R''_{E2}+R'_{E2}}=\frac{8.26-0.6}{0.51+7.5}=0.96\ mA$$

$$I_{B2}=\frac{I_{C2}}{\beta_2}=\frac{0.96}{50}=19.2\mu A$$

$$\begin{aligned}U_{CE2}&=U_{CC}-I_{C2}(R_{C2}+R'_{E2}+R'_{E2})\\&=24-0.96(10+0.51+7.5)=6.71V\end{aligned}$$

（2）交流参数。

① 电压放大倍数。

$$A_u\ (dB)=A_{u1}\ (dB)\times A_{u2}\ (dB)\times\ldots\times A_{un}\ (dB)$$

$$A_u=\frac{u_o}{u_i}=\frac{u_{o1}}{u_i}\frac{u_{o2}}{u_{i2}}\frac{u_{o3}}{u_{i3}}\cdots\frac{u_o}{u_{in}}=A_{u1}\cdot A_{u2}\cdots A_{un}$$

② 输入电阻 r_i：多级放大器的输入电阻一般就是第一级放大器的输入电阻 r_{r1}，即 $r_i=r_{i1}$。

③ 输出电阻 r_O：多级放大器的输出电阻一般就是最后一级放大器的输出电阻 r_{On}，即最后一级集电极电阻，即 $r_o=r_{on}=R_{cn}$。

【例 4】在图 3.1.16 中，已知 $\beta_1=\beta_2=50$,求各级电压的放大倍数及总电压放大倍数；求放大电路的输入电阻和输出电阻。

解：第一级的电压放大倍数为

$$A_{u1}=\frac{(1+\beta_1)\ R'_{L1}}{r_{be1}+(1+\beta_1)\ R'_{L1}}=\frac{(1+50)\times 9.22}{3+(1+50)\times 9.22}=0.994$$

第二级电压放大倍数为

$$A_{u2}=-\beta\frac{R_{C2}}{r_{be2}+(1+\beta_2)\ R''_{E2}}=-50\times\frac{10}{1.79+(1+50)\times 0.51}=-18$$

总电压放大倍数为

$$A_u=A_{u1}\times A_{u2}=0.994\times(-18)=-17.9$$

放大电路的输入电阻 r_i 等于第一级的输入电阻 r_{i1}。第一级是射极输出器，它的输入电阻 r_{i1} 与负载有关，而射极输出器的负载即是第二级输入电阻 r_{i2}。

$$r_{be1}=200+(1+\beta_1)\frac{26}{I_{E1}}=200+(1+50)\times\frac{26}{0.49}=3\ k\Omega$$

$$r_i=r_{i1}=R_{B1}\ /\!/\ \left[r_{be1}+(1+\beta)\ R'_{L1}\right]=320\ k\Omega$$

$$R'_{L1}=R_{E1}\ /\!/\ r_{i2}=\frac{27\times 14}{27+14}=9.22k\Omega$$

$$r_{be2}=200+(1+\beta)\frac{26}{I_E}=200+51\frac{26}{0.96}=1.58\text{k}\Omega$$

$$r_{i2}=R'_{B1}\ //\ R'_{B2}\ //\left[r_{be2}+(1+\beta)\ R''_{E2}\right]=14\text{ k}\Omega$$

$$r_o=r_{o2}=R_{C2}=10\text{ k}\Omega$$

（3）多级放大电路的上限频率、下限频率和频带宽度。图 3.1.17 所示为两级阻容耦合放大电路的幅频响应。

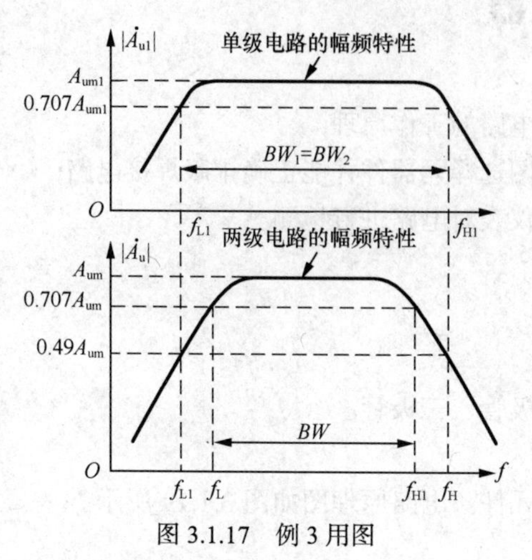

图 3.1.17　例 3 用图

由图可见，多级放大电路的下限频率高于组成它的任一单级放大电路的下限频率；而上限频率则低于组成它的任一单级放大电路的上限频率；通频带窄于组成它的任一单级放大电路的通频带。

3. 复合管

复合管是由两个或两个以上的三极管按照一定的连接方式组成的等效三极管,又称为达林顿管。复合管可以由相同类型的管子复合而成，也可以由不同类型的管子复合连接，其连接的方法有多种。连接的基本规律为小功率管放在前面，大功率管放在后面；连接时要保证每管都工作在放大区域，保证每管的电流通路。图 3.1.18 所示为 4 种常见的复合管结构。

复合管的特点如下。

① 复合管的类型与组成复合管的第一只三极管的类型相同。

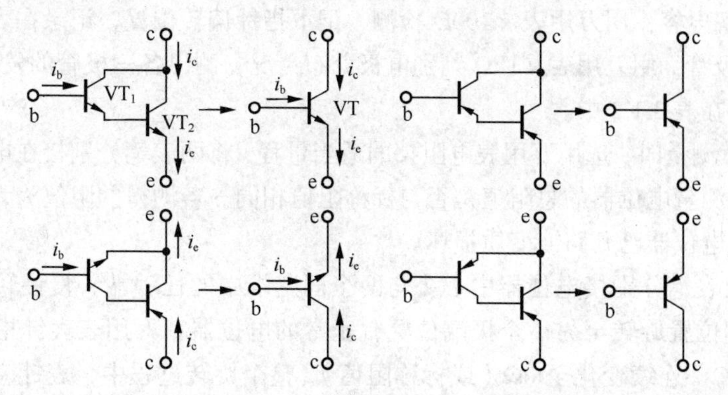

图 3.1.18　四种常见复合管结构

② 复合管的电流放大系数β近似为组成该复合管的各三极管电流放大系数的乘积。

即：$\beta \approx \beta_1 \beta_2 \beta_3 \cdots$

任务实施

一、制作前置放大器

1. 实验目的

（1）理解三极管放大电路的工作原理；

（2）会根据电路原理图选择元器件并能正确排版焊接电路；

（3）熟悉常用的仪器仪表对电路进行检测。

2. 实验仪器

（1）直流电源；

（2）万用表；

（3）电阻、电容、二极管、三极管。

3. 实验内容及步骤

（1）根据电路图挑选元件。电路原理图如图 3.1.19 所示。

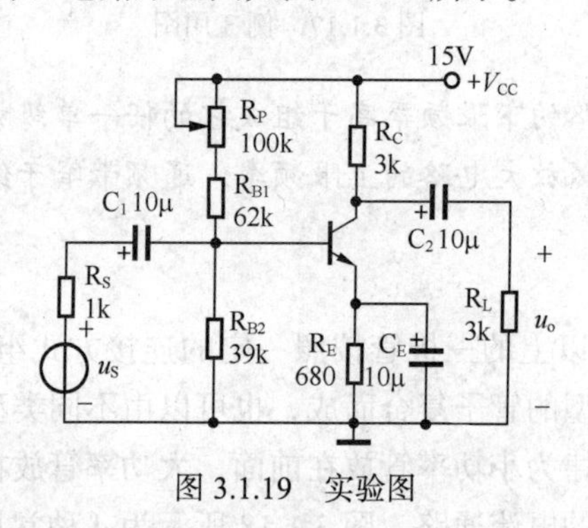

图 3.1.19　实验图

（2）检测元件。

① 检测电阻器：用万用表检测电阻器和电位器，记录在表 3.1.3 中。

② 检测电解电容：用万用表 × 100Ω 检测，记下指针偏转位置，记录在表 3.1.2 中。

③ 检测三极管：用万用表 × 1kΩ 判别电极分布情况，测出各三极管的发射结、集电结正、反向电阻，记录在表 3.1.2 中。

④ 电位器：测量时，选用万用表电阻挡的适当量程，将两表笔分别接在电位器两个固定引脚焊片之间，先测量电位器的总阻值是否与标称阻值相同。若测得的阻值为无穷大或较标称阻值大，则说明该电位器已开路或变质损坏。

然后再将两表笔分别接电位器中心头与两个固定端中的任一端，慢慢转动电位器手柄，使其从一个极端位置旋转至另一个极端位置，正常的电位器，万用表表针指示的电阻值应从标称阻值（或 0Ω）连续变化至 0Ω（或标称阻值）。整个旋转过程中，表针应平稳变化，而不应有任何跳动现象。若在调节电阻值的过程中，表针有跳动现象，则说明该电位器存在接触不良的故障。

表 3.1.3　　　　　　　　　　　元器件技训记录表

由色环写出标称阻值			由阻值写出相应的色环（色码）		
标称阻值	色　环	测量值	标称阻值	色　环	测量值
620Ω			4.7kΩ		
200Ω			6.8kΩ		
3 kΩ			10kΩ		

电位器测量（一边测一边缓慢均匀地调节旋钮）	固定端之间阻值大小及变化情况	固定端与中间滑片间阻值的变化情况	
		阻值平稳变化	阻值突变

由数码写出电容器的标称容量				由电路图上的标记写出该电容器的电容量			
数码	电容量	数码	电容量	标记	电容量	标记	电容量
100		684		1n		100n	
101		151		2m2		3n3	
333		104		6n8		339	

三极管 S9013 检测	发射极正向电阻		集电结正向电阻	
	发射极反向电阻		集电结反向电阻	

（3）组装电路。

① 设计元件布局。

② 根据电路图在电路板上焊接电路，要求元件排布整齐，便于测量，无错误，焊点可靠。要求各类元件尺寸统一，以便于安装。若元件引脚表面有氧化现象，应先清除氧化层，然后搪锡，再插元件、焊接、剪脚、连线。两个焊点间的连线，距离长一些的可用剪下来的元件脚连接，距离短的可用拖拉焊锡的方法连接，可视具体情况灵活处理。

③ 检查电路：采用自检与互检相结合的方式，确保无误后通电准备调静态工作点。

（4）调整静态工作点。

① 用小螺丝刀微调 RV1，测量集电极电流，I_C=2mA。测量集电极电流常用如图 3.1.20 所示的两种方法。

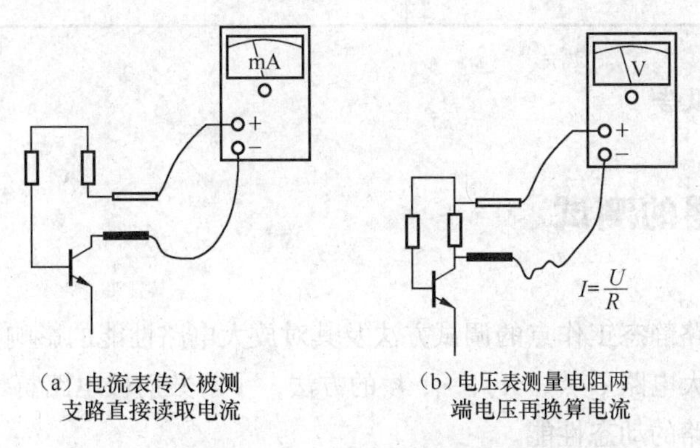

图 3.1.20　测量集电极电流

基极分压式偏置电路是交流电压放大器常用的一种基本单元电路。

② 测量静态工作点，填表3.1.4。

表 3.1.4　　　　　　　　放大器的静态工作点

V_{cc}(V)	I_c(mA)	U_{ce}(V)	$I_b=\dfrac{I_C}{\beta}$ (μA) 设β=100
12V			

（5）测量电压放大倍数A_u。示波器红夹接负载电阻上端，黑夹接地（在测量全过程中，示波器的任务是监视放大器输出电压，所有测量都是在不失真输出状态下进行的）。调节信号源音频输出至较大，调节Rvs，使放大器输入10mV左右（用毫伏表测量，红夹接C1任一端，黑夹接地，量程调至30mV），将毫伏表量程调到3V或10V,红夹移至输出端，测C2任一端，读输出电压值，换算电压放大倍数A_u，填表3.1.5。

表 3.1.5

U_i(mV)	U_o(mV)	$A_u=\dfrac{u_O}{u_i}$	波形

将放大器调整到最大不失真状态。在上一步基础上，调节Rvs，逐渐增大输入信号，观察输出波形，当上部或下部波形出现削顶时，调节Rv1消除，再增大输入信号，直至上、下都出现波形削顶时，调Rv1使削顶的宽度相同，再减小输入信号，使削顶刚好消失。此时放大器即为最大不失真状态，测量此时的静态工作点记录到表3.1.6中。设β=100

表 3.1.6　　　　　　　　放大器的静态工作点

V_{cc}（V）	I_c（mA）	U_{ce}（V）	$I_b=\dfrac{I_C}{\beta}$（μA）
12V			

4. 总结实验写报告

二、单管放大器的测试

1. 目的

（1）掌握放大电路静态工作点的调试方法及其对放大电路性能的影响；

（2）学习测量放大电路Q点、A_V、r_i、r_o的方法，了解共射极电路特性；

（3）学习放大电路的动态性能。

2. 仪器

（1）示波器；

（2）信号发生器；

（3）数字万用表。

3. 预习要求

（1）三极管及单管放大电路工作原理；

（2）放大电路静态和动态测量方法。

4. 实验内容及步骤

（1）装接电路与简单测量。

① 用万用表判断实验箱上三极管 VT 的极性和好坏，以及电解电容 C 的极性和好坏。

② 按图 3.1.21 所示，连接电路（注意：接线前先测量+12V 电源，关断电源后再连线），将 R_P 的阻值调到最大位置。

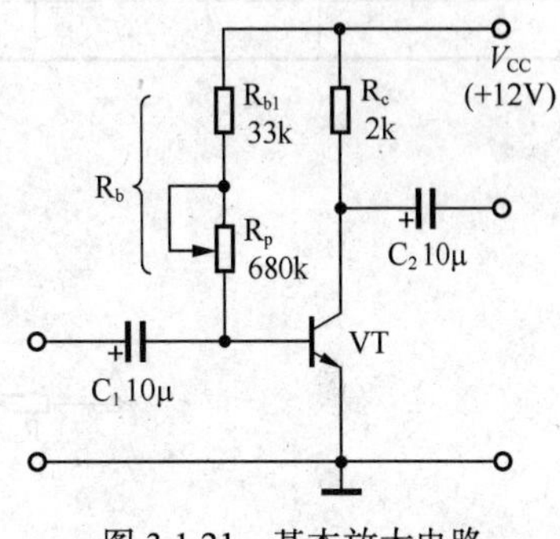

图 3.1.21 基本放大电路

（2）静态测量与调整。

① 接线完毕仔细检查，确定无误后接通电源。改变 R_P，记录 I_C 分别为 2mA、3mA、4mA、5mA 时三极管 VT 的 β 值。

I_b 和 I_c 的测量和计算方法有以下两点。

① 测 I_b 和 I_c 一般可用间接测量法，即通过测 V_c 和 V_b，R_c 和 R_b 计算出 I_b 和 I_c（注意：图 3.1.21 中 I_b 为支路电流）。此法虽不直观，但操作较简单，建议初学者采用。

② 直接测量法，即将微安表和毫安表直接串联在基极（集电极）中测量。此法直观，但操作不当容易损坏器件和仪表，不建议初学者采用。

② 按图 3.1.22 接线，调整 R_P 使 V_E=2.2V，计算并填表 3.1.7。

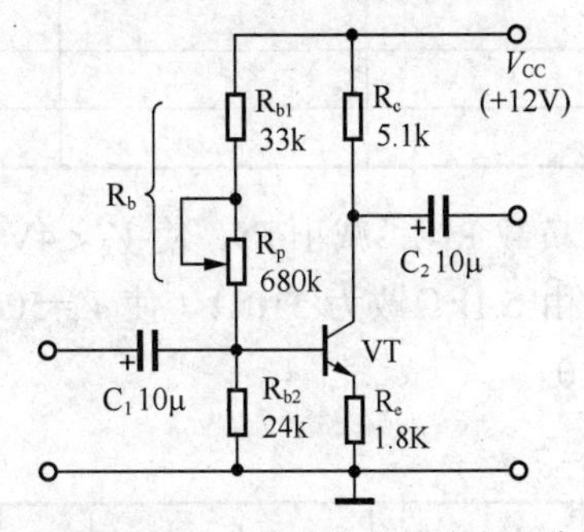

图 3.1.22 工作点稳定的放大电路

表 3.1.7

实际测量值			估算
V_i(mV)	V_O(V)	A_V	A_V

（3）动态研究。

① 按图 3.1.23 所示电路接线，调 R_b 使 V_c 为 6V。

② 将信号发生器的输出信号调到 f=1kHz，V_{P-P} 为 500mV，接至放大电路的 A 点，经过 R_1、R_2 衰减（100 倍），V_i 点得到 5mV 的小信号，观察 V_i 和 V_O 端波形，并比较相位。

③ 信号源频率不变，逐渐加大信号源幅度，观察 V_O 不失真时的最大值并填表 3.1.8。

表 3.1.8

实际测量值			实测计算值	
V_{BE}（V）	V_{CE}（V）	R_b（kΩ）	I_B（μA）	I_C（mA）

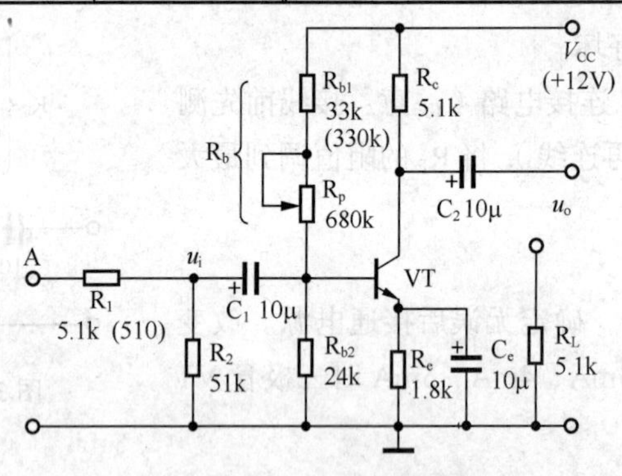

图 3.1.23 小信号放大电路

④ 保持 V_i=5mV 不变，空载时调 V_C 到 6V，放大电路接入负载 R_L，按表 3.1.8 中给定不同参数的情况下测量 V_i 和 V_O，并将计算结果填表 3.1.9 中。

表 3.1.9

给定参数		实测		实测计算	估算
R_C	R_L	V_i（mV）	V_O（V）	A_V	A_V
5.1k	5.1k				
5.1k	2.2k				
2k	5.1k				
2k	2.2k				

⑤ V_i=5mV（R_C=5.1kΩ断开负载 R_L），减小 R_P，使 $V_c<4$V，可观察到（V_O 波形）饱和失真；增大 R_P，使 $V_c>9$V，将 R_1 由 5.1kΩ改为 510Ω（使 V_i=50mV），可观察到（V_O 波形）截止失真，将测量结果填入表 3.1.10。

表 3.1.10

R_P	V_b	V_c	V_e	输出波形情况
小				
合适				
大				

（4）测放大器输入、输出电阻。

① 输入电阻测量。在输入端串接一只电阻如图 3.1.24，测量 V_S 与 V_i 即可计算 r_i。

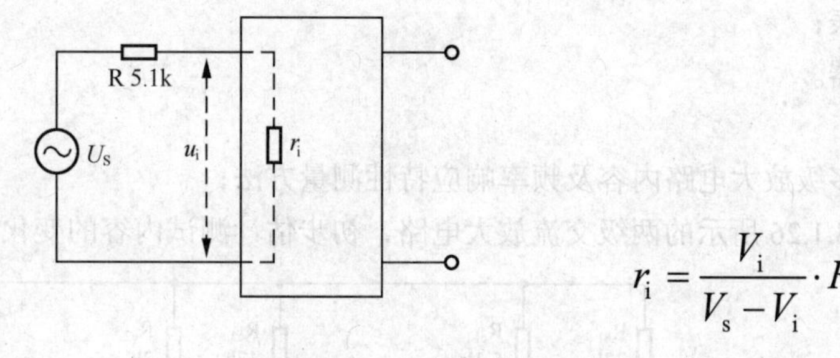

$$r_i = \frac{V_i}{V_s - V_i} \cdot R$$

图 3.1.24　输入电阻测量

② 输出电阻测量　（见图 3.1.25）。

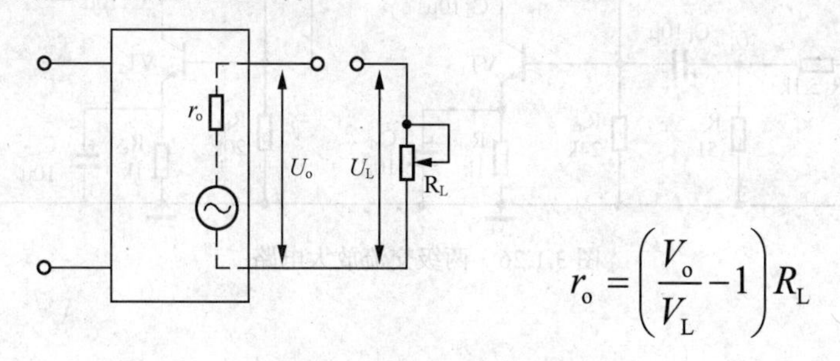

$$r_o = \left(\frac{V_o}{V_L} - 1 \right) R_L$$

图 3.1.25　输出电阻测量

在输出端接入可调电阻作为负载，选择合适的 R_L 值使放大电路输出不失真（用示波器监视），测量带负载时 V_L 和空载时的 V_O，即可计算出 r_O。

将上述测量及计算结果填入表 3.1.11 中。

表 3.1.11

测算输入电阻（设 R_S=5.1kΩ）				测算输出电阻			
实测		测算	估算	实测		测算	估算
V_S(mV)	V_i(mV)	r_i	r_i	V_O $R_L=\infty$	V_O R_L=	R_O(kΩ)	R_O(kΩ)

5. 实验报告

（1）注明你所完成的实验内容和思考题，简述相应的基本结论。

（2）选择你在实验中感受最深的一个实验内容，写出较详细的报告。要求你能够使一个懂得电子电路原理但没有看过本实验指导书的人可以看懂你的实验报告，并相信你实验中得出的基本结论。

三、两级交流放大电路

1. 实验目的

（1）掌握如何合理设置静态工作点；

（2）学会放大电路频率特性测试方法；

（3）了解放大电路的失真及消除方法。

2. 实验仪器

（1）双踪示波器；

（2）数字万用表；

（3）信号发生器。

3. 预习要求

（1）复习教材多级放大电路内容及频率响应特性测量方法；

（2）分析如图 3.1.26 所示的两级交流放大电路，初步估计测试内容的变化范围。

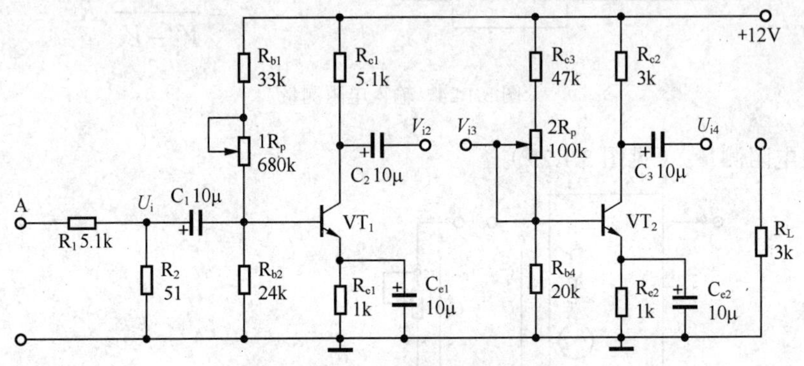

图 3.1.26 两级交流放大电路

4. 实验内容

实验电路如图 3.1.26 所示。

（1）设置静态工作点。

① 按图接线，注意接线尽可能短。

② 静态工作点设置：要求第二级在输出波形不失真的前提下幅值尽量大，第一级为增加信噪比，工作点尽可能低。

③ 在输入端 A 输入频率为 1kHz，$V_{P\text{-}P}$ 为 50mV 的交流信号（一般采用实验箱上加衰减的办法，即信号源用一个较大的信号。例如 100mV，在实验板上经 100∶1 衰减电阻衰减，降为 1mV)，使 V_{i1} 为 0.5mV，调整工作点使输出信号不失真（通常 V_C 调在 6V 左右）。

如发现有寄生振荡，可采用以下措施消除。

① 重新布线，尽可能走线短；

② 可在三极管 eb 间加几 p 到几百 p 的电容；

③ 信号源与放大电路用屏蔽线连接。

（2）按表 3.1.12 要求测量并计算，注意测静态工作点时应断开输入信号。

表 3.1.12

	静态工作点						输入/输出电压（mV）			电压放大倍数		
	第一级			第二级						第 1 级	第 2 级	整体
	V_{C1}	V_{b1}	V_{e1}	V_{C2}	V_{b2}	V_{e2}	V_i	V_{01}	V_{02}	A_{V1}	A_{V2}	A_V
空载												
负载												

（3）接入负载电阻 R_L=3kΩ，按表 3.1.12 测量并计算，比较实验内容 2、3 的结果。

（4）测两级放大电路的频率特性

① 将放大器负载断开，先将输入信号频率调到 1kHz，幅度调到使输出幅度最大而不失真。

② 保持输入信号幅度不变，改变频率，按表 3.1.13 测量并记录（或自拟表格）。

③ 接上负载、重复上述实验。

表 3.1.13

f(Hz)		50	500	1k	5k	10k	50k	70k	800k	90k	100k	110k	120k
V_O	$R_L=\infty$												
	R_L=3kΩ												

5. 实验报告

① 整理实验数据，分析实验结果；

② 画出实验电路的频率特性简图，标出 f_H 和 f_L；

③ 写出增加频率范围的方法。

任务二　制作功率放大器

任务引入与目标

前面已经介绍了各种放大器，经过这些放大器处理的信号通常还不足以驱动负载正常工作。如扩音机的扬声器、自动控制系统中的电动机等工作时负载的静态电阻都很小，而共射放大器和共基放大器的输出电阻都很大，共集放大器的输出电压过小都不足以驱动。因此对于有些放大器不仅要考虑输出电压或电流的大小，而且是要考虑输出功率的大小。这种以考虑输出功率为主要目的的放大器称为功率放大器。

【任务目标】

（1）理解 OTL 功率放大器工作原理，能根据电路的要求正确选用参数合适的三极管和和其他器件。

（2）了解 OTL 功率放大器电路结构，能根据电路需要正确选取元件参数。

（3）熟知大功率三极管的特点与选用原则。

（4）会说出电路中各元件的作用，会默画 OTL 功放电路图。

（5）熟练掌握三极管直流放大电路的工作原理，熟悉三极管直流放大电路结构与各元件的作用。

（6）基本掌握三极管在直流放大电路中，基极电流变化对放大电路直流状态的影响及变化规律。

相关知识

一、功率放大器基础知识

前面所讨论的放大器主要是针对输出电压或电流有相当的放大能力，由于输出功率太小，通常都称为电压或电流放大器。但我们应该理解，无论哪种放大器，负载上都同时存在着输出电压、电流和功率。功放既不是单纯追求输出高电压，也不是单纯追求输出大电流，而是追求在电源（直流）电压确定的情况下，输出尽可能大的功率。

1．功率放大电路的特点及主要技术指标

（1）输出功率要足够大：最大输出功率 P_{OM} 是指在正弦输入信号下，输出波形不超过规定的非线性失真指标时，放大电路最大输出电压和最大输出电流有效值的乘积。为了获得足够大的输出功率，功放管的工作电压和电流要有足够大的幅度，往往在接近极限状态下工作，因此，功率放大器是一种大信号处理放大器。

（2）效率要高：功率放大器的输出功率是由直流电源的能量转换而来的。由于功放管有一定的内阻，整个电路，特别是功放管存在着一定的损耗。所谓效率，就是负载得到有用信号功率与电源提供的直流功率的比值，用 η 表示。我们希望这个值尽可能大。

$$\eta = \frac{P_O}{P_E} \times 100\%$$

（3）非线性失真尽量小：晶体管的特性曲线是非线性的，在小信号放大器中，信号的动态范围小，非线性失真可以忽略不计。但功率放大器中输入和输出信号的动态范围都很大，其工作状态也接近截止和饱和，远超出特性曲线的线性范围，故非线性失真愈加显现。特别是对于测量系统和电声设备中，对非线性失真指标要求很高。因此必须设法减小线性失真。

（4）功放管要有较好的散热条件：功放管由于工作在大电流、高压下，有相当大的功率消耗在管子集电结上，结温和管壳温度会变得很高。因此，散热就成为一个重要的问题。

通常，功放管或含有功放管的器件（如各种 IC）都需要通过硅酯贴装在足够大的散热器上。

2. 功率放大器的分类

（1）按晶体管的工作状态，可以分为甲类、乙类和甲乙类，如表 3.2.1 所示。

表 3.2.1

类别	特点	Q_Q 点	波形
甲类	无失真，效率最低	I_{CQ} 较大，Q 较高	i_C, I_{CQ}, O, t
乙类	失真大，效率最高	I_{CQ}=0，Q 最低	i_C, I_{CQ}, O, t
甲乙类	有失真，效率较高	I_{CQ} 小，Q 较低	i_C, I_{CQ}, O, t

甲类工作状态失真小，静态电流大，管耗大，效率低；乙类工作状态失真大，静态电流为零，管耗小，效率高；甲乙类工作状态失真大，静态电流小，管耗小，效率较高。

（2）按功放管选用的器件类型，可以分为晶体管（分立元件）功放、电子管功放（胆机）、集成电路功放、混合式功放。

以上功放的特性各有特点。一般来讲，用晶体管分立元件制作功放，输出功率可以做得较大，价格较高，工作点调整较复杂，音色相对较硬，较适合于节奏强烈的“快”音乐，如摇滚音乐；采用集成电路（IC）制作功放，输出功率不能做得很大，价格较低，工作点免调试，性能稳定，音质较好；而采用电子管制作的功放，工作点调整较简单，价格昂贵，音色纯厚、柔和、甜美，较适合欣赏乐器音乐或纯音乐，近年来被许多发烧友追捧。

（3）按电路的结构形式，常分为变压器输出式电路、OTL、OCL 和 BTL 电路。

二、功率放大器的常见电路

1. 变压器输出式电路

（1）电路组成如图 3.2.1 所示，此电路也叫变压器耦合乙类推挽功率放大电路。

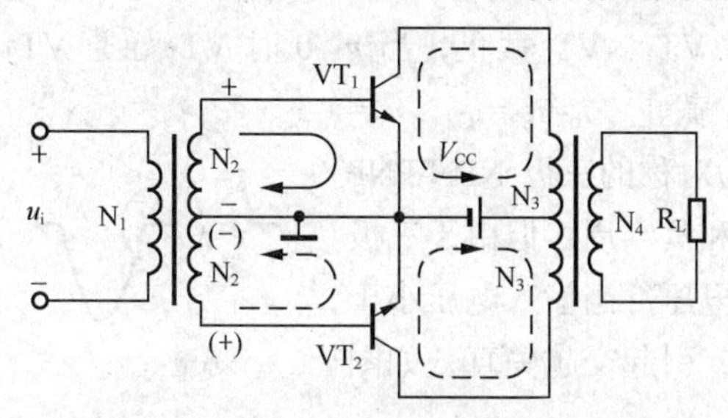

图 3.2.1　变压器耦合推挽功率放大器

（2）工作原理。

① 在输入信号 u_i 为正半周时，输入变压器的次级线圈得到上正下负的信号电压 u_{i1} 与 u_{i2}，根据三极管的偏置原理可知，此时三极管 VT_1 正偏导通，VT_2 反偏截止。在 VT_1 集电极回路产生的电流如图中所标的 i_{O1}，根据输出变压器的同名端的关系可知，在 u_i 输出变压器的次级将产生向下的电流 i_O，在负载中得到正半周输出电压 u_O；

② 同理，在负半周时，三极管 VT_2 正偏导通，VT_1 反偏截止，在负载中得到负半周输出电压 u_o。

经三极管 VT_1 和 VT_2 放大的正、负半周信号，在输出变压器的次级线圈上合成一个完整的正弦波形。由于两功放管交替导通，共同完成对信号的放大，所以叫做推挽功率放大器。

由于变压器体大笨重，成本也高，加之电子设备正向轻、薄方向发展，上述电路几乎退出历史舞台（早期的扩音机中多用这种电路），现在只是在胆机中仍然使用变压器输出电路。

2. OTL 电路（无输出变压器的功放电路 Output Transformerless）

（1）电路的特点。

① 采用互补对称电路（NPN、PNP 参数一致，互补对称，均为射随组态，串联，中间两管子的射极作为输出），有输出电容，单电源供电，电路轻便可靠。

② OTL 电路的优点是只需要一组电源供电。缺点是需要能把一组电源变成了两组对称正、负电源的大电容，低频特性差。

（2）电路结构。由于功率放大器的负载目前都是采用电动式扬声器，由于扬声器的阻抗较小（一般为 8 Ω），因此如果不采用变压器进行阻抗变换，只有射极输出器容易和扬声器匹配（射极输出的输出电阻小）；但如果采用单管射极输出要放大正、负半周，必须要工作在甲类状态，这样无论是功放管还是扬声器都有很大静态电流，很大静态电流会烧坏扬声器。过去大功率的功率放大器多采用变压器耦合方式，以解决阻抗变换问题，使电路得到最佳负载值。但是，这种电路有体积大、笨重、频率特性不好等缺点，目前已较少使用。如果在输出端放一个大容量电容，可以隔断通过扬声器的直流电流又可利用电容的充放电代替一个电源（见图 3.2.2），就是 OTL 电路。用输出电容与负载连接的互补对称功率放大电路，使电路轻便，适于电路的集成化，只要输出电容的容量足够大，电路的频率特性也能保证，是目前常见的一种功率放大电路。

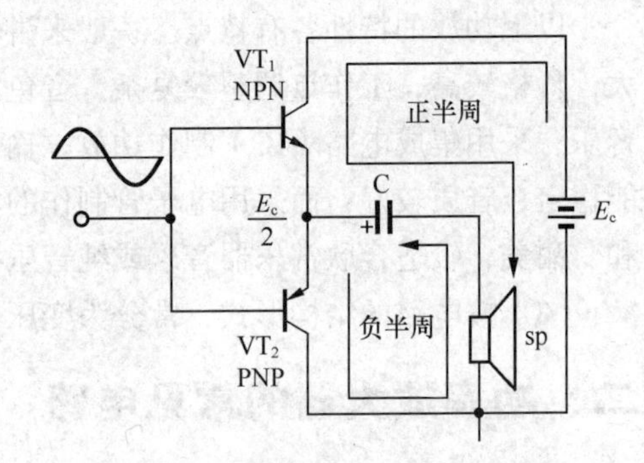

图 3.2.2　OTL 互补对称电路结构

工作原理：当 u_i=0 时 VT_1、VT_2 截止，当 u_i>0 时 VT_1 导通 VT_2 截止，$i_o=i_{E1}=i_{C1}$,$u_O=i_{C1}R_L$. 当 u_i<0 时 VT_2 导通 VT_1 截止，$i_o=i_{E2}=i_{C2}$，$u_O=i_{C2}R_L$。也就是说用两个互为对称的三极 NPN\PNP 管分别放大信号的正半周和负半周，但由于三极管的发射结存在一个导通电压，当输入电压小于死区电压时，三极管截止，引起交越失真，如图 3.2.3 所示。

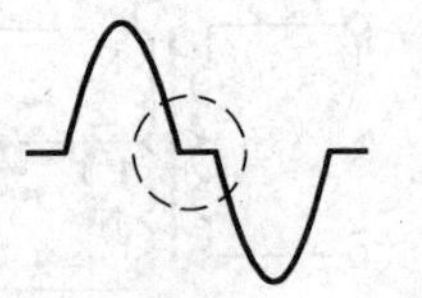

（a）交越失真

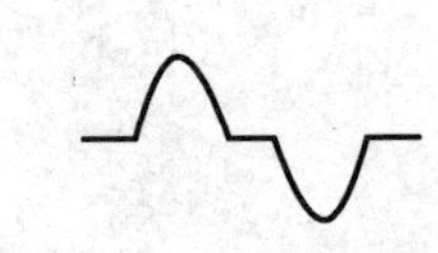

（b）输入信号幅度越小失真越明显

图 3.2.3

（3）OTL 电路组成。

为克服交越失真，给 VT_1、VT_2 提供静态电压，图 3.2.4 所示为克服交越失真的常见电路。

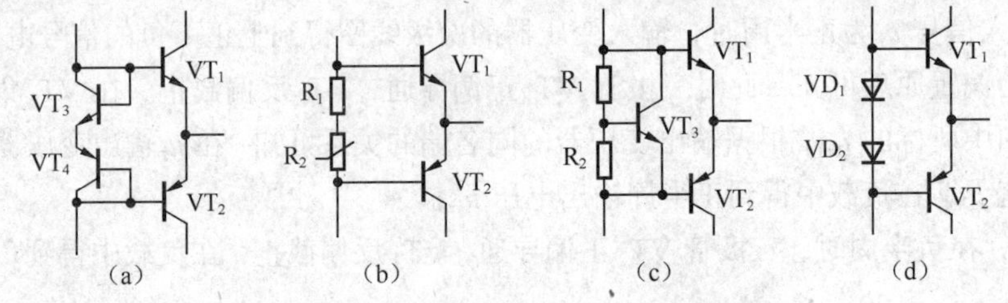

图 3.2.4　克服交越失真的常见电路

图 3.2.5 所示为 OTL 实用电路，在电路中各元件作用如下。

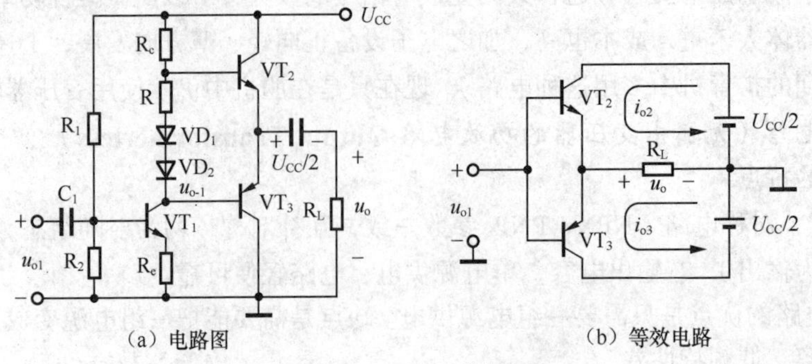

图 3.2.5　OTL 电路

VT_1：电压放大管，属于共射极放大器，主要起电压放大作用（同时具有倒相作用）；

VT_2、VT_3：互补功放管，其中上管 VT_2 属于 NPN 型管，下管 VT3 属于 PNP 型管。它们构成射极输出器并共一个负载（R_L 扬声器），如图 3.2.5（b）所示，它们交流通路是并联的，而直流通路是串联的（每管分得总电压的一半）。

VD_1、VD_2、R：一起组成双偏置电路，即由 VT_1 的集电极电流经过它们产生的电压，供给 VT_2 和 VT_3 作为偏置电压，故称为双偏电路。

C_1：输入耦合电容，具有“通交隔直”的作用。

C_2：输出耦合电容，具有“通交隔直”的作用；同时对于 PNP 管，它相当于电源。

R_1、R_2 构成分压式偏电路，提供 VT_1 的偏置电压。

工作原理如下。

① 输入信号的负半周，u_i 经 C_1 耦合到 VT_1 的输入端，由 VT_1 倒相放大从其集电极输出，使 VT_2、VT_3 基极电位上升，根据三极管的偏置原理可知，此时 VT_2 导通，VT_3 截止。VT_2 输出的信号电流（i_{c2}）由电源 V_{cc} 提供，经 VT_2 的 c、e 极，输出电容 C_2，自上而下通过负载 R_L 形成回路（并对 C_4 充电），信号 i_{c2} 在 R_L 两端形成正半周的输出信号。

② 输入信号的正半周，u_i 经 C_1 耦合到 VT_1 的输入端，由 VT_1 倒相放大从其集电极输出，使 VT_2、VT_3 基极电位下降，根据三极管的偏置原理可知，此时 VT_3 导通，VT_2 截止。从 VT_3 输出的信号电流（i_{c3}）由输出电容 C_2 提供（将原来的充电进行放电），经 VT_3 的 e、c 极，自下而上通过负载 R_L 形成回路。信号 i_{c3} 在 R_L 两端形成负半周的输出信号。以上放大的的两个半周信号，在负载中合成一个完整的正弦波信号。

静态工作点的调整 OTL 电路如图 3.2.6 所示。

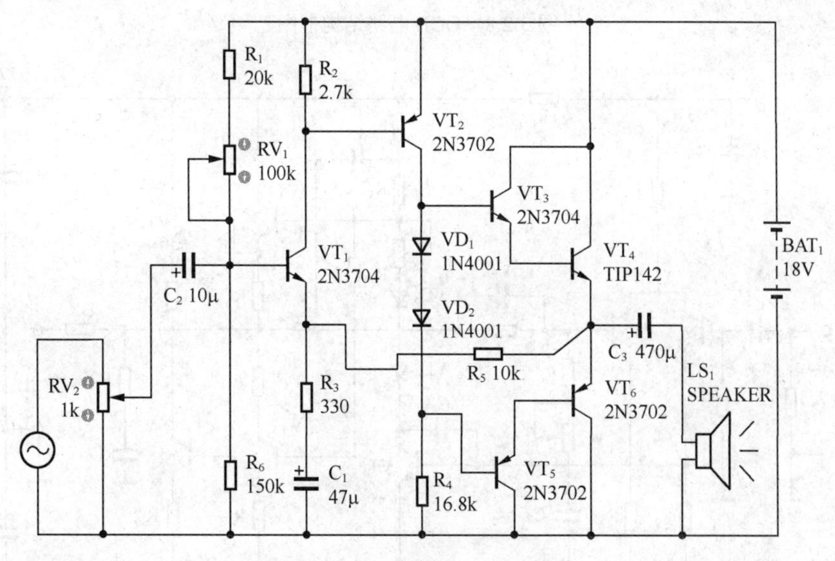

图 3.2.6　中点可调的 OTL 电路

电路组成：RV_1、R_1、R_6 组成 VT_1 的偏置电阻，调节 RV_1 可调节输出端的中点电位；VT_1 起放大倒相的作用；R_2 是 VT_1 的集电极电阻，同时又是 VT_2 偏置电阻；由于 VT_1 射极有深度的直流反馈元件 R_5 等，C_1、R_3 作为 VT_1 的交流负反馈的旁路元件，使交流信号能在 VT_1 有放大作用；VT_2 能把信号进一步的倒相放大 VD_1、VD_2 作为互补对称输出的消除交越失真二极管；

R_5是直流反馈元件；VT_3、VT_4组成复合NPN管，VT_5、VT_6组成复合PNP管。

OTL的输出互补对称管的选择要求：

根据三极管的参数特点，为保证功放的正常工作，选择的三极管应该满足下列的要求。

$P_{CM}>0.2P_{om}$　　　　$U_{(BR)CEO}>2V_{CC}$　　　　$I_{CM}>V_{CC}/R_L$

3. OCL电路（无输出电容的功率放大电路 Output Capacitorless）

在OTL电路中，输出电容并不是单纯地为了耦合信号，还为了实现单电源供电。OTL电路虽然实现了单电源供电，但由于输出电容的存在影响了放大器低频信号的放大。OCL（见图3.2.7）取消了输出大电容，因此在性能上优于OTL电路，在高保真音响中常被广泛采用。

取消输出电容将带来问题：一是需要采用双电源供电；二是电路损坏时，将有很大大直流电流流过扬声器而使其烧坏。采用OCL电路的中高档功放都需增加扬声器保护电路。

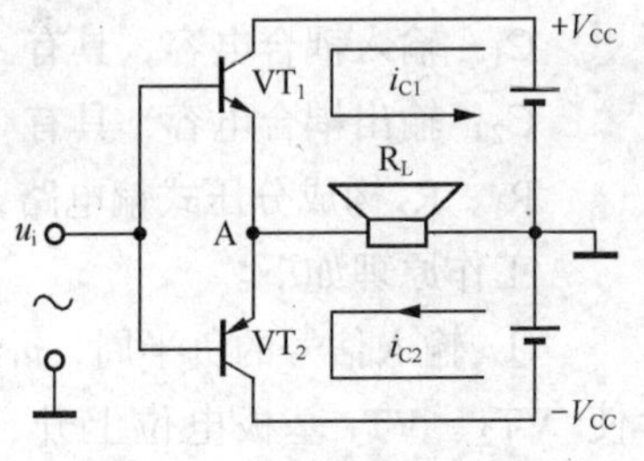

图3.2.7　OCL电路原理图

目前流行的功率放大器除采用集成电路功放外几乎都是用分立元件构成的OCL电路。基本电路由差动输入级、电压放大级、电流放大级（推动级）、功率输出级和保护电路组成。图3.2.8所示为结构框图，图3.2.9所示为电路原理图。

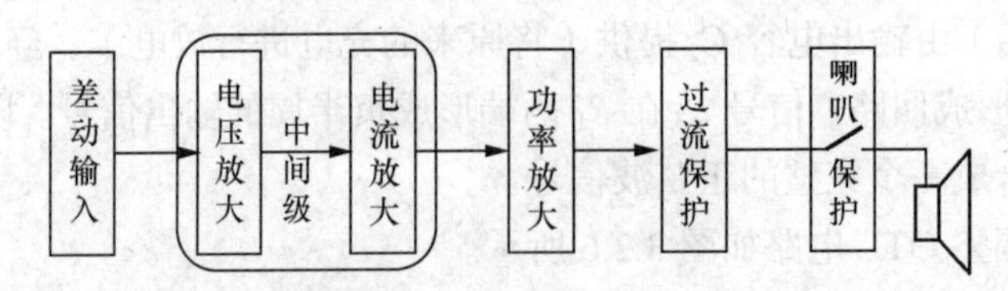

图3.2.8　OCL电路结构框图

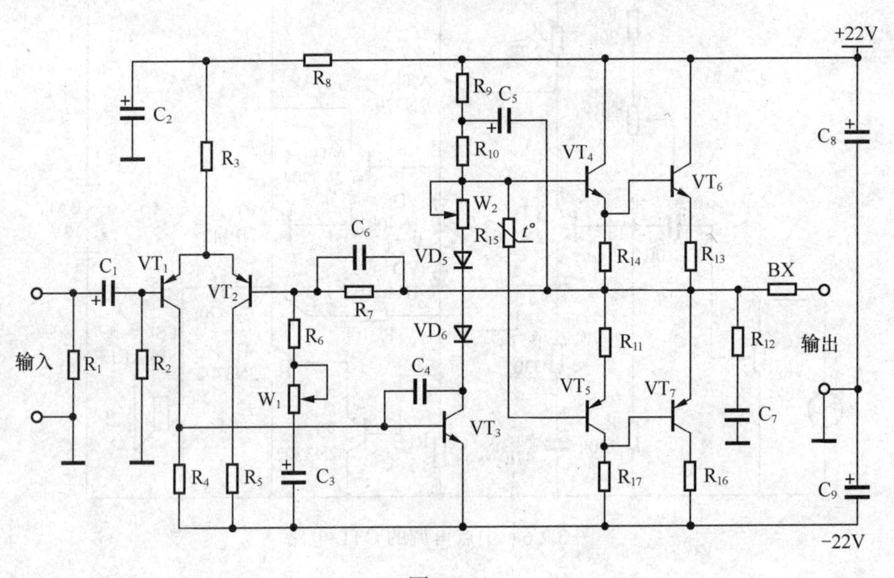

图3.2.9

（1）差动输入级（差分放大器，简称差放）。

① 电路组成：功放电路是多级放大电路，多级放大器不论用哪种耦合方式，都存在零点漂移现象，零点漂移就是输入电压（u_i）为零而输出电压（u_o）不为零的现象。温度的变化是产生

零点漂移的主要原因，因此也称零点漂移为温度漂移，简称温漂。差分放大器利用电路参数的对称性和负反馈作用，有效地稳定静态工作点，以放大差模信号、抑制共模信号为显著特征，广泛应用于直接耦合电路和测量电路的输入级。但是差分放大电路结构复杂、分析繁琐，特别是其对差模输入和共模输入信号有不同的分析方法，难以理解，因而一直是模拟电子技术中的难点，图 3.2.10 所示为最基本的差动电路。差分放大电路按输入输出方式分有双端输入双端输出、双端输入单端输出、单端输入双端输出和单端输入单端输出四种类型。

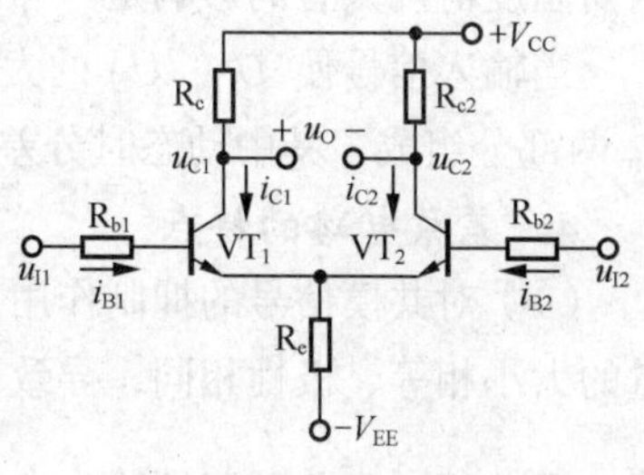

图 3.2.10 差分电路

②电路特点：电路参数理想对称。

VT_1 与 VT_2 的特性相同: $\beta_1=\beta_2$，$r_{be1}=r_{be2}$，$R_{b1}=R_{b2}$，$R_{c1}=R_{c1}$。

差分放大器有两个输入端子和两个输出端子，因此信号的输入和输出均有双端和单端两种方式。双端输入时，信号同时加到两输入端；单端输入时，信号加到一个输入端与地之间，另一个输入端接地。双端输出时，信号取于两输出端之间；单端输出时，信号取于一个输出端到地之间。因此，差动放大电路有双端输入双端输出、双端输入单端输出、单端输入双端输出、单端输入单端输出四种应用方式，如图 3.2.11 所示。

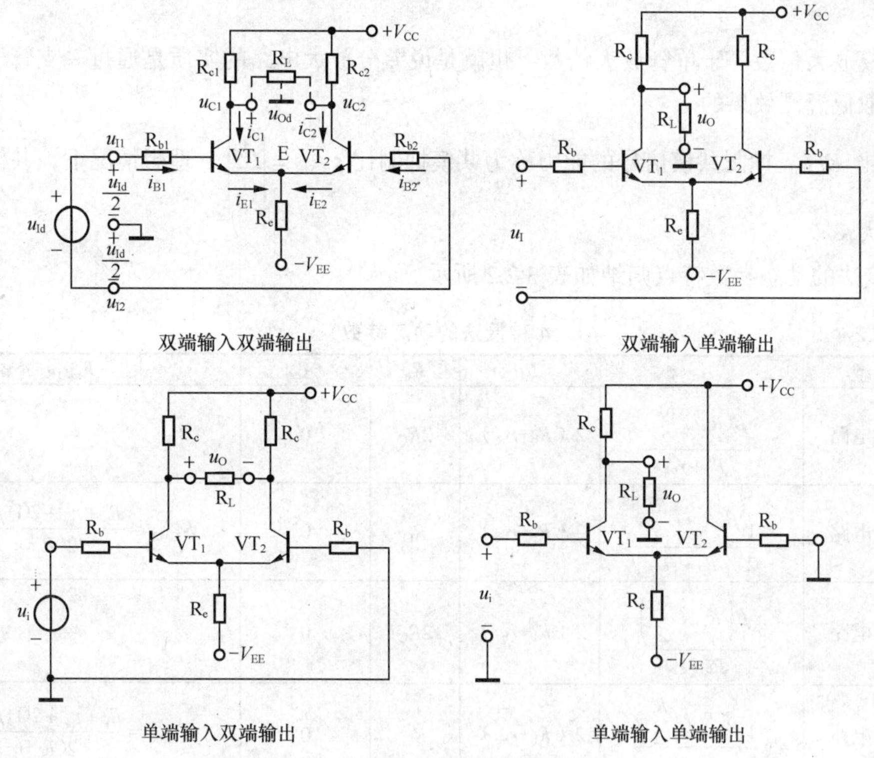

图 3.2.11 差动电路的四种应用方式

③ 信号的输入方式：差放的外信号输入分差模和共模两种基本输入状态。当外信号加到两输入端子之间，使两个输入信号 U_{i1}、U_{i2} 的大小相等、极性相反时，称为差模输入状态。此时，外输入信号称为差模输入信号，以 U_{id} 表示，且有 $U_{id}=U_{i1}-U_{i2}=2U_{i1}$

当外信号加到两输入端子与地之间，使 U_{i1}、U_{i2} 大小相等、极性相同时，称为共模输入状态，此时的外输入信号称为共模输入信号，以 U_{ic} 表示，且 U_{ic}=0。由于两个管子参数的对称，因而温度对两只管的影响是一样的，所以温度漂移等效成共模信号。

当输入信号使 U_{i1}、U_{i2} 的大小不对称时，输入信号可以看成是由差模信号 V_{id} 和共模信号 V_{ic} 两部分组成，其中动态时分差模输入和共模输入两种状态。

4. 差放电路的特点。

（1）对共模信号的抑制作用。在两个输入端加共模信号，即 $U_{i1}=U_{i2}=U_{ic}$，差动对管电流增量的大小相等、极性相同，导致两输出端对地的电压增量，即差模输出电压 U_{oc1}、U_{oc2} 大小相等、极性相同，此时双端输出电压 $U_{oc}=U_{oc1}-U_{oc2}=0$,所以共模放大倍数 $A_c=\dfrac{\Delta u_{oc}}{\Delta u_{ic}}$，在电路参数理想对称的情况下，$A_c$=0。

（2）对差模信号有放大作用。在两个输入端加差模信号，即 $U_{i1}=-U_{i2}$，这时一管的射极电流增大，另一管的射极电流减小，且增大量和减小量时时相等。因此流过 R_e 的信号电流始终为零，E 点电位将保持不变，因此可视为恒压源，在等效电路中 R_e 相当对地交流短路。

差模放大倍数：$$A_d=\frac{\Delta U_{od}}{\Delta U_{id}}=\frac{\frac{1}{2}U_{od}}{\frac{1}{2}U_{id}}=\frac{-\Delta i_{c1}\left(R_c//\frac{R_L}{2}\right)}{\Delta i_{B1}(R_b+r_{be})}=\frac{\beta\left(R_c//\frac{R_L}{2}\right)}{R_b+r_{be}}$$

可见，差模放大倍数等于单管放大倍数，也就是说差分放大电路的实质是通过一支管子的放大倍数来换取低温漂效果的。

共模抑制比 K_{CMR}: 抑制共模信号的能力称为共模抑制比 $K_{CMR}=\left|\dfrac{A_d}{A_c}\right|$，理想情况下，共模抑制比应为无穷大。

4 种接法的动态参数特点归纳如表 3.2.2 所示。

表 3.2.2 4 种接法的动态参数

电路类型	A_d	R_i	R_o	A_c	K_{CMR}
双入双出电路	$-\dfrac{\beta(R_c//\frac{R_L}{2})}{R_b+r_{be}}$	2（R_b+r_{be}）	$2R_C$	0	∞
双入单出电路	$-\dfrac{1}{2}\dfrac{\beta(R_c//\frac{R_L}{2})}{R_b+r_{be}}$	2（R_b+r_{be}）	R_C	0	$K_{CMR}=\dfrac{R_b+r_{be}+2(1+\beta)\ R_e}{2(R_b+r_{be})}$
单入双出电路	$-\dfrac{\beta\left(R_c//\frac{R_L}{2}\right)}{R_b+r_{be}}$	2（R_b+r_{be}）	$2R_C$	0	∞
单入单出电路	$-\dfrac{1}{2}\dfrac{\beta(R_c//\frac{R_L}{2})}{R_b+r_{be}}$	2（R_b+r_{be}）	R_C	0	$K_{CMR}=\dfrac{R_b+r_{be}+2(1+\beta)\ R_e}{2(R_b+r_{be})}$

在单输出电路中为了提高共模抑制比应加大 R_e。但 R_e 加大后，为保证静态工作点不变，必须提高负电源，这是不经济的。如图 3.2.12 所示，可用恒流源 VT_3 来代替 R_e。恒流源动态电阻大，可提高共模抑制比。同时恒流源的管压降只有几伏，可不必提高负电源之值。恒流源电流数值为 $I_E=(V_Z-V_{BE3})/R_e$

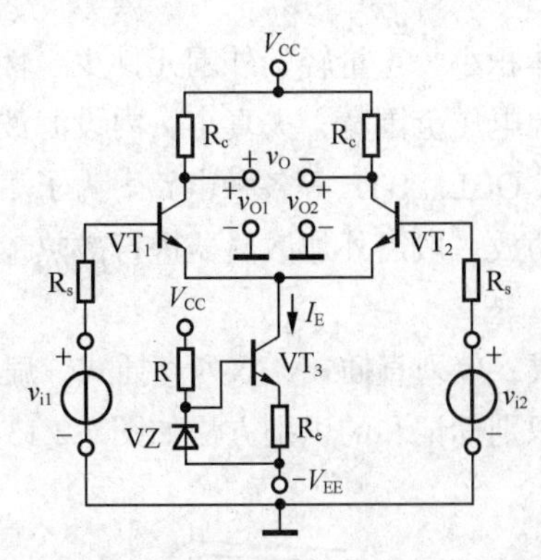

图 3.2.12 用恒流源 VT_3 提高共模抑制比

（3）电压放大级。电压放大级一般采用共射放大电路，因为共射电路具有很高的电压和电流放大倍数，如图 3.2.9 中的 VT_3。

（4）互补对称输出。互补对称输出电路用大功率对管 TIP_{41}、TIP_{42}，图 3.2.9 中的 VD_1、VD_2 及 R_4 是消除交越失真元件，R_5 是反馈元件，稳定中点电位的作用，其稳定的原理如下：假如中点电位由于温度漂移而上升。经 R_5 使 VT_4 基极电位上升，VT_4 的 I_E 减小，VT_4、VT_5 的射极电位上升，VT_5 的 I_E 增大，R_{10} 两端的电压上升，VT_3 的基极电位也上升，VT_3 的 I_C 电流增大，集电极电位下降，电路的中点电位也下降，从而起到稳定中点原理。

OTL 与 OCL 的性能对比如表 3.2.3 所示。

表 3.2.3

	OCL	OTL
优点	双电源供电，结构简单，效率高，频率响应好，易集成	单电源，结构简单，效率高，频率响应好，易集成
缺点	双电源，电源利用率不高	输出需大电容，对低频信号有衰减，电源利用率不高
主要公式	最大输出功率 直流电源消耗功率 $P_{OM} \approx \frac{1}{2}\frac{V^2_{CC}}{R_L}$ $P_E \approx \frac{2}{\pi}V_{CC} \times I_{CM}$ 效率 $\eta_{理想} = 78.5\%$ 最大管耗 $P_{CLm} = 0.2P_{OM}$	$P_{OM} \approx \frac{1}{8}\frac{V^2_{CC}}{R_L}$ $P_E \approx \frac{1}{\pi}V_{CC} \times I_{CM}$ $\eta_{理想} = 78.5\%$ 实际约为 60%

三、集成功放电路

集成电路简称 IC（Integrated Circuit），它是 20 世纪 60 年代发展起来的一种半导体器件，它是在半导体制造工艺的基础上，将各种元件和连线等集成在一片硅片上而制成的，因此密度高，引线短，外部接线大大减少，从而提高了电子设备的可靠性和灵活性，同时降低了成本，为电子技术开辟了一个新的时代。

1. 集成电路的优点

集成电路按其功能的不同，可以分为数字集成电路和模拟集成电路两大类。数字集成电路是指其输入量和输出量为高低两种电平且具有一定逻辑关系的电路。模拟集成电路处理的是模拟信号。

集成功率放大器具有具有体积小、重量轻、外围元件少、性能优良，安装调试方便。双通道立体声功放的一致性好，电源电压范围宽，失真小，内设滤波和多种保护电路，集成功率放大器使用灵活，可以组成 OTL、OCL、BTL 等各种电路。为了尽可能提高输出功率并确保放大器安全可靠地工作，集成电路功放一般需外加散热器进行散热。

2. 集成电路脚位的识别

集成电路的外形有多种形式：单列直插式、双列直插式、扁平式、圆壳式，还有其他形式，各种不同的集成电路引脚有的识别标记和的识别方法如图 3.2.13 所示。

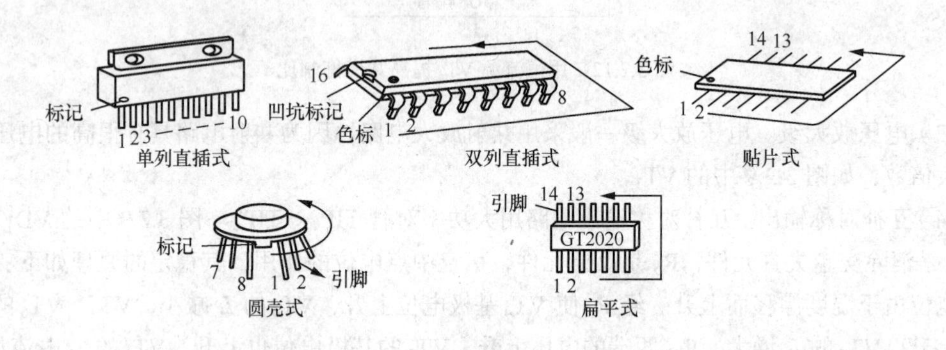

图 3.2.13　集成电路脚位的识别

3. 集成电路的应用

（1）LM386 集成功放及其应用

① LM386 的封装外形如图 3.2.14 所示，其参数如下。

直流电源：4～12V，额定功率：660mW，带宽：300kHz，输入阻抗：30kΩ。

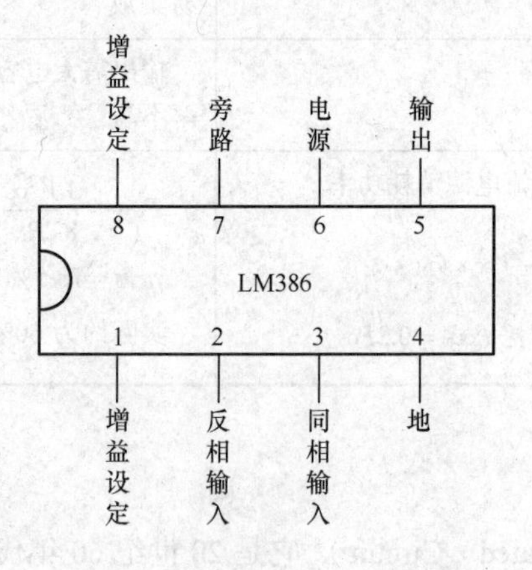

图 3.2.14　LM386 封装外形图

② 内部电路如图 3.2.15 所示。

VT_2、VT_4：双端输入单端输出差分电路；VT_1、VT_6：射级跟随器，高 R_i。

VT_3、VT_5：恒流源负载；VT_2、VT_4：VT_8、VT_{10}：构成 PNP 复合管，与 VT_9 组成互补对称输出管。

VD_1、VD_2：用于消除交越失真；VT_7：为驱动级（I_0 为恒流源负载）。

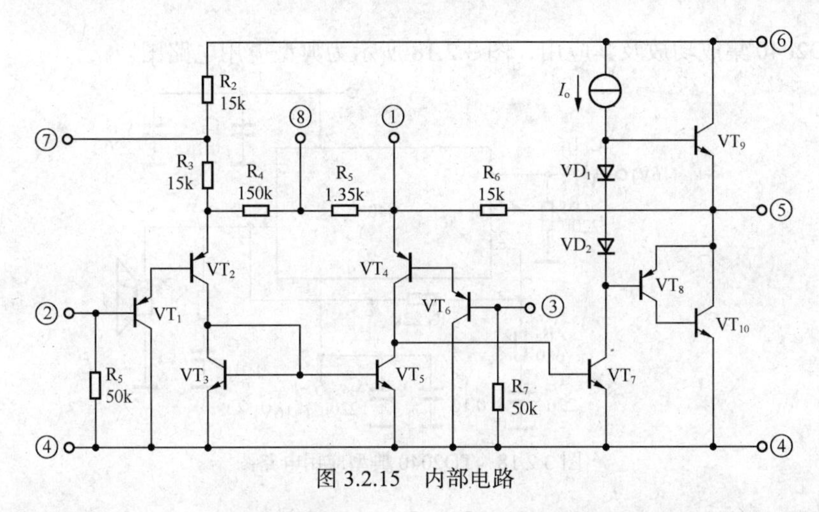

图 3.2.15　内部电路

①、⑧脚开路时，A_u=20（负反馈最强），①、⑧交流短路 A_u=200（负反馈最弱）。

如图 3.2.16 所示，R_1 为调节电路的反馈量，从而达到调节电压放大倍数的目的，R_2、C_5 为频率补偿，抵消高频的不良影响，防止电路自激等。

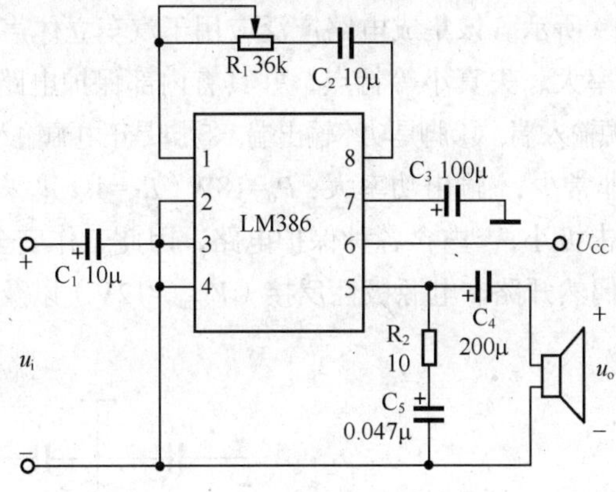

图 3.2.16　LM386 典型应用电路

（2）DG810 集成功放及其应用。DG810 的特点：功率大、噪声小、频带宽、工作电源范围宽、有保护电路，其应用电路如图 3.2.17 所示。

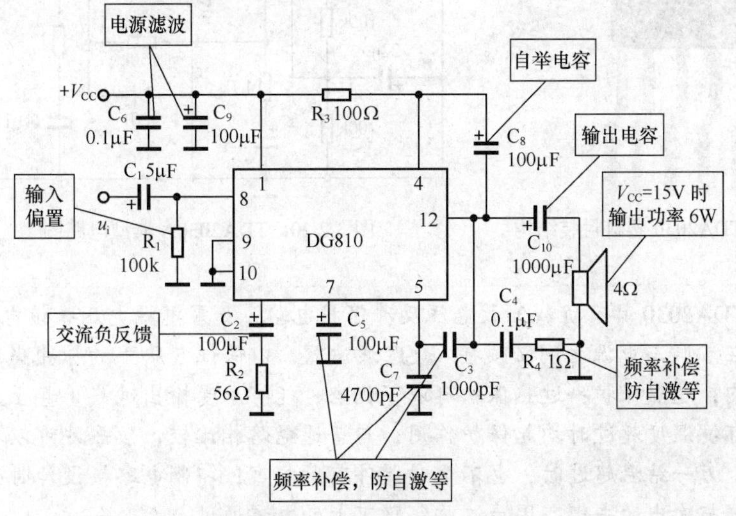

图 3.2.17　DG810　应用电路图

（3）TD2040 集成功放及其应用，图 3.2.18 所示为典型应用电路图。

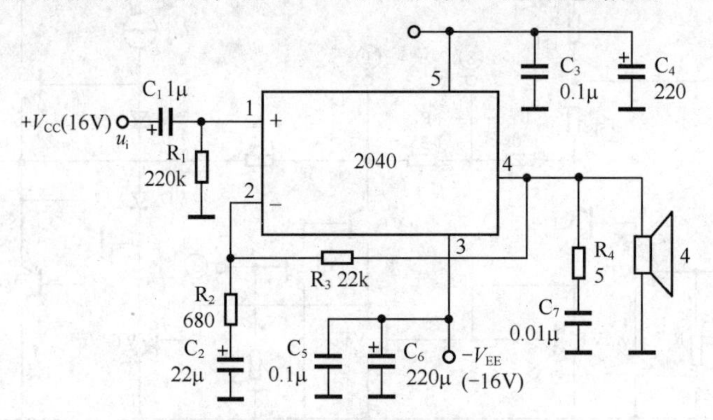

图 3.2.18　TD2040 典型应用电路图

TD2040 为双电源（OCL）放大器，输出功率可达 15W。C4、C6 为大电容滤除低频成分，C3、C5 为小电容滤除高频成分，R2、C2 为交流电压串联负反馈。

（4）TD2030。19TDA2030A 是德律风根生产的音频功放电路，采用 V 型 5 脚单列直插式塑料封装结构，如图 3.2.19 所示。该集成电路广泛应用于汽车立体声收录音机、中功率音响设备，具有体积小、输出功率大、失真小等特点，并具有内部保护电路。①脚是正相输入端，②脚是反向输入端，③脚是负电源输入端，④脚是功率输出端，⑤脚是正电源输入端。

电路特点：外接元件非常少；输出功率大：P_o=18W（R_L=4Ω）；采用超小型封装（TO-220），可提高组装密度。开机冲击极小；内含各种保护电路，因此工作安全可靠，主要保护电路有：短路保护、热保护、地线偶然开路、电源极性反接（V_{smax}=12V）以及负载泄放电压反冲等。典型电路图如图 3.2.20 所示。

图 3.2.19　TDA2030 塑料封装结构

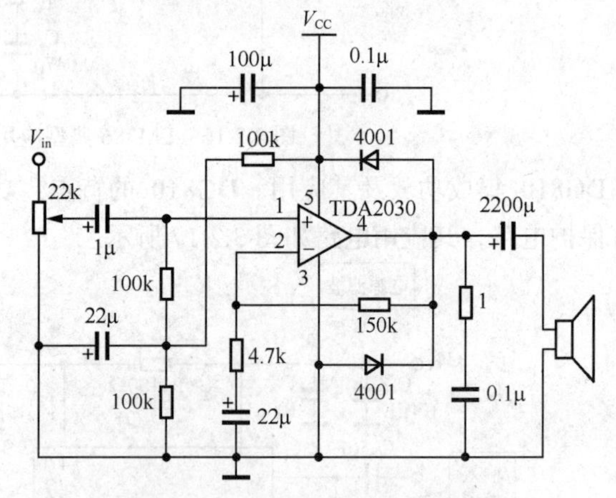

图 3.2.20　TDA2030A 典型电路图

TDA2030 具有负载泄放电压反冲保护电路，如果电源电压峰值电压 40V 的话，那么在 5 脚与电源之间必须插入 LC 滤波器，以保证 5 脚上的脉冲串维持在规定的幅度内；过热保护：过热保护有以下优点，能够承受输出过载（甚至是长时间的），或者环境温度超过时均起保护作用；与普通电路相比较，散热片可以有更小的安全系数，万一结温超过时，也不会对器件有所损害；印制电路板设计时必须较好的考虑地线与输出的去耦，因为这些线路有大的电流通过。

任务实施

一、制作 OTL 电路

1. 目的

（1）理解 OTL 功率放大器，了解电路中各元件的作用；

（2）学会由原理图设计电路板图；掌握电路手工制作方法；熟悉元器件的安装与手工烙铁焊接技术；

（3）熟悉 OTL 功放电路的调试方法；掌握功放电路主要性能技术指标的测量方法，包括失真度、最大输出功率、效率、频率响应、输出电阻；

（4）熟悉常用的仪器仪表对电路进行检测。

2. 仪器

（1）直流稳压电源、函数信号发生器、双踪示波器、万用表各一台；

（2）电阻、电容、二极管、三极管等 OTL 功放电路元件一套。

3. 步骤

（1）根据电路图挑选元件，电路图如图 3.2.6 所示。

（2）对元件进行检测，根据电路图进行排版并准确焊接电路。

（3）对电路进行调试。

① 静态调整。

- 初步检查电路焊接正确无误，用万用表检查测电源两端是否短路；
- 根据电路图要求加 18V 直流电源、观察各元器件是否冒烟，用手摸元器件应无过热元件。如发现上述现象，停电排除故障后再试。
- 正常后不加 U_{I}=0，调 RV_1 至 VT_4、VT_5 发射极电压为 9V。
- 完成上述步骤后测试放大器静态工作点，分析是否正常。如不正常排除故障后再测。静态工作点的测试数据填写在下表中。

测量点	VT_1			VT_2			VT_3			VT_4			VT_5			VT_6		
	e	b	c	e	b	c	e	b	c	e	b	c	e	b	c	E	b	c
电压																		
正常与否																		

② 动态调试。

- 调试电路无交越失真和限幅失真，接负载 R_{L}。令 U_{i}≤100mV（峰—峰值），f=1kHz，加入放大器输入端，用示波器观察输出信号。
- 在上述条件下用示波器测量输出信号有效值并计算放大器的最大输出功率，填写下表。

$U_{\mathrm{OP\text{-}P}}$	$P_{\mathrm{MAX}}=\dfrac{U_{\mathrm{O}}^2}{8R_{\mathrm{L}}}$

③ 测量功率放大器效率。在上述条件，测量整机供电电流 I，填写下表，并计算电源功率。

I_O	$P_E = E_C \times I_O$	$\eta = \frac{P_{MAX}}{P_E}$

4. 完成上述装配调整和测试任务，并写出实训报告。

二、制作 OCL 功放

1. 目的

（1）理解 OCL 功率放大器，了解电路中各元件的作用；

（2）学会由原理图设计电路板图；掌握电路手工制作方法；熟悉元器件的安装与手工烙铁焊接技术；

（3）熟悉 OCL 功放电路的调试方法；掌握功放电路主要性能技术指标的测量方法，包括最大输出功率、效率、输出电阻。

（4）熟悉常用的仪器仪表对电路进行检测。

2. 仪器

（1）直流稳压电源、函数信号发生器、双踪示波器、万用表各一台；

（2）电阻、电容、二极管、三极管等 OCL 功放电路元件一套。

3. 步骤

（1）根据电路图挑选元件，电路图如图 3.2.21 所示。

（2）对元件进行检测，根据电路图进行排版并准确焊接电路。

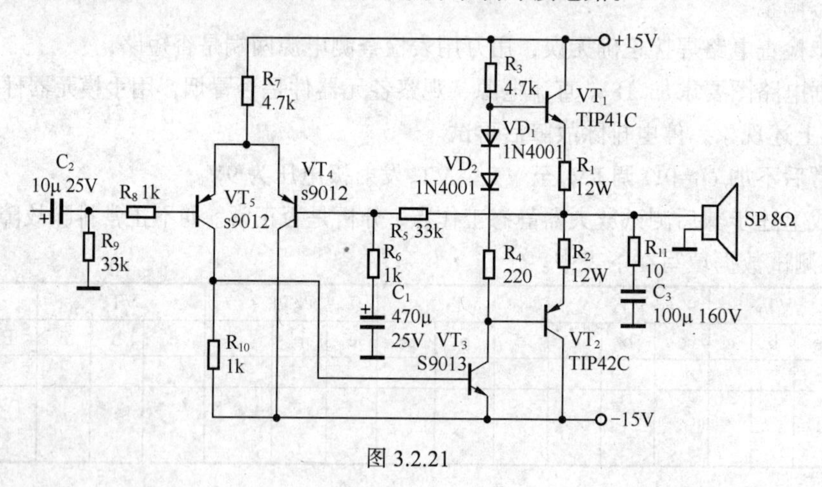

图 3.2.21

（3）对电路进行调试。

① 初步检查电路焊接正确无误，用万用表检查测电源两端是否有无短路。

② 根据电路图要求加 22V 直流电源、观察各元器件是否冒烟，用手摸元器件应无过热元件。如发现上述现象，停电排除故障后再试。

③ 正常后不加输入信号使 U_I=0，测 R_1、R_2 中间电压是否为 0V，若不是则应对电路做进一步检查。

④ 检测电路正常后，加入输入信号 U_i，输出端接入扬声器，并用示波器跟踪信号的放大情况。

任务三　制作音调保护电路

任务引入与目标

人们在欣赏音乐的过程中，有人喜欢清亮的声音，有人喜欢淳厚的声音，而一台扩音机要想满足不同人的需要，就必须设置有音调调节电路，本任务中，我们将学习如何制作音调电路。

【知识目标】

（1）理解音调控制的含义。

（2）熟悉音调控制电路的电路形式。

（3）理解音调控制电路原理。

【能力目标】

（1）会制作及装配好音调控制电路。

（2）能对音调控制电路进行性能测试。

相关知识

人类是生活在一个声音的环境中，通过声音进行交谈、表达思想感情以及开展各种活动。声音的本质是振动在各种介质中的波动。当振动频率在 20 ~ 20000Hz 时，作用于人的耳鼓膜而产生的感觉称为声音。声源可以是固体，也可以是流体（液体和气体）的振动。人们听到的声音有三个主要的主观属性，即音量（也称响度）、音调、音色(也称音品）。响度（loudness）：人主观上感觉声音的大小（俗称音量），由“振幅”（amplitude）和人离声源的距离决定，振幅越大响度越大，人和声源的距离越小，响度越大，单位为分贝 dB；音调（pitch）：声音的高低（高音、低音），由“频率”（frequency）决定，频率越高音调越高；音色（Timbre）：又称音品，波形决定了声音的音色。声音因不同物体材料的特性而具有不同特性，音色本身是一种抽象的东西，但波形是把这个抽象直观的表现。音色不同，波形则不同。典型的音色波形有方波、锯齿波、正弦波、脉冲波等。

音调主要反映人耳对声音频率的感受，它取决于声音频率的高低，与音量的大小无关。由于听音者对不同频率声音信号的敏感度与喜好度不同，所以绝大部分功放机内都设置了音调控制电路，对声音某部分频率信号进行提升或者衰减，以符合不同人的要求。

一、音调控制的基本原理

所谓音调控制就是人为地改变信号的高、低频成分的比重，以满足听者的爱好、渲染某种气氛、达到某种效果或补偿扬声器系统及放音场所的音响不足。这个控制过程其实并没有改变节目里各种声音的音调（频率），所谓“音调控制”只是个习惯叫法，实际上是“高、低音幅度控制”。高保真扩音机大都装有音调控制器。

一个良好的音调控制电路要有足够的高、低音调节范围，但又同时要求高、低音从最强到最弱的整个调节过程里，中音信号（通常指 1 000Hz）不发生明显的幅度变化，以保证音量大致不变。

音调控制电路大致可分为两大类：衰减式和负反馈式。衰减式音调控制电路的调节范围可以做得较宽，但因中音电平要作很大衰减，并且在调节过程中整个电路的阻抗也在变化，所以噪声和失真大一些。负反馈式音调控制电路的噪声和失真较小，但调节范围受最大负反馈量的限制，所以实际的电路常把负反馈式和输入衰减联合使用，成为衰减负反馈混合式。

1. 常用的音调控制电路

按音调控制的幅频特点分有 4 种：低音提升、低音衰减、高音提升、高音衰减，其电路结构及波形如图 3.3.1（a）和图 3.3.1（b）所示。

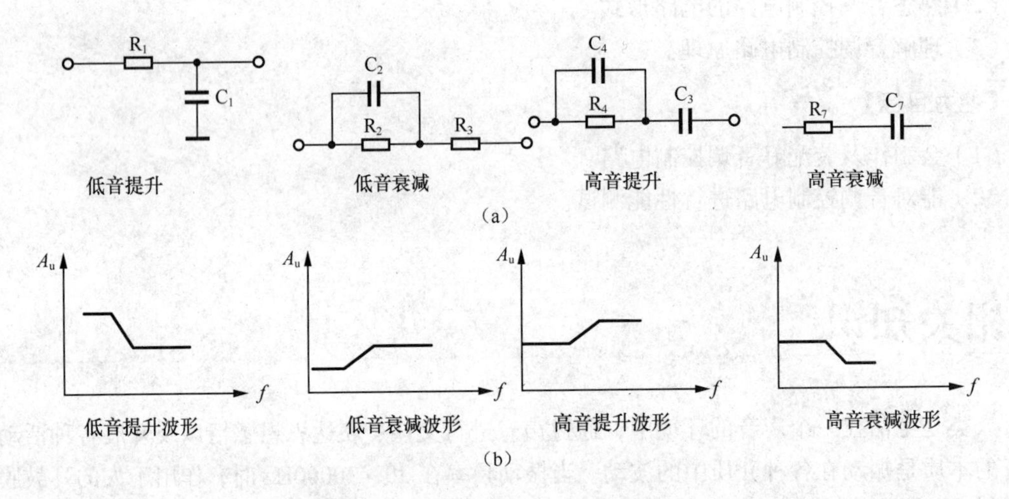

图 3.3.1　4 种音调控制电路的结构与波形

所谓提升或衰减高、低音，都是相对于中音而言的。由图 3.3.1（b）所示，所谓的低音提升（衰减），是指中音（1 000Hz）及以上高频为放大倍数不变无衰减的一条直线，只有 1 000Hz 以下的低音部分随频率的下降而出现幅度上升（下降）；所谓的高音提升（衰减），是指中音（1 000Hz）及以下低频为放大倍数不变无衰减的一条直线，只有 1 000Hz 以上的高音部分随频率的上升而出现幅度上升（衰减）。

利用电阻没有幅频特性（即电阻对低频、高频有相同的衰减量），利用电容具有幅频特性。由电容的容抗 $\left(X_C=\frac{1}{2\pi fC}\right)$ 可知高频时容抗低，低频时容抗高的特点，把电阻与电容串联或并联，得到不同阻抗匹配的音调控制电路，如图 3.3.2 所示。

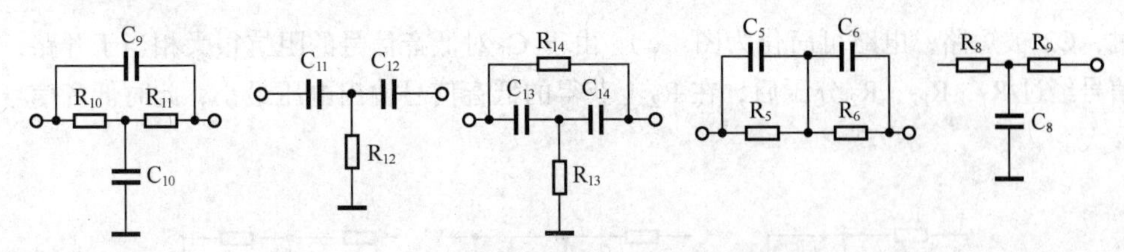

图 3.3.2　不同阻抗匹配的音调控制电路

2. 衰减式音调控制电路

典型电路如图 3.3.3 所示，高音、低音分开调节：C_3、C_4、RW_2 构成高音调节器，R_1、R_2、C_1、C_2、RW_1 构成低音调节器。RW_2 旋到左端时高音提升，旋到右端时高音衰减。RW_1 旋到左端时低音提升，旋到右端时低音衰减。R_3 是为了减少高、低音控制电路的相互影响而加入的隔离电阻。

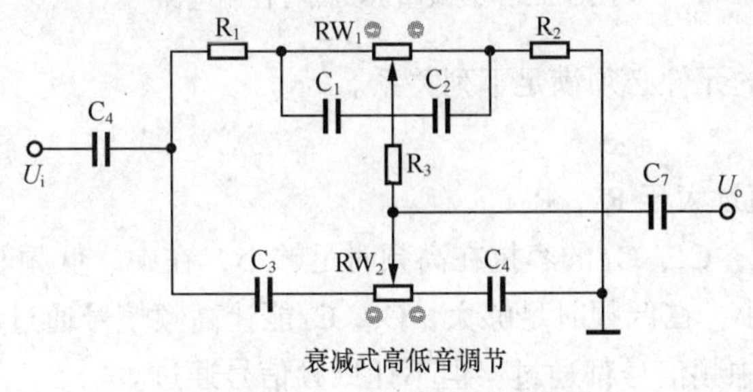

图 3.3.3　典型衰减式音调控制电路图

调整的原理如下。

（1）衰减型 RC 高音控制电路。电路如图 3.3.4（a）所示。

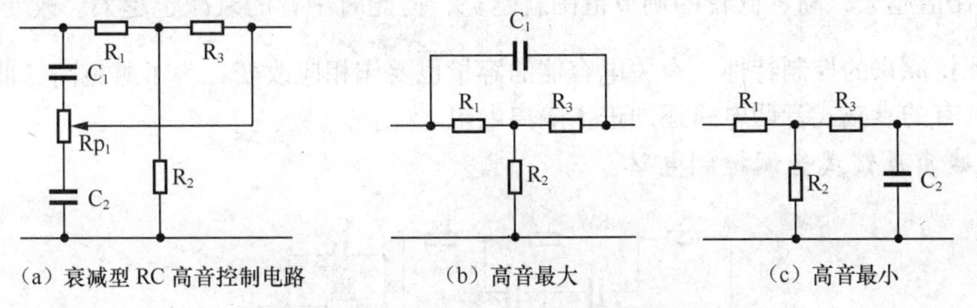

（a）衰减型 RC 高音控制电路　（b）高音最大　（c）高音最小

图 3.3.4　衰减型 RC 高音控制电路

图 3.3.4（a）中 R_{P1} 为高音控制电位器，当滑片滑至 R_{P1} 最上端时，R_{P1} 和 C_2 组成的 RC 串联网络呈现阻抗最大，高音输入信号经 C_1 直通到输出端,此时电路可简化为图 3.3.4（b）。中音和低音信号经过 R_1、R_2 和 R_3 组成的 T 型网络耦合到后级放大电路，中低音信号得到衰减，高音信号则无衰减输出到后级，这样高音信号相对中音和低音信号得到最大提升。当 R_{P1} 的滑片滑至最下端时，输入信号经 C_1、R_{P1} 串联网络经 C_2 到地,高音信号被旁路,输出信号近似为 0，电路可简化为图 3.3.4（c）,中音和低音信号经过 R_1、R_2 和 R_3 组成的 T 型网络耦合到后级放大电路，中低音信号得到衰减。

（2）衰减型 RC 低音控制电路。电路如图 3.3.5（a）所示，图（a）中 R_{P2} 为低音控制电位器，当滑片滑至 R_{P2} 最上端时，C_1 被短路，电路可简化为图（b）。由于 C2 对低音信号的相当于开路，所以对低音信号经 R_1 直接送到输出端，即低音信号的提升量最大。当滑片滑至 R_{P2} 最下端时，C2 被短路，电路可简化为图（c）。由于 C_1 对低音信号的阻抗很大相当于开路，所以输入信号经过 R_1、R_{P2}、R_2 分压后，在 R_2 上获得的低音信号输出电压最小，此时低音信号的衰减量最大。

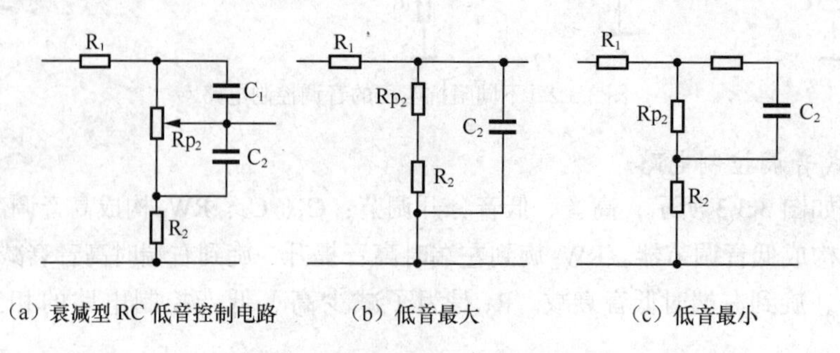

（a）衰减型 RC 低音控制电路　（b）低音最大　（c）低音最小

图 3.3.5　衰减型 RC 低音控制电路

（3）组成音调电路的元件必须满足下列关系。

① $R_1 \geqslant R_2$；

② W_1 和 W_2 的阻值远大于 R_1、R_2；

③ 与有关电阻相比，C_3、C_4 的容抗在高频时足够小，在中、低频时足够大；C_1、C_2 的容抗则在高、中频时足够小，在低频时足够大。C_3、C_4 能让高频信号通过，但不让中、低频信号通过；C_1、C_2 则让高、中频信号都通过，但不让低频信号通过。

只有满足上述条件，衰减式音调控制电路才有足够的调节范围，并且 W_1、W_2 分别只对高音、低音起调节作用，调节时中音的增益基本不变，其值约等于 $\frac{R_1}{R_2}$。

$\frac{R_1}{R_2}$ 的比值越大，高、低音的调节范围就越宽，但此时中音的衰减也越大。改变 R_1 或 R_2 后，如要保持原来的控制特性，有关电容器的容量也要作相应改变，为了避免高、低音调节时互相牵制，有的衰减式音调电路还加进了隔离电阻。

3. 衰减负反馈式音调控制电路

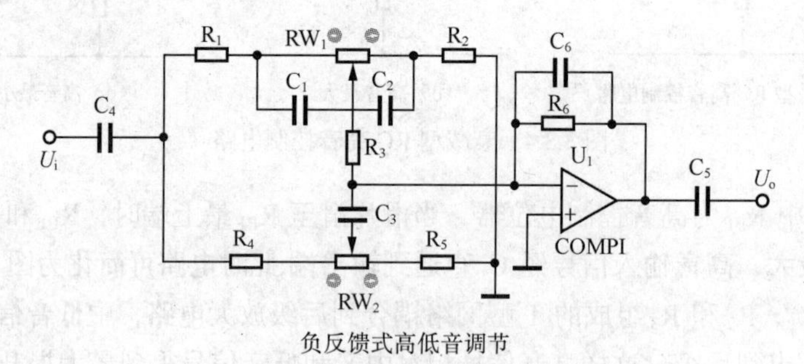

负反馈式高低音调节

图 3.3.6　衰减型 RC 低音控制电路

如图 3.3.6 所示为负反馈式高低音调节的音调控制电路。该电路调试方便、信噪比高，目前大多数的普及型功放都采用这种电路。图中 C_1、C_2 的容量大于 C_3，对于低音信号 C_1 与 C_2 可视为开路，对于高音信号 C_3 可视为短路。低音调节时，当 RW_1 滑到左端时，C_1 被短路，C_2 对低音信号容抗很大，可视为开路；低音信号经过 R_1、R_3 直接送入放大器，输入量最大；而低音输出则经过 R_2、RW_1、R_3 负反馈送入放大器，负反馈量最小，因而低音提升最大；当 W_1 滑到右端时，则刚好与上述情形相反，因而低音衰减最大。不论 W_1 的滑臂怎样滑动，因为 C_1、C_2 对高音信号可视为是短路的，所以此时对高音信号无任何影响。高音调节时，当 W_2 滑到左端时，因 C_3 对高音信号可视为短路，高音信号经过 R_4、C_3 直接送入运放，输入量最大；高音输出则经过 R_5、W_2、C_3 负反馈送入运放，负反馈量最小，因而高音提升最大；当 W_2 滑到右端时，刚好相反，因而高音衰减最大。不论 W_2 的滑臂怎样滑动，因为 C_3 对中低音信号可视为是开路的，所以此时对中低音信号无任何影响。普及型功放一般都使用这种音调处理电路。使用时必须注意的是，为避免前级电路对音调调节的影响，接入的前级电路的输出阻抗必须尽可能地小，应与本级电路输入阻抗互相匹配。

4. 衰减负反馈混合式音调控制电路

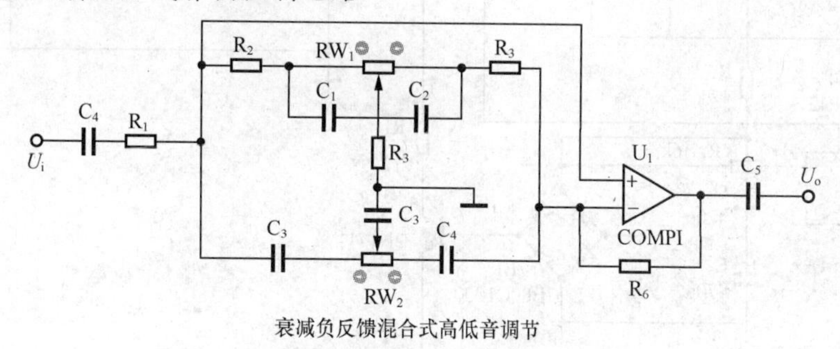

衰减负反馈混合式高低音调节

图 3.3.7 衰减型 RC 低音控制电路

图 3.3.7 所示为衰减式高低音调节的音调控制电路。电容 C_1、C_2 的容量大于电容 C_3、C_4；对于高音信号 C_1 与 C_2 可视为短路，而对于低音信号则可视为开路；C_3 与 C_4 对于高音信号可视为短路，而对于中低音信号则可视为开路，具体原理分析读者可自行参考图 3.3.6。

二、扬声器保护电路

大功率的家用功放的主声道均采用了 OCL 电路作功率放大。这种电路出现故障时，其输出端的直流中点电位常常会偏离零电平，出现较高的正或负的直流电压。输出的直流电流流过扬声器的音圈时，轻者会产生固定磁场，使音圈移位，难以恢复，重者会将其烧毁。另外，在部分特大功率功放中，由于输出功率非常大，在用户操作不当时，可能会持续输出几安培甚至十几安培的峰值电流，使该声道的最大输出功率远远超过功放的额定输出功率，致使扬声器烧毁。

1. 保护电路

一般功放扬声器保护电路框图如图 3.3.8 所示，图中含有了 3 种保护方式:中点电位检测、过流检测、开机延时保护。典型电路原理图如图 3.3.9 所示，此电路具有中点直流电位检测、开机静噪、功放输出过流保护及电路工作状态指示等功能。

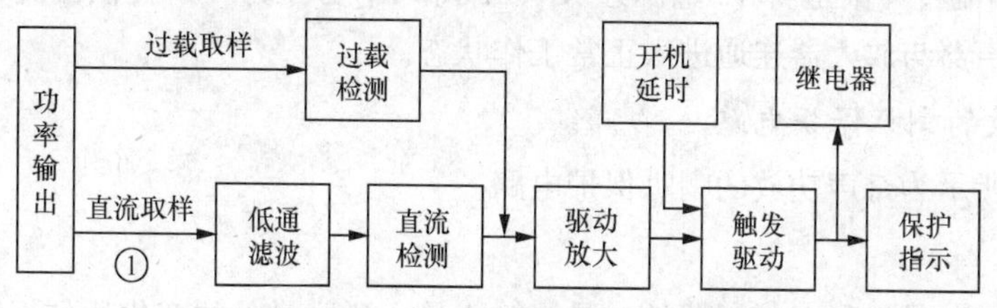

图 3.3.8 保护电路结构框图

（1）直流保护。当功放输出级正常工作时，其输出只有交流信号而无明显的直流分量，中

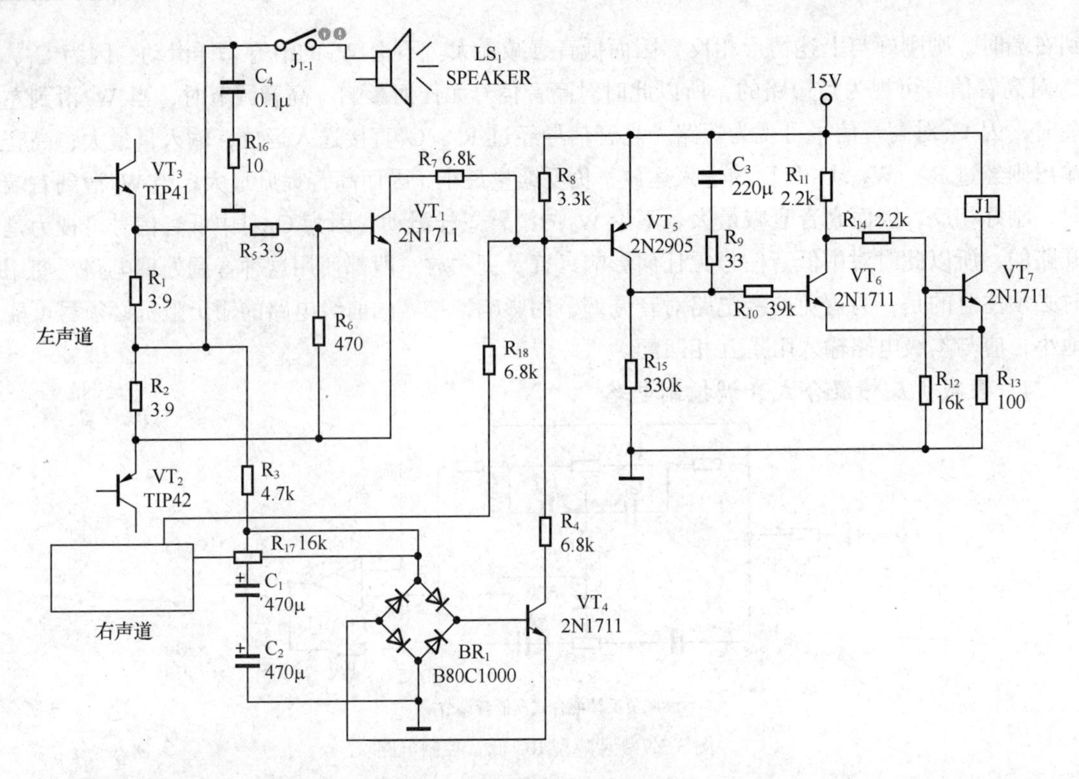

图 3.3.9　典型保护电路原理图

点电位为零，桥式检测器不工作，VT_5截止，VT_6因无基极偏压也截止，VT_7由R_{11}、R_{14}、R_{12}分压而获得基极偏压导通，继电器J_1得电，使常开触点J_{1-1}闭合，保护电路不启动。当功放输出级电路出现异常而导致某声道输出级中点出现正（负）直流电压时，此电压经R_3（R_{17}）及C_1、C_2低通滤波后加至桥式检测器上，若直流电压绝对值大于2V，VT_5的发射结将获得正偏而导通，致使VT_6导通后，VT_7因发射偏置电压减小而截止，继电器释放，J_{1-1}断开，音箱信号通道被切断。

（2）功放输出过流保护功能。当功放输出电流超过一定限度（由输出管发射极电阻及VT_1基极回路电阻参数决定）时，VT_1导通，引起VT_4、VT_5导通，VT_7截止，继电器释放，负载（音箱）被断开，使过流不致持续下去。

（3）开机静噪功能。接通电源瞬间，C_3近似于短路，+15V经R_9、R_{15}使VT_6迅速导通，VT_7截止，继电器不吸合，扬声器未接入放大器，避免了开机时浪涌电流对扬声器的冲击（即开机时很响的"咚"声）。延时数秒后，C_3两端加了较高的上正下负直流电压，此时C_3等效于开路，VT_6失去偏流转为截止。+15电源经R_{11}、R_{14}和R_{12}分压为VT_7提供偏流，VT_7转为导通，继电器吸合，扬声器与放大器连通进入正常工作状态。

2. 奇声功放的喇叭保护电路

如图3.3.10所示为奇声功放的喇叭保护电路。

3. 继电器

继电器（relay）是一种电控制器件，是当输入量（激励量）的变化达到规定要求时，在电气输出电路中使被控量发生预定的阶跃变化的一种电器。它有控制系统（又称输入回路）和被

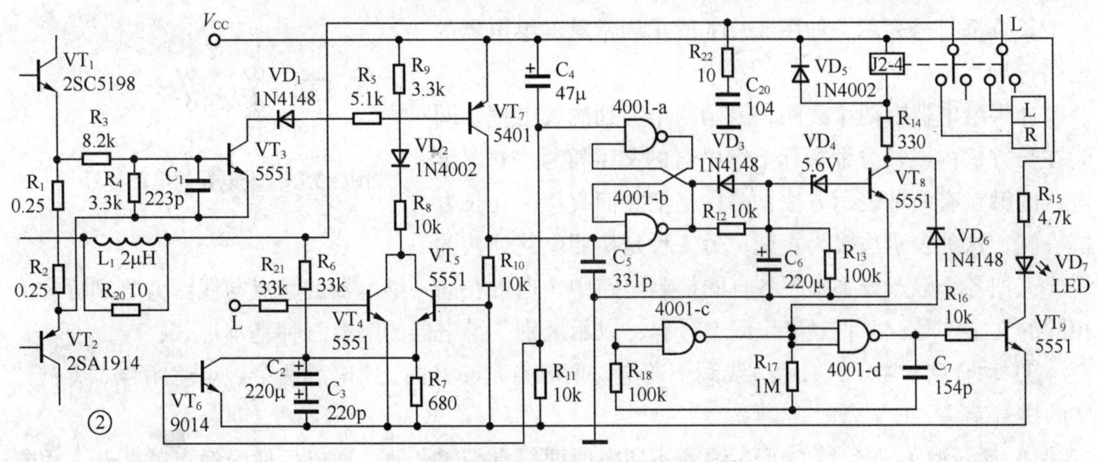

图 3.3.10　奇声功放的喇叭保护电路

控制系统（又称输出回路）两个部分。通常应用于自动化的控制电路中，它实际上是用小电流去控制大电流运作的一种“自动开关”。故在电路中起着自动调节、安全保护、转换遥控、遥测、通信、自动控制、机电一体化及电力电子设备等电路中。如图 3.3.11 所示是常见的几种继电器外形图。

图 3.3.11　常见电磁式继电器

（1）继电器的结构原理。电磁继电器一般由铁芯、线圈、衔铁、触点簧片等组成，如图 3.3.12 为继电器的结构原理图。

只要在线圈两端加上一定的电压，线圈中就会流过一定的电流，从而产生电磁效应，衔铁就会在电磁力吸引的作用下克服返回弹簧的拉力吸向铁芯，从而带动衔铁的动触点与静触点（常开触点）吸合。当线圈断电后，电磁的吸力也随之消失，衔铁就会在弹簧的反作用力正返回到原来的位置，使动触点与原来的静触点（常闭触点）释放。这样吸合、释放，从而达到了在电路中的导通、切断的目的。对于继电器的“常开、常闭”触点，可以这样来区分：继电器线圈未通电时处于断开状态的静触点，称为“常开触点”；处于接通状态的静触点称为“常闭触点”。继电器一般有两个电路，为低压控制电路和高压工作电路。

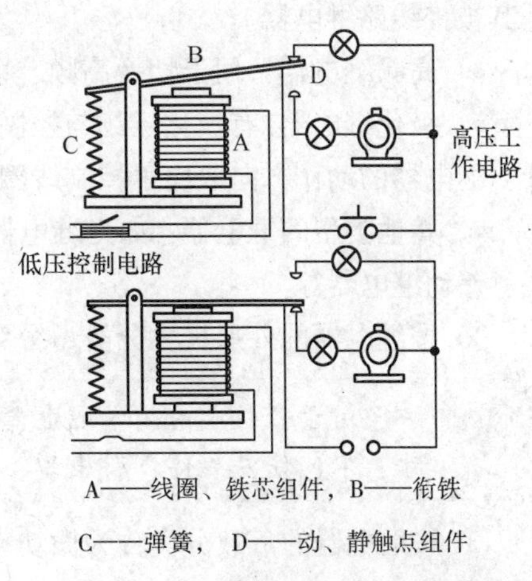

A——线圈、铁芯组件，B——衔铁

C——弹簧，D——动、静触点组件

图 3.3.12　电磁式继电器的结构

（2）电符号和触点形式。继电器线圈在电路中用一个长方框符号表示，如图 3.3.13 所示为常见的继电器的电路符号。

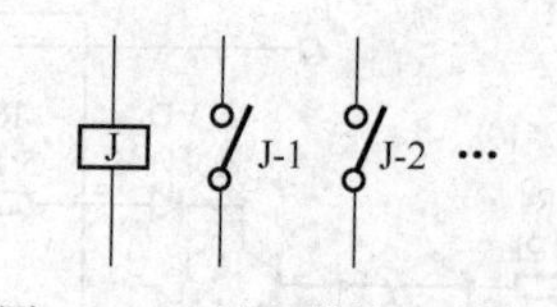

图 3.3.13　继电器的电路符号

如果继电器有两个线圈，就画两个并列的长方框。同时在长方框内或长方框旁标上继电器的文字符号“J”。继电器的触点有两种表示方法：一种是把它们直接画在长方框一侧，这种表示法较为直观；另一种是按照电路连接的需要，把各个触点分别画到各自的控制电路中，通常在同一继电器的触点与线圈旁分别标注上相同的文字符号，并将触点组编上号码，以示区别。继电器的触有三种基本形式：

① 动合型（常开）（H 型）线圈不通电时两触点是断开的，通电后两个触点就闭合。以“合”字的拼音字头“H”表示。

② 动断型（常闭）（D 型）线圈不通电时两触点是闭合的，通电后两个触点就断开。用断字的拼音字头“D”表示。

③ 转换型（Z 型）这是触点组型。这种触点组共有三个触点，即中间是动触点，上下各一个静触点。线圈不通电时，动触点和其中一个静触点断开和另一个闭合，线圈通电后，动触点就移动，使原来断开的成闭合，原来闭合的成断开状态，达到转换的目的。这样的触点组称为转换触点。用“转”字的拼音字头“Z”表示。

（3）主要分类。

① 按继电器的工作原理或结构特征分类。

• 电磁继电器：利用输入电路内电路在电磁铁铁芯与衔铁间产生的吸力作用而工作的一种电气继电器。

• 固体继电器：指电子元件履行其功能而无机械运动构件的，输入和输出隔离的一种继电器。

• 温度继电器：当外界温度达到给定值时而动作的继电器。

• 舌簧继电器：利用密封在管内，具有触电簧片和衔铁磁路双重作用的舌簧动作来开、闭或转换线路的继电器。

• 时间继电器：当加上或除去输入信号时，输出部分需延时或限时到规定时间才闭合或断开其被控线路继电器。

• 高频继电器：用于切换高频、射频线路而具有最小损耗的继电器。

• 极化继电器：有极化磁场与控制电流通过控制线圈所产生的磁场综合作用而动作的继电器。继电器的动作方向取决于控制线圈中流过的电流方向。

• 其他类型的继电器：如光继电器、声继电器、热继电器、仪表式继电器、霍尔效应继电器、差动继电器等。

② 按继电器的外形尺寸分类，分为微型继电器、超小型微型继电器和小型微型继电器。

对于密封或封闭式继电器，外形尺寸为继电器本体三个相互垂直方向的最大尺寸，不包括安装件、引出端、压边、翻边和密封焊点的尺寸。

③ 按继电器的负载分类分为微功率继电器、弱功率继电器、中功率继电器和大功率继电器。

④ 按继电器的防护特征分类分为密封继电器、封闭式继电器和敞开式继电器。

⑤ 按继电器按照动作原理分类分为电磁型、感应型、整流型、电子型和数字型等。

⑥ 按照反应的物理量分类分为电流继电器、电压继电器、功率方向继电器、阻抗继电器、频率继电器和气体（瓦斯）继电器。

（4）继电器主要技术参数。

① 额定工作电压：指继电器正常工作时线圈所需要的电压，根据继电器的型号不同，可以是交流电压，也可以是直流电压。

② 直流电阻：指继电器中线圈的直流电阻，可以通过万用表测量。

③ 吸合电流：指继电器能够产生吸合动作的最小电流。在正常使用时，给定的电流必须略大于吸合电流，这样继电器才能稳定地工作。而线圈所加的工作电压，一般不要超过额定工作电压的 1.5 倍，否则会产生较大的电流而将线圈烧毁。

④ 释放电流：指继电器产生释放动作的最大电流。当继电器吸合状态的电流减小到一定程度时，继电器就会恢复到未通电的释放状态，这时的电流远远小于吸合电流。

⑤ 触点切换电压和电流：指继电器触点上允许加载的电压和电流。它决定了继电器能控制电压和电流的大小，使用时不能超过此值，否则很容易损坏继电器的触点。

（5）继电器的检测。

① 测量触点电阻：用万用表的电阻挡，测量常闭触点电阻，其阻值应为 0；而常开触点的阻值就为无穷大。由此可以区别出哪个是常闭触点，哪个是常开触点。

② 测量线圈电阻：可用万能表 $R\times10\Omega$挡测量继电器线圈的阻值，从而判断该线圈是否开路。

③ 测量吸合电压和吸合电流：使用可调稳压电源和电流表，给继电器输入一组电压，且在供电回路中串入电流表进行监测。慢慢调高电源电压，听到继电器吸合声时，此时电压表与电流表所示值即为吸合电压和吸合电流。为求准确，可以试多几次而求平均值。

④ 测量释放电压和释放电流：方法同上，当继电器发生吸合后，再逐渐降低供电电压，当听到继电器再次发出释放声音时，此时电压表与电流表所示值即为释放电压和释放电流。一般情况下，继电器的释放电压约为吸合电压的 10%～50%，如果释放电压太小（小于 1/10 的吸合电压），则不能正常使用了，这样会对电路的稳定性构成威胁，工作不可靠。

（6）继电器的选用必要的条件如下。

① 控制电路的电源电压，能提供的最大电流；

② 被控制电路中的电压和电流；

③ 被控电路需要几组、什么形式的触点。选用继电器时，一般控制电路的电源电压可作为选用的依据。控制电路应能给继电器提供足够的工作电流，否则继电器吸合是不稳定的。

确定使用条件后，可查阅相关资料，找出需要的继电器的型号和规格号。若手头已有继电器，可依据资料核对是否可以利用，最后考虑尺寸是否合适。在扬声器保护电路中一般采用小型继电器。

任务实施

一、制作音调调节电路

1．目的

（1）理解音调调节电路的工作原理；

（2）会根据电路原理图选择元器件并能正确排版焊接电路；

（3）熟悉常用的仪器仪表对电路进行检测。

2．仪器

（1）直流电源；

（2）万用表；

（3）电阻、电容、二极管、三极管。

3．内容及步骤

（1）根据电路图挑选元件。电路原理图如图 3.3.14 所示。

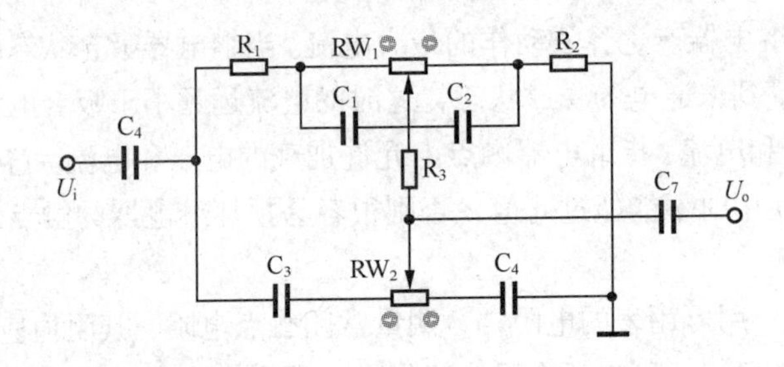

图 3.3.14　衰减式高低音调节

（2）检测元件。

电阻器：用万用表检测电阻器记录在表 3.2.1 中。

检测电容：用万用表 $R\times100\Omega$ 挡检测，记下指针偏转位置，记录在表 3.2.1 中。

电位器：测量时，选用万用表电阻挡的适当量程，将两表笔分别接在电位器两个固定引脚焊片之间，先测量电位器的总阻值是否与标称阻值相同。若测得的阻值为无穷大或较标称阻值大，则说明该电位器已开路或变值损坏。

然后再将两表笔分别接电位器中心头与两个固定端中的任一端，慢慢转动电位器手柄，使其从一个极端位置旋转至另一个极端位置，正常的电位器，万用表表针指示的电阻值应从标称阻值（或 0Ω）连续变化至 0Ω（或标称阻值）。整个旋转过程中，表针应平稳变化，而不应有任何跳动现象。若在调节电阻值的过程中，表针有跳动现象，则说明该电位器存在接触不良的故障。

表 3.3.1

由色环写出标称阻值			由阻值写出相应的色环（色码）		
标称阻值	色　　环	测量值	标称阻值	色　　环	测量值
620Ω			4.7kΩ		
200Ω			6.8kΩ		
3 kΩ			10kΩ		

续表

<table>
<tr><td colspan="2" rowspan="3">电位器测量（一边测一边缓慢均匀地调节旋钮）</td><td colspan="2" rowspan="2">固定端之间阻值大小及变化情况</td><td colspan="4">固定端与中间滑片间阻值的变化情况</td></tr>
<tr><td colspan="2">阻值平稳变化</td><td colspan="2">阻值突变</td></tr>
<tr><td colspan="2"></td><td colspan="2"></td><td colspan="2"></td></tr>
<tr><td colspan="4">由数码写出电容器的标称容量</td><td colspan="4">由电路图上的标记写出该电容器的电容量</td></tr>
<tr><td>数码</td><td>电容量</td><td>数码</td><td>电容量</td><td>标记</td><td>电容量</td><td>标记</td><td>电容量</td></tr>
<tr><td>100</td><td></td><td>684</td><td></td><td>1n</td><td></td><td>100n</td><td></td></tr>
<tr><td>101</td><td></td><td>151</td><td></td><td>2.2m</td><td></td><td>3.3n</td><td></td></tr>
<tr><td>333</td><td></td><td>104</td><td></td><td>6.8n</td><td></td><td>339</td><td></td></tr>
</table>

（3）组装电路。

① 根据电路图挑选出元器件。

② 设计元件布局可参考图 3.3.15。

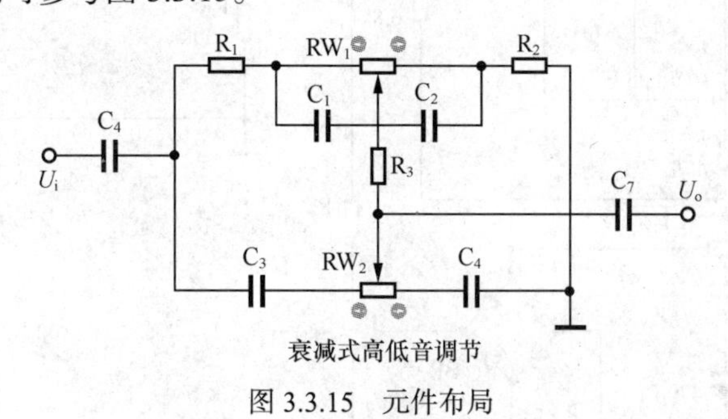

图 3.3.15　元件布局

（4）电路调试。将信号发生器接入 u_i、u_o 接示波器，观察员波形，填写表 3.3.2。

表 3.3.2

输入信号频率	波形	信号的相位及幅度对比
100Hz		
500Hz		
1 000Hz		
5 000Hz		
20 000Hz		

（5）将制作的调节电路与前置放大器、功放连接，进行放音、调音、听音试验。

4. 实训小结及填写实训报告

二、制作喇叭保护电路

1. 目的

（1）理解喇叭保护电路的工作原理；

（2）会根据电路原理图选择元器件并能正确排版焊接电路；

（3）熟悉常用的仪器仪表对电路进行检测。

2. 仪器

（1）直流电源；

（2）万用表；

（3）电阻、电容、二极管、三极管。

3. 内容及步骤

（1）根据电路图挑选元件，如图 3.3.16 所示。

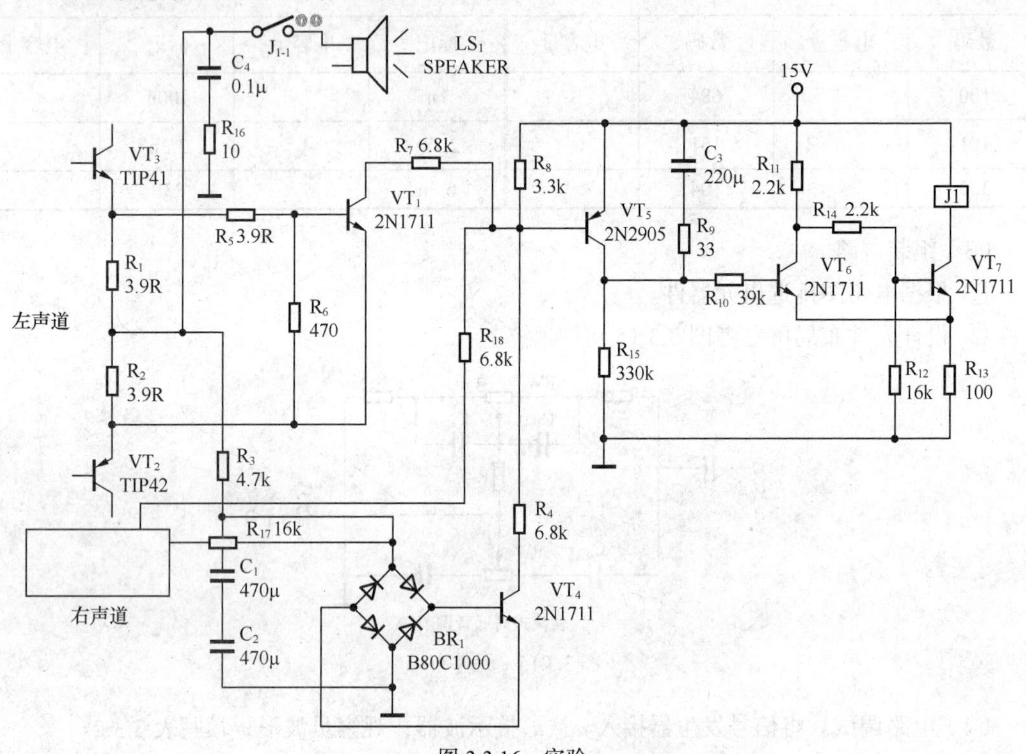

图 3.3.16 实验

（2）对元件进行检测，并填写表 3.3.3

表 3.3.3

电阻检测			电阻检测		
标称阻值	色环	测量值	标称阻值	色环	测量值
电容检测（由电路图上的标记写出该电容器的电容量）					
标记数	电容量	数码	电容量	数码	电容量
三极管 S9013 检测	发射极正向电阻		集电结正向电阻		
	发射极反向电阻		集电结反向电阻		
断电器检测	常闭脚间电阻	常开脚间电阻			

（3）设计元件布局。在万能板上焊接电路，要求元件排布整齐，便于测量，无错误，焊点可靠。检查电路的电气连通与正确，确保无误后再通电调试。

（4）通电调试。

① 给电路通上 15V 的直流电,未加入任何检测信号时测试各点电位，记录表 3.3.4。

表 3.3.4

测点	VT_1			VT_4			VT_5			VT_6			VT_7			断电器吸合与否
	e	b	c	e	b	c	e	b	c	e	b	c	e	b	c	
电路正常																
中点电压≫3V																
电流过大																

②在中点处加上电压，并调节电压，直到听到断电器断开的声音时，测试各三极管电位，填写上表。

③给过流检测的两个端加上电压，并调节使电压不断增大，直到断电器断开，测试各三极管电位，填写上表。

（5）把所制作的电路接入任务二制作的 OCL 功放电路，通电使用。

4. 项目小结并写实训报告

习　　题

1．填空

（1）放大电路的静态工作点是指________、________、________。

（2）按晶体管的工作状态，功率放大器可以分为________、________、________。

（3）共射放大电路的静态工作点设置较低会造成截止失真，其输出波形为________削平，静态工作点设置较高其输出的波形为________削平。若采用分压式偏置电路，通过________调节________，可达到改善输出波形的目的。

（4）对放大电路来说，人们总是希望电路的输入电阻________越好，因为这可以加强对信号的吸收能力。人们又希望放大电路的输出电阻________越好，因为这可以增强放大电路的整个负载能力。

2．选择

（1）甲类功放效率低是因为（　　）

A. 只有一个功放管　　B. 静态电流过大　　C. 管压降过大

（2）为提高输出功率,功放电路的电压（　　）

A. 越高越好　　B. 应适中　　C. 越低越好

（3）功放电路的功率主要与（　　）有关

A. 电源供给的直流功率　　B. 电路输出信号最大功率　　C. 电路的工作状态

（4）交越失真是一种（　　）失真

A. 截止失真　　B. 饱和失真　　C. 非线形失真

（5）OTL 互补对称功放电路是指（　　）电路

A. 无输出变压器的功放　　B. 有输出变压器的功放　　C. 无输出电容功放

（6）OTL 与 OTL 电路的主要区别是（　　）

A. 有无输出电容　　B. 双电源或单电源供电　　C. 音质好与差

（7）OTL 乙类功放电路输入信号最大时（　　）

A. 管耗最大　　B. 管耗最小

C. 管耗只与电源的大小有关，与信号无关

（8）OCL 甲乙类功放电路的效率可达（　　）

A. 25%　　B. 78.5%　　C. 37.5%

3. 应用题

（1）在图 3.3.17 所示的电路中，输入正弦信号，波形如图 3.3.17（a）所示，输出波形如图 3.3.17（b）、图 3.3.17（c）所示。问图 3.3.17（b）、图 3.3.17（c）所示的波形各产生了什么失真？怎样才能消除失真？

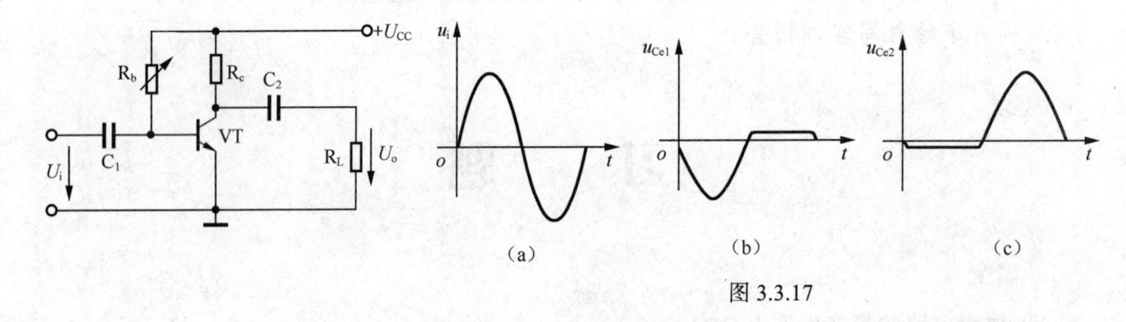

图 3.3.17

（2）如图 3.3.18 所示的分压式偏置放大电路中，已知 U_{cc}=24V，R_c=3.3kΩ，R_e=1.5kΩ，R_{b1}=33kΩ，R_{b2}=10kΩ，R_L=5.1kΩ 晶体管 β=66 设 R_s=0。试求静态值 I_b、I_c、U_{ce}。

（3）图 3.3.19 是 OTL 乙类互补对称功放电路。试求：

① 忽略功放管 VT_1、VT_2 的饱和压降 U_{CES} 时的最大输出信号功率 P_{om}。

② 若设 U_{CES}=1V,那么为保证 P_{om}=8W 时，电源电压 U_{CC} 应为多少？

③ 将该电路改为 OCL 功放，且令 U_{CC}=24V，$-U_{CC}$=-24V，求忽略 U_{CES} 时的 P_{om}。

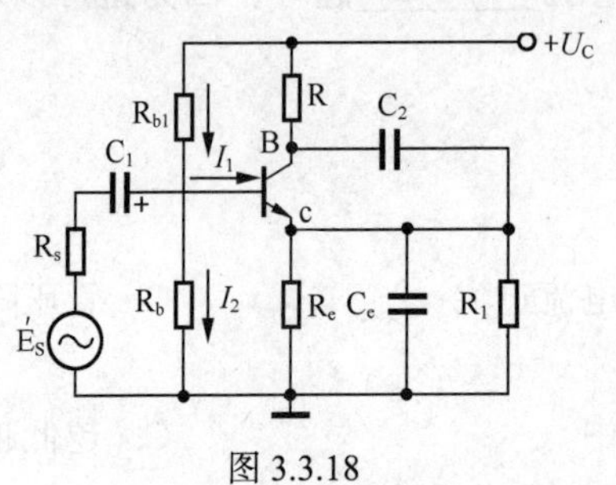

图 3.3.18

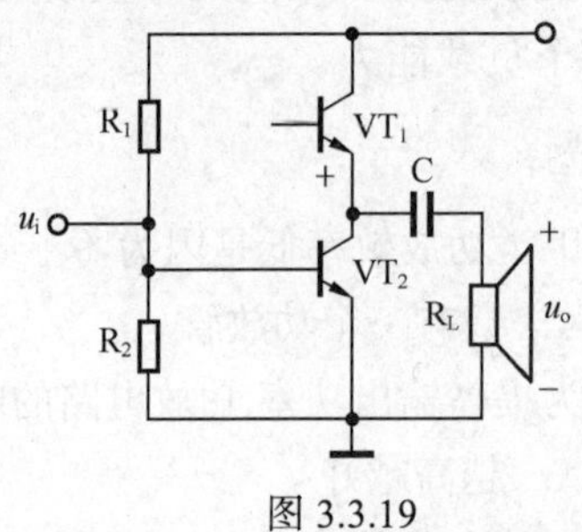

图 3.3.19

任务一　制作 LED 电平显示器

任务引入与目标

本任务制作完整、独立的实用型 LED 显示器，它作为一个辅助电子设备应用于日常家用电子电器中，为家用电器的使用（如音响、电视）带来绚丽多彩、变化无穷的视觉享受；可利用电子实训室的万能板来搭建电路，验证电子理论知识，强化动手操作技能，提升电子类学生的专业学习兴趣。

【知识目标】

（1）了解音频交流信号构成与特征，懂得交流信号检波（倍压整流）处理。

（2）理解 LED 发光机理及基本应用，掌握三极管电流驱动应用。

【能力目标】

（1）会查阅电子电路元器件手册，能根据电路功能与要求选用合适元器件与可替代使用的元器件来组装产品单元电路。

（2）会根据实际应用要求，能对产品单元电路进行电路性能、功能、参数调整，以达到较好的产品性能要求。

相关知识

LED 电平显示器一般作为功放机的电子辅助设备，让人们在享受音乐（如音响、电视、舞台等）的同时带来绚丽多彩、变化无穷的视觉享受。

它一般的电路结构如图 4.1.1 所示。

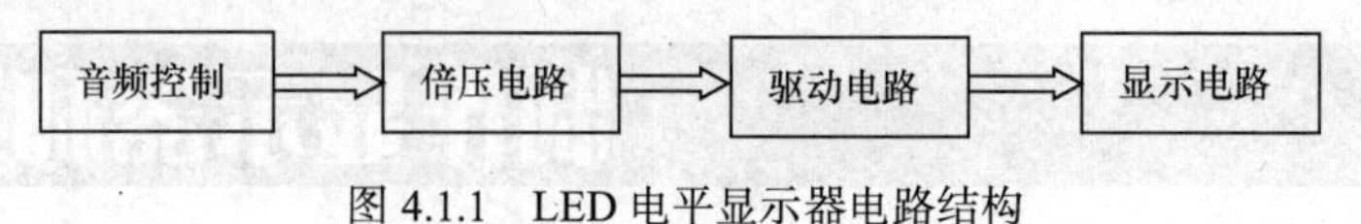

图 4.1.1　LED 电平显示器电路结构

一、场效应管

场效应晶体管（Field Effect Transistor，FET），简称场效应管。它是利用输入回路的电场效应来控制输出回路电流的一种半导体器件，于 1925 年由 Julius Edgar Lilienfeld 和 Oskar Heil 于 1934 年分别发明，但是实用的器件一直到 1952 年才被制造出来，即结型场效应管（Junction-FET，JFET）。1960 年 Dawan Kahng 发明了金属氧化物半导体场效应晶体管（Metal-Oxide-Semiconductor Field-effect transistor，MOSFET），从而大部分代替了 JFET，对电子行业的发展有着深远的意义。

场效应管分为结型和绝缘栅型两种不同的结构，每种结构又分 N 沟道和 P 沟道两种。

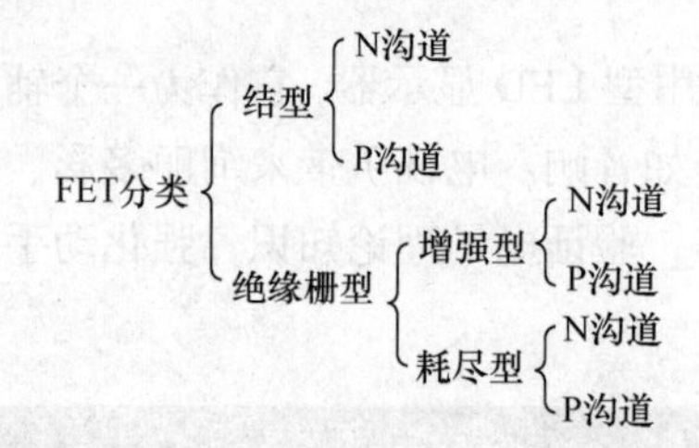

1. 结型场效应管

（1）结型场效应管的电路结构示意图及符号如图 4.1.2 所示，以 N 沟道为例，结型场效应是在同一片 N 型半导体上制作两个高掺杂的 P 区，并将它们连在一起，所引出的电极称为栅极 G，N 型半导体的两端分别引出的两个电极：漏极 D 和源极 S。P 区和 N 区交界面形成耗尽层，漏极和源极间的非耗尽层区域称为导电沟道。

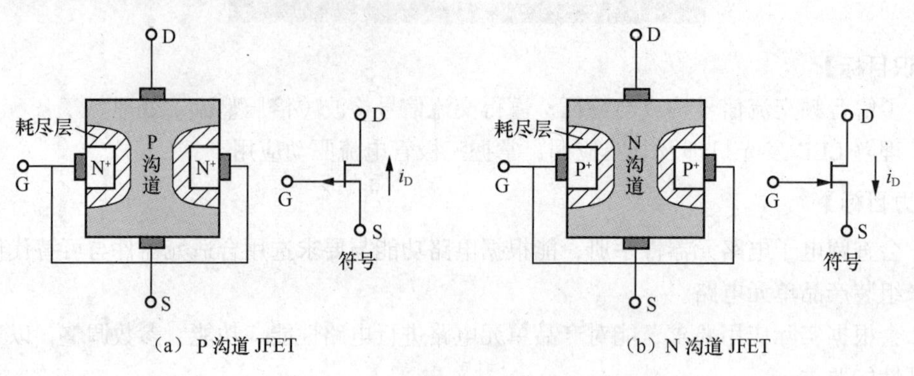

图 4.1.2

（2）结型场效应管的工作原理（以 N 沟道结型场效应管为例）为使其正常工作，给结型场效应管加上如图 4.1.2（b）所示的电压，栅—源之间加负电压 $U_{GS}\leqslant0$，以保证耗尽层受反向电压，在漏—源之间加正向电压 $U_{DS}>0$，以形成漏极电流 i_D，$U_{GS}\leqslant0$ 即保证了栅—源间的电阻很高，又实现了对沟道电流的控制。

① 当 $U_{DS}=0$，U_{GS} 对沟道路的控制作用如图 4.1.3 所示。

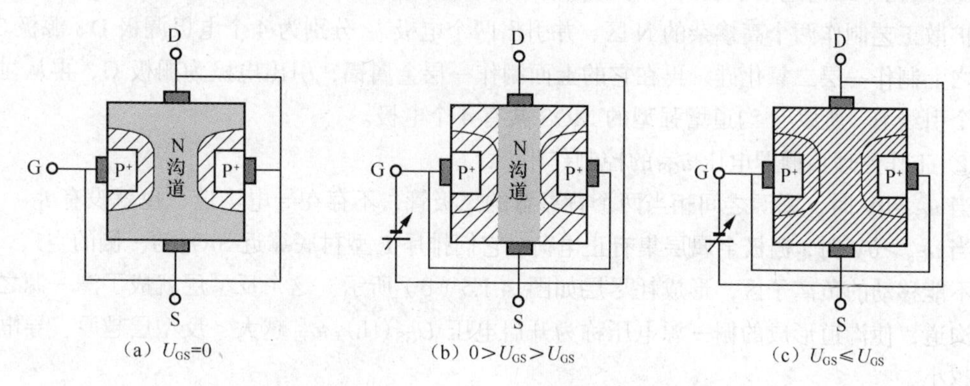

图 4.1.3　$U_{DS}=0$，U_{GS} 对沟道路的控制

$U_{GS}=0$ 时，耗尽层很窄，导电沟道很宽，如图 4.1.3（a）所示；当 U_{GS} 增大时，耗尽层加宽，沟道变窄，沟道电阻变大，当 U_{GS} 增大到某一数值时，耗尽层闭合，沟道消失，如图 4.1.3（c）所示，沟道电阻无穷大，此时称 U_{GS} 为夹断电压 U_{GS}（off）。

② 当 U_{GS} 为某一固定值时，U_{DS} 对 i_D 的影响，当 $U_{DS}=0$，则 i_D 也为零；若当 $U_{DS}>0$ 则有电流 i_D 从漏极流向源极，从而使沟道路中各点与栅极的电压不相等，造成靠近漏极一边的耗尽层比靠近源极的耗尽层宽，如图 4.1.4（a）所示。

当 U_{DS} 不断的增大，i_D 将随着增大，而一旦增大到使 $U_{DS}=U_{GS}$（off），则漏极一边的耗尽层出现如图所示的夹断区，称 $U_{DS}=U_{GS}$（off）为预夹断，若 U_{DS} 增大，则耗尽层闭合部分将沿沟道方向延伸，此时，一方面自由电子从漏极向源极定向移动受阻力加大，而另一方面的 U_{DS} 增大使漏-源间的电压加大，也必然导致 i_D 增大，这两种变化趋势相抵消，使 i_D 几乎保持不变，如图 4.1.4（b）所示。

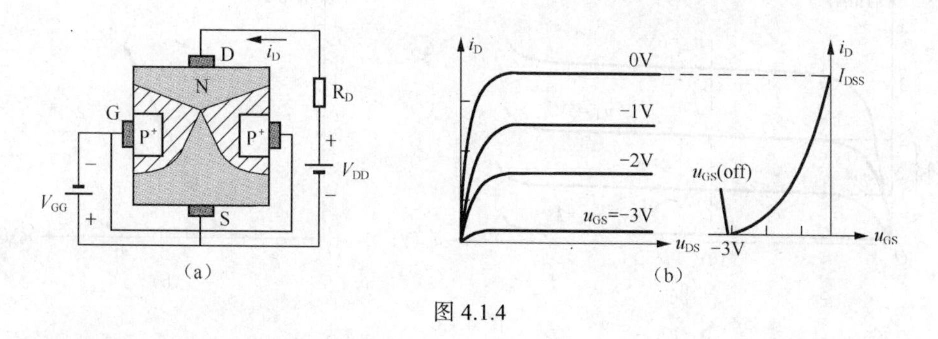

图 4.1.4

2. MOS 场效应管

绝缘栅场效应管的栅极与源极、栅极与漏极间均采用二氧化硅绝缘层隔离，又因栅极为金属铝，即它是由金属、氧化物和半导体所组成，所以又称为金属—氧化物—半导体场效应管，简称 MOS 场效应管。它的栅极电阻比结型的效应管大得多，可达到 $10^{10}\ \Omega$以上，

还有它比结型的效应管温度稳定，集成化工艺简单，而广泛的取代结型的场效应管。绝缘栅场效应管也有两种结构形式，它们是 N 沟道型和 P 沟道型。但每一分类又分为增强型和耗尽型两种。

（1）增强型 N 沟道 MOSFET。

① 结构。N 沟道增强型的 MOS 结构如图 4.1.5 所示，它以一块低掺杂的 P 硅片为衬底，利用扩散工艺制作两个高掺杂的 N 区，并引出两个电极 ，分别为 4 个电极漏极 D、源极 S、半导体之上制作一层二氧化硅，再在它的上面制作一层金属铝，引出电极为栅极 G，再从衬底引出一个引线 B，所以 N 沟道增强型的 MOS 共有 4 个电极。

② 工作原理：栅源电压 u_{GS} 的控制作用。

当 u_{GS}=0V 时，漏源之间相当两个背靠背的二极管，不存在导电沟道，也就没有 i_D

当 u_{GS}＞0V 时，栅极金属层集有正电荷，它们排斥 P 型衬底靠近 SiO_2 的一侧的空穴，使之剩下不能移动的负离子区，形成耗尽层如图 4.1.5（b）所示。这个反型层就成了漏—源之间的导电沟道，使沟道形成的栅—源电压称为开启电压 U_{GS}(th)，u_{GS} 越大，反型层越厚，导电沟道电阻越小。

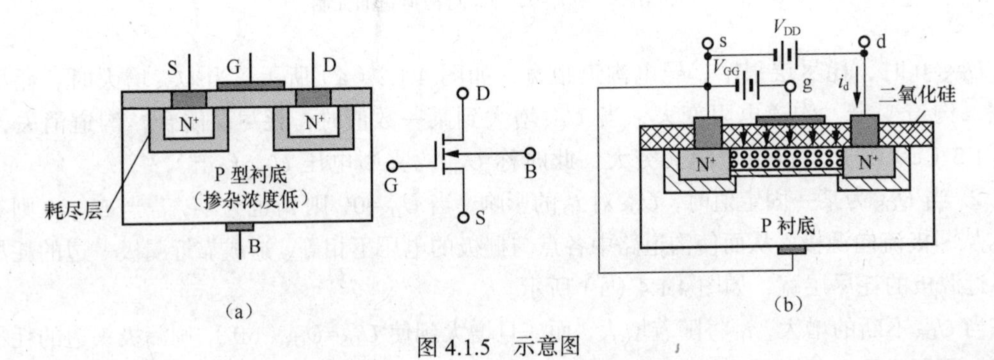

图 4.1.5　示意图

当 $u_{GS} > U_{GS}$（th）在某一个值时，若在 d-s 之间加正向电压，则将产生一定的漏极电流，U_{DS} 的变化对导电沟道的影响与结型场所效应管相似，其特性曲线如图 4.1.6 所示。

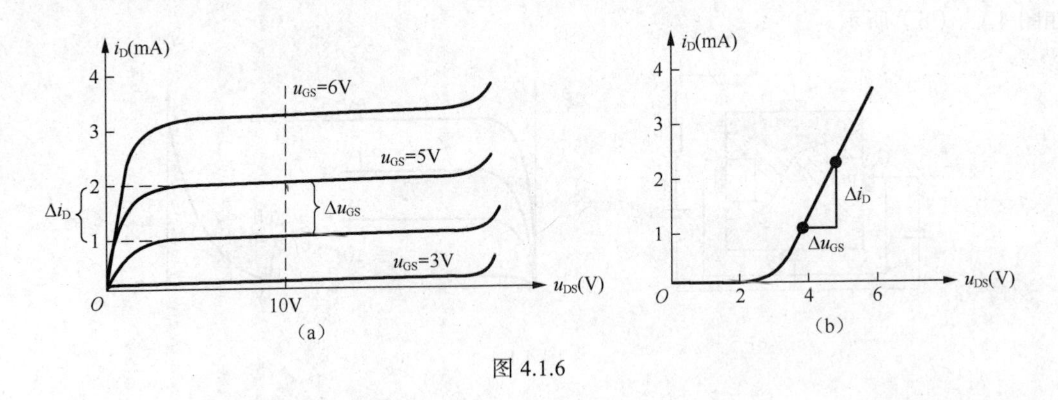

图 4.1.6

（2）N 沟道耗尽型 MOSFET。

制造 MOS 管时，在 SiO_2 绝缘层中掺入大量的正离子，即使 U_{GS}=0 时，在正离子的作用下 P 型衬底也存在反型层。只要漏极—源极间加正向电压，就会产生电流，其原理与增强型类似，得到的特性曲线如图 4.1.8 所示。

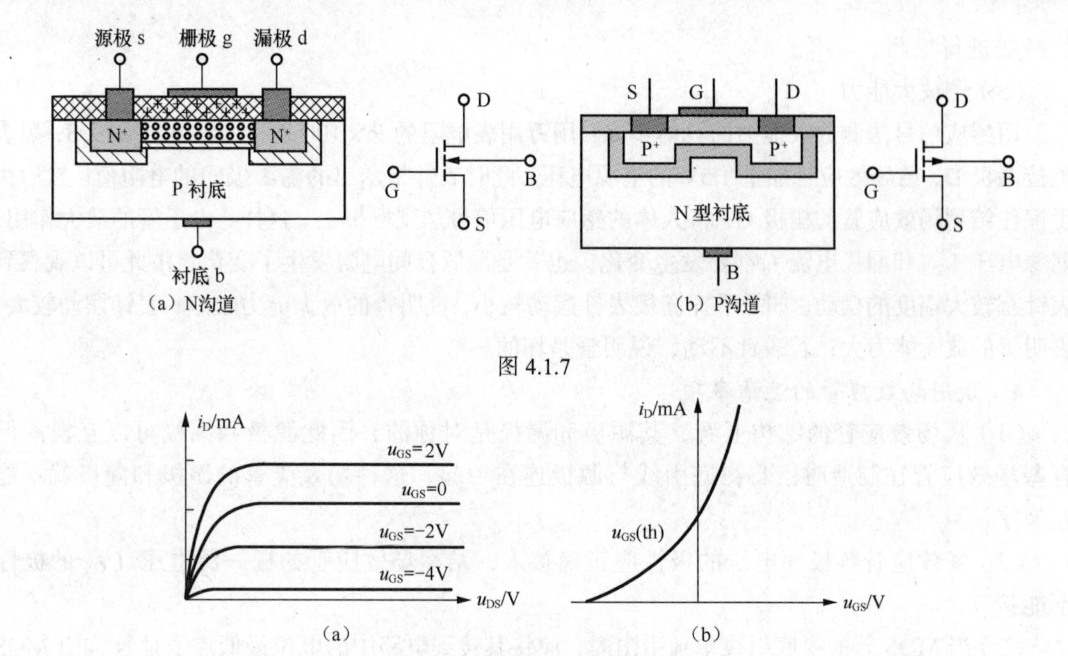

图 4.1.7

图 4.1.8 特性曲线图

从特性曲线得知耗尽型有如下特点：

当 u_{GS}=0 时，就有沟道，加入 u_{DS}，就有 i_D；

当 u_{GS}>0 时，沟道增宽，i_D 进一步增加；

当 u_{GS}<0 时，沟道变窄，i_D 减小。

3. 场效应管的检测

（1）电阻法测电极。根据场效应管的 PN 结正、反向电阻值不一样的现象，可以判别出结型场效应管的三个电极。具体方法：将万用表调至 R×1k 挡，任选两个电极，分别测出其正、反向电阻值。当某两个电极的正、反向电阻值相等，且为几千欧姆时，则该两个电极分别是漏极 D 和源极 S。因为对结型场效应管而言，漏极和源极可互换，剩下的电极肯定是栅极 G。也可以将万用表的黑表笔（红表笔也行）任意接触一个电极，另一只表笔依次去接触其余的两个电极，测其电阻值。当出现两次测得的电阻值近似相等时，黑表笔所接触的电极为栅极，其余两电极分别为漏极和源极。若两次测出的电阻值均很大，说明是 PN 结的反向，即都是反向电阻，可以判定是 N 沟道场效应管，且黑表笔接的是栅极；若两次测出的电阻值均很小，说明是正向 PN 结，即是正向电阻，判定为 P 沟道场效应管，黑表笔接的也是栅极。若不出现上述情况，可以调换黑、红表笔按上述方法进行测试，直到判别出栅极为止。

（2）电阻法测好坏。测电阻法是用万用表测量场效应管的源极与漏极、栅极与源极、栅极与漏极、栅极 G1 与栅极 G2 之间的电阻值同场效应管手册标明的电阻值是否相符去判别管的好坏。具体方法：首先将万用表置于 $R\times10$ 或 $R\times100$ 挡，测量源极 S 与漏极 D 之间的电阻，通常在几十欧到几千欧范围（在手册中可知，各种不同型号的管，其电阻值是各不相同的），如果测得阻值大于正常值，可能是由于内部接触不良；如果测得阻值是无穷大，可能是内部断极。然后把万用表置于 $R\times10$k 挡，再测栅极 G1 与 G2 之间、栅极与源极、栅极与漏极之间的电阻值，当测得其各项电阻值均为无穷大，则说明管是正常的；若测得上述各阻值太小或为通路，则说明管是坏的。要注意，若两个栅极在管内断开，可用元件代换法进行检测。

（3）测放大能力。

用感应信号法测放大能力的具体步骤：用万用表电阻的 R×100 挡，红表笔接源极 S，黑表笔接漏极 D，给场效应管加上 1.5V 的电源电压，此时表针指示出的漏源极间的电阻值。然后用手捏住结型场效应管的栅极 G，将人体的感应电压信号加到栅极上。这样，由于管的放大作用，漏源电压 U_{DS} 和漏极电流 i_b 都要发生变化，也就是漏源极间电阻发生了变化，由此可以观察到表针有较大幅度的摆动。如果手捏栅极表针摆动较小，说明管的放大能力较差；表针摆动较大，表明管的放大能力大；若表针不动，说明管是坏的。

4. 使用场效应管的注意事项

（1）从场效应管的结构上看，其源极和漏极是对称的，因此源极和漏极可以互换。但有些场效应管在制造时已将衬底引线与源极连在一起，这种场效应管的源极和漏极就不能互换了。

（2）场效应管各极间电压的极性应正确接入，结型场效应管的栅—源电压 U_{GS} 的极性不能接反。

（3）当 MOS 管的衬底引线单独引出时，应将其接到电路中的电位最低点（对 N 沟道 MOS 管而言）或电位最高点（对 P 沟道 MOS 管而言），以保证沟道与衬底间的 PN 结处于反向偏置，使衬底与沟道及各电极隔离。

（4）MOS 管的栅极是绝缘的，感应电荷不易泄放，而且绝缘层很薄，极易击穿。所以栅极不能开路，存放时应将各电极短路。焊接时，电烙铁必须可靠接地，或者断电利用烙铁余热焊接，并注意对交流电场的屏蔽。

5. 场效应管与三极管的对比

（1）场效应管的源极 s、栅极 g、漏极 d 分别对应于三极管的发射极 e、基极 b、集电极 c，它们的作用相似。

（2）场效应管是电压控制电流器件，由 U_{GS} 控制 i_D，其放大系数 g_m 一般较小，因此场效应管的放大能力较差；三极管是电流控制电流器件，由 i_B（或 i_E）控制 i_C。

（3）场效应管栅极几乎不取电流（ig=0），而三极管工作时基极总要吸取一定的电流。因此场效应管的输入电阻比三极管的输入电阻高。

（4）场效应管只有多子参与导电，三极管有多子和少子两种载流子参与导电，因少子浓度受温度、辐射等因素影响较大，所以场效应管比三极管的温度稳定性好、抗辐射能力强。在环境条件（温度等）变化很大的情况下应选用场效应管。

（5）场效应管在源极未与衬底连在一起时，源极和漏极可以互换使用，且特性变化不大；而三极管的集电极与发射极互换使用时，其特性差异很大。β 值将减小很多。

（6）场效应管的噪声系数很小，在低噪声放大电路的输入级及要求信噪比较高的电路中要选用场效应管。

（7）场效应管和三极管均可组成各种放大电路和开关电路，但由于前者制造工艺简单，且具有耗电少，热稳定性好，工作电源电压范围宽等优点，因而被广泛用于大规模和超大规模集成电路中。

结构和工作原理的不同，使得场效应管具有一些不同于三极管的特点，如表 4.1.1 所示。将两者结合使用，取长补短，可改善和提高放大电路的某些性能指标。

表 4.1.1

比较内容	场效应管	三极管
导电机理	只靠一种载流子（多子）参与导电，为单极型器件	有多子和少子两种载流子参与导电，为双极型器件
放大原理	电压控制电流器件 $i_D=gU_{GS}$	电流控制电流器件 $i_c=\beta ib$
输入电阻	几兆欧以上	几十到几千欧
噪声	较小	较大
静电影响	易受静电影响	不受静电影响
制造工艺	适宜大规模和超大规模集成	不宜大规模集成

二、传声器

传声器（Microphone，MIC）是声—电转化器材，有时也被称为“麦克风”、“话筒”、“微音器”等，图 4. 1. 9 是常用见的传声器。它是音响系统中最为广泛使用的一种电声器件之一，它的作用是将话音信号转换成电信号，再送往调音台或放大器等。也就是说，传声器在音响系统中是用来拾取声音的，它是整个音响系统的第一个环节，其性能质量的好坏，对整个音响系统的影响很大。

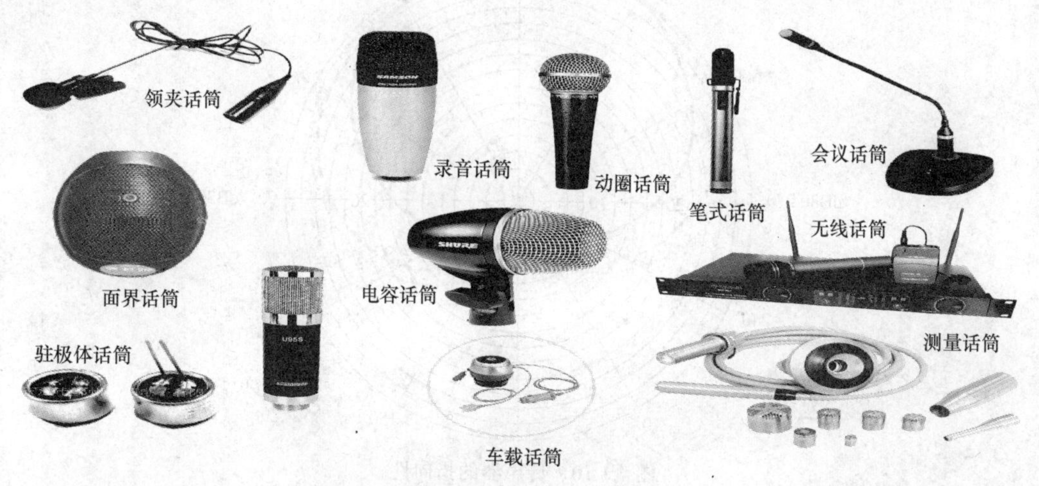

图 4.1.9　常见的各种话筒

1. 传声器的种类

（1）按声学原理可分为有压强式、压差式、压强压差组合式。

压强式传声器只激励传声器振膜的一侧，主要是无指向性传声器。

压差式传声器激励传声器振膜的两侧，也就是振膜运动受两侧声压的控制，这类话筒总是带有特定的指向性。

（2）按接收声波的方向性分有源传声器、无源传声器。

（3）按换能原理分为电动传声器、电容传声器、压电式传声器、半导体式传声器等。

（4）按用途及使用方法分为音乐用传声器、歌唱用传声器、有线传声器、无线传声器、落地式传声器、手持式传声器。

2. 传声器的技术特性

所有传声器都以技术特性来表明它的性能和质量，传声器生产商在产品说明书中均载有该传声器的技术特性和使用方法。

（1）灵敏度。传声器的灵敏度指的是传声器的声-电转化的能力。它的具体数值是：当 10 帕斯卡的声压作用于传声器振动膜时，传声器能转化出 1V 的电压，这样的传声器灵敏度就是 0dB。这是一个很大的数值，传声器一般是达不到的。普通的传声器灵敏度一般在-70dB 左右，高一些的有-60dB，专业用的高灵敏度传声器可以达到-40dB 左右。

高灵敏度的传声器在同样的条件下可以拾得更大的声音，这样就可以减小后级放大器的负担，容易得到高的信噪比。当然，太大的信号输出也要考虑后级设备的承受能力。

（2）指向性。传声器的指向性是传声器最重要的一种特性。它指的是传声器对不同方向声音的敏感度差异。这种抽象的含义通常可以用极坐标图来直观地表达（见图 4.1.10）。极坐标用角度和离中心点的距离这两个量来确定坐标中的任何一个点。在表达传声器的指向性时，相当于传声器放在 O 点上，0° 角是传声器的正方向(在专业术语中称为主轴方向)，与 O 点的距离就是灵敏度的大小。在图中，0° 角这个方向上的长度为 30dB，这样就容易看出其他方向上灵敏度的差异。从图中可知 2000Hz 的频率在 20° 角的灵敏度是 0° 角的 80%，90° 角的灵敏度是 0° 角的 50%，180° 角（也就是反向）的灵敏度最低。

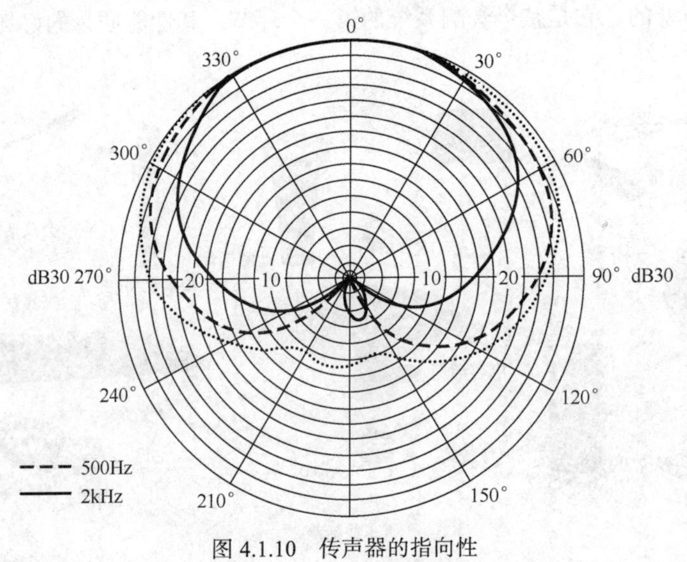

图 4.1.10　传声器的指向性

（3）近距效应：传声器的近距效应是含有压差式换能方法的传声器具有的一种特性。当这类传声器在近距离拾音时，它的低频灵敏度会明显提高，距离越近，低频输出就越大。越是低的频率，这种近距的效应就越强。

近距效应破坏了传声器良好的频率响应，也就是说经过这种传声器后，原声场中的低频部分会不正常地增加。这样，对于心型、8 字型的传声器，拾音的距离就不能太近。特别是对于低音乐器的拾音，过强的低频声会形成严重的干扰，破坏对整个乐队拾音的平衡性。

解决的方法是：传声器上有一个低频衰减开关，当这个开关打开时，传声器就用电信号处理的方法，衰减输出信号中的低音成分。这个开关一般分成 3 挡：OFF、MUSIC 与 VOICE，后两者有时也简写为 M 与 V。前者是音乐的意思，它是不衰减低频信号，后者是衰减低频信号。

为什么传声器还要有 MUSIC 挡，保留近距效应呢?这是因为近距效应也有其有利的一面。根据心理学的研究发现，声音的高、低频段提升，声音会让人感到“亲切、甜蜜”；而适当衰减高、低频，声音会让人感到“距离感、响度感、穿透感”。因此，有些通俗的歌曲演唱者喜欢把传声器放在离口部很近的位置拾音，也达到歌曲内容所要求的感情氛围。

（4）信噪比：传声器的信噪比指的是传声器在输出时，信号成分和噪声成分的比例。这是传声器的一项重要技术指标，信噪比越高，传声器的质量越好。因为当拾音对象是很微弱的声音时，为了录音、扩音时能够听得清楚，提高放大量是在所难免，此时高信噪比的传声器就能少把噪声带入下一级。

高灵敏度的传声器可以减少因为提升放大量后后级设备的噪声，高灵敏度传声器并不能使输出的信号噪声减少。

综合起来就是这样的关系：高信噪比可以减少传声器的噪声输出，而高灵敏度可以减少后级设备因为放大而产生的噪声。

（5）频率响应。传声器在不同频率的声波作用下的灵敏度是不同的。一般在中音频（如 1 千赫）时灵敏度高，而在低音频（如几十赫）或高音频（十几千赫）时灵敏度降低。我们以中音频的灵敏度为基准，把灵敏度下降为某一规定值的频率范围叫做传声器的频率特性。表达的方法为绘出频率响应曲线。观察曲线的平滑程度和保持在正负 3dB 之内的频率范围。例如，某传声器的频响是 55Hz～18kHz，表明这种传声器在 55Hz～18kHz 内输出信号变化是在 3dB 以内。

（6）输出阻抗。与天线系统中讲过的一样，传声器或是其他任何设备都有输入、输出阻抗的问题。传声器的输出阻抗分成 3 类：高阻（10kΩ～20kΩ）、中阻（600Ω）、低阻（200Ω）。传声器的输出阻抗会影响到它与后级设备连接的阻抗匹配方式。而且，对于传声器而言，高阻的传声器更容易感染噪声，专业用传声器多用低阻方式输出信号。

（7）最大承受声压。太大的声压会使拾音质量不良，并有可能损坏传声器，因此传声器都有一个“最大可承受声压”的技术指标。一般这个数值可以达到 120dB 以上，对于通常的拾音工作都是能够满足要求的。但是对于高声压的拾音（如喷气发动机、汽锤之类）还是要考虑，对于极近距的拾音，尽管声源的声压不很大，由于距离太近，也有可能变成很大的声压，这时也要考虑这项指标。

3. 动圈式传声器

动圈式传声器又叫电动式传声器，是一种最常用的传声器,它是由磁铁、音圈以及音膜等组成的，如图 4.1.11 所示。动圈式传声器的音圈处在磁铁的磁场中，当声波作用在音膜使其产生振动时，音膜便带动音圈相应地振动，使音圈切割磁力线而产生感应电压，从而完成声-电转换。由于音圈的阻数很少，它的阻抗很低，阻抗匹配变压器的作用就是用来改变传声器的阻抗，以便与放大器的输入阻抗相匹配。动圈式传声器的输出阻抗分为高阻和低阻两种，高阻抗的输出阻抗一般为 1 000～2 000Ω，低阻抗的输出阻抗为 200～600Ω。动圈式传声器的频率响应一般为 200～5 000Hz，质量高的可达 30～18 000Hz。动圈式传声器具有坚固耐用、工作稳定等特点，具有单向指向性，

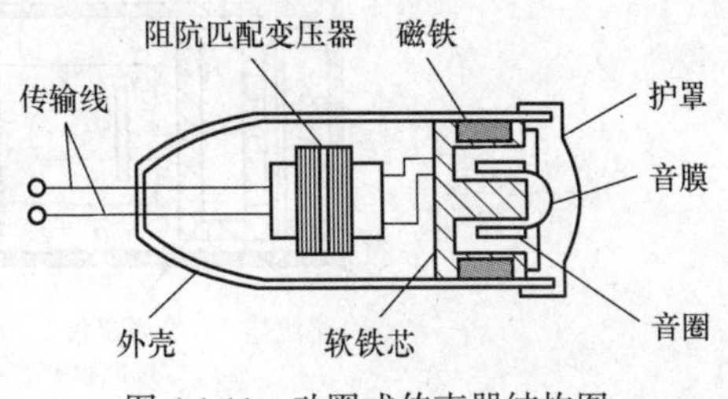

图 4.1.11　动圈式传声器结构图

价格低廉，适用于语言、音乐扩音和录音。

4. 电容式传声器

电容式传声器是一种利用电容量变化而引起声电转换作用的传声器。它的结构如图 4.1.12 所示，它是由一个振动膜片和固定电极组成的一个间距很小的可变电容器。当膜片在声波作用下产生振动时，振动膜片与固定电极间的距离便发生变化，从而引起电容量的变化。如果在电容器的两端有一个负载电阻 R 及直流极化电压 E，则电容量随声波变化时，在 R 的两端就会产生交变的音频电压。电容式传声器的输出阻抗呈容性，因电容量小，但低频时容抗会很大。为保证低频的灵敏度，应有一个输入阻抗大于或等于传声器输出阻抗的阻抗变换器与其相连，经阻抗变换后，再用传输线与放大器相连。这个阻抗变换器一般采用场效应管。电容式传声器灵敏度高，输出功率大，结构简单，音质较好，但要使用电源，不太方便，因此多用于剧场及要求较高的语言及音乐播送场合。

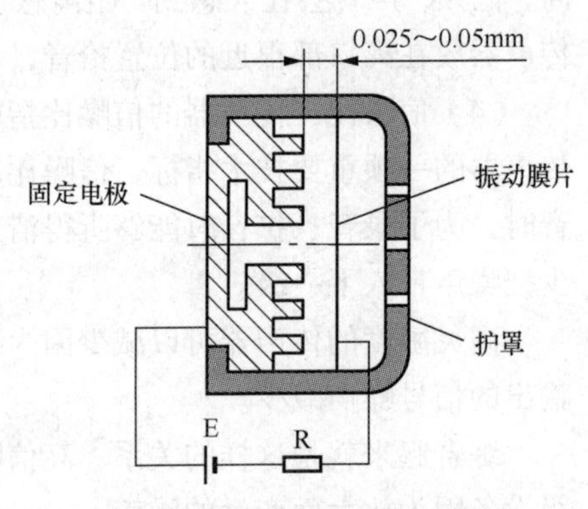

图 4.1.12　电容式传声器结构图

5. 驻极体电容传声器

这种传声器的工作原理和电容传声器相同，所不同的是它采用一种聚四氟乙烯材料作为振动膜片。由于这种材料经特殊电处理后，表面被永久地驻有极化电荷，从而取代了电容传声器的极板，故名为驻极体电容传声器。其特点是体积小、性能优越、使用方便，被广泛地应用在盒式录音机中作为机内传声器。驻极体传声器由声电转换和阻抗转换两部分组成，如图 4.1.13 所示。声电转换部分的关键元件是驻极体振动膜，它是一个极静的塑料膜片，在它上面蒸发一层纯金薄膜，然后经高压电场驻极后，两面分别驻有异性电荷。膜片的金属面向外与金属外壳相连通，膜片的另一面用薄的绝缘垫圈隔开，这样金属膜面与金属极板之间就形成了一个电容器。阻抗转换部分由场效应管担任，它的主要作用就是把几十兆欧的阻抗转变为与放大器匹配的阻抗。场效应管的 G 极接金属极板，D 极和 S 极与外接电路连接，其输出形式如图 4.1.14 所示。图中 4.1.13（a）为源极输出接法，这种接法的输出阻抗小于 2kΩ，电路比较稳定，动态范围大，但输出信号较弱。图中 4.1.13（b）为漏极输出接法，这种接法增益较高，但动态范围较源极输出接法要小。

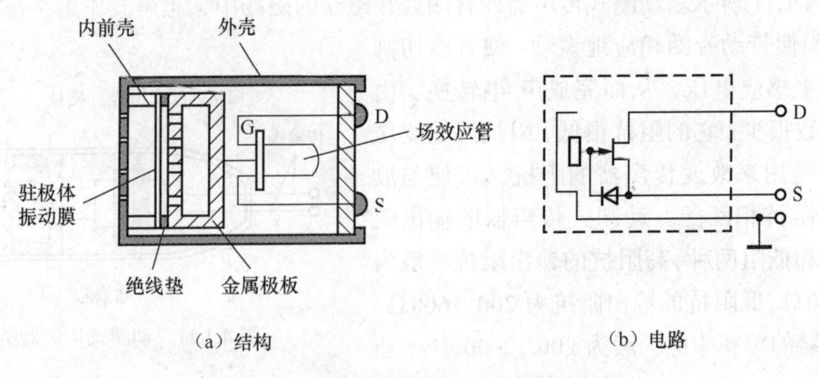

（a）结构　　（b）电路

图 4.1.13　驻极体电容传声器结构、电路图

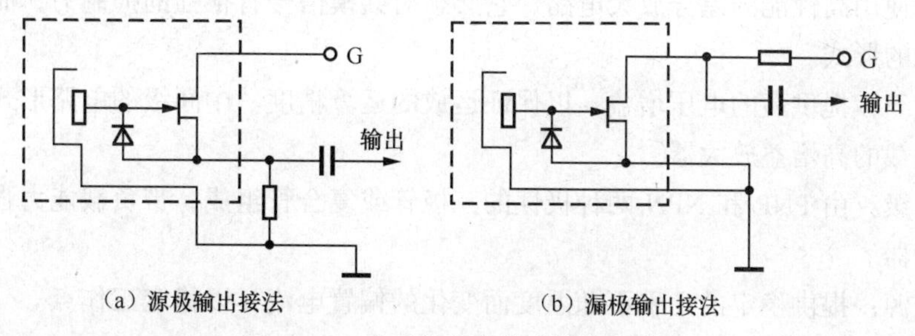

图 4.1.14　驻极体电容传声器输出形式

6. 无线传声器

无线传声器实际上是一种小型的扩声系统。它由一台微型发射机组成。发射机又由微型驻极体电容式传声器、调频电路和电源三部分组成，无线传声器采用了调频方式调制信号，调制后的信号经传声器的短天线发射出去，其发射频率的范围按国家规定在 100MHz～120MHz 之间，每隔 2MHz 为一个频道，避免互相干扰。

无线传声器与接收机应一一对应，配套使用，不得张冠李戴，出现差错。接收机是专用调频接收机，但是一般的调频收音机只要使其调谐频率调整在无线传声器发射的频率上，同样能收听到无线传声器发出的声音。

无线传声器体积小、使用方便、音质良好，话筒与扩音机间无线，移动自如，且发射功率小，因此在教室、舞台、电视摄制方面得到了广泛的应用。

7. 使用无线传声器时的注意事项

（1）选择安放接收器的位置，要使其避开“死点”。

（2）接收时，调整接收天线的角度，调准频率，调好音量使其处在最佳状态。

（3）无线传声器的天线应自然下垂，露出衣外。

（4）防止电池极性接反，使用完毕后将电池及时取出。

有些传声器（如驻极体电容传声器、无线传声器）是用电池供电的。电压下降会使灵敏度降低，失真度增大。所以，当声音变差时应检查一下电池电压，在话筒不用时应关掉电源开关，长时间不用时应将电池取出。

三、集成运算放大器

1. 电路结构及特点

（1）集成运算放大器是一个高增益直接耦合放大电路，它的方框图如图 4.1.15 所示，电路由四大部分组成：输入级、中间放大级、互补输出级和偏置电流源。

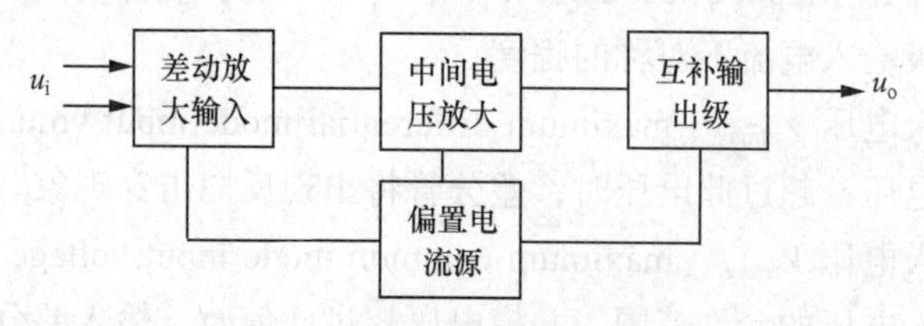

图 4.1.15　集成运算放大器框图

输入级：使用高性能的差分放大电路，它必须对共模信号有很强的抑制力，而且采用双端输入双端输出的形式。

中间放大级：提供高的电压增益，以保证运放的运算精度。中间级的电路形式多为差分电路和带有源负载的高增益放大器。

互补输出级：由 PNP 和 NPN 两种极性的三极管或复合管组成，带负载能力强。具体电路参阅功率放大器。

偏置电流源：提供稳定的几乎不随温度而变化的偏置电流，以稳定工作点。

（2）集成运算放大器的特点。

① 输入级、中间级、输出级都采用直接耦合，并采用差分电路形式，元件相对误差小，抑制温漂效果好，信号失真低；

② 大电阻用恒流源代替以保证供电的小电压，大电容不易集成采用外接；

③ 二极管用三极管代替（B、C 极接在一起）；

④ 高增益、差分输入使输入电阻高，接收信号能力强，互补输出使电路输出电阻低，使电路带负载能力强。

2. 集成电路运算放大器的外形及电路符号

集成电路运算放大器的外形及电路符号如图 4.1.16 和 4.1.17 所示。

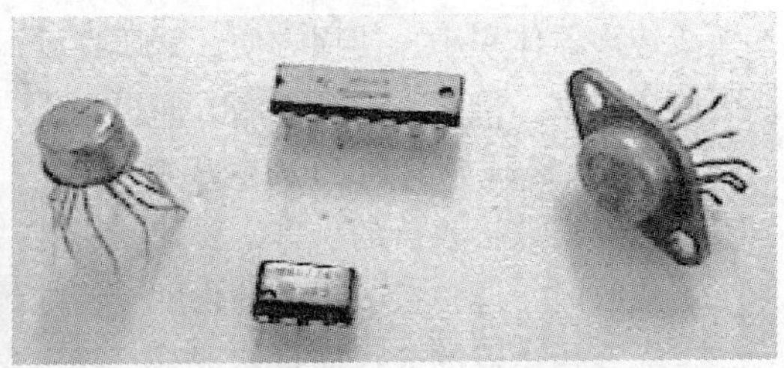

图 4.1.16　运算放大器外形图

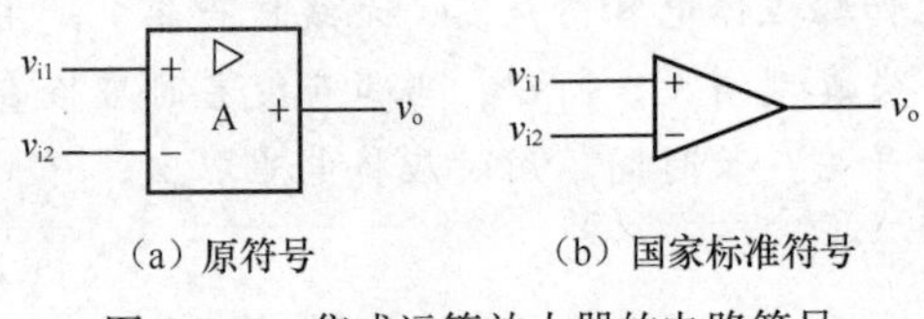

（a）原符号　　（b）国家标准符号

图 4.1.17　集成运算放大器的电路符号

3. 运算放大器静态参数

（1）输入失调电压 V_{io}（input offset voltage）：为使 U_O=0，输入端施加的补偿输入电压。它是表征运放内部电路对称性的指标。

（2）输入失调电流 I_{io}（input offset current）：在零输入时，差分输入级的差分对管基极电流之差，用于表征差分级输入电流不对称的程度。

（3）最大差模输入电压 V_{idmax}（maximum differential mode input voltage）：运放两输入端能承受的最大差模输入电压，超过此电压时，差分管将出现反向击穿现象。

（4）最大共模输入电压 V_{icmax}（maximum common mode input voltage）：在保证运放正常的工作条件下，共模输入电压的允许范围。共模电压超过此值时，输入差分对管出现饱和，放大器失去共模抑制能力。

4. 运算放大器动态参数

（1）开环差模电压放大倍数 A_{vd}（open loop voltage gain）：运放在无外加反馈条件下，输出电压的变化量与输入电压的变化量之比，一般的都达到：100～140 dB。

（2）差模输入电阻 r_{id}（input resistance）：输入差模信号时，运放的输入电阻。

（3）共模抑制比 K_{CMR}（common mode rejection ratio）：与差分放大电路中的定义相同，是差模电压增益 A_{vd} 与共模电压增益 A_{vc} 之比，常用分贝数来表示：$K_{CMR}=20\lg\left|\frac{A_{ud}}{A_{uc}}\right|$ dB。

（4）等效输入噪声电压 V_n（noise voltage）输入端短路时，输出端的噪声电压折算到输入端的数值。这一数值往往与一定的频带相对应。

5. 运算放大器分类

为满足实际使用中对集成运放性能的特殊要求，除性能指标比较适中的通用型运放外，发展了适应不同需要的专用型集成运放，它们在某些技术指标上比较突出。

根据运算放大器的技术指标可以对其进行分类，主要有通用、高速、宽带、高精度、高输入电阻和低功耗等几种。

（1）通用型。通用型运算放大器的技术指标比较适中，价格低廉。通用型运放也经过了几代的演变，早期的通用Ⅰ型运放已很少使用了。以典型的通用型运放 CF741（A741）为例，输入失调电压 1～2 mV、输入失调电流 20 nA、差模输入电阻 2 MΩ，开环增益 100 dB、共模抑制比 90 dB、输出电阻 75Ω、共模输入电压范围 ± 13 V、转换速率 0.5 V/μs。

（2）高速型和宽带型。

用于宽频带放大器、高速 A/D 和 D/A、高速数据采集测试系统。这种运算放大器的单位增益带宽和压摆率的指标均较高，用于小信号放大时，可注重 f_H 或 f_c，用于高速大信号放大时。

（3）高精度（低漂移型）。用于精密仪表放大器、精密测试系统、精密传感器信号变送器等，例如 OP177 CF714。

（4）高输入阻抗型。用于测量设备及采样保持电路中，例如 AD549　CF155/255/355。

（5）低功耗型和功率型。低功耗型用于空间技术和生物科学研究中，工作于较低电压下，工作电流微弱。例如：OP22 正常工作静态功耗可低至 36μW；OP290 在 0.8 V 电压下工作，功耗为 24 μ W；CF7612 在 5 V 电压下工作，功耗为 50μW。

（6）功率型运放的输出功率可达 1W 以上，输出电流可达几个安培以上。

例如：LM12 的 I_O=10A；TP1465 的 I_O=0.75A。

6. 集成运算放大器电路分析

图 4.1.18 所示为典型集成运算放大器的内部电路。

（1）输入级：VT_1～VT_4：共集-共基差放；VT_5～VT_7：镜像电流源，作有源负载。

（2）中间级：VT_{16}、VT_{17}：复合管组成共射放大电路；R6 起分流作用；VT_{13B}：为 VT_{16}、VT_{17} 提供集电极电流的同时作有源负载。

（3）输出级：VT_{18}、VT_{19}：组成 VT_{BE} 倍压电路，相当于两个二极管，为 VT_{14}、VT_{20} 提供起始偏压。

VT_{24} 组成射极跟随电路，起缓冲作用，以减小输出级对中间放大级的负载效应。

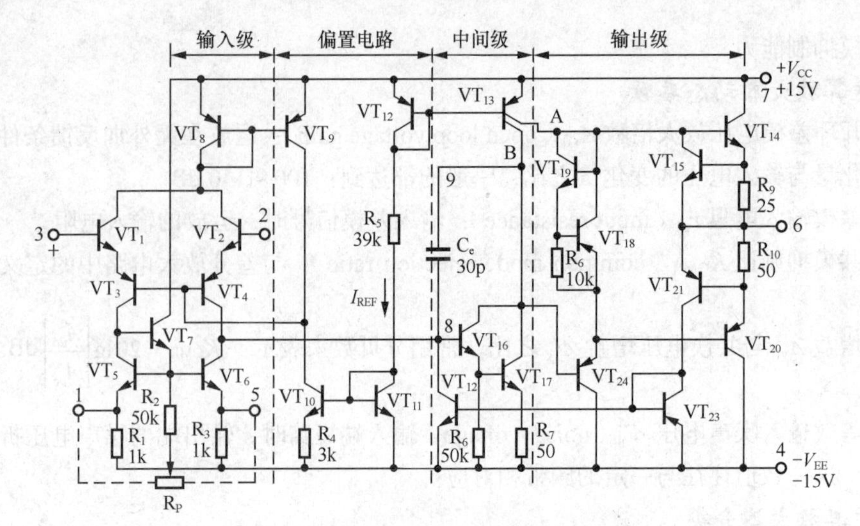

图 4.1.18　典型集成运算放大器内部电路

（4）输入级的恒流源：作有源负载；VT_8、VT_9 组成镜像电流源，为 VT_1、VT_2 提供集电极电流；VT_{10}、VT_{11} 组成微电流源，VT_{10} 集电极为 VT_3、VT_4 提供基极偏置电流。

（5）输出级的偏置：VT_{12}、VT_{13} 构成双输出的镜像电流源，VT_{13B} 为复合管 VT_{16}、VT_{17} 提供集电极电流，并作为有源负载；VT_{13A} 为输出级提供工作电流，使 VT_{14}、VT_{20} 工作在甲乙类放大状态；VT_{18}、VT_{19}：组成 VBE 倍压电路，相当于两个二极管，为 VT_{14}、VT_{20} 提供起始偏压。

VT24 组成射极跟随电路，起缓冲作用，以减小输出级对中间放大级的负载效应。

（6）过流保护电路：由 VT_{15}、VT_{21}、VT_{22}、VT_{23} 组成。当正向电流（流过 VT_{14} 发射极电流）过大时，VT_{15} 导通使 VT_{14} 基极电流减小；当负向电流（流过 VT_{20} 发射极电流）过大时，VT_{21} 导通，同时 VT_{22}、VT_{23} 均导通，降低 VT_{16}、VT_{17} 的基极电压，使 VT_{17} 的集电极和 VT_{24} 的发射极电位上升，从而使 VT_{20} 截止以达到保护目的。

7. 理想运算放大器的特性

理想运算放大器具有“虚短”和“虚断”的特性，这两个特性对分析线性运用的运放电路十分有用。为了保证线性运用，运放必须在闭环（负反馈）下工作，理想运放具有以下两个特点。

（1）虚短。由于运算放大器的电压放大倍数很大，一般通用型运算放大器的开环电压放大倍数都在 80 dB 以上。而运算放大器的输出电压是有限的，一般在 10～14 V。因此运算放大器的差模输入电压不足 1 mV，两输入端近似等电位，相当于“短路”$U_+=U_-$。

“虚短”是指在分析运算放大器处于线性状态时，可把两输入端视为等电位，这一特性称为虚假短路，简称“虚短”。显然不能将两输入端真正短路。

（2）虚断。由于运算放大器的差模输入电阻很大，一般通用型运算放大器的输入电阻都在 1 MΩ 以上。因此流入运算放大器输入端的电流往往不足 1μA，远小于输入端外电路的电流。故通常可把运算放大器的两输入端视为开路，且输入电阻越大，两输入端越接近于开路，即 $i_+=i_-$。

“虚断”是指在分析运算放大器处于线性状态时，可以把两输入端视为等效开路，这一特性称为虚假开路，简称“虚断”。显然不能将两输入端真正断路。开环电压放大倍数越大，两输入端的电位越接近于相等。

8. 运算放大器应用实例

集成运算放大器外接不同的反馈电路和元件等，就可以构成比例、加减、积分、微分等各种运算电路，在这里，我们只讲运算放大器的比例放大（同相、反相）与选频放大的基本应用，其他应用放于具体实际中给予讲述。

（1）反相比例放大器。反相比例放大电路如图 4.1.19 所示，输入信号 u_i 从反相输入端与地之间加入，R_F 是反馈电阻，接在输出端和反相输入端之间，将输出电压 u_o 反馈到反相输入端，实现负反馈。R_1 是输入耦合电阻，R_2 是补偿电阻（也叫平衡电阻），$R_2=R_1// R_F$。

根据虚断 $I_i\approx 0$，故 $U_+\approx 0$ 且 $I_i\approx I_f$。

根据虚短，$U_+\approx U_-=0$。

$$I_i=(U_i-U_-)/R_1=V_i/R_1$$

$$U_o=-I_fR_f=-U_iR_f/R_1$$

电压增益：

$$A_{vf}=U_o/U_i=-R_f/R_1$$

（2）同相比例放大器。同相比例放大电路如图 4.1.20 所示，输入信号电压 U_i 接入同相输入端，输出端与反相输入端之间接有反馈电阻 R_F 与 R_1，为使输入端保持平衡，$R=R_1// R_F$。

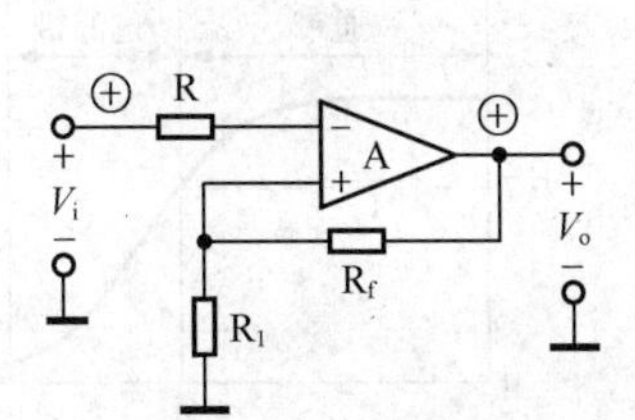

图 4.1.19　反相比例放大器

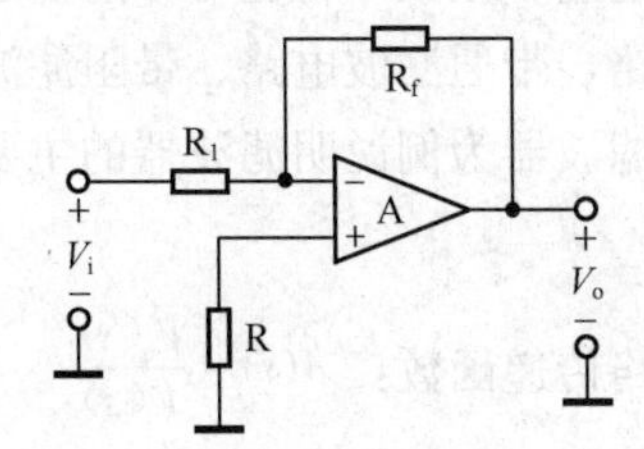

图 4.1.20　同相比例放大器

根据虚断，$U_i=U_+$

根据虚短，$U_i=U_+\approx U_-$

$$U_+=U_i=U_oR_1/(R_1+R_f)$$

$$U_o\approx U_i[1+(R_f/R_1)]$$

电压增益：

$$A_{vf}=U_o/U_i=1+(R_f/R_1)$$

（3）加法运算。

① 反相加法运算如图 4.1.21 所示。平衡电路 $R_3=R_1//R_2//R_f$

$$i_F\approx i_1+i_2$$

$$u_O=-R_f\left(\frac{u_{I1}}{R_1}+\frac{u_{I2}}{R_2}\right)\qquad -\frac{u_O}{R_f}=\frac{u_{I1}}{R_1}+\frac{u_{I2}}{R_2}$$

若 $R_f=R_1=R_2$，则 $U_O=-(U_{I1}+U_{I2})$。

② 同相加法运算，电路如图 4.1.22 所示。平衡电阻 $R_2//R_3//R_4=R_1//R_f$。

$$u_+ = \frac{R_3//R_4}{R_2+R_3//R_4}u_{I1} + \frac{R_2//R_4}{R_3+R_2//R_4}u_{I2}$$

$$u_O = \left(1+\frac{R_f}{R_1}\right)u_+$$

$$u_O = \left(1+\frac{R_f}{R_1}\right)\left(\frac{R_3//R_4}{R_2+R_3//R_4}u_{I1} + \frac{R_2//R_4}{R_3+R_2//R_4}u_{I2}\right)$$

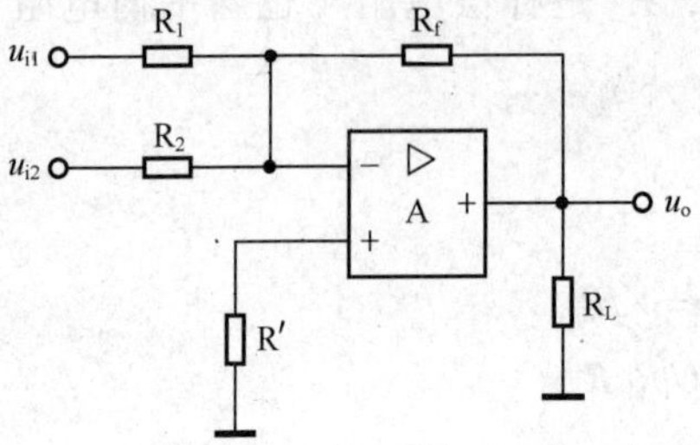

图 4.1.21　反相加法运算

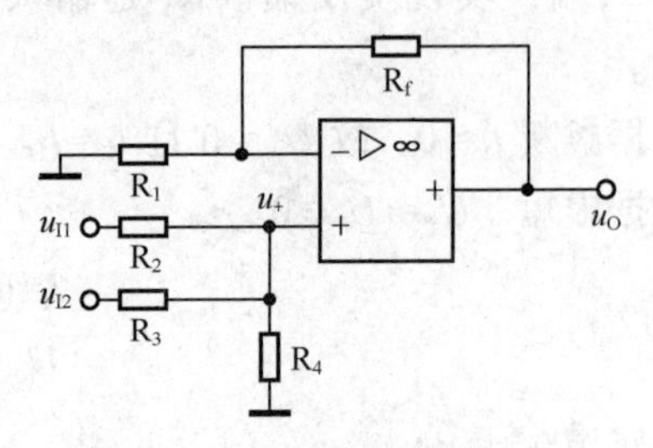

图 4.1.22　同相加法运算

若 $R_2=R_3=R_4$，$R_f=2_{R1}$，则 $u_O=u_{I1}+u_{I2}$。

（4）滤波电路。有用频率信号通过，无用频率信号被抑制的电路，按频率特性可分为低通滤波电路、高通滤波电路、带通滤波电路、带阻滤波电路。

以低通滤波器为例说明滤波器的主要参数，如图 4.1.23 所示。

滤波电路传递函数：$A(s)=\frac{V_o(s)}{V_i(s)}$

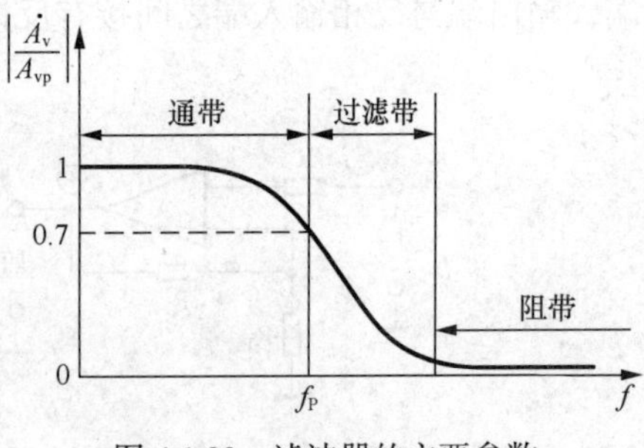

图 4.1.23　滤波器的主要参数

过渡带：越窄表明选频性能越好，理想滤波器没有过渡带。

A_{vp}：通带电压放大倍数；f_p：通带截止频率。

① 无源滤波电路。无源滤波电路是由无源元件 R、L、C 组成的滤波电路，图 4.1.24 所示为最简单的无源低通滤波器。

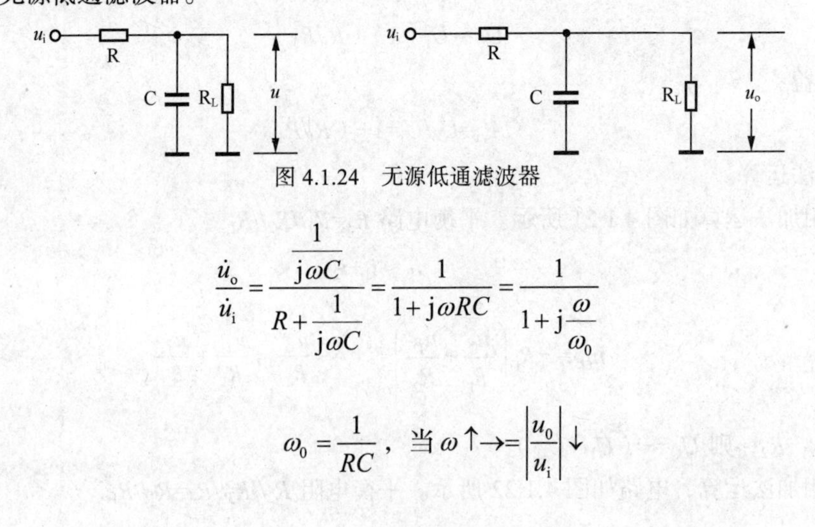

图 4.1.24　无源低通滤波器

$$\frac{\dot{u}_o}{\dot{u}_i} = \frac{\frac{1}{j\omega C}}{R+\frac{1}{j\omega C}} = \frac{1}{1+j\omega RC} = \frac{1}{1+j\frac{\omega}{\omega_0}}$$

$$\omega_0 = \frac{1}{RC}，当\ \omega\uparrow\rightarrow=\left|\frac{u_0}{u_i}\right|\downarrow$$

缺点：带负载的能力差，例如R=27kΩ，R_L=3kΩ，对于直流而言，u_o只有u_i的十分之一，而当 R_L 断开时，u_o=u_i,为了提高带负载的能力，可以减小 R，提高 C，但这不现实，此时可以加电压跟随器，以提高带负载的能力，就构成了有源滤波器。

② 有源滤波电路

有源滤波电路由放大器和 R、C 网络组成的滤波电路。有源滤波器的常见的应用种类分有 4 种：低通滤波器、高通滤波器、带通滤波器、带阻滤波器，原理波形如图 4.1.25 所示

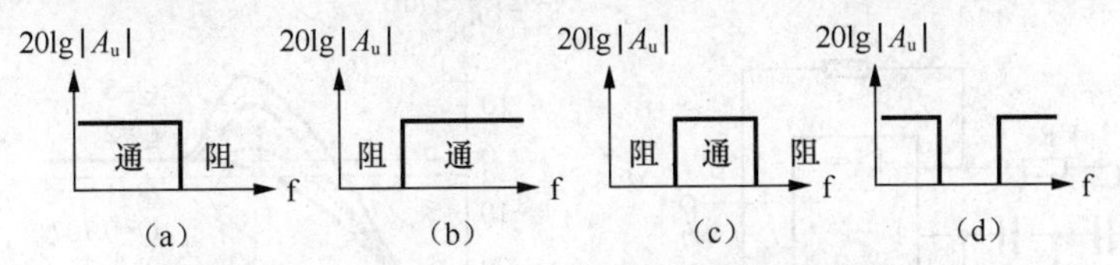

图 4.1.25　4 种常见有源滤波电路原理波形图

a. 有源低通滤波电路如图 4.1.26（a）所示，其传递函数为

$$A(s)=\frac{1+\dfrac{R_f}{R_1}}{1+\dfrac{1}{RC}}=\frac{A_0}{1+\dfrac{s}{\omega_n}}$$

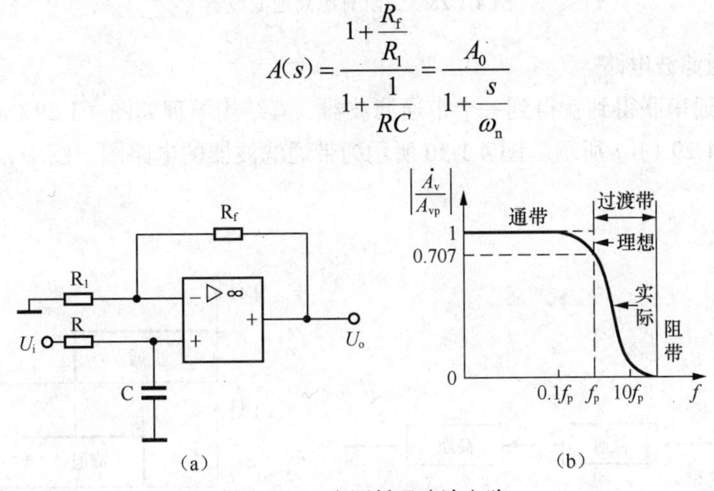

图 4.1.26　有源低通滤波电路

一阶有源滤波电路通带外衰减速率慢（-20dB/十倍频程），如图 4.1.26（b）所示，选频性能差，与理想情况相差较远。一般用在对滤波要求不高的场合，要提高带外的衰减速率，常用二阶有源滤波器，如图 4.1.27 所示。

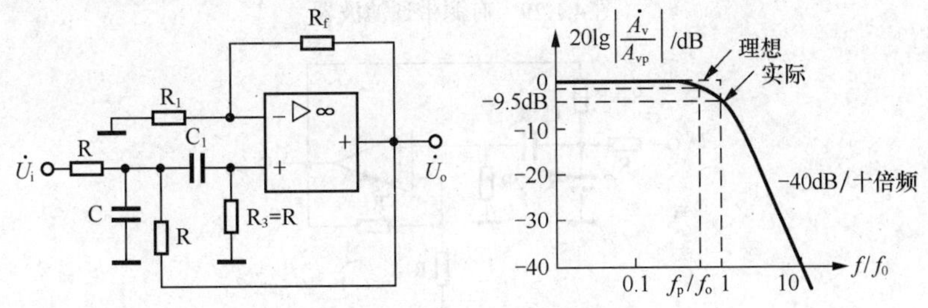

图 4.1.27　常用二阶有源滤波器

特点：在 $f>f_0$ 后幅频特性以-40dB/dec 的速度下降。

缺点：$f=f_0$ 时，放大倍数的模只有通带放大倍数模的三分之一。

b. 有源高通滤波电路。

将低通有滤波器的电容和电阻互换，就成了高通滤波器，如图 4.1.28 所示为二阶有源高通滤波器，其传递函数为 $A_v(s)=\dfrac{(sCR)^2A_{vp}}{1+(3-A_{vp})sCR+(sCR)^2}$。

通带增益：$A_{uf}=1+R_f/R_1$。

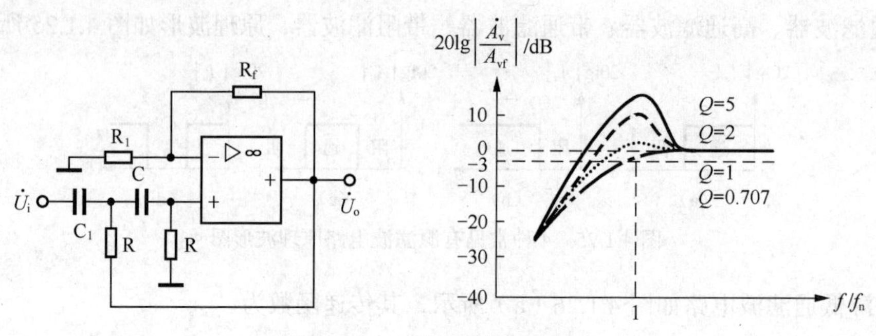

图 4.1.28　二阶有源高通滤波器

c. 有源带通滤波电路。

将低通和高通串联得到就得到一个带通滤波器，其结构原理如图 4.1.29（a）所示，理想的幅频特性如图 4.1.29（b）所示。图 4.1.30 所示为带通滤波器的电路图，图中，低通截止频率：$\omega_1=\dfrac{1}{R_1C_1}$

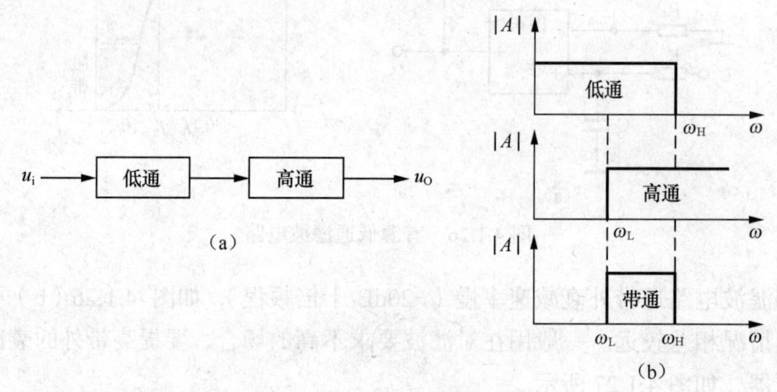

图 4.1.29　有源带通滤波器

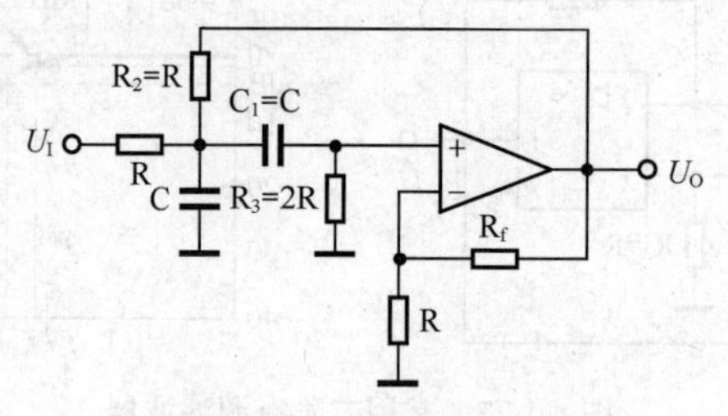

图 4.1.30　有源带通滤波器

高通截止频率：$\omega_2=\dfrac{1}{R_2C_2}$

中心频率：$f_0=\dfrac{1}{2\pi RC}\sqrt{\dfrac{1}{R_3}\left(\dfrac{1}{R_1}+\dfrac{1}{R_2}\right)}$　$f_0=\dfrac{1}{2\pi RC}$

最大电压增益：$A_{u0}=A_{uf}/(3\text{-}A_{uf})$

要求：$R_3C_1>R_C$

LED 电平显示电路中使用了带通选频电路，其目的就是让 LED 电平显示电路只随某个频率的幅度改变，以达到频率自动跟踪的显示效果。

四、交流检波（倍压整流）

在一些需用高电压、小电流的地方，常常使用倍压整流电路。倍压整流可以把较低的交流电压，用耐压较低的整流二极管和电容器“整”出一个较高的直流电压。这种方式的整流电路其优点是：电流小，容易获取到高电压，瞬时反应快，跟随能力强；其缺点是：电路构成较一般整流电路复杂，元器件耐压要求高，组建电路较为麻烦。

倍压整流电路一般按输出电压是输入电压的多少倍，分为二倍压、三倍压与多倍压整流电路。

1. 二倍压整流技术

如图 4.1.31 为二倍压整流电路。其工作原理如下：e_2 正半周（上正下负）时，二极管 VD_1 导通，VD_2 截止，电流经过 VD_1 对 C_1 充电，将电容 C_1 上的电压充到接近 e_2 的峰值 $\sqrt{2}E_2$，并基本保持不变。e_2 为负半周（上负下正）时，二极管 VD_2 导通，VD_1 截止。此时，C_1 上的电压 $U_{c1}=\sqrt{2}E_2$ 与电源电压 e_2 串联相加，电流经 VD_2 对电容 C_2 充电，充电电压 $U_{c2}=e_2$ 峰值$+\sqrt{2}E_2\approx 2E_2$。如此反复充电，C_2 上的电压就基本上是 $2E_2$。它的值是变压器次级电压的二倍，所以叫做二倍压整流电路。

在实际电路中，负载上的电压 $U_{sc}=2.8E_2$。整流二极管 VD_1 和 VD_2 所承受的最高反向电压均为 U_{sc}。电容器上的直流电压 $U_{c1}=E_2$，$U_{c2}=2E_2$。可以据此设计电路和选择元件。

2. 三倍压技术

在二倍压整流电路的基础上，再加一个整流二极管 VD_3 和一个滤波电容器 C_3，就可以组成三倍压整流，如图 4.1.32 所示为三倍压电路。

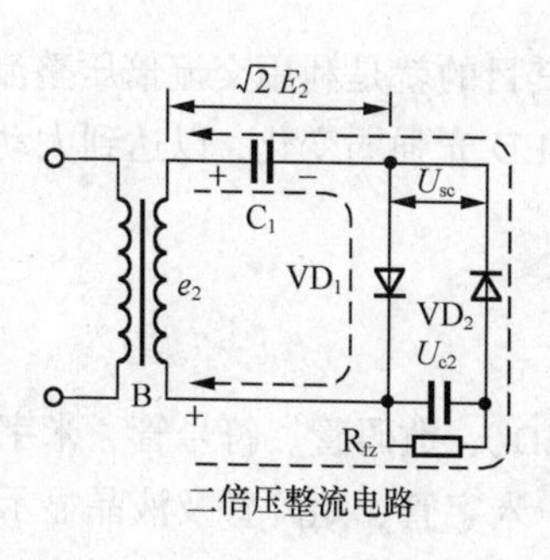

图 4.1.31　二倍压电路

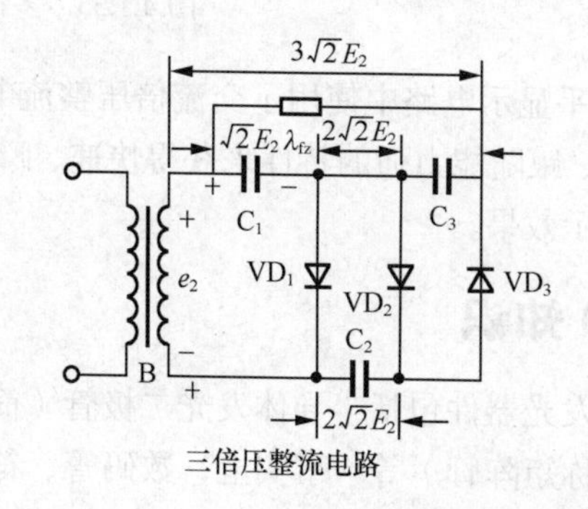

图 4.1.32　三倍压电路

三倍压整流电路的工作原理是：在 e_2 的第一个半周和第二个半周与二倍压整流电路相同，即 C_1 上的电压被充电到接近 $\sqrt{2}E_2$，C_2 上的电压被充电到接近 $\sqrt{2}E_2$。当第三个半周时，VD_1、

VD_3导通，VD_2截止，电流除经VD_1给C_1充电外，又经VD_3给C_3充电，C_3上的充电电压 $U_{c3}=e_2$峰值$+U_{c2}-U_{c1}\approx 2\sqrt{2}E_2$这样，在$R_{FZ}$上就可以输出直流电压 $U_{sc}=U_{c1i}+U_{c3}\approx 3\sqrt{2}E_2$，实现三倍压整流。

在实际电路中，负载上的电压 $U_{fz}\approx 3x1.4E_2$整流二极管VD_3所承受的最高反向电压（也是电容器上的直流电压）为$3\sqrt{2}E_2$。

必须说明，倍压整流电路只能在负载较轻（即 R_{fz} 较大，输出电流较小）的情况下工作，否则输出电压会降低。倍压越高的整流电路，这种因负载电流增大影响输出电压下降的情况越明显。

用于倍压整流电路的二极管，其最高反向电压应大于 U_{sc}。可用高压硅整流堆，其系列型号为2DL。例如2DL2/0.2，表示最高反向电压为2kV，整流电流平均值为200mA。倍压整流电路使用的电容器容量比较小，不用电解电容器。电容器的耐压值要大于$1.5U_{sc}$，在使用上才安全可靠。

3. 多倍压电路

依照三倍压电路办法，增加多个二极管和相同数量的电容器，即可组成多倍压整流电路，如图4.1.33所示为多倍压整流电路。当n为奇数时，输出电压从上端取出；当n为偶数时，输出电压从下端取出。

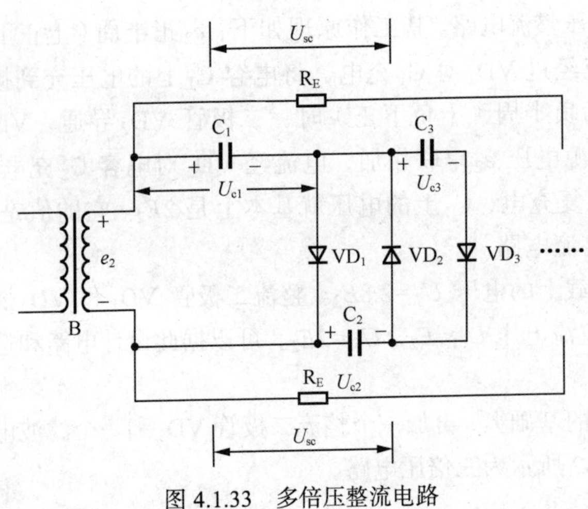

图4.1.33　多倍压整流电路

LED电平显示电路中使用了交流倍压整流电路，其目的就是利用交流倍压整流的高电压、瞬时反应快、跟随能力强的特性来获得快速、瞬时的LED光强弱变化，以达到大动态、绚丽多彩的灯光显示效果。

五、LED知识

半导体发光器件包括半导体发光二极管（简称 LED）、数码管、符号管、米字管及点阵式显示屏（简称矩阵管）等。事实上，数码管、符号管、米字管、矩阵管及液晶显示器中的每个发光单元都是一个发光二极管。

1. 半导体发光二极管工作原理、特性及应用

（1）LED发光原理。发光二极管是由Ⅲ-Ⅳ族化合物，如GaAs（砷化镓）、GaP（磷化镓）、GaAsP（磷砷化镓）等半导体制成的，其核心是PN结。因此它具有一般PN结的特性，即正向导通、反向截止、击穿特性。此外，在一定条件下，它还具有发光特性。在正向电压下，负电荷由 N 区注入 P 区，正电荷由 P 区注入 N 区。进入对方区域的少数载流子（少子）一部分与多数载流子（多子）复合而发光。

假设发光是在 P 区中发生的，那么注入的电子与价带空穴直接复合而发光，或者先被发光中心捕获后，再与空穴复合发光。除了这种发光复合外，还有些电子被非发光中心（这个中心介于导带、介带中间附近）捕获，而后再与空穴复合，每次释放的能量不大，不能形成可见光。发光的复合量相对于非发光复合量的比例越大，光量子效率越高。由于复合是在少子扩散区内发光的，所以光仅在靠近 PN 结面数 μm 以内产生。

理论和实践证明，光的峰值波长 λ 与发光区域的半导体材料禁带宽度 Eg 有关，即

$$\lambda \approx 1240/Eg\text{（mm）}$$

式中，Eg 的单位为电子伏特（eV）。若能产生可见光，波长在 380nm（紫光）～780nm（红光）之间，半导体材料的 Eg 应为 3.26～1.63eV。比红光波长长的光为红外光。现在已有红外、红、黄、绿及蓝光发光二极管，但其中蓝光二极管成本、价格很高，使用不普遍。

（2）LED 的极限参数的意义。

① 允许功耗 P_m：允许加于 LED 两端正向直流电压与流过它的电流之积的最大值。超过此值时，LED 将发热、损坏。

② 最大正向直流电流 I_{Fm}：允许加的最大的正向直流电流。超过此值可损坏二极管。

③ 最大反向电压 V_{Rm}：所允许加的最大反向电压。超过此值发光二极管可能被击穿损坏。

④ 工作环境 T_{opm}：发光二极管可正常工作的环境温度范围。低于或高于此温度范围，发光二极管将不能正常工作，效率大大降低。

（3）LED 的分类。

① 按发光管发光颜色分。按发光管发光颜色分，可分成红色、橙色、绿色（又细分黄绿、标准绿和纯绿）、蓝光等。另外，有的发光二极管中包含两三种颜色的芯片。

根据发光二极管出光处掺或不掺散射剂、有色还是无色，上述各种颜色的发光二极管还可分成有色透明、无色透明、有色散射和无色散射 4 种类型。散射型发光二极管适于做指示灯用。

② 按发光管出光面特征可分为圆灯、方灯、矩形、面发光管、侧向管、表面安装用微型管等。圆形灯按直径分为 ϕ2mm、ϕ4.4mm、ϕ5mm、ϕ8mm、ϕ10mm 及 ϕ20mm 等。国外通常把 ϕ3mm 的发光二极管记作 T-1，把 ϕ5mm 的记作 T-1（3/4），把 ϕ4.4mm 的记作 T-1（1/4）。

由半值角大小可以估计圆形发光强度角分布情况。从发光强度角分布图来分有 3 类。

高指向性：一般为尖头环氧封装，或是带金属反射腔封装，且不加散射剂。半值角为 5°～20°或更小，具有很高的指向性，可作局部照明光源用，或与光检出器联用以组成自动检测系统。

标准型：通常作指示灯用，其半直角为 20°～45°。

散射型：这是视角较大的指示灯，半直角为 45°～90°或更大，散射剂的量较大。

③ 按发光二极管的结构分。有全环氧包封、金属底座环氧封装、陶瓷底座环氧封装及玻璃封装等结构。

2. LED 的应用

由于发光二极管的颜色、尺寸、形状、发光强度及透明情况等不同，所以使用发光二极管时应根据实际需要进行恰当选择。

由于发光二极管具有最大正向电流 I_{Fm}、最大反向电压 V_{Rm} 的限制，使用时，应保证不超过此值。为安全起见，实际电流 I_F 应在 $0.6I_{Fm}$ 以下；应让可能出现的反向电压 $V_{RRm}<0$。

LED 被广泛用于种电子仪器和电子设备中，可作为电源指示灯、电平指示或微光源之用。红外发光管常被用于电视机、录像机等的遥控器中。

（1）利用高亮度或超高亮度发光二极管制作微型手电筒的电路如图 4.1.34 示。

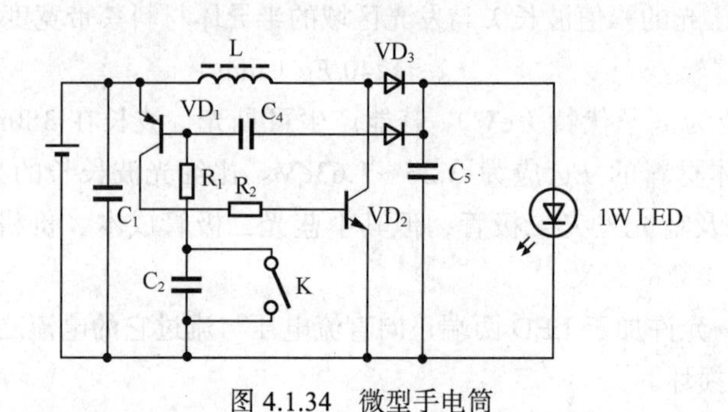

图 4.1.34　微型手电筒

图中 C_4 是 473 的独石电容，VD_3 是两支 1N5819 并联，LED 用的是高功率 3W 的 LED 灯，电路用 1.5V 干电池做电源，效率大约为 70%，R_1 为 150Ω 的，R2，VD_1 为 8550，VD_2 为 D882，C_1\C_2 为 104，C_5 取 25V/470μF，L 直径为 9mm 高为 12mm 的“工”字型磁心，用 0.5mm 的漆包线平绕 21 圈。

（2）常用于直流电源、整流电源及交流电源作指示电路。

（3）作单 LED 电平指示电路。在放大器、振荡器或脉冲数字电路的输出端，可用 LED 表示输出信号是否正常，只有当输出电压大于 LED 的阈值电压时，LED 才可能发光。

（4）单 LED 可充作低压稳压管用。由于 LED 正向导通后，电流随电压变化非常快，具有普通稳压管稳压特性。发光二极管的稳定电压为 1.4～3V，应根据需要选择 V_F。

（5）常用于电平表作美观显示用。目前，在音响设备中大量使用 LED 电平表。它是利用多只发光管指示输出信号电平的，即用发光的 LED 数目不同来表示输出电平的高低变化。

3. LED 检测方法

（1）普通发光二极管的检测。

① 用万用表检测。利用具有 $R\times10k\Omega$ 挡的指针式万用表可以大致判断发光二极管的好坏。正常时，二极管正向电阻阻值为几十至 200kΩ，反向电阻的值为∞。如果正向电阻值为 0 或∞，反向电阻值很小或为 0，则易损坏。这种检测方法，不能实地看到发光管的发光情况，因为 $R\times10k\Omega$ 挡不能向 LED 提供较大的正向电流。

如果有两块指针万用表（最好是同型号的）可以较好地检查发光二极管的发光情况。用一根导线将其中一块万用表的“+”接线柱与另一块表的“-”接线柱连接。余下的“-”笔接被测发光管的正极（P 区），余下的“+”笔接被测发光管的负极（N 区）。两块万用表均置 $R\times10\Omega$ 挡。正常情况下，接通后就能正常发光。若亮度很低，甚至不发光，可将两块万用表均拨至 $R\times1\Omega$ 挡，若仍很暗，甚至不发光，则说明该发光二极管性能不良或损坏。应注意，不能一开始测量就将两块万用表置于 $R\times1\Omega$ 挡，以免电流过大，损坏发光二极管。

② 外接电源测量。用 3V 稳压源或两节串联的干电池及万用表（指针式或数字式皆可）可以较准确地测量发光二极管的光、电特性。如果测得 V_F 为 1.4～3V，且发光亮度正常，可以说明发光正常。如果测得 V_F=0 或 $V_F\approx$3V，且不发光，说明发光管已坏。

（2）红外发光二极管的检测。由于红外发光二极管，它发射 1～3μm 的红外光，人眼看不到。通常单只红外发光二极管发射功率只有数 mW，不同型号的红外 LED 发光强度角分布也不相同。红外 LED 的正向压降一般为 1.3～2.5V。正是由于其发射的红外光人眼看不见，所以利用上述可见光 LED 的检测法只能判定其 PN 结正、反向电学特性是否正常，而无法判定其发光情况是否正常。为此，最好准备一只光敏器件（如 2CR、2DR 型硅光电池）作接收器。用万用表测光电池两端电压的变化情况来判断红外 LED 加上适当正向电流后是否发射红外光。

六、驱动应用

我们知道，三极管最基本的应用是作信号放大器。但是，利用三极管导通与截止的特性，可以将三极管作为开关来使用；同时利用三极管的电流驱动原理：I_b 控制 I_c（$I_c=\beta I_b$）可以灵活地将三极管用作电流可控器件，本任务中我们就是利用三极管的这两个特点来驱动 LED 灯的。

1. 电流驱动应用

如图 4.1.35 所示电路，这是一个用三极管来控制发光二极管 VD 的发光强弱变化的电路，随着外来直流电平的输入，VT_1 的基极电流也随之变化，从而引发 VT_1 集电极电流变化；由前述知识可知，变化的电流经过 VD 肯定会引发 VD 发出的光强变化，且外来直流电平幅度变化越大，VD 发光的明亮程度越明显，从而将外来直流电平的高低变化转换为发光二极管光强的明亮变化，实现了电光转换。

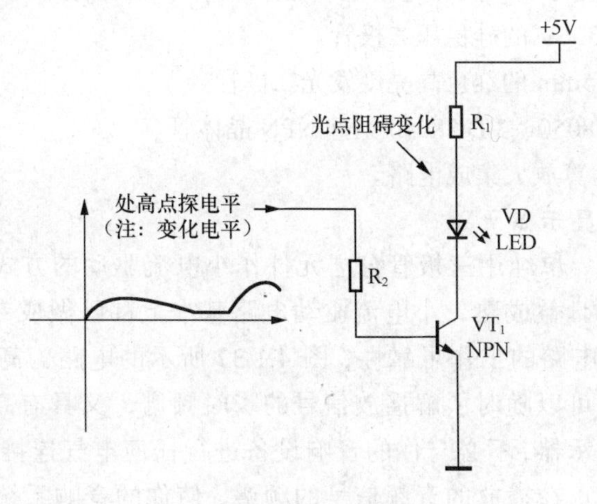

图 4.1.35　电流驱动应用

2. LED 电平指示器

下面介绍的 LED 电平指示器，它既可以接在音频功放电路的输出端，作为功放输出电平指示，也可以接在音频前置放大电路之后（音量电位器之前），作为放音或录音电平指示。

（1）电路工作原理。该 LED 电平指示器电路由可调增益放大器和 LED 驱动电路组成，如图 4.1.36 所示。

电路中，可调增益放大器由运算放大器 IC、电阻器 R_{01}～R_{05}、电位器 R_P 和电容器 C_1、C_2 组成；LED 驱动电路由晶体管 VT、电容器 C_3、稳压二极管 VS、电阻器 R_1～R_n、发光二极管 VL_1～VL_n 和二极管 VD_1～VD_n 组成。

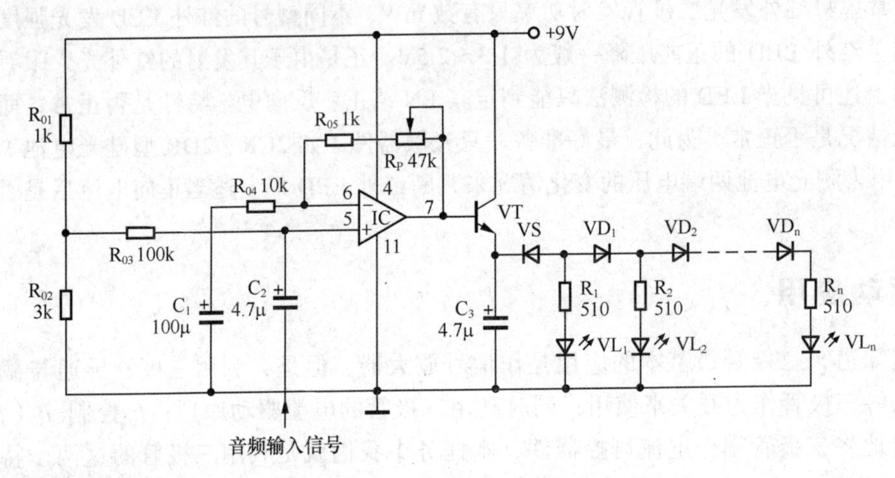

图 4.1.36

来自功率放大器或前置放大器的音频输入信号经 C_2 藕合加至 IC 的 5 脚，经 IC 和 VT 放大后，从 VT 的发射极输出信号电压，将 VL_1～VL_n 逐级点亮。音频输入信号越强，点亮发光二极管的个数也越多。

（2）元器件选择。R_{01}～R_{05} 和 R_1～R_n 选用 1/4W 碳膜电阻器或金属膜电阻器。R_P 选用超小型电位器或立式可变电阻器。

C_1～C_3 均选用耐压值为 16V 的铝电解电容器。VD_1～VD_n 选用 1 N4148 型硅开关二极管，或选用 2AP5VS 1/2W、3. 6V 的硅稳压二极管。

VL_1～VL_n 均选用 ϕ5mm 的红色高亮度发光二极管。

VT 选用 C8050 或 58050、3 DG8050 型硅 NPN 晶体管。

IC 选用 LM324 型运算放大集成电路。

3. 集成 LED 频普显示器

目前在实际应用中，单纯用三极管分立元件作小电流驱动的方式已经很少采用，随着集成技术的飞速发展与日益成熟，小电流驱动电路基本上都已做成专用驱动 IC 来应用，既简化电路，又提高了电路的工作可靠性，图 4.1.37 所示的电路为高档音响设备一般都有音频频谱显示装置，既可以随时了解播放信号的瞬时频谱，又具有高雅美观的视觉效果。这款外置式音频频谱显示器，不必与你的音响设备进行任何电气连接，只需放置于音箱前，即可直观动态地显示出正在播放的音频信号的频谱，使你的音响系统既好听又好看，增色不少。如图 4.1.37 所示为外置式音频频谱显示器的电路图。该显示器在设计上全部采用集成运算放大器和专用集成电路，电路简洁、工作稳定、制作容易、使用方便，可以同时在 100Hz、300Hz、3kHz、10kHz 4 个频率点上（含一定带宽），采用五级动态光柱显示各频率点的瞬时电平。

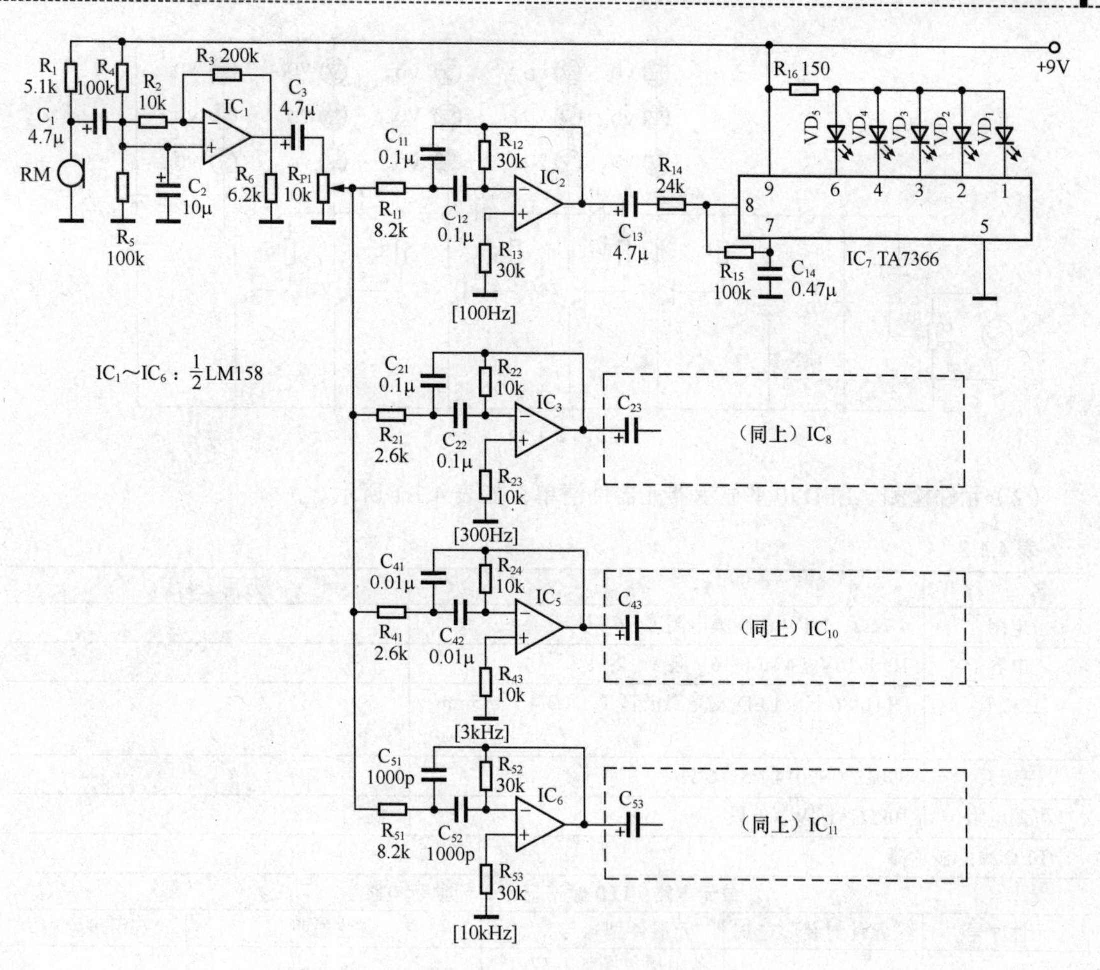

图 4.1.37　高频频谱显示装置

任务实施

1. 目的

（1）熟悉组成电路的电子元器件；

（2）能制作出 LED 电平显示电路并理解电路的工作原理；

（3）掌握电路的检测方法。

2. 仪器

（1）直流电源；

（2）万用表；

（3）电阻、电容、普通二极管、发光二极管、三极管。

3. 实验内容及步骤

（1）实训电路图如图 4.1.37 和图 4.1.38 所示，任选其一制作调试。

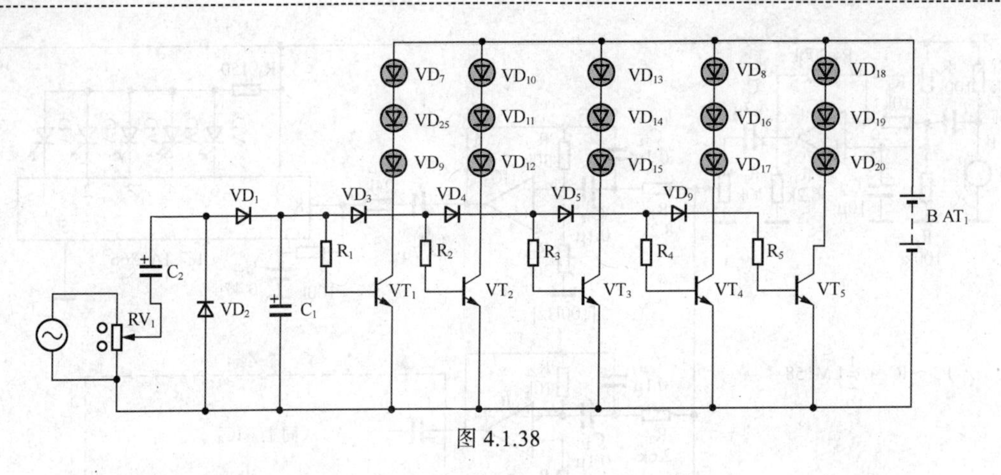

图 4.1.38

（2）元件检测。LED 电平显示器元器件清单，如表 4.1.1 所示。

表 4.1.2

名　称	规　格	万用表检测
电阻	4.7kΩ、1/4W 的碳膜电阻 5～6 只	
电容	10μF/16V、47μF/16V 各 1～2 只	
二极管	IN41486 只、LED 发光二极管 T-1（3/4）ϕ5mm 15～18 只	
三极管	S9013（S9014）5～6 只	
可调电阻	10kΩ、1/4W　1 只	

LED 频谱显示器

单元电路：LED 频谱显示单元显示电路				
元件序号	元件封装形式	元器件型号与参数	备注说明	万用表检测
R_1～R_6	Axial0.4	各阻值见图 4-1-37，1/4W	小功率、无精密度要求	
R_{11}～R_{16}	Axial0.4	各阻值见图 4-1-37，1/4W	小功率、无精密度要求，R16 选用 1W 电阻	
U_1	DIP-14	LM324	四运算放大器	
IC_3	SIP-9	TA7366	小功率、电流驱动专用 IC	
VD_1～VD_5	Rad0.2	T-1（3/4）ϕ5mm Red	建议选取高亮 LED	
Rp_1	Vr4	10kΩ、1/4W	小功率、无精密度要求	
C_1、C_3、C_{13}	Rb.2/.4	4.7μF/16V	不宜选过大容量的电解电容	
C_2	Rb.2/.4	10μF/16V	不宜选过大容量的电解电容	
C_{11}、C_{12}	Rad0.2	0.1μF/63V	涤纶电容、云母电容	
C_{14}	Rad0.2	0.47μF/63V	涤纶电容、云母电容	
BM	Rad0.2	MIC	驻极体式话筒	
电源（Vcc）	+9V～+12V	/	中小功率、稳压直流供电	

（3）安装及焊接。在检查各元器件无损坏后，按照电路图将元器件安插在相应位置并焊牢。注意：如果是用万用板进行安装，需特别注意连线的准确性；发光二极管要安装在便于拆卸且一体成形的框架中，以便日后改装到机器外壳上；在焊接三极管、二极管时，要注意控制焊接时间，一般焊接时间应控制在 3s 左右，否则极容易损坏管子。可调电阻由于体积较大，应在保持元器件稳固安装的前提下，注意元件引脚与印制板之间有大约 0.3mm 的间隙，这可以保护引出端根部不受外力损伤，也便于焊后清洗时清洗液的流出和挥发。

（4）电路调试。LED 电平指示电路现已很成熟，所以安装、焊接完毕后不需要太多的调试工作，重点是检验电路的功能是否能正常实现，步骤如下。

① 准备一台直流可调稳压电源、一台万用表。

② 电路静态工作测试。利用直流稳压电源向电路提供+9V 工作电压，并且将电路交流输入端口——音频输入口短路接地，此时电路中全部的 LED 灯：VD_1～VD_{15} 都应熄灭，也即要求电路在静态（无信号送来）时，VT_1、VT_2、VT_3、VT_4、VT_5 均处于截止状态；如果此时发现有某组 LED 发光或闪光情况出现，则重点查找该路电路是否存在焊接错误、元器件参数变值、性能变劣等故障。

③ 电路功能测试。利用直流稳压电源继续向电路提供+9V 工作电压，同时将音频信号发生器的输出端接入到 LED 电平显示器电路的输入口，开启音频信号发生器电源，频率输出调整到 500Hz～1000Hz，并且适当调节音频信号发生器信号的输出幅度，如果此时电路工作一切正常的话，电平显示电路中 LED 光柱就会开始被点亮，并且随着音频信号发生器输出信号强度增大而一级接一级地依次点亮（从电路左向右），随着音频信号发生器输出信号强度减少而一级接一级地依次熄灭（从电路右向左）。这也就说明了电路能根据输入信号电平的大小随之使 LED 光柱发生亮、灭变化，达到了电路预期目标。（其工作原理自己尝试分析）

④ LED 频谱显示器电路功能测试。利用直流稳压电源继续向电路提供+9V 工作电压，同时将音频信号发生器的输出端接入到 LED 频谱显示电路的输入插口（J1），开启音频信号发生器电源，频率输出调整到 100Hz，并且适当调节音频信号发生器信号的输出幅度，如果此时电路一切工作正常的话，电平显示电路中 LED 光柱（VD_1～VD_5）就会开始被点亮，并且随着音频信号发生器输出信号强度增大而一级接一级地依次点亮（从电路左向右），随着音频信号发生器输出信号强度减少而一级接一级地依次熄灭（从电路右向左）。这也就说明了电路能根据输入信号电平的大小随之使 LED 光柱发生逐级亮、灭变化。继续开启音频信号发生器电源，频率输出调整到偏离 100Hz（过大或过小值），并且调节音频信号发生器信号的输出幅度，如果此时电路工作一切正常的话，电平显示电路中 LED 光柱（VD_1～VD_5）是不该被点亮的，或者说点亮 LED 的程度应是非常弱小的（信号谐波分量影响），而且当音频信号发生器的频率输出偏离 100Hz 值越大，LED 灯就更加不能被点亮了，因为 LM324 构成的选频电路无法从输入信号取出 100Hz 信号，也就无输出信号送给电流驱动 IC 进行显示，LED 灯当然也就不亮了。这也就说明了电路能针对输入信号的频率在单元电路选频点（f_0）附近时使 LED 光柱点亮，并且信号中对应该频点的信号电平越强，LED 点亮的级数也就越多。

任务二　制作电子报警器

任务引入与目标

电子报警器是一种利用电子元器件和线路构成的电子报警装置，用以监测外界各种形式参量的变化，并在这些参量的变化超越规定的界限时，能准确、及时地产生特定的信号进行警示。这种电子报警技术属于安全防范技术领域，正广泛应用于各行各业及人们的日常生活中。本任务通过制作电子报警器让学生认识各种敏感器件，掌握整机电路的组成，学会对电子产品进行维修和检测。

【知识目标】

（1）理解正弦波振荡器的组成及工作过程。

（2）理解电压比较器工作原理。

（3）理解波形变换电路工作原理。

【能力目标】

（1）能正确组装制作正弦波振荡器电路。

（2）会使用万用表、示波器对正弦波振荡器进行调试与测量。

（3）能排除正弦波振荡器的常见故障。

相关知识

一、认识反馈电路

1. 反馈的基本概念

前面学习制作的放大电路的输入信号与输出信号间的关系时，只涉及到了输入信号对输出信号的控制作用，这称作放大电路的正向传输作用。然而，放大电路的输出信号也可能对输入信号产生反作用，这种反作用就叫做反馈。反馈就是把放大器的输出量(电压或电流)的一部分或全部，通过一定的方式送到放大器的输入端的过程。可用下面的方框图 4.2.1 表示。

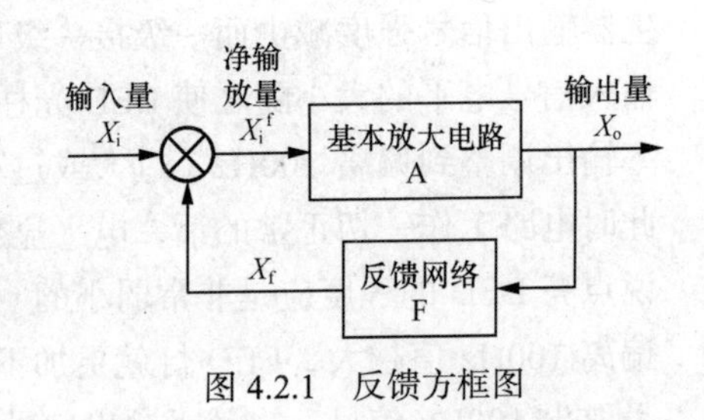

图 4.2.1 反馈方框图

A 方框表示基本放大器，F 方框表示能够把输出信号的一部分送回到输入端的电路，称为反馈网络；箭头线表示信号的传输方向；符号⊗表示信号叠加；X_i称为输入信号；X_f称为反馈信号，它是由反馈网络送回到输入端的信号；X_i' 称作净输入信号或有效控制信号；$X_i-X_f=X_i'$；X_o称为输出信号。引入反馈后，按照信号的传输方向，基本放大器和反馈网络构成一个闭合环路，所以有时把引入了负反馈的放大器叫闭环放大器，而未引入反馈的放大器叫开环放大器。

各信号的定义如下：开环放大倍数：$A=\dfrac{X_o}{X_i}$　　反馈系数: $F=\dfrac{X_f}{X_o}$

闭环放大倍数: $A_f=\dfrac{X_o}{X_i}$　　$A_f=\dfrac{X_o}{X_i}=\dfrac{AX_i'}{X_i'+FAX_i'}=\dfrac{A}{1+FA}$

2. 反馈类型及判定

(1) 按反馈极性分，可分为负反馈和正反馈。

若反馈信号使净输入信号减弱，则为负反馈；若反馈信号使净输入信号加强，则为正反馈。

负反馈多用于改善放大器的性能如稳定静态工作点、抑制温漂、改善输入输出电阻、增加带宽等；正反馈多用于振荡电路。

反馈极性的判定通常采用瞬时极性法。

① 假定放大电路输入的正弦信号处于某一瞬时极性，(－)(＋)号表示瞬时极性的正、负或代表该点瞬时信号变化的升高或降低，然后按照先放大、后反馈的正向传输顺序，逐级推出电路中有关各点的瞬时极性。

② 反馈网络一般为线性电阻网络，其输入、输出端信号的瞬时极性相同。

③ 最后判断反馈到输入回路信号的瞬时极性是增强还是减弱，原输入信号(或净输入信号)增强者为正反馈，减弱者则为负反馈。

(2) 按反馈信号的频率分，可以分为直流反馈和交流反馈。为了稳定静态工作点，应引入直流负反馈；为了改善放大电路的动态性能，应引入交流负反馈(在中频段的极性)。

① 直流反馈：若反馈信号中只含直流成分，则称为直流反馈。即反馈环路中直流分量可以流通。直流反馈主要用于稳定静态工作点。

② 交流反馈：若反馈信号中只含交流成分，则称为交流反馈。即反馈环路中交流分量可以通过。交流负反馈主要用来改善放大器的性能；交流正反馈主要用来产生振荡。

若反馈环路内，直流分量和交流分量均可流通，则该反馈既可以产生直流反馈又可以产生交流反馈。

交流和直流反馈的判定，只要看反馈网络能否通过交流和直流即可。

(3) 按 X_f、X_o、及负载三者在取样端的关系划分，反馈可分为电压反馈和电流反馈。电压负反馈可使输出电阻减小，电流负反馈使输出电阻增加。

① 电压反馈：反馈信号取自输出通常端电压，即正比于输出电压，X_f反映的是输出电压的变化，所以称之为电压反馈。这种情况下，基本放大器、反馈网络、负载三者在取样端是并联连接的。

② 电流反馈：反馈信号取自输出电流，正比于输出电流，反映的是输出电流的变化，所以称之为电流反馈。在这种情况下，基本放大器、反馈网络、负载三者是串联连接。

③ 电压反馈和电流反馈的判定。在确定有反馈的情况下，则不是电压反馈就是电流反馈。所以只要判定是否是电压反馈或者是否是电流反馈即可，通常判定是否是电压反馈较容易。

判定方法之一：采用输出短路法。将放大器的输出端对交流短路，若其反馈信号随之消失，则为电压反馈，否则为电流反馈。

判定方法之二：按电路结构判定。在交流通路中，若放大器的输出端和反馈网络的取样端处在同一个放大器件的同一个电极上，则为电压反馈；否则是电流反馈。

(4) 按输入信号、基本放大器、反馈网络三者在比较端的关系划分，可分为串联反馈和并联反馈。串联负反馈使输入电阻增大，并联负反馈使输入电阻减小。

① 串联反馈：对交流信号而言，输入信号、基本放大器、反馈网络三者在比较端是串联连接，则称为串联反馈。即输入信号与反馈信号在输入端串联连接。

在串联反馈电路中，反馈信号和原始输入信号以电压的形式进行叠加，产生净输入电压信号，即 $U_f' = U_i - U_f$。

② 并联反馈：对交流信号而言，输入信号、基本放大器、反馈网络三者在比较端是并联连

接，则称为并联反馈。即输入信号与反馈信号在输入端并联连接。在并联反馈电路中，反馈信号和原始输入信号以电流的形式进行叠加，产生净输入电流信号，即 $I_i = I_i - I_f$。

③ 串联反馈和并联反馈的判定。

判定方法之一：对于交流分量而言，若信号源的输出端和反馈网络的比较端接于同一个放大器件的同一个电极上，则为并联反馈；否则为串联反馈。

判定方法之二：交流短路法，将信号源的交流短路，如果反馈信号依然能加到基本放大器中，则为串联反馈，否则为并联反馈。

3. 各类反馈电路分析判断（如图 4.2.2 所示的各电路）

（a）图中的 R_{E1} 为直流、交流串联电流负反馈，R_{E2} 为交流串联电流负反馈；

（b）图中的 R_{E1} 为直流、交流并联电流负反馈；

（c）图中的 R_f 为直流、交流并联电压负反馈；

（d）图中的 R_f 为直流、交流串联电压负反馈，图中的 R_{E1}、R_{E2} 为直流、交流串联电流负反馈；

（e）图中的 R_f 为直流、交流并联电流负反馈，图中的 R_E 为直流、交流串联电流负反馈。

4. 放大电路引入负反馈的一般原则

（1）欲稳定某个量，则引该量的负反馈，如欲稳定直流（静态）则引直流负反馈；欲稳定交流则引入交流负反馈；欲稳定输出电压则引电压负反馈；欲稳定输出电流则引入电流负反馈。

（2）根据对输入、输出电阻的要求选择反馈类型，如欲提高输入电阻，则引入串联负反馈；欲减小输出电阻，则引入并联负反馈。

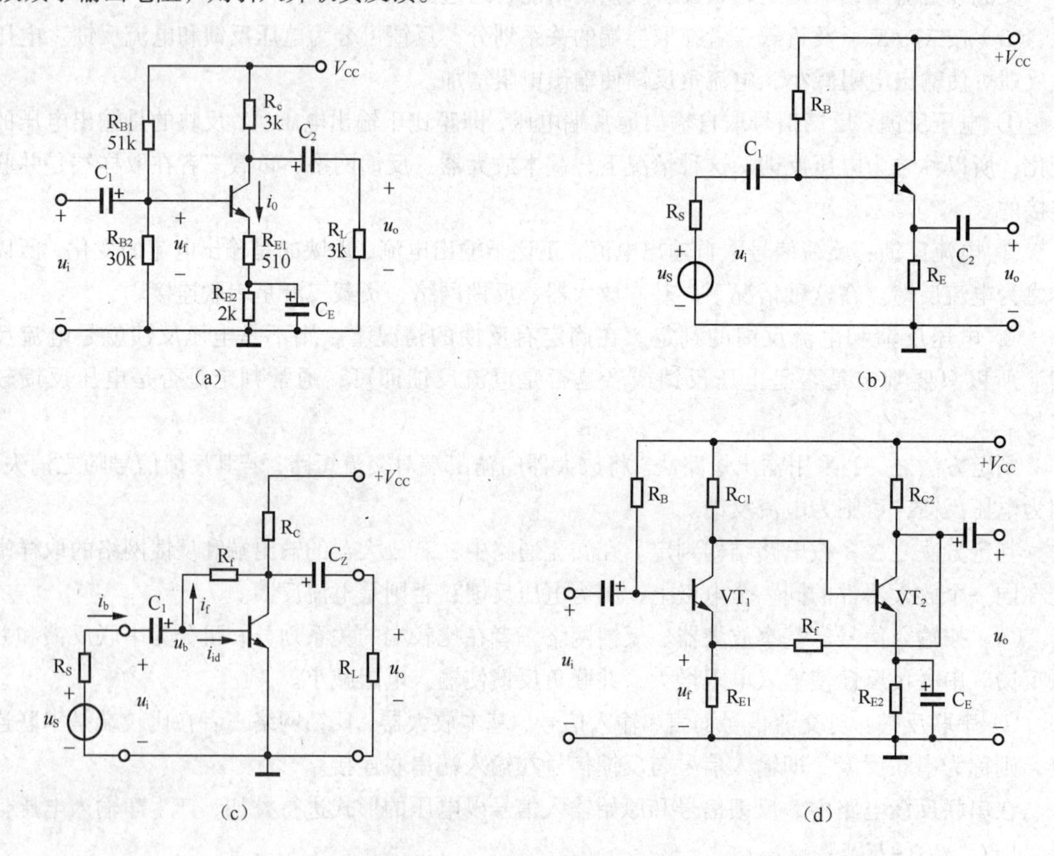

图 4.2.2　各类反馈电路分析

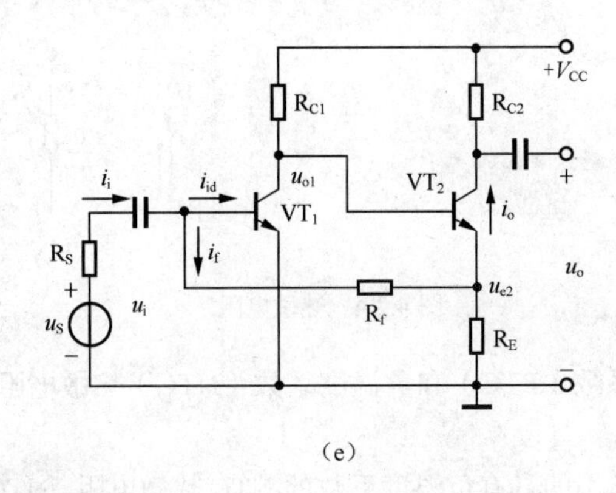

（e）

图 4.2.2　各类反馈电路分析（续）

二、超温电子报警器

超温报警器可用来监控温度，其工作原理为：当温度超过温度上限时，温控电路部分开始工作，引起报警电路开始报警。

1. 电路组成

电路组成超温电子报警器的电路如图 4.2.3 所示，该报警器可用于个人电脑的过热报警，如果 PC 内的散热风扇出现故障或电路产生过载而使机内温度升高，都会造成 PC 内部过热。这种过热有可能造成机内电源部件或主机板损坏。为了避免这种损失，可为 PC 安装过热报警电路，当 PC 内部温度升高到预定的警戒温度时，报警电路就会发出报警声。该报警器也可用于其他超温报警器的场所，如蔬菜棚、温室等。

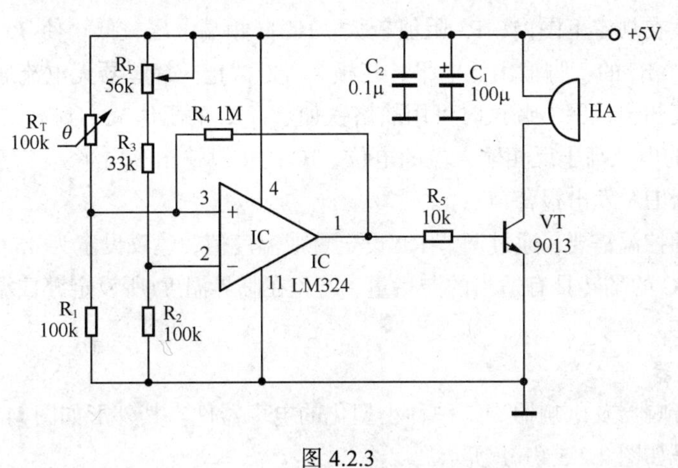

图 4.2.3

电路由 NTC 热敏电阻 R_T、电压比较器、驱动管 VT、蜂鸣器 HA 等部分组成。调整 R_P 的阻值可以改变报警的温度。

2. 辨识热敏电阻、蜂鸣器

（1）了解热敏电阻基本特性。热敏电阻由半导体陶瓷材料组成，电阻值可随温度变化而变化。热敏电阻有环氧、玻璃等封装，其外形如图 4.2.4（a）所示，电路图形、文字符号如图 4.2.4（b）所示。

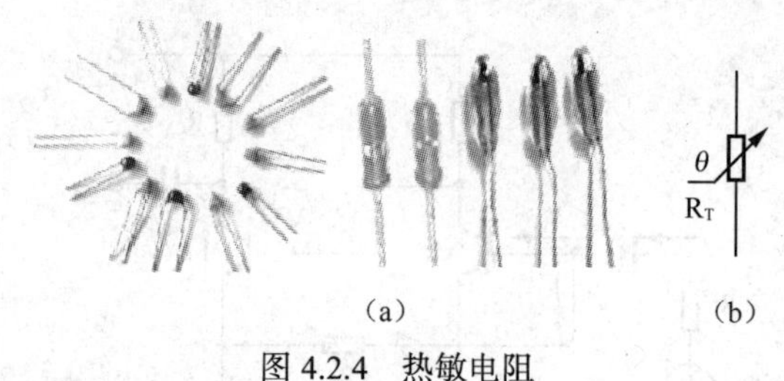

（a）　　（b）

图 4.2.4　热敏电阻

热敏电阻包括正温度系数（PTC）和负温度系数（NTC）热敏电阻，以及临界温度热敏电阻（CTR）。

这里仅学习本报警器所用的具有负温度系数的NTC热敏电阻。NTC（Negative Temperature Coefficient），意思是负的温度系数。NTC 热敏电阻器温度低时，其电阻值较高；随着温度的升高，电阻值随之降低。NTC热敏电阻器的阻值变化范围在100～1 000 000Ω。

由于半导体热敏电阻有独特的性能，所以在应用方面，它不仅可以作为测量元件（如测量温度、流量、液位等），还可以作为控制元件（如热敏开关、限流器）和电路补偿元件。热敏电阻广泛用于家用电器、电力工业、通信、军事科学、宇航等各个领域，发展前景极其广阔。

热敏电阻的简易测试方法是用手捏住被测热敏电阻，万用表置于电阻 $R\times1\text{k}$ 挡，测量热敏电阻的阻值，万用表的读数会有变化或指针会有摆动。

（2）理解电路的工作过程。

电路中采用负温度系数的热敏电阻 R_T 作为温度传感器，它被安装在散热风扇气流经过的适当部位。R_T 与 R_1 串联对电源分压，电压比较器IC的同相输入端电压将随温度变化而变化。R_P、R_3 与 R_2 串联分压后给电压比较器IC的反相输入端提供一个参考电压。

当工作件温度在规定范围内，R_T 阻值较大，IC 同相端电压较低，使 $V+<V-$（同相端电压低于反相端电压），IC的①脚输出低电平，三极管VT截止。蜂鸣器无电流通过无不工作。

当工作件温度超出范围，调试时可用热烙铁加热，R_T 的阻值减小到 R_3 与 R_P 的阻值之和，IC的同相输入端的电位高于反相输入端的电位，IC的1脚输出高电平。该高电平使驱动管VT导通，有源蜂鸣器HA发出报警声。

可根据实际的控温需要，通过调节RP设定警戒温度值，建议设定为45℃。电阻 R_4 的作用是使电压比较器IC的翻转具有适当的滞后量，以免在临界温度(所设定警戒温度)下报警声出现时断时续的现象。

3. 认识蜂鸣器

蜂鸣器又称音响器及讯响器、是一种小型化的电声器件。其外形如图 4.2.5（a）所示，电路图形、文字符号如图4.2.5（b）所示。

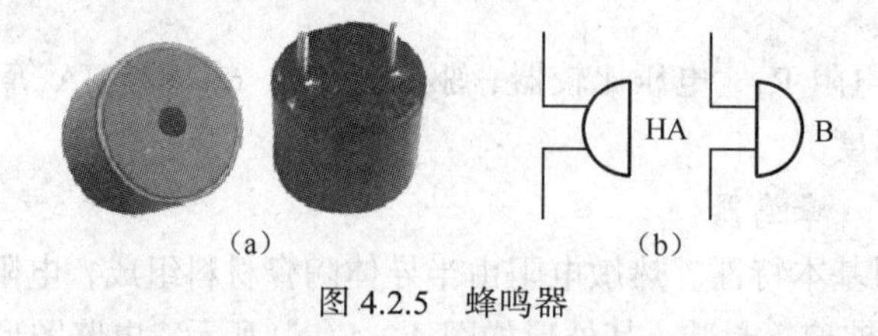

（a）　　（b）

图 4.2.5　蜂鸣器

按工作原理可分为压电式和电磁式两大类。压电式蜂鸣器采用压电陶瓷片构成，当给压电陶瓷片加以音频信号时，在压电效应的作用下，陶瓷片将随音频信号的频率发生机械振动，从而发出声响。电磁式蜂鸣器的内部由磁铁、线圈以及振动膜片等组成。当音频电流流过线圈时，线圈产生磁场，振动膜则以与音频信号频率相同的频率被吸合和释放，产生机械振动，并在共鸣腔的作用下发出声响。

蜂鸣器根据音源的类型可归纳为“无源”和“有源”两大类。“无源”蜂鸣器相当于一个微型扬声器，只有外加音源驱动信号时才能发出声响。“有源”蜂鸣器内部装有集成音源电路，它不需外加任何音源驱动信号，只要接通直流电源就能直接发出音响；有源蜂鸣器在小型报警电路中使用得较多。额定电压（直流）有 1.5V、3V、6V、9V、12V、24V 等规格。

蜂鸣器最直接的测试方法是给它加上额定电压（极性要正确），蜂鸣器应能发出响亮的蜂鸣声。

4. 电路的工作过程

电路中采用负温度系数的热敏电阻 R_T 作为温度传感器，它被安装在散热风扇气流经过的适当部位。R_T 与 R_1 串联对电源分压，电压比较器 IC 的同相输入端电压将随温度变化而变化。R_P、R_3 与 R_2 串联分压后给电压比较器 IC 的反相输入端提供一个参考电压。

当 PC 正常工作时，R_T 的阻值大于 R_3 与 R_P 的阻值之和，而 R_1 与 R_2 相等，所以电压比较器 IC 的反相输入端电压高于同相输入端电压，比较器从 1 脚输出低电平，驱动管 VT 截止，蜂鸣器 HA 不发声。

当 PC 内的温度上升到设定的温度界限值时，R_T 的阻值减小到 R_3 与 R_P 的阻值之和，IC 的同相输入端的电位高于反相输入端的电位，IC 的 1 脚输出高电平。该高电平使驱动管 VT 导通，有源蜂鸣器 HA 发出报警声。

可根据实际的控温需要，通过调节 RP 设定警戒温度值。电阻 R4 的作用是使电压比较器 IC 的翻转具有适当的滞后量，以免在临界温度（所设定警戒温度）下报警声出现时断时续的现象

5. 电路的改进（水位探测器）

将图 4.2.3 所示的超温电子报警器稍加改动，可变成其他的报警器。比如，将热敏电阻 RT 改为水位探测器，则可变为水满报警或缺水报警器。可用于汽车水箱或楼顶水塔等的水满报警或缺水报警。水满报警电路如图 4.2.6 所示。

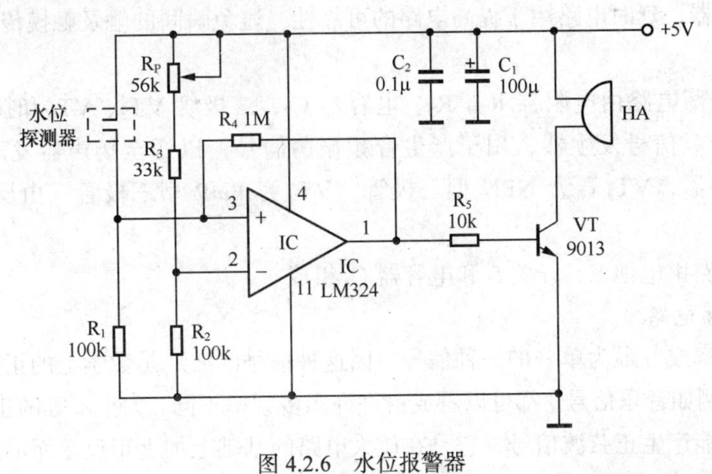

图 4.2.6　水位报警器

电路中的水位探测器可用互不接触的两根裸导线制作，也可用印制板上相互绝缘的两条导

线代替，做为水满报警器时，应置于贮水装置的顶部。对图 4.2.6 所示的电路稍加改动可变成缺水报警器，首先应交换水位探测器与电阻 R_1 的位置，即 R_1 接在电源正极与 IC 的 3 脚之间，水位探测器接在 IC 的 3 脚与电源负极之间，且应置于贮水装置的底部。电路的工作过程请同学们自行分析。

另外，如将电路中的水位探测器改为其他的传感器，即可实现更多的报警功能。比如改为光敏元件（光敏电阻、光敏二极管、光敏三极管等），可实现光控或报警功能。

三、触摸式电子防盗报警器

1. 简介

触摸式电子防盗报警器电路如图 4.2.7 所示。将该报警器的触摸传感器置于门或窗上，可用作入户防盗报警；将报警器的触摸传感器置于箱包或贵重物品（商品）上，也可起到防盗报警作用。该报警器的触摸传感器可由多个并联，只要有人触及任一传感器并维持足够的时间，即可报警，实现了多点防盗报警。该电路也可用作触摸电子门铃电路。

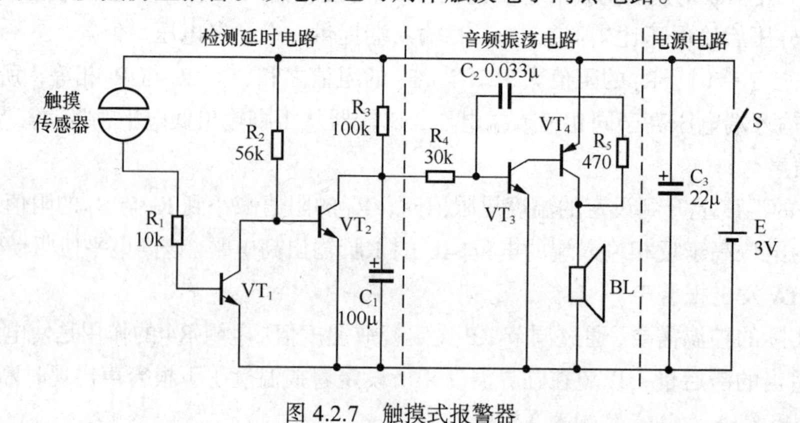

图 4.2.7 触摸式报警器

该触摸式电子防盗报警器由检测延时电路、音频振荡电路和电源电路组成。

（1）检测延时电路由触摸传感器，电阻器 R_1、R_2、R_3，三极管 VT_1、VT_2 和电容器 C_1 组成。其中触摸传感器由在同一平面、相互绝缘的两块半圆形金属片组成。检测电路用于检测是否有人触及触摸传感器，延时电路用于提高电路的可靠性，避免瞬间的触及触摸传感器而引起的误报警。

（2）音频振荡电路由电阻器 R_4、R_5，电容器 C_2，三极管 VT_3、VT_4 和扬声器 BL 组成。音频振荡器为音频信号发生器，用于产生音频振荡信号，以送至扬声器发声。该音频振荡器为互补型振荡器，VT_3 管为 NPN 型三极管，VT_4 为 PNP 型三极管，由反馈元件 R_5、C_2 引入正反馈。

（3）电源电路由电池 E、开关 S 和电容器 C_3 组成。

2. 音频振荡电路

正弦波是频率成分最为单一的一种信号，因这种信号的波形是数学上的正弦曲线而得名。任何复杂信号（例如音乐信号）都可以看成由许许多多频率不同、大小不等的正弦波复合而成。正弦波发生电路能产生正弦波信号，它是在放大电路的基础上加上正反馈而形成的，正弦波发生电路也称为正弦波振荡电路或正弦波振荡器。

（1）正弦波发生电路的组成。振荡电路是电子技术的一个重要组成部分，正弦波振荡器广泛应用于广播、电视、通讯、工业自动控制、测量表计、高频加热、超声波探伤等方面。

① 接入正反馈是产生振荡的首要条件，它又被称为相位条件：$\psi_{AF}=\psi_A+\psi_F=2n\pi$。

② 产生振荡必须满足幅度条件$\left|\dot{A}F\right|=1$。

③ 要保证输出波形为单一频率的正弦波，必须具选频网络,选频网络由 R、C 和 L、C 等电抗性元件组成。正弦波振荡器的名称一般由选频网络来命名。

④ 同时，它还应具有稳幅特性。

因此，正弦波产生电路一般包括放大电路、反馈网络、选频网络、稳幅电路四个部分。

我们在分析正弦振荡电路时，先要判断电路是否振荡：

① 是否满足相位条件，即电路是否是正反馈，只有满足相位条件才可能产生振荡；

② 放大电路的结构是否合理，有无放大能力，静态工作是否合适。

（2）RC 正弦波振荡电路。RC 正弦波振荡电路有桥式振荡电路、双 T 网络式和移相式振荡电路等类型。在这里重点讨论桥式振荡电路,如图 4.2.8 所示。

谐振频率为$\dfrac{1}{2\pi\sqrt{R_1R_2C_1C_2}}$，当 $R_1=R_2$，$C_1=C_2$ 时，谐振角频率和谐振频率分别为：

$\omega=2\pi f_o$ $f_0=\dfrac{1}{2\pi RC}$。

（3）RC 文氏桥振荡电路。RC 文氏桥振荡电路如图 4.2.9 所示，RC 串并联网络是正反馈网络，另外还增加了 R_3 和 R_4 负反馈网络，C_1、R_1 和 C_2、R_2 正反馈支路与 R_3、R_4 负反馈支路正好构成一个桥路，称为文氏桥。

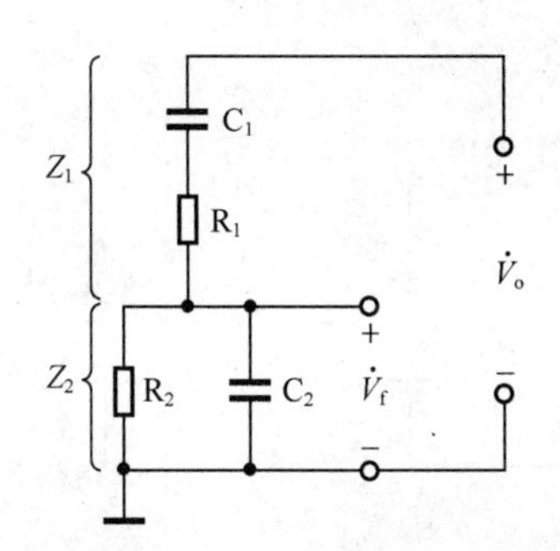

图 4.2.8　桥式振荡电路

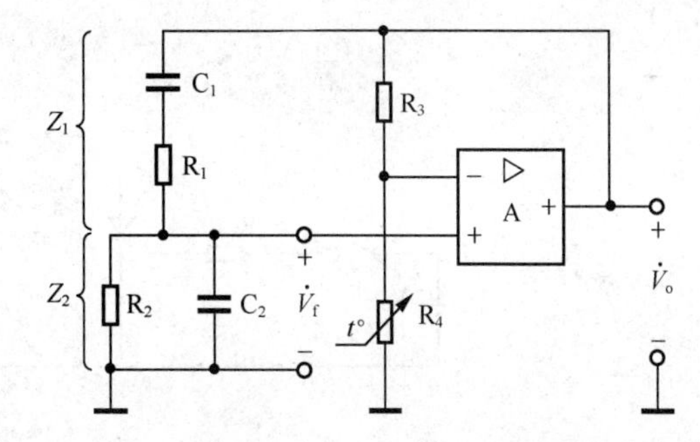

图 4.2.9　RC 文氏桥振荡电路

3. 电路的工作过程

如图 4.2.7 所示，当接通电源开关 S 后，报警器处于待机状态。触摸传感器的上下两部分开路，三极管 VT_1 基极由于无偏置电压而处于截止状态。三极管 VT_2 处于导通状态，其集电极输出低电平，则三极管 VT_3 的基极电压过低，不能使音频振荡器起振工作，扬声器 BL 不发声。

接通电源开关 S 后，如有人触及触摸传感器，则触摸传感器的上下两部分阻值变小，三极管 VT_1 的基极获得偏压导通，集电极输出低电平使三极管 VT_2 截止。电源通过开关 S、电阻 R_3 给电容 C_1 充电，电容 C_1 两端电压随之升高，三极管 VT_3 的基极电压也随之升高，约数秒钟后，VT_3 的基极电压升至约 0.7V，音频振荡器开始工作，扬声器 BL 发出“嘟嘟”报警声。如在 VT_3 的基极电压未升至约 0.7V 前停止触及触摸传感器，则电路仍处于待机状态，电容 C_1 通过导通的 VT_2 放电。

4. 单向可控硅简介

小功率塑封可控硅元件的外形如图 4.2.10（a）所示，单向可控硅的电路符号如图 4.2.10（b）。

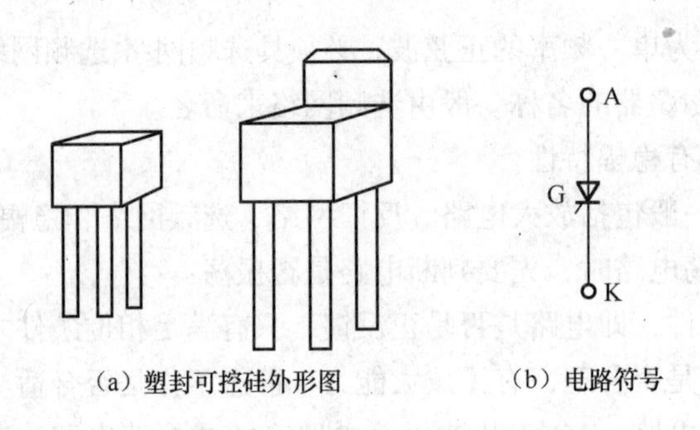

（a）塑封可控硅外形图　　（b）电路符号

图 4.2.10　可控硅外形、符号

单向可控硅有 3 个电极，分别是阳极 A、阴极 K、控制极 G。单向可控硅的图形符号与二极管相似，只是在其阴极处增加一个控制极。

单向可控硅可以理解为一个受控制的二极管，由其符号可见，它也具有单向导电性，不同之处是除了应具有阳极与阴极之间的正向偏置电压外，还必须给控制极加一个足够大的控制电压，在这个控制电压的触发作用下，单向可控硅就会像二极管一样导通了，一旦单向可控硅导通，即使控制电压取消，也不会影响其正向导通的工作状态。

单向可控硅的单向导电性可用图 4.2.11 所示实验电路验证。

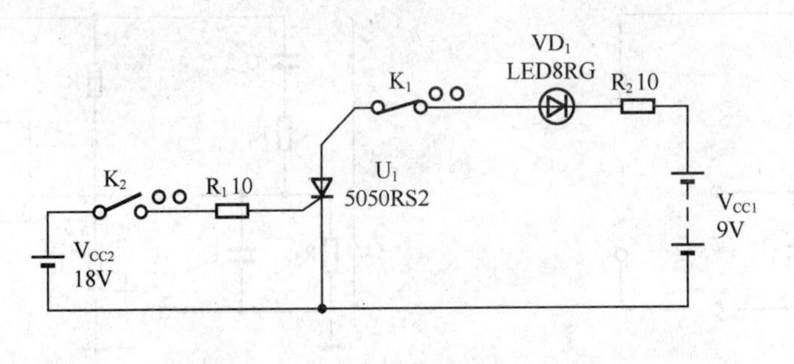

图 4.2.11　实验

（1）实验步骤及现象。

① 开关 K_1 闭合、K_2 断开时，指示灯不亮，交换 V_{CC1} 的极性，指示灯仍不亮；

② 开关 K_1、K_2 闭合，指示灯亮；

③ 指示灯亮后，断开 K_2，指示灯仍亮；

④ 交换 V_{CC2} 的极性重做步骤②，指示灯不亮。

（2）实验结论。无控制信号时，指示灯均不亮，即单向可控硅不导通（阻断）；当阳极、控制极均正偏压时，指示灯亮，即单向可控硅导通；若阳极、控制极电压有一个反偏时，指示灯不亮，即单向可控硅不导通；指示灯亮后，如果撤掉控制电压，指示灯仍亮，即单向可控硅维持导通，而控制极失去控制作用。

（3）可控硅的关断。可控硅导通后，由于某种原因使阳极电流小于维持电流 I_H 时，可控硅就会关断，即由导通转为阻断状态；可控硅关断后，必须重新触发才能再次导通。

5. 知识与能力拓展

（1）压触式电子防盗报警器。

将图 4.2.7 所示的电路稍加改动，即可变为压触式电子防盗报警器，如图 4.2.12 所示。

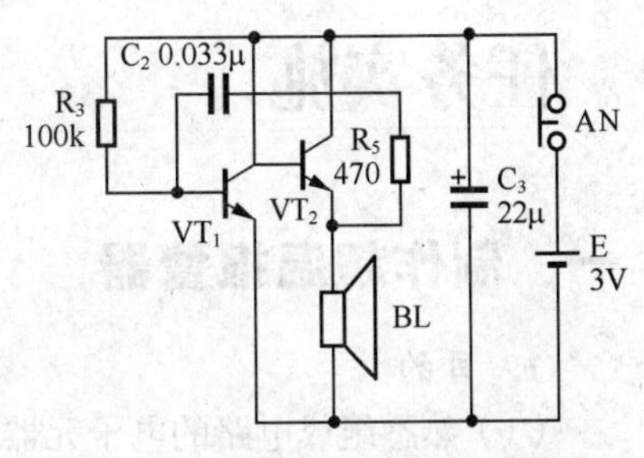

图 4.2.12　压触式电子防盗报警器

该电路去除了检测延时电路，并将拨动开关 S 改为微型按钮式常闭开关 AN。在常态即未将开关 AN 按下时，报警器报警；反之，如将 AN 按下，报警器不报警。

可将该报警器的按钮 AN 置于电视机等重物的下面，如将重物取走则开关 AN 闭合，报警器发出报警声，起到了防盗报警作用。

（2）触摸式可维持电子防盗报警器。

图 4.2.13 所示为触摸式电子防盗报警器，只要人体一触及触摸传感器便立即报警，即使人体撤离触摸传感器，报警声也响个不停，只有当主人按下按钮开关 AN 后才可解除报警。

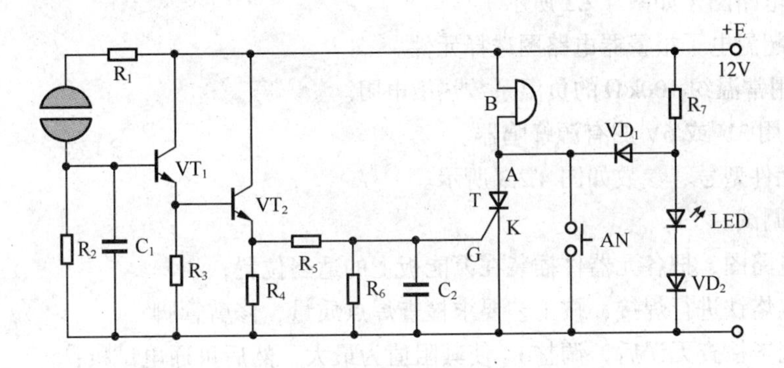

图 4.2.13　触模式可维持电子防盗报警器

实现维持报警功能的核心元件是单向可控硅 T，可控硅又叫晶闸管。

触摸式可维持电子防盗报警器的工作过程如下。

如图 4.2.13 所示，电路通电后，如没有人体触及触摸传感器，则 VT_1、VT_2 截止，T 的 G 极无触发电压而处于正向阻断状态，蜂鸣器 B 无声，LED 发光指示正常工作；如有人体触及触摸传感器，则 VT_1、VT_2 导通，T 的 G 极被触发而进入导通状态，蜂鸣器 B 发声报警，LED 熄灭。即使人体撤离触摸传感器，由于单向可控硅 T 的控制极失去控制作用，可控硅 T 维持导通，所以报警声仍响个不停。当主人按下按钮 AN 时，可控硅 T 由于阳极电流消失而被关断，即可解除报警。

电路中，微型常开按钮 AN 有两个作用：一是在待机未报警时起试机作用，按下 AN 即可听到报警声；二是在报警时起解除报警作用。发光二极管 LED 起待机指示作用，报警时熄灭。二极管 VD_1 的作用是当可控硅 T 阻断时，隔离蜂鸣器 B，禁止其发声避免误报警；而当可控硅 T 导通时，VD_1 与 T 一起将 LED 与 VD_2 短路，使 LED 熄灭。二极管 VD_2 的作用是保证报警时，发光二极管 LED 能可靠熄灭。

任务实施

一、制作超温报警器

1. 目的

（1）熟悉组成电路的电子元器件；

（2）能制作超温报警器并理解电路的工作原理；

（3）掌握电路的检测方法。

2. 仪器

（1）直流电源；

（2）万用表；

（3）热敏电阻、普通电阻、电容、LM324、蜂鸣器，三极管等。

3. 内容及步骤

（1）实训电路图（如图 4.2.3 所示）。

（2）根据超温电子报警器电路图选择元件。

① R_T 选用常温约 100kΩ的负温系数热敏电阻。

② HA 选用 3V 或 6V 的有源蜂鸣器。

③ 其他元件型号、参数如图 4.2.3 所示。

（3）组装调试。

① 对照电路图，把各元器件插装在万能板上的适当位置；

② 使用电烙铁进行焊接，按工艺要求检查焊点质量、修剪管脚；

③ 组装完毕检查无误后，调整 R_P 使其阻值为最大，然后可通电试机；

④ 接通+5V 的电源后，用手捏住 R_T 或用电烙铁靠近（不接触）R_T，如能报警则组装无误，可进入下一步的整机测试；如未成功，则需检修、调试；

⑤ 通电试机不成功，可先用万表测量并记录 IC 的 2 脚电压值，然后用手捏住 R_T 或用电烙铁靠近（不接触）R_T，并同时测量 3 脚电压，观察电压的变化情况。

⑥ 如 3 脚电压无变化，则应检查 R_T、R_3 接线是否正确，以及与 IC 的 3 脚间是否接线正确，如接线正确，则应检查 R_T 的质量，即用手捏住 R_T 测量其阻值是否有变化。

⑦ 如 3 脚电压有变化，则应观察 3 脚电压是否能高于 2 脚电压，如始终不能高于 2 脚电压，则应加大 R_3 的阻值。

⑧ 如 3 脚电压能高于 2 脚电压，则应检查 1 脚是否输出高电平；如 1 脚不能输出高电平，应检查 IC 是否装对；如 1 脚能输出高电平，应检查 R_5、VT 及 HA 是否装对；如安装正确，应检查相应元件的好坏。

⑨ 如将报警器用于 PC 过热报警，应将报警温度设定在 45℃左右。调整 R_P 来改变报警的温度，如 R_P 已调至最大，报警温度仍高于 45℃，则应增大 R_3 的阻值或减小 R_2 的阻值；如 R_P 已调至最小，报警温度仍不到 45℃，则应减小 R_3 的阻值或增大 R_2 的阻值。

⑩ 用万用表测量电路各点的电压，并填入表 4.2.1。

表 4.2.1

三极 状态	IC			VT		
	2 脚(V)	3 脚(V)	1 脚(V)	U_b(V)	U_c(V)	U_e(V)
常温未报警						
超温报警时						

4. 实验小结及写实训报告

二、制作触摸式电子防盗报警器

1. 目的

（1）熟悉组成电路的电子元器件；

（2）能制作触摸式电子防盗报警器并理解电路的工作原理；

（3）掌握电路的检测方法。

2. 仪器

（1）直流电源；

（2）万用表；

（3）热敏电阻、普通电阻、电容、蜂鸣器，三极管等。

3. 内容及步骤

（1）实训电路图，如图 4.2.7 所示。

（2）触摸式可维持电子防盗报警器元件清单。

① R_1～R_5 可选用 1/4W 或 1/8W 碳膜电阻器。

② C_1 和 C_3 均选用耐压为 16V 的铝电解电容器，C_2 可选用涤纶电容器。

③ VT_1～VT_3 可选用 9013 或 3DG6、3DG201 等 NPN 型硅三极管，VT_4 可选用 3AX31B 或 A1015 等 PNP 型锗三极管。

④ BL 选用 0.25W、8Ω的小型电动式扬声器。

⑤ S 选用微型单极拨动开关。

⑥ 触摸传感器需自制，可用万能板上相邻的焊盘替代。

⑦ 其他元件如图 4.2.7 所示。

（3）组装调试。

① 对照电路图，把各元器件插装在万能板上的适当位置。

② 使用电烙铁进行焊接，按工艺要求检查焊点质量、修剪管脚。

③ 组装完毕，经检查无误后可通电试机。

④ 如通电成功，则进入下一步的整机测试；如未成功，则需检修、调试。

三极管 状态	VT_1			VT_2		
	U_b(V)	U_c(V)	U_e(V)	U_b(V)	U_c(V)	U_e(V)
未触摸未报警						
触摸报警时						

⑤ 用示波器测量扬声器两端的波形，并记录。

⑥ 将电容 C_1 更换为 47μF，观察电路工作的变化，并记录。

⑦ 分别将电容 C_2 更换为 0.022μF，电阻 R_5 更换为 1kΩ，观察电路工作的变化，并记录。

4. 实验小结及报告

项目小结

本项目是制作实用型 LED 显示器及电子报警器，用以监测外界各种形式参量的变化，并当这些参量的变化超越规定的界限时，能准确、及时地产生特定的信号进行警示。

学生通过制作认识各种敏感器件、蜂鸣器、可控硅及运算放大等，同时掌握了各种电子技术的单元电路。最后把本项目制作的电平显示、报警器与前面制作的电源电路、功放机组成整机电路，可提升电子的综合知识技能，又能提高电子类学生的专业学习兴趣。

习　题

1. 为了稳定三极管放大电路的静态工作点，采用______负反馈；为了稳定交流输出电流，采用_______负反馈、反馈有正负之分，在放大电路的设计中，主要引入_______反馈以改善放大电路的性能。此外，利用这种反馈，还可增加增益的恒定性，减少非线性失真，抑制噪声，扩展频带以及控制输入和输出阻抗，所有这些性能的改善是以牺牲_________为代价的。

2. 电流并联负反馈可以稳定放大电路的_______，并使其输入电阻_______。

3. 集成运算放大器在线性应用时有_______和_______两个重要特性。

4. FET 分为______和______两种，工作时只有一种载流子参与导电，因此称为_____型晶体管。FET 是一种压控电流型器件，改变其____电压就可以改变其漏极电流。

5. 振荡电路主要由四大部分电路组成：_________、_________、_________、_________。

6. 振荡电路中必须引入______。

　A. 并联反馈　　B. 正反馈　　C. 负反馈　　D. 直流反馈点

7. 当集成运算放大器线性工作时，虚短是指______。

　A. $U- \approx U+$　　B. $I- \approx I+ \approx 0$　　C. $U_0=U$i　　D. $A_u=1$

8. 差分放大电路是为了______而设置的。

　A. 稳定 A_u　　B. 放大信号　　C. 抑制零点漂移　　D. 作为输出级

9. 差分放大电路是为了______而设置的。

　A. 稳定 A_u　　B. 放大信号　　C. 抑制零点漂移　　D. 作为输出级

10. 下面反馈中能稳定输出电压的为______。

　A. 电流负反馈　　B. 电压负反馈　　C. 并联负反馈　　D. 交流负反馈

11. 共模抑制比是差分放大电路的一个主要技术指标，它反映放大电路______能力。

A. 放大差模抑制共模　　B. 输入电阻高

C. 输出电阻

12. 影响放大器静态工作点稳定的最主要因素是______。

A. 温度的影响　　B. 管子参数的变化

C. 电阻变值　　D. 管子老化

13. 构成反馈电路的元器件______。

A. 只能是电阻、电容等无源元件　　B. 只能是晶体管

C. 可以是无源元件，也可以是有源器件

D. 只能是集成运算放大器等有源器件

14. 反馈量与放大器的输入量极性______，因而使______减小的反馈，称为______。

A. 相同　　B. 相反　　C. 净输入量　　D. 负反馈

E. 正反馈

15. 集成运算放大器一般分为两个工作区，它们分别是______。

A. 正反馈与负反馈　　B. 线性与非线性　　C. 虚断和虚短

16. ______输入比例运算电路的反相输入端为虚地点。

A. 同相　　B. 反相　　C. 双端

17. 集成运算放大器的线性应用存在______现象，非线性应用存在______现象。

A. 虚地　　B. 虚断　　C. 虚断和虚短

18. 各种电压比较器的输出状态只有______。

A. 一种　　B. 两种　　C. 3 种

19. 基本积分电路中的电容器接在电路的______。

A. 反相输入端　　B. 同相输入端　　C. 反相端与输出端之间

20. 分析集成运算放大器的非线性应用电路时，不能使用的概念是______。

A. 虚地　　B. 虚短　　C. 虚断

21. 单向可控硅有______电极。

A. 2 个　　B. 3 个　　C. 1 个

22. 在测量发光二极管好坏时，一般建议选用万用表的______挡位进行测量。

A. ×10k　　B. ×1k　　C. ×100Ω

23. 如图 4.2.14 所示的电路中有哪些反馈支路，各是直流反馈还是交流反馈？

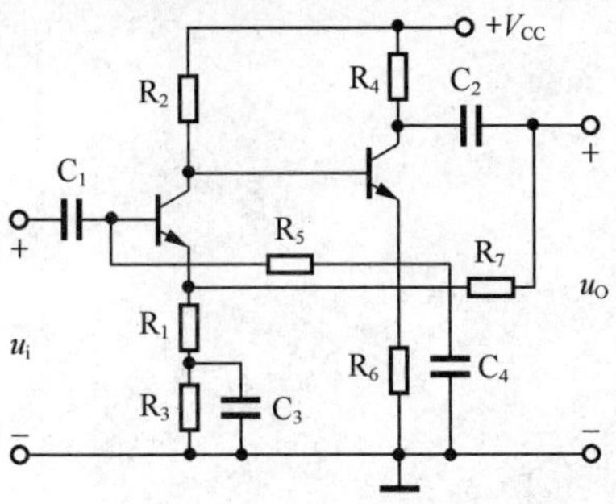

图 4.2.14

24. 说出图 4.2.15 所示各是什么类型的电路？（a）微分电路；（b）积分电路；（c）反相求和电路（d）同相输入比例运算电路；（e）反相输入比例运算电路；（f）差动输入比例运算电路（h）滞回比较电路。

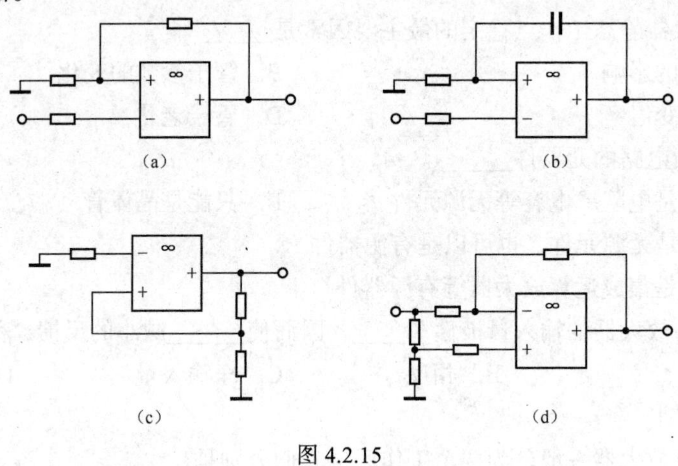

图 4.2.15

25. 分析如图 4.2.16 所示的振荡电路能否产生振荡，若产生振荡，石英晶体处于何种状态？

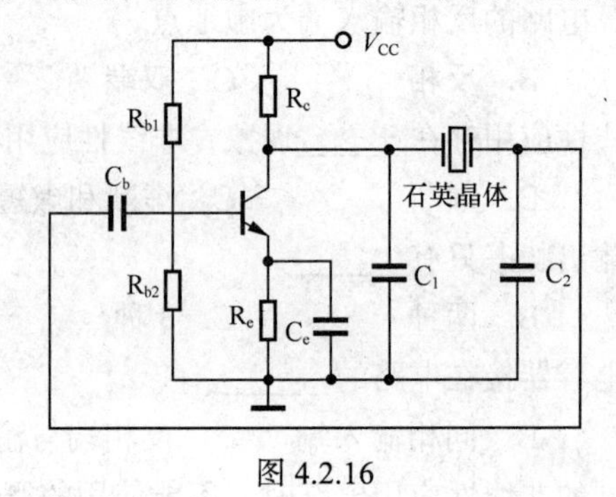

图 4.2.16

任务一　制作高频载波振荡器

任务引入与目标

无线电波的发射是无线通信中的重要环节，而高频载波振荡器更是重中之重。本任务是通过制作振荡器来认识振荡器的电路组成、工作原理，并强化动手操作技能，提升学生专业学习兴趣。在课程教学中主要突出理论的应用及实际的动手操作能力。

【知识目标】

（1）掌握振荡器的电路组成及工作原理。

（2）认识常用振荡电路的电路结构及类型。

（3）学会正确识别电路的反馈元件及反馈类型。

（4）理解调制与解调之间的相互关系。

【能力目标】

能利用所学知识制作振荡器。

相关知识

一、教你怎样看振荡电路

1. 振荡电路的用途和振荡条件

不需要外加信号就能自动地把直流电能转换成具有一定振幅和一定频率的交流信号的电路就称为振荡电路或振荡器，这种现象也叫做自激振荡。或者说，能够产生交流信号的电路就叫做振荡电路。

一个振荡器必须包括三部分，放大器、正反馈电路和选频网络。放大器能对振荡器输入端所加的输入信号予以放大使输出信号保持恒定的数值。正反馈电路保证向振荡器输入端提供的反馈信号是相位相同的，只有这样才能使振荡维持下去。选频网络则只允许某个特定频率f_0能通过，使振荡器产生单一频率的输出。

振荡器能不能振荡起来并维持稳定的输出是由以下两个条件决定的：一是反馈电压u_f和输入电压u_i要相等，这是振幅平衡条件；二是u_f和u_i必须相位相同，这是相位平衡条件，也就是说必须保证是正反馈。

相位平衡条件：

$$\Phi_A + \Phi_F = 2n\pi \text{（}n = 0、1、2、\cdots\text{）}$$

式中，Φ_A是放大电路的移相；Φ_F是反馈网络的移相。

幅度平衡条件：

$$AF = 1$$

一般情况下，振幅平衡条件往往容易做到，所以在判断一个振荡电路能否振荡时，主要是看它的相位平衡条件是否成立。

振荡器按振荡频率的高低可分成超低频（20Hz 以下）、低频（20kHz～200kHz）、高频（200kHz～30MHz）和超高频（30MHz～350MHz）等几种。按振荡波形可分成正弦波振荡和非正弦波振荡两类。

正弦波振荡器按照选频网络所用的元件可以分成 LC 振荡器、RC 振荡器和石英晶体振荡器三种。石英晶体振荡器有很高的频率稳定度，只在要求很高的场合使用。在一般家用电器中，大量使用着各种 LC 振荡器和 RC 振荡器。

2. LC 振荡器

LC 振荡器的选频网络是 LC 谐振电路。它们的振荡频率都比较高，常见电路有以下 3 种。

（1）变压器反馈 LC 振荡电路。图 5.1.1（a）是变压器反馈 LC 振荡电路。晶体管 VT 是共发射极放大器。变压器 T 初级是起选频作用的 LC 谐振电路，变压器 T 的次级向放大器输入提供正反馈信号。接通电源时，LC 回路中出现微弱的瞬变电流，但是只有频率和回路谐振频率f_0相同的电流才能在回路两端产生较高的电压，这个电压通过变压器初、次级L_1、L_2的耦合又送回到晶体管 VT 的基极。从图 5.1.1（b）可知，只要接法没有错误，这个反馈信号电压是和输入信号电压相位相同的，也就是说，它是正反馈。因此电路的振荡迅速加强并最后稳定下来。

变压器反馈 LC 振荡电路的特点是：频率范围宽、容易起振，但频率稳定度不高，它的振荡频率是：

$$f_0 = \frac{1}{2\pi\sqrt{LC}}$$

LC 振荡电路常用于产生几十千赫兹到几十兆赫兹的正弦波信号。

（2）电感三点式振荡电路。图 5.1.2（a）是另一种常用的电感三点式振荡电路。图中电感L_1、L_2和电容 C 组成选频的谐振电路。从L_2上取出反馈电压加到晶体管 VT 的基极。从图 5.1.2（b）可知，晶体管的输入电压和反馈电压是同相，满足相位平衡条件，因此电路能起振。由于晶体管的 3 个极分别接在电感的 3 个点上的，因此被称为电感三点式振荡电路。

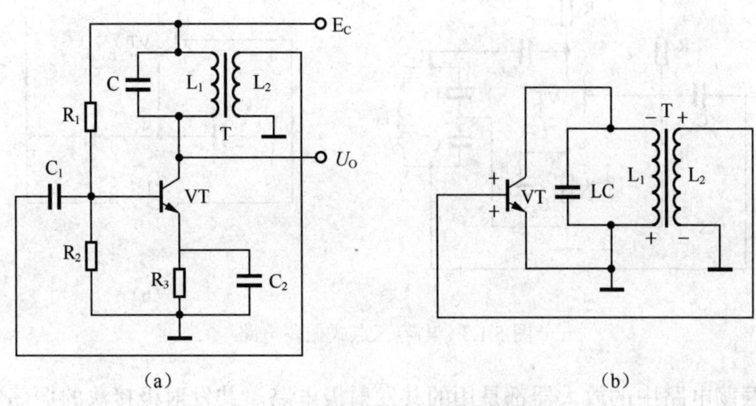

图 5.1.1　变压器反馈 LC 振荡电路

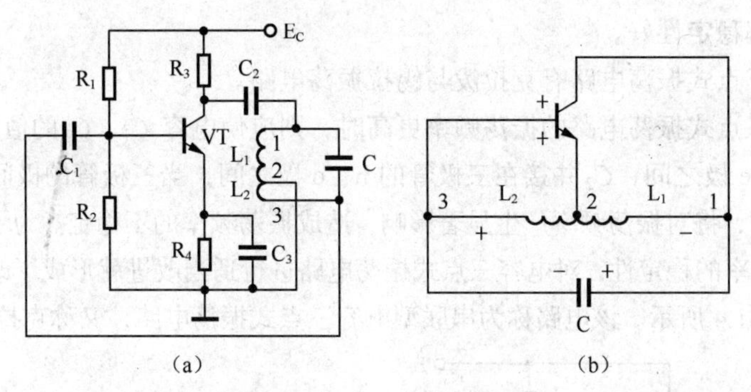

图 5.1.2　电感三点式振荡电路

电感三点式振荡电路的特点是：频率范围宽、容易起振，但输出含有较多高次谐波，波形较差。电感三点式振荡电路是指线圈的 3 个段分别接在晶体管的 3 个极。又称为电感反馈式振荡电路或哈特莱振荡电路。它的振荡频率是：

$$f_0 = \frac{1}{2\pi\sqrt{LC}}$$

式中，$L = L_1 + L_2 + 2M$。常用于产生几十兆赫以下的正弦波信号。

（3）电容三点式振荡电路。

电容三点式振荡电路，又称电容反馈式振荡电路或考毕兹式振荡电路，如图 5.1.3（a）所示。图中电感 L 和电容 C_1、C_2 组成选频的谐振电路，从电容 C_2 上取出反馈电压加到晶体管 VT 的基极。从图 5.1.3（b）可知，晶体管的输入电压和反馈电压同相，满足相位平衡条件，因此电路能起振。由于电路中晶体管的 3 个极分别接在电容 C_1、C_2 的 3 个点上，因此被称为电容三点式振荡电路。

电容三点式振荡电路的特点是：频率稳定度较高，输出波形好，频率可以高达 100 兆赫以上，但频率调节范围较小，因此适合于作固定频率的振荡器。它的振荡频率是：

$$f_0 = \frac{1}{2\pi\sqrt{LC}}$$

式中，$C = C_1C_2/C_1 + C_2$。

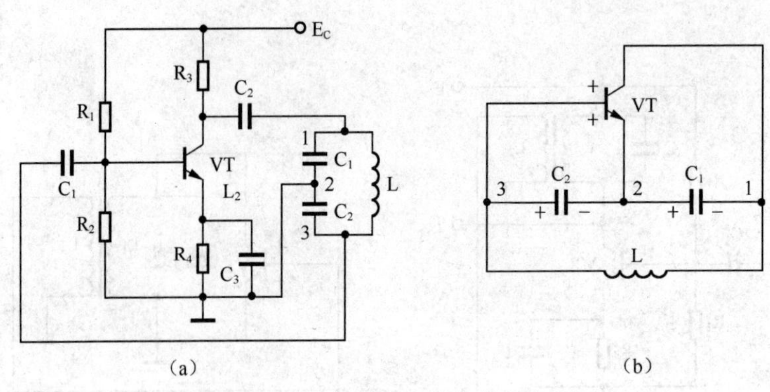

图 5.1.3　电容三点式振荡电路

上面 3 种振荡电路中的放大器都是用的共发射极电路。共发射极接法的振荡器增益较高，容易起振。也可以把振荡电路中的放大器接成共基极电路形式。共基极接法的振荡器振荡频率比较高，而且频率稳定性好。

改进型电容三点式振荡电路有克拉泼与锡拉振荡电路。

当要求电容三点式振荡电路的振荡频率更高时，则应使电容 C_1、C_2 的值较小。由于 C_1 并接在三极管的 c、e 极之间，C_2 并接在三极管的 b、e 极之间，当三极管的极间电容随温度等因素的变化而变化时，将对振荡频率产生显著影响，造成振荡频率的不稳定。为了减小极间电容的影响，提高电路频率的稳定性，对电容三点式振荡电路进行适当改进就形成了改进型电容三点式振荡电路，如图 5.1.4 所示。该电路称为串联型电容三点式振荡电路，又称克拉泼振荡电路。

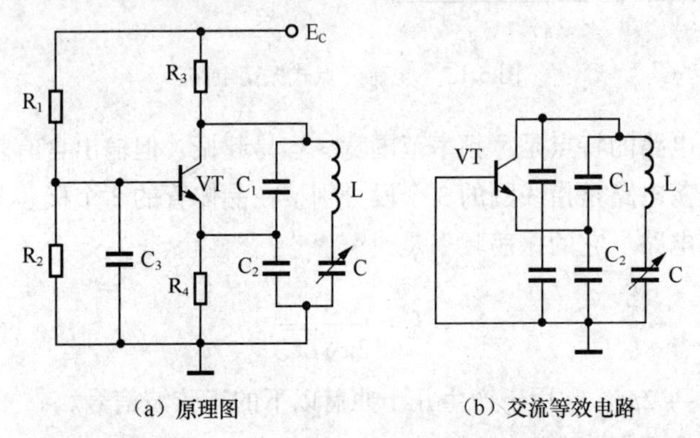

（a）原理图　　（b）交流等效电路

图 5.1.4　串联型电容三点式振荡电路

由图可知，这种电路是在电容三点式振荡电路的电感支路上串联了一个小电容 C 而构成的（C_3 对交流短路，这个电路属于共基极组态）。C_1、C_2、C 及 L 组成谐振回路，当 $C \ll C_1$、$C \ll C_2$ 时，求得振荡频率为：

$$f_0 \approx \frac{1}{2\pi\sqrt{LC}}$$

上式可见，振荡频率基本上与 C_1、C_2 无关，因此，可选 C_1、C_2 的值远大于极间电容，这就减小了极间电容变化对振荡频率的影响，提高了振荡频率的稳定性。LC 回路谐振电阻 R_0 反射到三极管集、射极的等效负载电阻为：

$$R_0' = \left[\frac{C_\Sigma}{C_1}\right]^2 R_0 \approx \left[\frac{C}{C_1}\right]^2 R_0$$

式中，

$$\frac{1}{C_{\Sigma}}=\frac{1}{C}+\frac{1}{C_1+C_0}+\frac{1}{C_2+C_1}$$

由上式可知：若 C 调至较小时，将使 R_0' 变小，导致电路增益下降，因此，这一电路的振荡频率只能在小范围内调节，否则将出现输出幅度明显下降的现象。图 5.1.5 所示的电路是并联型三点式振荡电路，又称锡拉振荡电路，它是在串联型电容三点式振荡电路的电感 L 旁边并接了一个电容 C 而构成的。

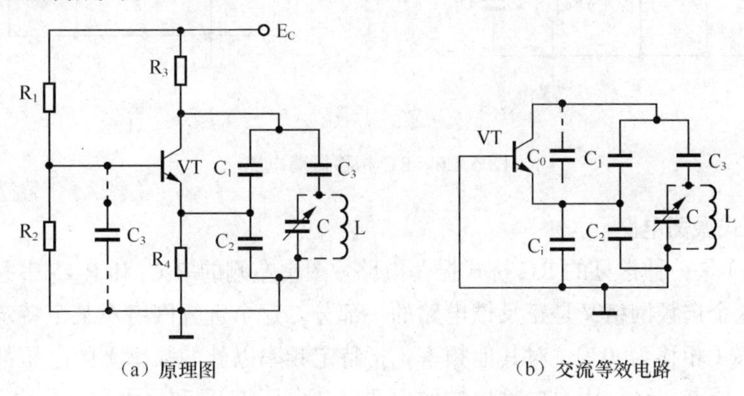

（a）原理图　　（b）交流等效电路

图 5.1.5　并联型电容三点式振荡电路

由于 LC 回路的谐振电阻 R_0 反射到三极管集、射极间的等效负载电阻为：

$$R_0'\approx\frac{C_3+C}{C_3^2+R_0}$$

而 $C_3>C$，当 C 变小时，削弱了振荡幅度受频率改变的影响。因此，锡拉振荡电路的频率调节范围较克拉泼电路要宽，由前面知识可知，当 $C_3 \ll C_1$、$C_3 \ll C_2$ 时，振荡频率为：

$$f_0=\frac{1}{2\pi\sqrt{L(C_3+C)}}$$

改进型电容三点式振荡电路除具有电容三点式振荡电路的特点外，还具有频率稳定度高（可达 10^{-5} 以上）的优点。该电路广泛应用于各类电视机中。

3. RC 振荡器

RC 振荡器的选频网络是 RC 电路，它们的振荡频率比较低，常用的电路有以下两种。

（1）RC 相移振荡电路。

图 5.1.6（a）是 RC 相移振荡电路。电路中的 3 节 RC 网络同时起到选频和正反馈的作用。由图 5.1.6（b）的交流等效电路可知：因为是单级共发射极放大电路，晶体管 VT 的输出电压 U_o 与输出电压 U_i 在相位上是相差 180°。当输出电压经过 RC 网络后，变成反馈电压 U_f 又送到输入端时，由于 RC 网络只对某个特定频率 f_0 的电压产生 180° 的相移，所以只有频率为 f_0 的信号电压才是正反馈而使电路起振。可见 RC 网络既是选频网络，又是正反馈电路的一部分。

RC 相移振荡电路的特点是：电路简单、经济，但稳定性不高，而且调节不方便。一般都用作固定频率振荡器和要求不太高的场合，RC 振荡电路的振荡频率一般在 200kHz 以下。它的振荡频率是：

$$f_0=\frac{1}{2\pi\sqrt{6}RC}\text{（当 3 节 RC 网络的参数相同时）}$$

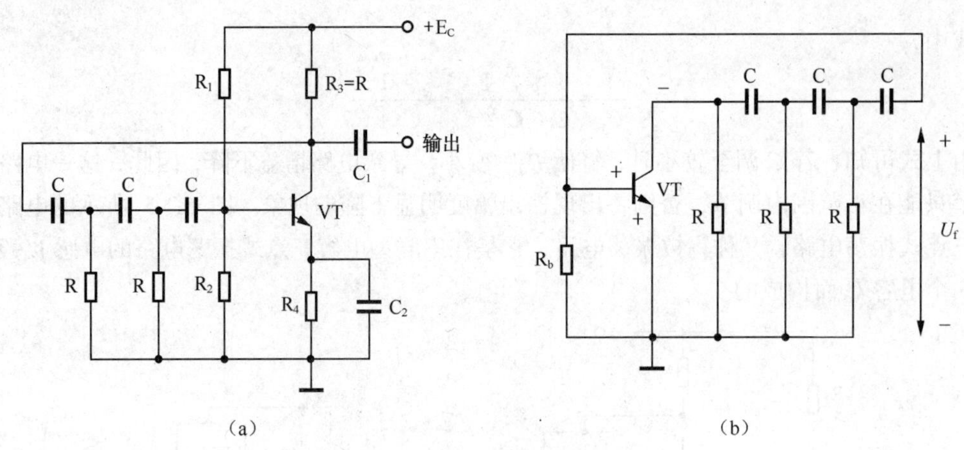

图 5.1.6　RC 相移振荡电路

（2）RC 桥式振荡电路。

图 5.1.7（a）是一种常见的 RC 桥式振荡电路。图中左侧的 R_1C_1 和 R_2C_2 串并联电路就是它的选频网络。这个选频网络又是正反馈电路的一部分。这个选频网络对某个特定频率为 f_0 的信号电压没有相移（相移为 0°），对其他频率（指特定频率以外的频率）的电压都有大小不等的相移。由于放大器有 2 级，从 VT_2 输出端取出的反馈电压 U_f 是和放大器输入电压同相（2 级相移 360° = 0°）。因此反馈电压经选频网络送回到 VT_1 的输入端时，只有某个特定频率为 f_0 的电压才能满足相位平衡条件而起振。可见 RC 串并联电路同时起到了选频和正反馈的作用。

实际上为了提高振荡器的工作质量，电路中还加有由 Rt 和 R_{E1} 组成的串联电压负反馈电路。其中 R_t 是一个有负温度系数的热敏电阻，它对电路能起到稳定振荡幅度和减小非线性失真的作用。从图 5.1.7（b）的等效电路可知，这个振荡电路是一个桥式电路。R_1C_1、R_2C_2、R_t 和 R_{E1} 分别是电桥的 4 个臂，放大器的输入和输出分别接在电桥的两个对角线上，所以被称为 RC 桥式振荡电路。

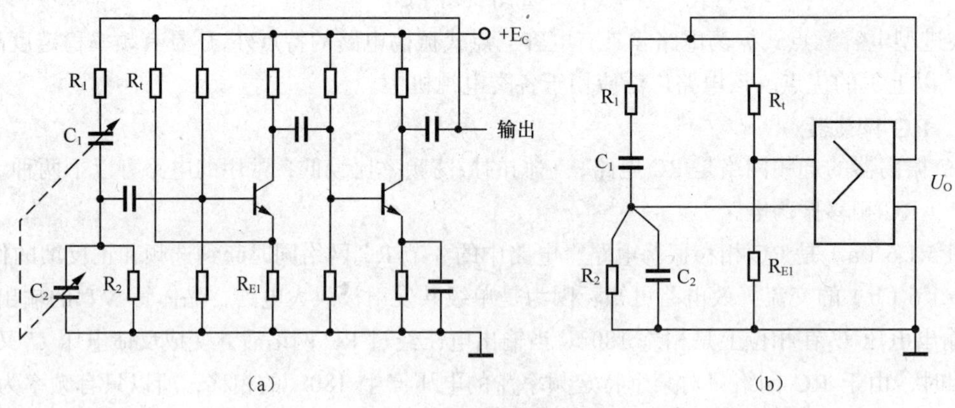

图 5.1.7　RC 桥式振荡电路

RC 桥式振荡电路的性能比 RC 相移振荡电路好。它的稳定性高、非线性失真小，频率调节方便。它的振荡频率是：当 $R_1 = R_2 = R$、$C_1 = C_2 = C$ 时，

$$f_0=\frac{1}{2\pi\sqrt{R_1R_2C_1C_2}} \text{ 变为 } f_0=\frac{1}{2\pi\sqrt{RC}}$$

它的频率范围从 1 赫兹～1 兆赫兹。

二、反馈电路

1. 反馈的定义

反馈又称“回馈”，也称“回授”，是自动控制论的基本知识，它是指将系统的输出返回到输入端并以某种方式改变输入，进而影响系统输出功能的过程。反馈可分为正反馈和负反馈。前者使输出起到与输入相似的作用，使系统偏差不断增大，使系统振荡，可以放大控制作用；后者使输出起到与输入相反的作用，使系统输出与系统目标的误差减小，系统趋于稳定，对负反馈的研究是控制论的核心问题。在电子电路中，把输出电路中的一部分能量送回输入电路中，以增强或减弱输入信号的效应就叫做反馈。

在基本放大电路中，有源器件（晶体管等）具有信号单向传递性，被放大信号从输入端输入放大电路以后输出，存在输入信号对输出信号的单向控制；如果在电路中存在某些通路，将输出信号的一部分反馈送到放大器的输入端，与外部输入信号叠加，产生基本放大电路的净输入信号，实现输出信号对输入的控制，即构成了反馈。把放大器的输出电路中的一部分能量送回输入电路中，以增强或减弱输入信号的效应。增强输入信号效应的叫正反馈；减弱输入信号效应的叫负反馈。正反馈常用来产生振荡；负反馈能稳定放大，减少失真，因而广泛应用于放大器中。

在放大电路中既有直流分量，又有交流分量，所以必然有直流反馈和交流反馈之分。直流反馈影响放大电路的直流性能，如静态工作点。交流反馈影响放大电路的交流性能，如增益、输入电阻、输出电阻和带宽等。

负反馈放大电路分为 4 种组态：电压串联负反馈、电压并联负反馈、电流串联负反馈、电流并联负反馈。具体应用要根据具体情况选择，例如：要想提高电路的输入阻抗采用串联反馈，减少对前级设备输出电流、电压的要求；降低电路输出阻抗采用电流反馈，这样可以提高电路带负载的能力。

2. 反馈放大器反馈类型分析法

分析时可利用如图 5.1.8 所示的具体电路说明反馈的类型。

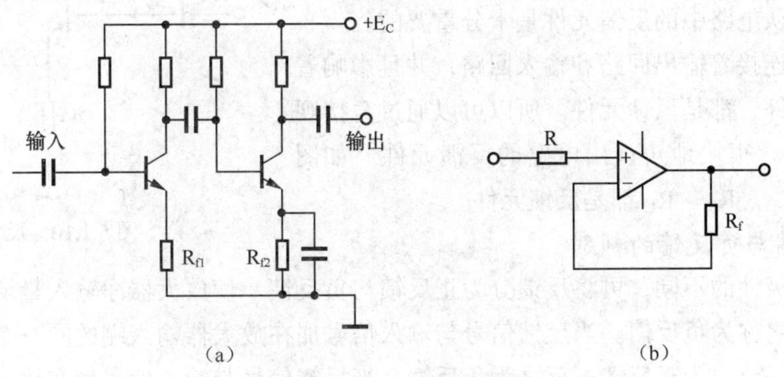

图 5.1.8 常用反馈电路

（1）判断是电压反馈还是电流反馈的方法。

① 负载短路法：使放大电路的输出端交流短路。如果反馈信号 X_f 消失，则说明反馈信号取样于输出电压，则为电压反馈（$X_f = FU_o$）。如果反馈信号仍然存在，则说明反馈信号取样于输出电流，则为电流反馈（$X_f = FI_o$）。

② 一般规律法：反馈量取自于信号输出端的电压信号，为电压反馈；反馈信号取自于信号输出端的电流信号，为电流反馈。具体来说，将负载电阻与反馈网络看作双端网络，若负载电阻与反馈网络并联，则反馈量对输出电压采样，为电压反馈。否则，反馈量无法直接对输出电压进行采样，则只能对输出电流进行采样，即为电流反馈。如图 5.1.8（a）所示，输出电压在集电极 C 上，反馈信号取在发射极 e 上，反馈信号取自于非信号输出端，则为电流反馈；如图 5.1.8（b）所示，反馈量取自于信号输出端，则为电压反馈。

（2）判断是并联反馈还是串联反馈的方法。

① 输入短路法：将输入端交流短路，如果反馈量作用不到放大电路输入端，则为并联反馈；如果反馈量仍能作用到放大电路输入端，则为串联反馈。

② 一般规律法：反馈量加到非信号输入端的是串联反馈；反馈量加到信号输入端则为并联反馈。如图 5.1.9 所示，反馈信号加到信号输入端则为并联反馈。如图 5.1.8 所示，反馈信号加到了非信号输入端则为串联反馈。

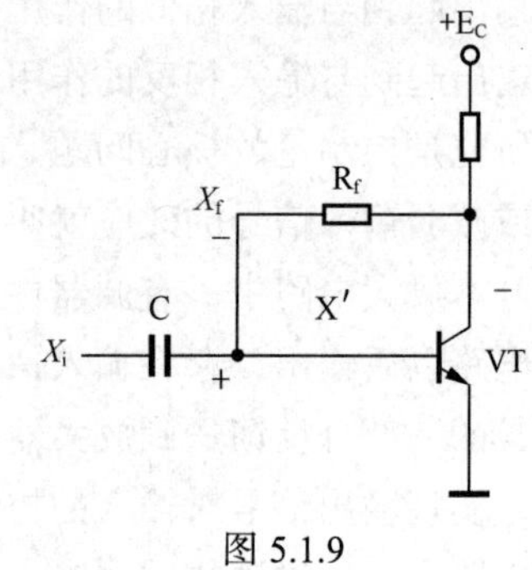

图 5.1.9

3. 判别反馈电路的方法

反馈放大器反馈极性的分析法又称符号法、瞬时极性法，一般的分析步骤是：

（1）在输入端上加上一个“+“或“－”的输入信号，按瞬时极性法标出反馈放大器中各个电极（基极 b、集电极 c、发射极 e）电压的瞬时性。

（2）判断经放大和反馈后得到的反馈信号 X_f 的瞬时极性。

（3）反馈信号 X_f，加到信号输入端时，极性与输入信号 X_i 相反时，则为负反馈；反之则为正反馈。反馈信号 X_f，加到信号输出端时，极性与输入信号 X_i 相同则为负反馈；反之则为正反馈。如图 5.1.9 所示，利用符号法可判断反馈回来的信号加在基极 b 上，且与原输入信号不相同时，则为负反馈。

一个电路是否存在反馈，要看该电路有没有反馈元件。要判别反馈类型，也要首先找到反馈元件的位置。因此，准确辨认电路中的反馈元件是十分重要的。

任何同时连接着输出回路和输入回路，并且影响着输入回路的元件，都是反馈元件。所以可以通过直接观察电路的方法，很快地辨认出电路的反馈元件。如图 5.1.10 所示，R_{f1}、R_{f2}、R_{f3} 都是反馈元件。

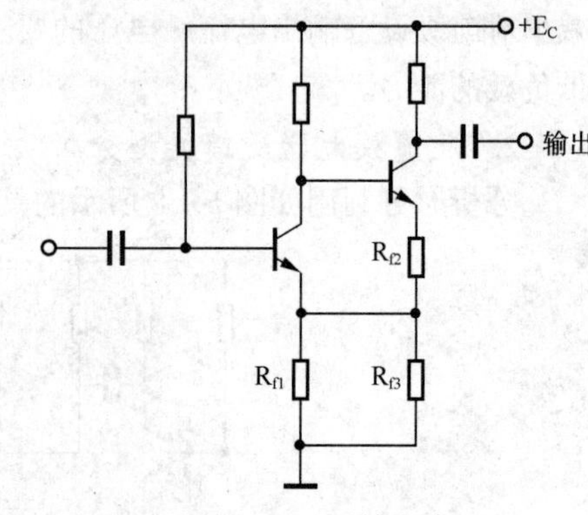

图 5.1.10　反馈电路

4. 正反馈与负反馈的判别

根据反馈极性的不同，可将反馈分为正反馈与负反馈。使放大器净输入量增大的反馈，称为正反馈；反之称为负反馈。当反馈信号与输入信号加在放大器输入端的同一个电极时，若二者的瞬时极性一致，为正反馈；反之为负反馈。当反馈信号与输入信号加在放大器输入端的不同电极时，结果相反。反馈类型的判别方法如图 5.1.11 所示。

在放大器 3 种基本连接中三极管各电极间的相位关系如下。

（1）在共发射极放大器中，集电极输出信号与基极输入信号的瞬时极性相反；

（2）在共集电极放大器中，发射极输出信号与基极输入信号的瞬时极性相同；

（3）在共基极放大器中，集电极输出信号与发射极输入信号的瞬时极性相同。

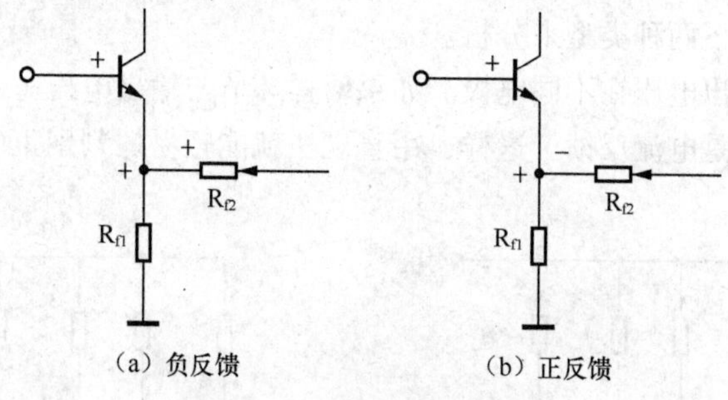

图 5.1.11　反馈类型的判别方法

放大器的三种基本连接如图 5.1.12 所示，通过直观比较，哪些是同相放大器，哪些是反相放大器？（共发射极为反相放大器，共集电极、共基极是同相放大器）。

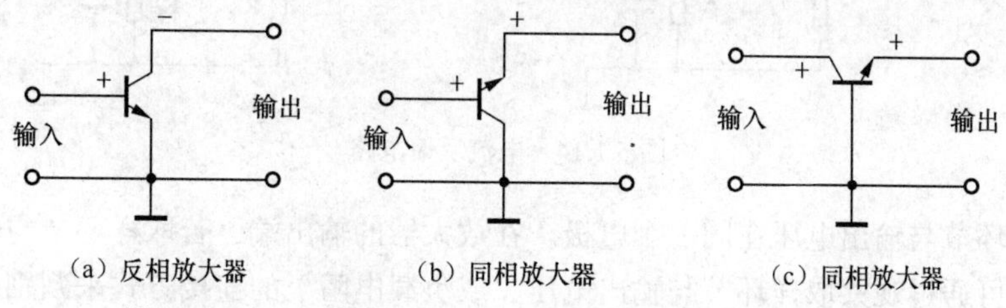

图 5.1.12　三极管放大器的三种基本连接方法（等效电路）

下面是瞬时极性法的具体步骤：

（1）假设输入信号在某一瞬间对地极性为“+”；

（2）从输入端到输出端，根据三极管各电极间的相对相位关系依次标出放大器各点瞬时极性；

（3）在输入端将反馈信号的瞬时极性与输入信号的瞬时极性进行比较，应用正、负反馈的直观概念确定反馈的极性；

（4）对于反馈电路中的电阻、电容元件，一般认为对瞬时极性没有影响。

5. 电压反馈与电流反馈的判别

根据反馈信号从输出端取样方式的不同，可分为电压反馈和电流反馈。如果反馈信号取自放大器的输出电压，称为电压反馈；如果反馈信号取自放大器的输出电流，称为电流反馈。即：当取样环节与放大器输出端并联时，为电压反馈；当取样环节与放大器输出端串联时，为电流反馈。反馈类型的判别方法如图 5.1.13 所示。

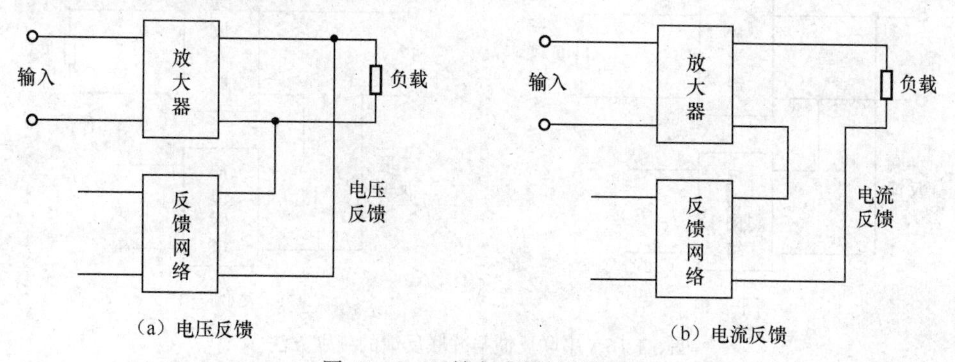

图 5.1.13　反馈方式的判别方法

可采用较为简单易懂的直观判别法。为了使直观法简单明了，且具有通用性，可将输出端的反馈取样环节分成以下两种类型来分析。

（1）取样环节与输出电压在不同电极。如果取样环节与输出电压（或负载电阻）在不同电极，可以断定它引入的是电流反馈。这样，用直观法就能轻易地判别正确。如图 5.1.14 所示，R_f引入的均为电流反馈。

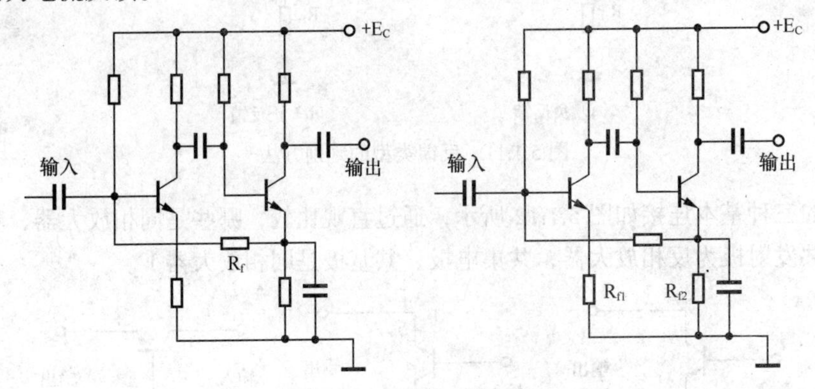

图 5.1.14　电流反馈电路

（2）取样环节与输出电压在同一个电极。在放大器的输出端，若取样环节与输出电压在同一个电极时，可通过观察取样环节与输出电压（或负载电阻）的连接方式来判别：若二者相并联，为电压反馈；反之，为电流反馈。电压反馈电路如图 5.1.15 所示。

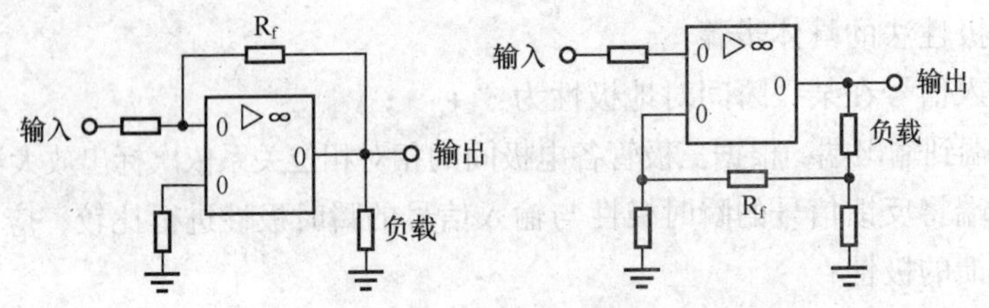

图 5.1.15　电压反馈电路

6. 串联反馈与并联反馈的判别

根据反馈信号与输入信号连接方式（也称比较方式）的不同，可分为串联反馈与并联反馈。如果反馈信号在输入端是与信号源串联的称为串联反馈，如果反馈信号在输入端是与信号源并联的称为并联反馈。串联反馈与并联反馈的判别方法如图 5.1.16 所示。

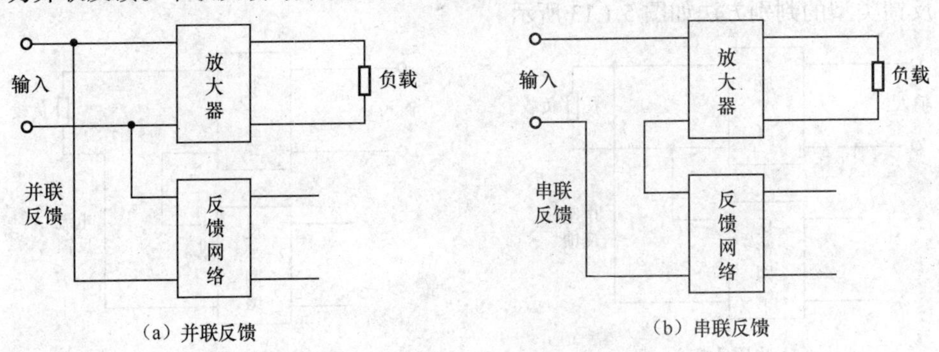

图 5.1.16　串联反馈与并联反馈的判别方法

在放大器的输入端，若输入信号和反馈信号加在同一个电极的，为并联反馈；反之，为串联反馈。

7. 直流反馈与交流反馈的判别

如果反馈量只有直流量，称为直流反馈；如果反馈量只有交流量，称为交流反馈。直流反馈可以稳定静态工作点，交流反馈可以改善放大器的动态性能。

如果反馈支路并接电容器，为直流反馈；如果反馈支路上串接电容器，为交流反馈；如果反馈支路上既没有串接电容器，也没有并联电容器，则为交流、直流反馈了。直流反馈与交流反馈的判别方法如图 5.1.17 所示。

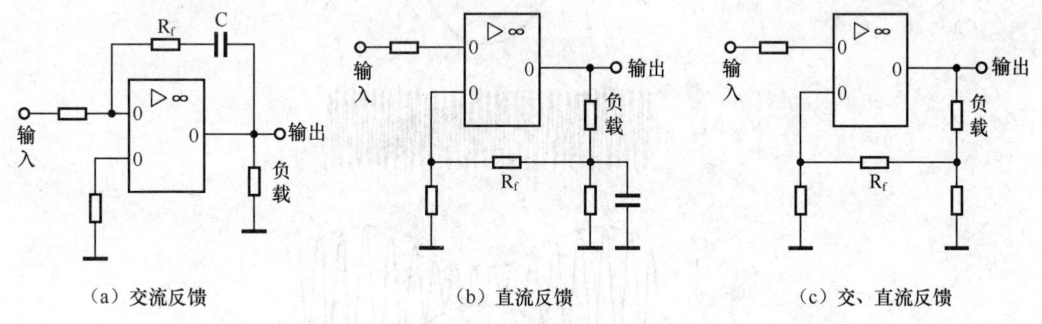

图 5.1.17　直流反馈与交流反馈的判别方法

放大器一般都是引入交流负反馈，只有在需要稳定静态工作点时，才会引入直流负反馈。

三、调制与解调电路

（一）调制方式

调制是将要传送的信息装载到某一高频振荡信号上去的过程，即把基带信号变换成传输信号的技术。用来控制高频载波参数的基带信号称为调制信号。未调制的高频电磁振荡波称为载波。调制方式按照调制信号的性质分为模拟调制和数字调制两类；按照载波的形式分为连续波调制和脉冲调制两类。

模拟调制一般指调制信号和载波都是连续波的调制方式，有调幅（AM）、调频（FM）和调相（PM）。常用于模拟音视频设备上。

数字调制一般指调制信号是离散的，而载波是连续波的调制方式，有振幅键控（ASK）、移频键控（FSK）、移相键控（PSK）和差分移相键控（DPSK）等。常用于数字通信设备上。

脉冲调制有脉幅调制（PAM）、脉宽调制（PDM）、脉频调制（PFM）、脉位调制（PPM）、脉码调制（PCM）和增量调制（ΔM）。常用于数字电视、数字功放、数字影音设备上。

一般的调制信号和载波都是连续波的调制方式。它有调幅、调频和调相 3 种调制方式。

1. 调幅（Amplitude Modulation，AM）

调幅也就是通常说的中波，范围在 530～1 605kHz。调幅是用声音的高低变为幅度的变化的电信号。距离较远，受天气因素影响较大，适合省际电台的广播。

调幅是使高频载波信号的振幅随调制信号的瞬时变化而变化。也就是说，通过用调制信号来改变高频信号的幅度大小，使得调制信号的信息包含入高频信号之中，通过天线将高频信号发射出去，然后就把调制信号也传播出去了。这时候在接收端可以把调制信号解调出来，也就是把高频信号的幅度解读出来就可以得到调制信号了。如图 5.1.18 所示，调制信号、高频载波信号与已调波之间的关系是调制信号叠加在高频信号中，从图中可以看出，高频信号的幅度随着调制信号作相应的变化，这就是调幅波。由于高频信号的幅度很容易被周围的环境所影响。所以调幅信号的传输并不十分可靠。在传输的过程中也很容易被窃听，不安全。所以现在这种技术已经比较少被采用。但在简单设备的通信中还有采用。比如，收音机中的AM波段就是调幅波，大家可以和FM波段的调频波相比较，可以听到它的音质和FM波段的调频波相比会比较差，原因就是它更容易被干扰。

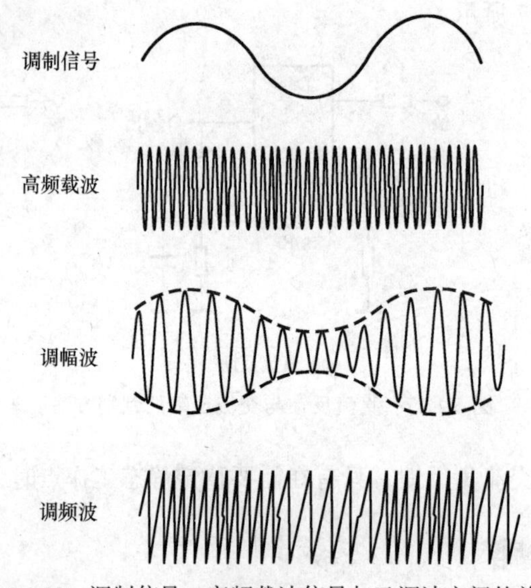

图5.1.18 调制信号、高频载波信号与已调波之间的关系

2. 调频（Frequency Modulation，FM）

调频广播（在我国为87～108MHz，日本为76～90MHz），在短波范围内的27～30MHz之间，作为业余电台、太空和人造卫星通信应用的波段。

使载波频率按照调制信号改变的调制方式叫调频。已调波频率变化的大小由调制信号的大小决定，变化的周期由调制信号的频率决定。已调波的振幅保持不变。调频波的波形，就像是一个被压缩得不均匀的弹簧。

载波的瞬时频率按调制信号的频率变化而变化，但振幅不变。载波经调频后成为调频波。用调频波传送信号可避免幅度干扰的影响而提高通信质量。广泛应用在通信、调频立体声广播和电视中。

一般干扰信号总是叠加在信号上，改变其幅值。所以调频波虽然受到干扰后幅度上也会有变化，但在接收端可以用限幅器将信号幅度上的变化削去，所以调频波的抗干扰性能极好，用收音机接收调频广播，基本上听不到杂音。

3. 调相（phase modulation，PM）

它是一种瞬时相位偏移按照给定调制信号瞬时值函数改变的角度调制方式。

用调制信号控制载波的相位，使载波的相位随着调制信号变化。已调波称为调相波。调相波的振幅保持不变，调相波的瞬时相角偏离载波相角的量与调制信号的瞬时值成比例。在调频时相角也有相应的变化，但这种相角变化并不与调制信号成比例。在调相时频率也有相应的变化，但这种频率变化并不与调制信号成比例。

载波的相位对其参考相位的偏离值随调制信号的瞬时值成比例变化的调制方式，称为相位调制，或称调相。调相和调频有密切的关系。调相时，同时有调频伴随发生；调频时，也同时有调相伴随发生，不过两者的变化规律不同。实际使用时很少采用调相制，它主要是用来作为得到调频的一种方法。调相是载波的初始相位随着基带数字信号而变化，例如数字信号 1 对应相位 180°，数字信号 0 对应相位 0°。这种调相的方法又叫相移键控（PSK），其特点是抗干扰能力强，但信号实现的技术比较复杂。

其实，在模拟调制过程中已调波的频谱中除了载波分量外在载波频率两旁还各有一个频带，因调制而产生的各频率分量就落在这两个频带之内。这两个频带统称为边频带或边带。比载波频率高的一侧的边频带，称为上边带；比载波频率低的一侧的边频带，称为下边带。在单边带通信中可用滤波法、相移法或相移滤波法取得调幅波中一个边带，这种调制方法称为单边带调制 SSB。单边带调制常用于有线载波电话和短波无线电多路通信。在同步通信中可用平衡调制器实现抑制载波的双边带调制（DSB-SC）。在数字通信中为了提高频带利用率而采用残留边带调制 VSB，即传输一个边在接收机中还原的过程叫解调。其中低频信号叫做调制信号，高频信号则叫载波。常见的连续波调制方法有调幅和调频两种，对应的解调方法就叫检波和鉴频。下面具体介绍常用的调幅和检波电路、调频和鉴频电路。

（二）调幅和检波电路

1. 调幅 AM

使载波信号的幅度随着调制信号的幅度变化而变化，载波的频率和相应不变，能够完成调幅功能的电路就叫调幅电路或调幅器。广播和无线电通信是利用调制技术把低频声音信号加到高频信号上发射出去的。已调波称为调幅波，调幅波的频率仍是载波频率，调幅波包络的形状反映调制信号的波形。调幅系统实现简单，抗干扰性差，传输时信号容易失真。

调幅是一个非线性频率变换过程，所以它的关键是必须使用二极管、三极管等非线性器件。根据调制过程在哪个回路里进行可以把三极管调幅电路分成集电极调幅、基极调幅和发射极调幅 3 种。下面以集电极调幅电路为例进行说明，如图 5.1.19 所示集电极调幅电路。

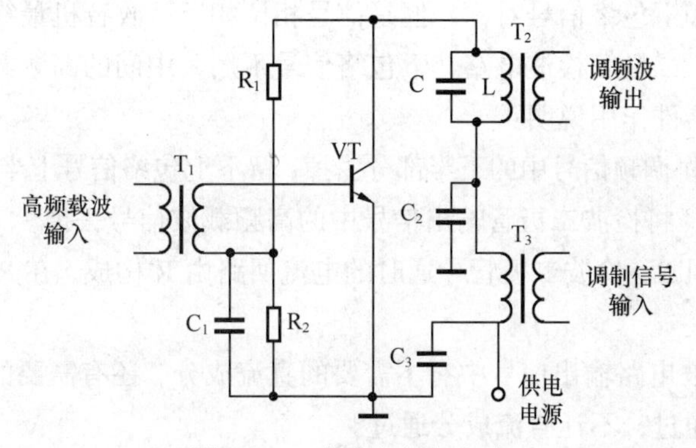

图 5.1.19　集电极调幅电路

图 5.1.19 是集电极调幅电路，由高频载波振荡器产生的等幅载波经过 T_1 加到晶体管基极。低频调制信号则通过 T_3 耦合到集电极中。C_1、C_2、C_3 是高频旁路电容，R_1、R_2 是偏置电阻。集电极的 LC 并联回路谐振在载波频率上。如果把三极管的静态工作点选在特性曲线的弯曲部分，三极管就是一个非线性器件。因为晶体管的集电极电流是随着调制电压变化的，所以集电极中的 2 个信号就因非线性作用而实现了调幅。由于 LC 谐振回路是调谐在载波的基频上，因此在 T_2 的次级就可得到调幅波输出。

2. 检波电路

检波电路或检波器的作用是从调幅波中取出低频信号。它的工作过程正好和调幅相反。检波过程也是一个频率变换过程，也要使用非线性元器件，常用的有二极管和三极管。另外，为了取出低频有用信号还必须使用滤波器滤除高频分量，所以检波电路通常包含非线性元器件和滤波器两部分。下面举二极管检波器为例说明它的工作过程，如图 5.1.20 所示二极管检波器原理图。

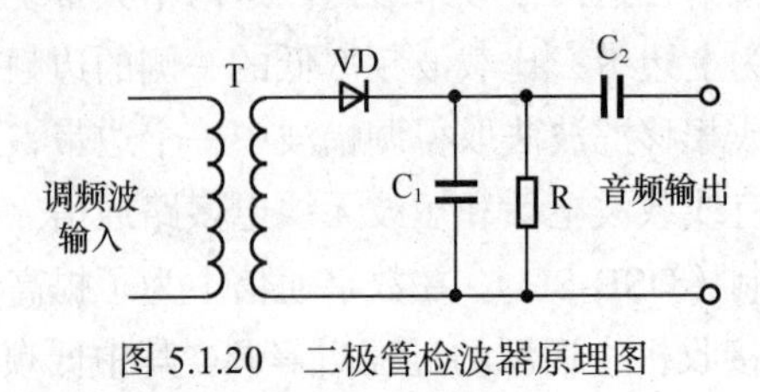

图 5.1.20 二极管检波器原理图

图 5.1.20 所示是一个二极管检波电路。VD 是检波元件，C_1 和 R 是低通滤波器。当输入的已调波信号较大时，二极管 VD 是断续工作的。信号在正半周时，二极管导通，对 C_1 充电；信号在负半周和输入电压较小时，二极管截止，C_1 对 R 放电。在 R 两端得到的电压包含的频率成分很多，经过电容 C_1 滤除了高频部分，再经过隔直流电容 C_2 的隔直流作用，在输出端就可得到还原的低频信号——音频信号。下面就信号和元器件作用进行分析。

3. 信号分析

众所周知，收音机有调幅收音机和调频收音机两种，调幅信号就是调幅收音机中处理和放大的信号。图 5.1.21 所示为调幅信号波形示意图，对这一信号波形主要说明以下几点。

（1）调幅收音机天线接收下来的就是调幅信号。

（2）信号的中间部分是频率很高的载波信号，它的上下端是调幅信号的包络，其包络就是所需要的音频信号。

（3）上包络信号和下包络信号对称，但是信号相位相反，收音机最终只要其中的上包络信号，如图 5.1.21 所示。二极管检波电路，下包络信号不用，中间的高频载波信号也不需要。

（4）电路中各元器件作用说明：

检波二极管 VD：将调频信号中的下半部分去掉，留下上包络信号上半部分的高频载波信号。

高频滤波电容 C_1：将检波二极管输出信号中的高频载波信号去掉。

检波电路负载电阻 R：检波二极管导通时的电流回路由 R 构成，在 R 上的压降就是检波电路的输出信号电压。

耦合电容 C_2：检波电路输出信号中有不需要的直流成分，还有需要的音频信号，这一电容的作用是让音频信号通过，不让直流成分通过。

4. 检波电路工作原理分析

检波电路主要由检波二极管 VD 构成。在检波电路中，调幅信号加到检波二极管的正极，这时的检波二极管工作原理与整流电路中的整流二极管工作原理基本一样，利用信号的幅度使检波二极管导通。图 5.1.21 所示为调幅波形展开后的示意图。

从展开后的调幅信号波形中可以看出，它是一个交流信号，只是信号的幅度在变化。这一信号加到检波二极管正极，正半周信号使二极管导通，负半周信号使二极管截止，这样相当于整流电路工作一样，在检波二极管负载电阻 R_L 上得到正半周信号的包络（即信号的虚线部分），如图 5.1.22 所示，检波电路输出信号波形（不加高频滤波电容时的输出信号波形）。检波电路输出信号由音频信号、直流成分和高频载波信号 3 种信号成分组成，详细的电路分析需要根据 3 种信号情况进行展开。这 3 种信号中，最重要的是音频信号处理电路的分析和工作原理的理解。

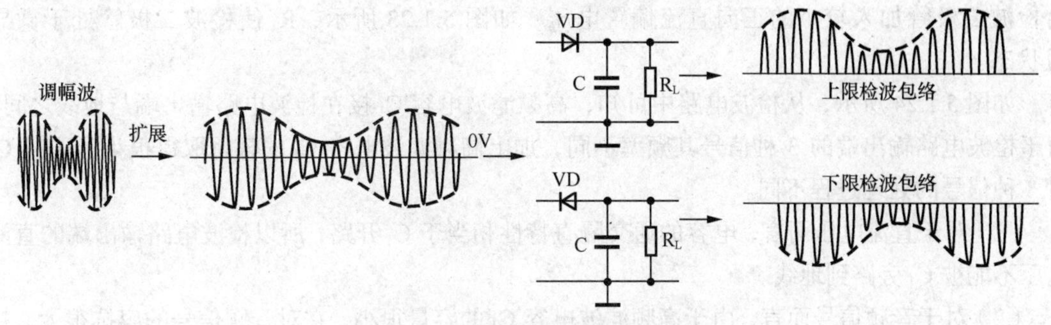

图 5.1.21　调幅波形展开后的示意图

（1）所需要的音频信号，它是输出信号的包络，如图 5.1.22 所示，这一音频信号通过检波电路输出端电容 C_2 耦合，送到后级电路中进一步处理。

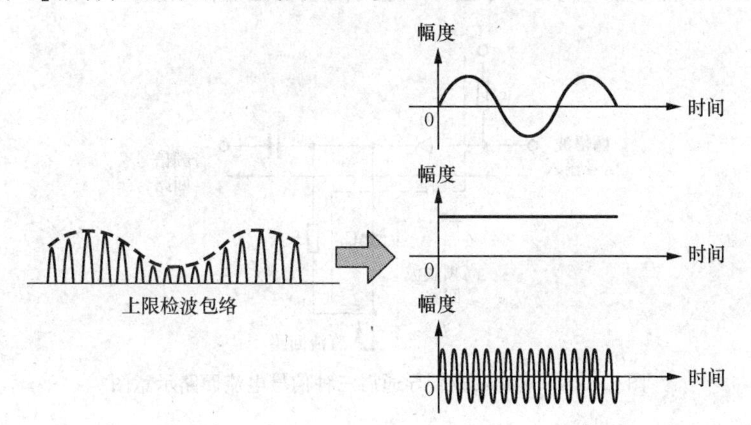

图 5.1.22　检波电路输出端信号波形示意图

（2）检波电路输出信号的平均值是直流成分，它的大小表示了检波电路输出信号的平均幅值大小，检波电路输出信号幅度大，其平均值大，这一直流电压值就大，反之则小。这一直流成分在收音机电路中用来控制一种称为中频放大器的放大倍数（也可以称为增益），称为 AGC（自动增益控制）电压。AGC 电压被检波电路输出端耦合电容隔离，不能与音频信号一起加到后级放大器电路中，而是专门加到 AGC 电路中，在以后的专业课程学习中我们将会对 AGC 电路做具体的分析和讲解，在此不再说明。

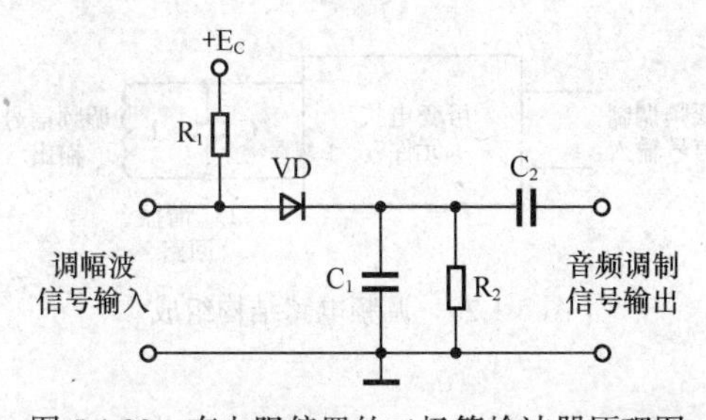

图 5.1.23　有电阻偏置的二极管检波器原理图

（3）检波电路输出信号中还有高频载波信号，这一信号无用，通过接在检波电路输出端的高频滤波电容 C_1，被滤波到地端。一般检波电路中不给检波二极管加入直流电压，但在一些小信号检波电路中，由于调幅信号的幅度比较小，不足以使检波二极管导通，所以给检波二极管加入较小的正向直流偏置电压，如图 5.1.23 所示，R_1 使检波二极管处于微导通状态。

如图 5.1.24 所示，从检波电路中可知，高频滤波电容 C_1 接在检波电路输出端与地线之间，由于检波电路输出端的 3 种信号其频率不同，加上高频滤波电容 C_1 的容量取得很小，这样 C_1 对 3 种信号的处理过程不同。

（1）对于直流电压而言，电容的通交隔直特性相当于 C_1 开路，所以检波电路输出端的直流电压不能被 C_1 旁路到地线。

（2）对于音频信号而言，由于高频滤波电容 C_1 的容量很小，它对音频信号的容抗很大，相当于开路，所以音频信号也不能被 C_1 旁路到地线。

（3）对于高频载波信号而言，其频率很高，C_1 对它的容抗很小而呈通路状态，只有检波电路输出端的高频载波信号被 C_1 旁路到地线，起到高频滤波的作用。

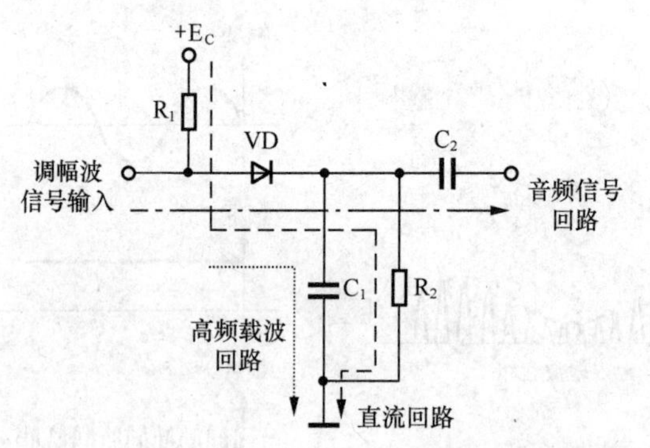

图 5.1.24　检波二极管导通后三种信号电流回路示意图

（三）调频和鉴频电路

调频是使载波频率随调制信号的幅度变化，而振幅则保持不变。鉴频则是从调频波中解调出原来的低频信号，它的过程和调频正好相反。

1. 调频电路

能够完成调频功能的电路就叫调频器或调频电路。常用的调频方法是直接调频法，也就是用调制信号直接改变载波振荡器频率的方法。调频电路结构组成如图 5.1.25 所示，图中用一个可变电抗元件并联在谐振回路上。用低频调制信号控制可变电抗元件参数的变化，使载波振荡器的频率发生变化。

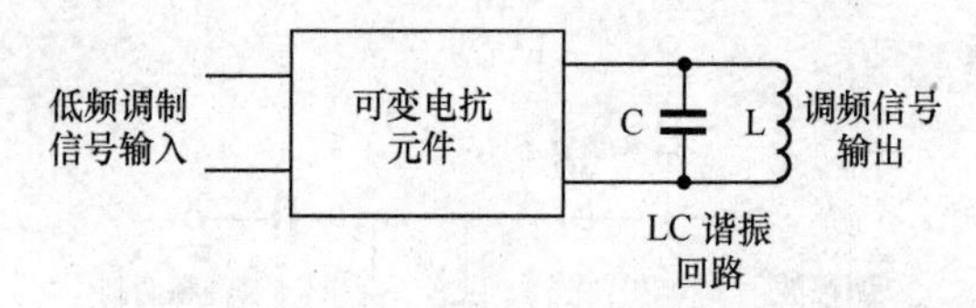

图 5.1.25　调频电路结构组成

2. 鉴频电路

能够完成鉴频功能的电路叫鉴频器或鉴频电路，有时也叫频率检波器。鉴频的方法通常分两个步骤，第一步：先将等幅的调频波变成幅度随频率变化的调频1调幅波；第二步：再用一般的检波器检出幅度变化，还原成低频信号，鉴频电路如图5.1.26所示。常用的鉴频器有相位鉴频器、比例鉴频器等。

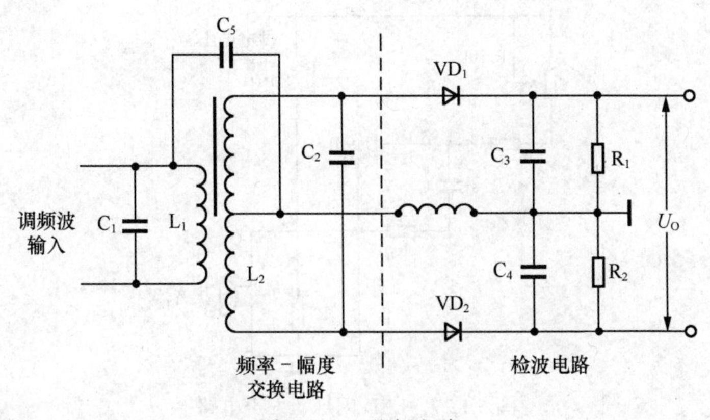

图5.1.26　鉴频电路

比例鉴频器输出电压取决于两个检波电容上电压的比值，故称为比例鉴频器。

鉴频器是使输出电压和输入信号频率相对应的电路。按用途可分为两类：第一类用于调频信号的解调。常见的有斜率鉴频器、相位鉴频器、比例鉴频器等，对这类电路的要求主要是非线性失真小，噪声门限低；第二类用于频率误差测量，如用在自动频率控制环路中产生误差信号的鉴频器，对这类电路的零点漂移限制较严，对非线性失真和噪声门限则要求不高。

3. 鉴频器分类

（1）斜率鉴频器。

（2）相位鉴频器。

（3）陶瓷鉴频器。

其实，斜率鉴频和相位鉴频是两种主要鉴频方式，集成斜率鉴频和乘积型相位鉴频便于集成，调频容易，线性度好，应用广泛。

斜率鉴频器是先进行频率——幅度变换，然后再进行包络检波；而相位鉴频器则是先进行频相变换，最后再实施鉴相。

任务实施

1. 元器件的选择与安装

对照原理图5.1.27合理选择并安装元器件。

2. 元器件的检测

（1）参照项目1用万用表电阻挡对所有元件逐一进行测量。

（2）光敏电阻在光线暗时（用黑纸挡住光线）电阻值很大，光亮时（阳光直射）电阻值下降到几百欧姆。阻值相差越大越好，测量时用万用表电阻挡 $R\times10\text{k}$ 挡位。

（3）测量喇叭时用 $R\times1\Omega$ 低阻挡测量，正常直流电阻约为6.5Ω，标称阻抗为8Ω。在测量瞬间细听喇叭发音，应发出“嚓、嚓、嚓”的声音，用手指轻击纸盆，手感应无卡阻现象。

（4）PNP 型三极管在测量时与 NPN 型不同的是“红”、“黑”表棒的位置刚好相反。

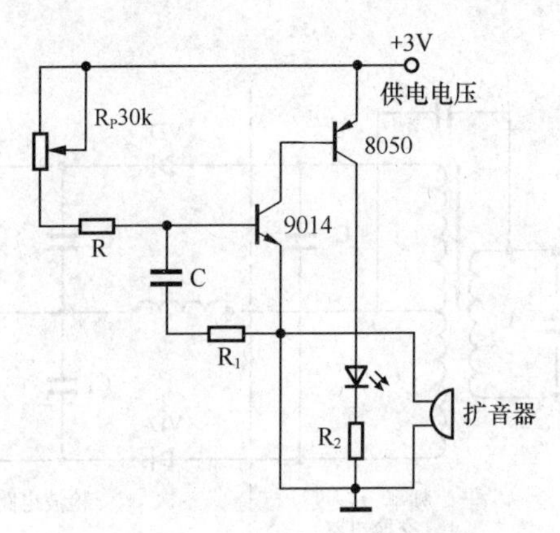

图 5.1.27　LED 闪烁、发声电路

这是一个 LED 闪烁、发声电路，两个三极管构成两级直接耦合放大器，然后在后级输出端通过 R_1、C 连接到三极管 9014 输入端基极，构成正反馈，实现振荡。接通电路，发光二极管将不停地闪烁，就像一盏航标灯，同时喇叭发出节拍声。调节电位器就可以调节闪烁频率。

3. 安装、调试与检测

（1）安装元件。整个元器件既可安装在自己设计制作 PCB 印制电路板上，也可采用万能板（又称多孔板）制作，电路安装板形式如图 5.1.28 所示。PCB 印制电路板是根据电路原理图将电路转换到敷铜板上，各个焊点不再独立，已经通过铜箔相互构成了连线，这样就免除了繁琐的布局设计和连线环节，同学们只要按照装配图安装好元件就可以了，整个制作变得简单、快捷，这样更适合于产品的批量生产；万能板还要将各元器件引脚按电路原理图中的要求连接起来，电子产品设备均采用印制电路板安装。对照装配图将铜箔面对自己，从背面插入相应的元器件。

（a）万能板元件安装面

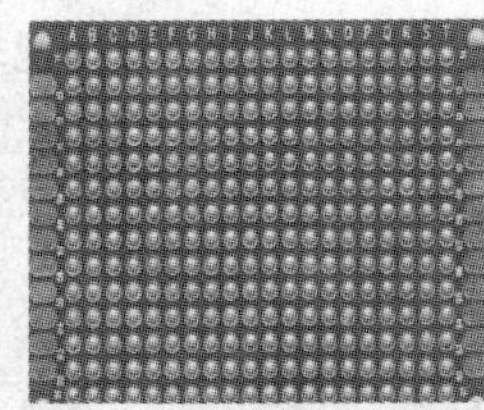

（b）万能板元件焊接面

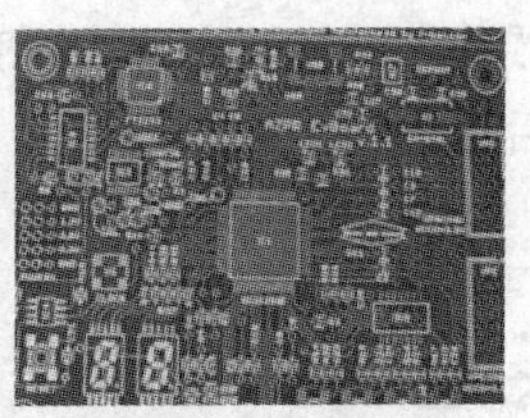

（c）PCB 印制电路板

图 5.1.28　电路安装板形式

（2）焊接。图 5.1.28（b）中白色小圆点为焊点，万能板焊点之间尺寸比较小，元器件紧密，相邻焊点容易相碰，焊接时特别要注意。如果发现相邻焊点短路，应立即用电烙铁吸除多余焊锡，并将烙铁头上的多余焊锡轻击在烙铁架上，重复几次，即可将两焊点分开，也可以加阻焊剂防止不相连焊点之间的连接。

（3）调试与检测。检查无误后，接通 3V 电源（注意正负极），若电路正确，发光二极管将出现闪烁，同时喇叭中伴有节拍声。调节 R_P，使电路的静态工作点发生变化，你将看到闪烁的频率发生变化。如果进而减小或增大 R_2，你将看到偏置电阻太小或太大时电路均发生停振现象，电阻太小时电路工作在饱和区，电阻太大时电路工作在截止区，只有在放大区电路才会正常地起振荡。

4. 故障检修与模拟

（1）故障检修（以音频振荡状态为例）。接上电源，若无振荡输出，可用万用表电压挡测量两只三极管 U_{BE} 的数值，如果均为 0.7V 左右，则说明静态偏置正常，此时应立即检查 VT_2 是否过热，如发热应立即断电检查。因停振时电路的静态电流会很大，极易损坏输出管和喇叭。

然后重点检查 R_1、C 反馈支路是否开路，喇叭是否卡死或烧坏；如果各 U_{BE} 无 0.7V 左右的电压，则应检查偏置电路有无开路，重点检查支路。特别指出的是，偏置电阻过大或过小，三极管将进入饱和区或截止区，均可引起电路不起振。正常起振时，U_{BE1} 值为 0.1V 或负压，U_{BE2} 值为 0.4V 左右；停振时（如 C 开路），各 U_{BE} 值均升高到 0.7V 左右。

（2）故障模拟。用剪刀在正面将元件剪断或用电烙铁正面焊接短路线，可模拟出逼真的故障现象，只要检修者不看正面元件，就可以进行振荡电路的排故训练，训练检修技能。

参考开路元件有 R_P、R_2、R_1、9014、8050、喇叭等。

参考短路元件有 R_P、C 等。

设置故障后，按上述故障检修思路分析、检修。

任务二　制作调频无线话筒

任务引入与目标

（1）学习时，要紧扣教学目标，以能力为本位，以应职岗位需要为准绳，注意针对性、实用性，结合实际案例多体会、多练习，重点在实践，在实践中能够熟练运用已学电子知识制作调频无线话筒。

（2）学习时，要积极主动，理论联系实际，充分培养自学能力、分析能力和实际动手动脑的能力，同时认真了解和掌握调频无线话筒设计与制作相关技能，以及相关电路的主要功能模块及各模块之间的内在联系，做到能够举一反三。

【知识目标】

（1）学会看无线话筒电路原理图。

（2）能对调频无线话筒电路信号流程进行分析。

【能力目标】

（1）掌握制作无线话筒的基本步骤和方法。

（2）掌握调频无线话筒调试的方法和一般技巧。

相关知识

一、无线电波波段的划分

无线电信道实为电磁波在空间中传播的通道，无线电波在空间的传播速度与光波相同，约为 $3\times10^8\,\mathrm{m/s}$。其波长、频率和传播速度的关系为 $\lambda=c/f$，可见频率与波长之间为倒数的关系，因此无线电波可以按频率划分，也可以按波长划分。

表 5.2.1 列出不同频段无线电波的主要用途，它是根据无线电波传输的特点而应用于不同的领域。根据无线电波传播及使用的特点，国际上将其划分为 12 个频段，而通常的无线电通信只使用其中的第 4 到第 11 个频段。无线电频段和波段的划分如表 5.2.1 所示。

表 5.2.1　　无线电频段和波段的划分

<table>
<tr><th>序号</th><th>频段名称</th><th>频段范围
（含上限）</th><th colspan="2">波段名称</th><th>波长范围
（含上限）</th><th>主要用途</th></tr>
<tr><td>1</td><td>极低频（ELF）</td><td>3Hz～30Hz</td><td colspan="2">极长波</td><td>100～10 兆米</td><td></td></tr>
<tr><td>2</td><td>超低频（SLF）</td><td>30Hz～300Hz</td><td colspan="2">超长波</td><td>10～1 兆米</td><td></td></tr>
<tr><td>3</td><td>特低频（ULF）</td><td>300Hz～3 000Hz</td><td colspan="2">特长波</td><td>100～10 万米</td><td></td></tr>
<tr><td>4</td><td>甚低频（VLF）</td><td>3kHz～30kHz</td><td colspan="2">甚长波</td><td>10～1 万米</td><td>音频电话、长距离导航、时标</td></tr>
<tr><td>5</td><td>低频（LF）</td><td>30kHz～300kHz</td><td colspan="2">长波</td><td>10～1 千米</td><td>船舶通信、信标、导航</td></tr>
<tr><td>6</td><td>中频（MF）</td><td>300kHz～3 000kHz</td><td colspan="2">中波</td><td>1 000～100 米</td><td>广播、船舶通信、飞行通信、船港电话</td></tr>
<tr><td>7</td><td>高频（HF）</td><td>3MHz～30MHz</td><td colspan="2">短波</td><td>100～10 米</td><td>短波广播、军事通信</td></tr>
<tr><td>8</td><td>甚高频（VHF）</td><td>30MHz～300MHz</td><td colspan="2">米波</td><td>10～1 米</td><td>电视、调频广播、雷达、导航</td></tr>
<tr><td>9</td><td>特高频（UHF）</td><td>300MHz～3 000MHz</td><td>分米波</td><td rowspan="4">微波</td><td>10～1 分米</td><td>电视、雷达、移动通信</td></tr>
<tr><td>10</td><td>超高频（SHF）</td><td>3GHz～30GHz</td><td>厘米波</td><td>10～1 厘米</td><td>雷达、中继、卫星通信</td></tr>
<tr><td>11</td><td>极高频（EHF）</td><td>30GHz～300GHz</td><td>毫米波</td><td>10～1 毫米</td><td>射电天文、卫星通信、雷达</td></tr>
<tr><td>12</td><td>至高频</td><td>300GHz～3 000GHz</td><td>丝米波</td><td>10～1 丝米</td><td></td></tr>
</table>

二、无线电波的传播方式

不同频段的电磁波的传播方式和特点各不相同，所以它们的用途也就不同。无线电波的传播方式主要有以下 3 种。

1. 沿地面传播的地波

中、长波适合地面传播，地球表面的导电特性较为稳定，中、长波的传播也就较稳定，其中长波的波长较长，遇障碍物绕射能力强，传送距离较远，多用于导航，如图 5.2.1（a）所示。

2. 靠电离层折射和反射传播的天波

在 1.5～30MHz 范围的短波波长较短，地面绕射能力弱，且地面吸收损耗较大，主要依靠电离层的折射、反射实现远距离的短波通信。电离层与地球表面之间的多次反射可实现超远距离的无线电通信，短波广播和通信具有天线尺寸小、所需发射功率低、传输距离远、通信成本低的特点，因此，该频段广播、通信电台多，频段最为拥挤。无线电波的传输方式如图 5.2.1（b）所示。

3. 沿空间直线传播的空间波

频率超过 30MHz 以上的电波主要沿空间直线传播。鉴于地球表面是弯曲的，所以这种传播只限于视线范围，所以传播距离近，常将天线架设在高处山顶以提高覆盖面。若采用卫星通信可使空间传播的覆盖面积和距离大大增加，图 5.2.1（c）所示。

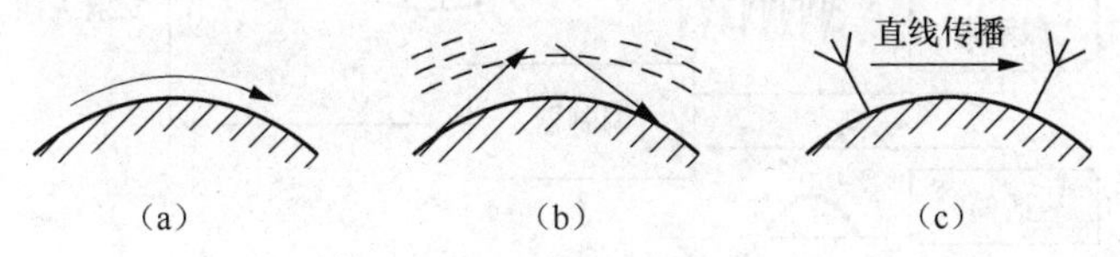

图 5.2.1　无线电波的传输方式

长波和中波射向天空的部分大都被电离层吸收，但沿地面传播的部分被吸收得很少。它们还能很好地绕过障碍物，所以它们主要靠地波传播。

中波和中短波在夜晚电离层吸收得不多，可以靠天波传播，在白天靠地波传播，但地面对它们的吸收较强，不能传得很远，这就是人们在晚上能收听到较多外地电台广播的原因。

短波被地面吸收得多，但能较好地被电离层反射，所以主要靠天波传播。

微波很容易被地面吸收，又能穿透电离层而不被反射，所以它不能靠地波和天波传播，只能直线传播。由于地球表面不是平面，微波在地球表面传播的距离不大，一般只在几十千米。因此，要向远距离传播微波，就要设立中继站，像接力赛跑那样，一站接一站地把微波传送出去，中继站示意图如图 5.2.2 所示。

有了同步通信卫星以后，微波的传送多了一个好办法。同步通信卫星在赤道上空，绕地心转动的周期和地球自转的周期一样。从地球上看，它是在赤道上空某处静止不动的。用同步通信卫星作为中继站，可以使从它转发的微波达到地球上。只要有三颗同步通信卫星，就可以在全世界范围内转播各地的电视节目。我国已发射同步通信卫星如图 5.2.3 所示，用来转播电视和无线电话。

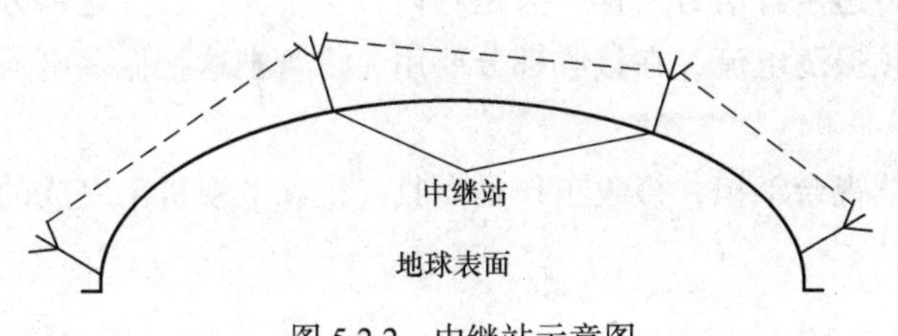

图 5.2.2　中继站示意图

图 5.2.3　同步通信卫星

三、电磁波的发射与接收

现在社会无线电广播和电视都已成为现实，我们可以坐在家里观看新闻节目、体育赛事，欣赏美妙的音乐。现在无线电通信已被广泛应用于生活的各个领域。将信号加载在电磁波上，再把运载有信号的电磁波发射出去，接收时把电磁波上的把信号检出来。下面我们用传递声音信号的例子来介绍这个过程。

发射要发射电磁波，首先要有能产生高频振荡电流的装置——振荡器。为了使发射的电磁波带有声音信号，还要用话筒把声音转化成变化的电流信号。然后把两种电流都输入到调制器中，使高频电流随着声音信号的变化而改变。把这样的高频振荡电流送到发射天线，发出的电磁波就携带有声音的信号了。

1. 发射过程

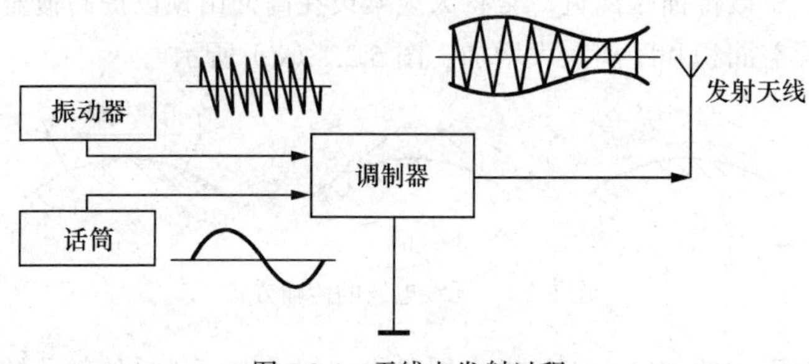

图 5.2.4　无线电发射过程

2. 接收

接收电磁波需要有接收天线，天线可以接收到各种频率的电磁波。为了从中选出我们需要的某一频率的电磁波，并把它变成电流，要采用一个可以调节的电路——调谐器。从调谐器得到的是我们需要的带有声音信号的高频振荡电流，为了把声音信号取出来，还要使它通过检波器，从检波器出来的电流通过耳机，就还原成声音。整个接收过程可用图 5.2.5 概括。

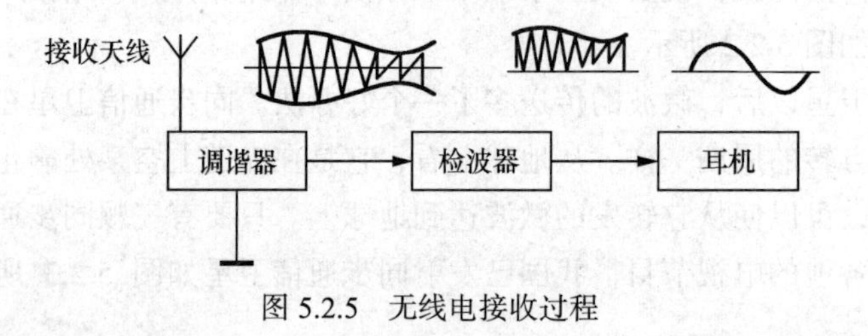

图 5.2.5　无线电接收过程

用电磁波传递图像信号的道理和传递声音信号一样，只是具体方法不同。在发送部分要用摄像机把图像变成随图像而变化的高频振荡电流，在接收部分要用显像管把这种振荡电流还原成图像。

电磁波的发射工作由广播电台和电视台承担，接收工作是由收音机和电视机来完成的。

任务实施

1. 调频无线话筒电路识图

一个高灵敏无线调频话筒，它可以拾取 5m 范围内的微弱声响，发射距离可达 500m 左右。

其工作频率在 88Hz～108MHz 范围内，可以通过调频收音机来接收它的发射信号。本无线话筒的另一特点是工作频率十分稳定，即使手触摸发射天线也不会引起发射频率的变化。它可以用于家庭娱乐、婴儿睡眠监护及室内外各种声音监听。调频无线话筒的电路如图 5.2.6 所示。

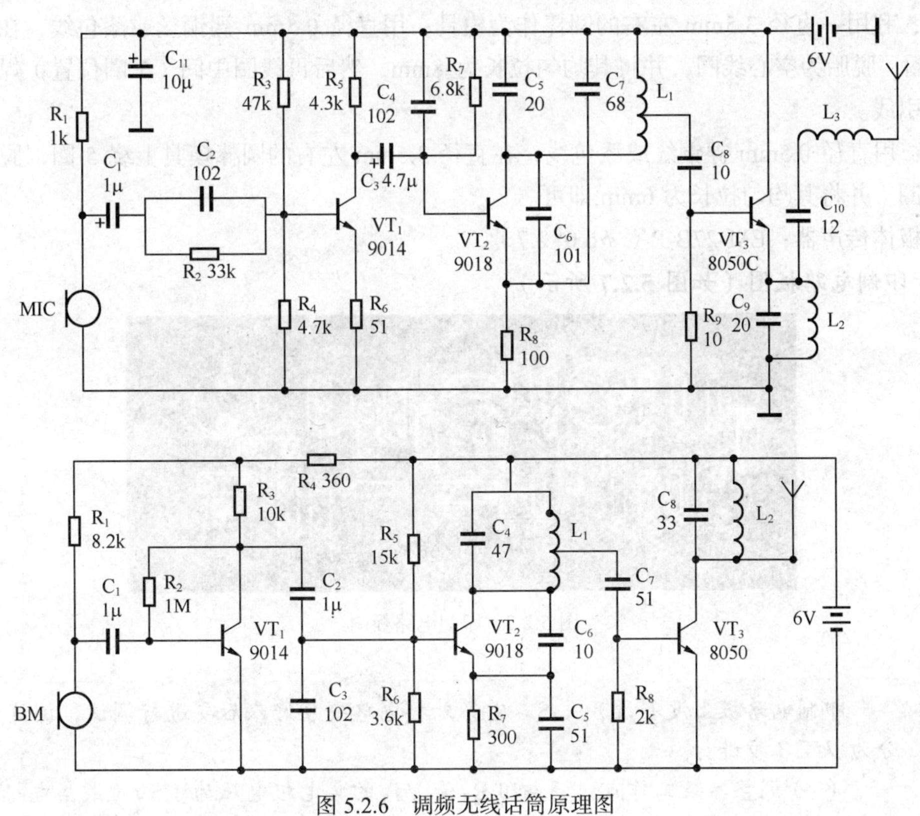

图 5.2.6 调频无线话筒原理图

2. 电路原理分析

电路由声电转换、预加重电路、音频放大电路、调制器和高频功率放大器等部分组成。声电转换器由驻极体电容话筒担任，它拾取周围环境的声波信号后输出相应的电信号，经过 C_1 送入由 R_2、C_2 组成的预加重电路进行带宽压缩，以提高话音的调制质量（与调频收音机中的去加重相对应）。VT_1 为音频放大器，对预加重后的音频信号进行放大，经过 C_3 送至 VT_2 的基极进行频率调制。VT_2 组成共基极超高频振荡器，基极与集电极的电压随基极输入的音频信号变化而变化，从而使基极和集电极的结电容发生变化，高频振荡器的频率也随之变化，从而实现频率调制。VT_3 组成发射极输出丙类高频功率放大器，其作用有两个：一是增大发射功率，扩大发射距离；二是隔离天线与振荡器，减小天线对振荡器振荡频率的影响。高频信号由 VT_3 的发射极输出，经过 C_{10}、L_3 送至天线发射。L_3 为天线电感线圈，用于天线长度小于四分之一波长时提高天线的发射效率。C_8 与 C_{10} 的容量不可以大 20pF，否则天线的变动将会引起频率的不稳定。

3. 元器件选择与制作

参数：VT_1 可用 9014，VT_2 用 9018，要求放大倍数要大于 80；VT_3 选用 8050C，要求放大倍数要大于 50。

C_1、C_3、C_{11} 采用电解电容，C_4～C_{10} 为瓷片电容，电阻采用碳膜电阻，L_1～L_3 用直径为

0.4mm 的漆包线在圆珠笔芯上绕 6 匝，然后脱胎取下即可。L_1 应在 3 匝处抽头，L_2 与 L_3 在印制电路板上应互相呈垂直状态排列。天线最好采用拉杆天线，也可以采用 800mm 长的塑料软线代替。

L_1：利用一直径 3.5mm 左右的圆棒作为模具，用直径 0.5mm 裸铜丝或漆包线，在模具上绕 10 圈，脱胎为空心线圈，并将其均匀拉长为 8mm，然后再线圈中间（5 圈位置）焊接出一个抽头引线。

L_2：用直径 0.5mm 裸铜线或漆包线，在直径 3.5mm 左右的圆棒模具上绕 5 圈，脱胎成为空心线圈，并将其均匀拉长为 6mm 即可。

驻极体传声器：EM-27B-P（ϕ6.0×2.7）。

4. 印制电路板图（如图 5.2.7 所示）

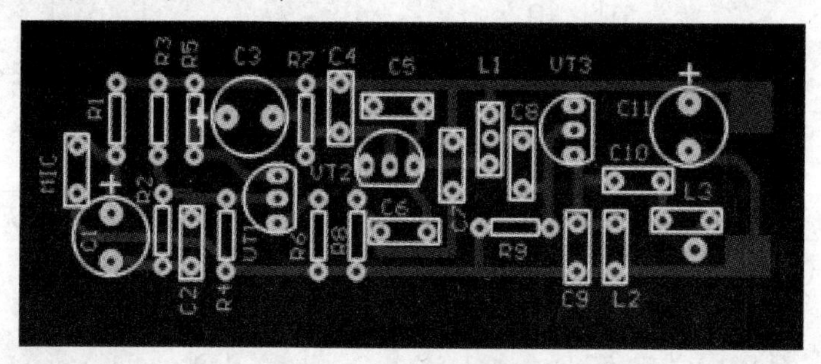

图 5.2.7　印制电路板图

印制电路板上没有设开关 S，需另外接电路安装好以后要进行调试，调试可以分为以下 3 步进行。

（1）调整各级工作点：调电阻 R_3 使 VT_1 的集电极电压为 1.5V（或集电极电流为 1mA 左右）；调整电阻 R_7 使 VT_2 的集电极电流为 4～6mA，此时用镊子触碰 VT_2 的集电极，此电流应有明显变化，说明高频振荡器工作正常。VT_3 的工作点不用调试。

（2）频率调整：打开调频收音机，在 88～108MHz 范围内搜索本机信号。如两机频率对准，收音机里会产生剧烈的啸叫声，此点应避开当地的调频广播电台所使用的频率，避开方法是用小螺丝刀改变线圈 L_1 的匝距。

（3）发射场强调试：先自制一个简单的场强仪，场强测试电路如图 5.2.8 所示。将场强仪的 A、B 两点分别接无线话筒的天线端和地端，微调无线话筒的 L_2 和 L_3 的匝距，使场强仪的万用表读数最大即可。场强仪万用表应置于直流 10V 或 50V 挡。调整好的电路即可投入使用了。

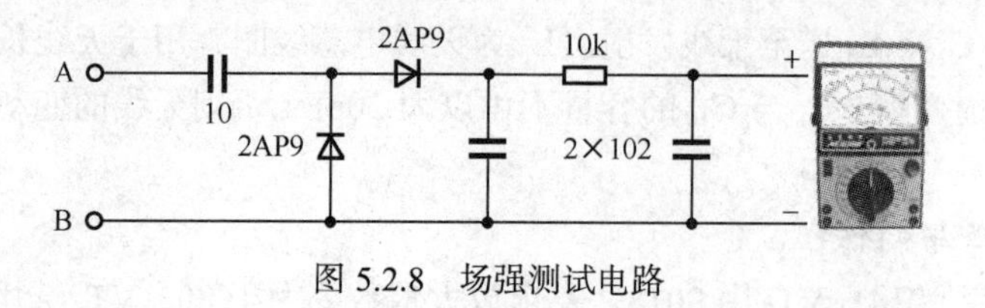

图 5.2.8　场强测试电路

5. 制作

调频无线话筒的电路图，电路非常简洁，没有多余的器件。高频三极管 VT_1 和电容 C_3、C_5、

C_6 组成一个电容三点式的振荡器，对于初学者我们暂时不要去琢磨电容三点式的具体工作原理，我们只要知道这种电路结构就是一个高频振荡器就可以。三极管集电极的负载 C_4、L 组成一个谐振器，谐振频率就是调频话筒的发射频率，根据图 5.2.9 中元件的参数发射频率可以为 88～108MHz，正好覆盖调频收音机的接收频率，通过调整 L 的数值（拉伸或者压缩线圈 L）可以方便地改变发射频率，避开调频电台。发射信号通过 C_7 耦合到天线上再发射出去。集成电路无线调频话筒原理图如图 5.2.10 所示。

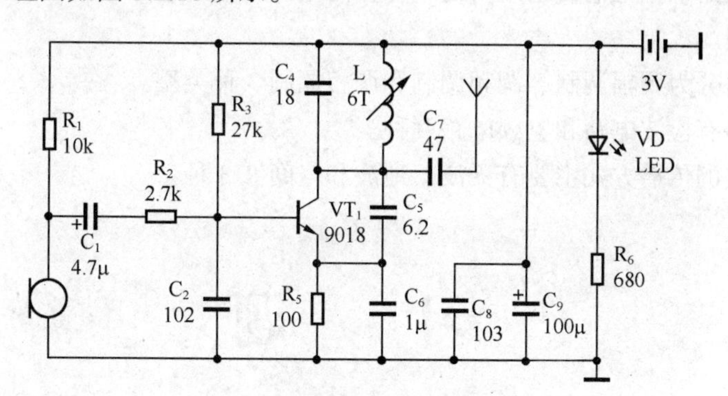

图 5.2.9　简单易制无线调频话筒

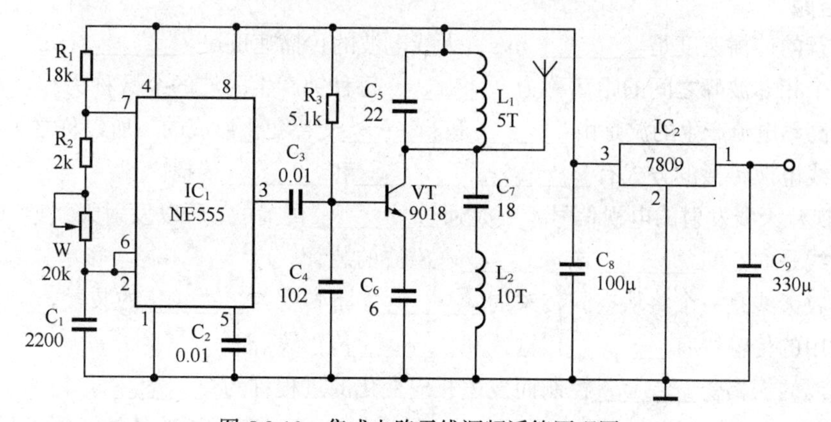

图 5.2.10　集成电路无线调频话筒原理图

项目小结

（1）不需要外加信号就能自动地把直流电能转换成具有一定振幅和一定频率的交流信号的电路就称为振荡电路或振荡器。

（2）振荡器包括三大部分：放大器、正反馈电路和选频网络。

（3）相位平衡条件：$\Phi_A + \Phi_F = 2n\pi$　（n=0、1、2、…）。

（4）幅度平衡条件：$A_F=1$。

（5）振荡器主要分为 RC、LC 振荡器和晶体振荡器。

采用 RC 网络作为选频移相网络的振荡器统称为 RC 正弦振荡器，属于音频振荡器。

采用 LC 振荡回路作为移相和选频网络的正反馈振荡器称为 LC 振荡器。LC 振荡器的分类如下。

① 变压器耦合：单管 LC 正弦振荡器、差分对管 LC 正弦振荡器；
② 三点式：电容三点式（考毕兹）振荡器、电感三点式（哈特莱）振荡器；
③ 改进三点式：克拉泼振荡器、锡拉振荡器；
④ 差分对管振荡器。
晶体振荡器：振荡器的振荡频率受石英晶体控制的振荡器。

（6）在电子电路中，把输出电路中的一部分能量送回输入电路中，以增强或减弱输入信号的效应就叫做反馈。

（7）调制电路分为调幅调制、调频调制和调相调制 3 种类型。

（8）解调电路有检波电路和鉴频电路两种。

（9）无线电波的传播方式主要有天波、地波和空间波 3 种。

习　题

1．填空题

（1）声音的传播速度是________ m/s，无线电波的传播速度是________ m/s。

（2）两个相邻波峰之间的距离称为________，每秒钟产生的波的个数称为________。

（3）由高频电流产生的波是由________和________交替变化形成的，所以称之为________。

（4）无线电波传播的方式有________、________和________传播。

（5）电视台天线发射的电视信号主要是通过________传播的，所以发射天线架得________。

（6）天线是向空间________或________电磁波的装置。

（7）接收天线是一个将从空间传来的________能量转变为________的装置。

（8）常用的传输线有________传输线和________传输线。

（9）载波的振幅受________控制而发生相应变化的过程称为________。

（10）所谓振幅检波，就是从_______解调出_______的过程；检波的核心元件是_______。

2．判断题

（1）天线可以直接将低频信号发送至远方。（　）

（2）地面波传播时，波长越短，衰减越大。（　）

（3）地面波比较稳定。（　）

（4）天波传播容易受天气影响。（　）

（5）超短波可以穿透大气电离层。（　）

（6）空间波可以辐射很远的距离。（　）

（7）谐振频率（f_0）的大小是由电路中电感的电感量（L）和电容的电容量（C）决定的。（　）

（8）电振荡中，电流（或电压）的大小和方向每秒钟重复变化的次数叫做频率。（　）

（9）在鉴频器的前级加一级限幅器，作用是使输入的调频波近似于等幅波。（　）

（10）常用的有源器件有电阻、电容、晶体、三极管和运算放大器等。（　）

（11）无线电广播和电视的信息是通过电波来传送的。（　）

（12）正弦波的电参量有振幅、频率和相位 3 个要素。 （ ）

（13）调频广播以声音作为调制信号。 （ ）

（14）载波信号只能是单一的正弦波。 （ ）

（15）调幅波包络线的形状与调制信号的波形不一样。 （ ）

（16）调幅波包络线随声音的大小或图像亮度的强弱而相应变化。 （ ）

（17）调制信号具有从几十赫兹至 30 kHz 的连续频谱。 （ ）

3．选择题

（1）人耳能听到的声音的频率范围是______。

A. 300kHz～300MHz　B. 30Hz～3kHz　C. 20Hz～20kHz

（2）大气电离层距地面的距离为______。

A. 100km　B. 50km　C. 20km　D. 10km

（3）距地面______ km 以外的无线电通信称为空间传播。

A. 100　B. 500　C. 1 000　D. 5 000

（4）常用的平行双线传输线的特性阻抗为______。

A. 50Ω　B. 75Ω　C. 150Ω　D. 300Ω

（5）数字通信容易做到______。

A. 灵活性高　B. 标准化　C. 整体化

（6）交流电路中，电容两端的电压与通过它的电流______。

A. 同相位　B. 滞后 90°　C. 超前 90°

（7）串联谐振和并联谐振的共同点是，感抗______容抗。

A 小于　B. 等于　C. 大于

（8）并联谐振时，电路的总阻抗______。

A. 最小　B. 中等　C. 最大

（9）串联谐振又称为______。

A. 电流谐振　B. 电压谐振　C. 固有频率谐振

（10）______是影响放大器稳定的重要因素之一。

A. 互感耦合　B. 电容耦合　C. 寄生耦合

（11）电阻、电容和______组成的滤波器称为有源滤波器。

A. 电感　B. 有源器件　C. 无源器件　D. 晶体

（12）属于有源器件的是______。

A. 谐振电路　B. 电容　C. 电感　D. 运算放大器

（13）声表面波的传播速度______。

A. 较低　B. 一般　C. 较高　D. 极低

（14）属于低频信号的是______。

A. 调制信号　B. 载波信号　C. 无线电波

4．问答题

（1）调制与解调的种类有哪些？

（2）为什么不同波段的无线电波采用不同的传播方式？

在该项目中通过学习数字电路的基本知识和门电路的基本功能，来动手制作四路抢答器。通过制作抢答器达到巩固、加深理解数字电路理论知识的应用能力和动手能力。

该项目分为两个任务，一是门电路的功能测试。在该任务中重点学习门电路的基本功能，通过学习、掌握门电路的基本功能，在实训中能按要求完成逻辑功能的测试和验证，达到对门电路知识的掌握和理解；二是制作四路抢答器，在该任务中通过分析四路抢答器的电路，理解和掌握四路抢答器的工作原理和元件组成，并动手制作出四路抢答器。

任务一　示波器使用与门电路功能测试

任务引入与目标

（1）学习基本门电路的逻辑功能和逻辑代数基本知识。

（2）学习双踪示波器、函数信号发生器的使用方法。

（3）74LS00、74LS04、74LS20、74LS86 芯片逻辑功能和测试方法。

【知识目标】

（1）学会数显双踪示波器的使用方法，明确示波器面板上各按键、旋扭的定义或用法。

（2）会用示波器观察几种常见函数信号波形。

【能力目标】

按老师要求分别对 74LS00、74LS04、74LS20、74LS86 芯片进行逻辑测试。

相关知识

一、数字电路的基本知识

（一）数字信号的概念

只要注意一下我们的周围就不难发现，现在人们的日常生活已经离不开计算机了。如果没有计算机就不能从 ATM 提取现金，也不能进行各种网上交易等。信息数字化使得广播及通信多频道化、双向化和多媒体化。相对模拟信号而言，数字信号不易失真，在传送过程中不易受到干扰，能有效地利用计算机进行各种处理，而且数字化的数据及信息还能被简单可靠地存储。

数字化的应用在我们的生活中无处不在。而我们平时所接触的几乎都是模拟信号，如风、气温、光照、说话的声音、听到的音乐、歌声等。我们如何将生活中的物理量实现数字化呢？这就是我们将要研究的数字电路问题。

1. 模拟信号与数字信号之间的传输

如图 6.1.1 所示，利用传统的电话线（即采用模拟传送线路的通信方式）进行信息传递（EP 上网）还是许多家庭正在使用的一种方式。此种方式只能在 1 条通道上传递信息，因此用计算机进行数据传递时，还要通过 MODEM 与传统的电话线路的模拟传送通路相连接，需将模拟信号转换为数字信号。

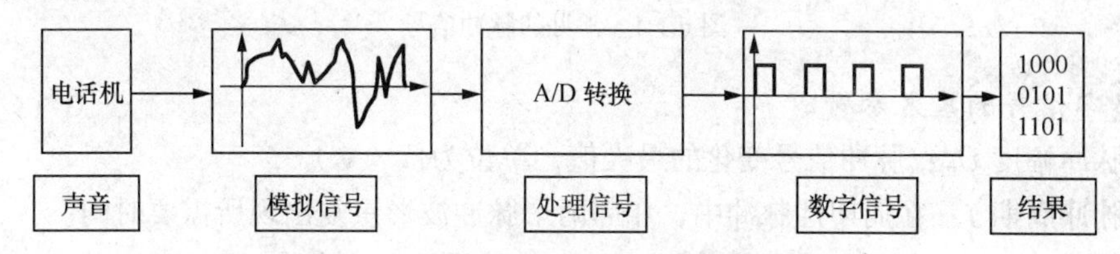

图 6.1.1　模拟信号与数字信号之间的传输

传统电话线传输的是声音信号，计算机处理的是数字信号。我们将这两种信号以工作的变化划分为模拟信号和数字信号。

2. 模拟信号

在时间上和数值上连续的信号称为模拟信号，例如声音、温度、压力等电信号就是模拟信号。模拟信号波形如图 6.1.2 所示。

对模拟信号进行传输、处理的电子线路称为**模拟电路**。

3. 数字信号

在时间上和数值上不连续的（即离散的）信号，例如常用“0”与“1”表示，反映在电路中就是高电平与低电平两种状态的信号。数字信号波形如图 6.1.3 所示。

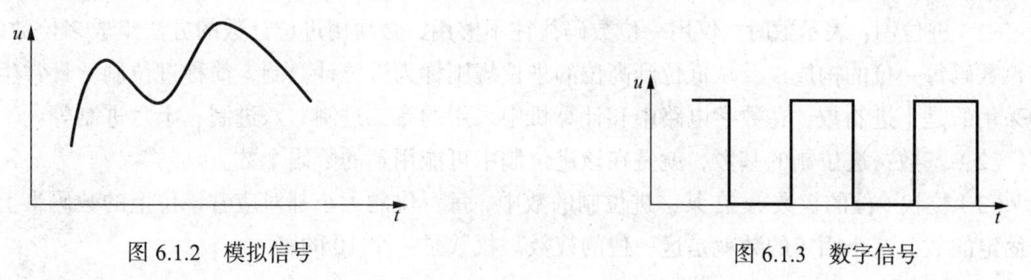

图 6.1.2　模拟信号　　　　图 6.1.3　数字信号

对数字信号进行传输、处理的电子线路称为**数字电路**。

4. 数字电路的特点

（1）数字信号简单，只有 0 和 1 两个基本数字，反映在电路中就是高电平与低电平两种状态。其电路结构简单，对元件的精度要求不高，便于集成和制造，还具有价格便宜等优点。

（2）数字电路中半导体管均处于开关状态，并利用管子的饱和与截止来表示数字信号的高、低电平。因此数字系统具有工作可靠性高、抗干扰能力强等优点。

（3）数字电路中侧重研究输入、输出的 0、1 序列间的逻辑关系及其所反映的逻辑功能。

（4）数字电路分析所使用的数学工具主要是逻辑代数。

（5）数字电路具有算术运算和逻辑运算能力，可用在工业中进行各种智能化控制，减轻劳动强度，提高产品质量。

5. 脉冲信号

从广义上说各种脉冲信号也属于数字信号，其常见波形如图 6.1.4 所示。

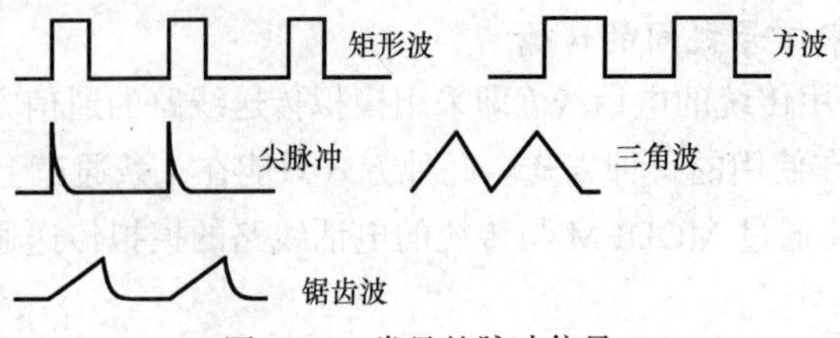

图 6.1.4 常见的脉冲信号

6. 数字信号的基本参数

（1）脉冲幅度 U_m：脉冲信号变化的最大值，单位为伏（V）。

（2）脉冲周期 T：在周期性脉冲中，相邻两个脉冲波形重复出现所需要时间。

（3）脉冲频率 f：单位时间的脉冲数，即 f=1/T，单位为赫兹（Hz）。

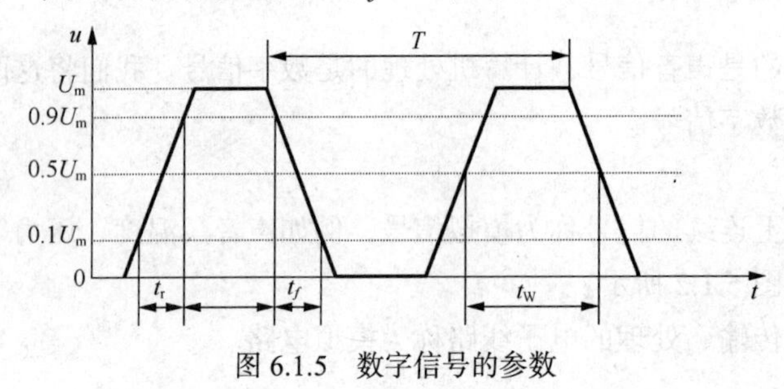

图 6.1.5 数字信号的参数

（二）数制的概念

数制是计数进位制的简称。

（1）进位制：表示数时，仅用一位数码往往不够用，必须用进位计数的方法组成多位数码。多位数码每一位的构成以及从低位到高位的进位规则称为进位计数制，简称进位制。日常生活中采用的是十进制数，在数字电路中和计算机中采用的有二进制、八进制、十六进制等。

（2）基数：进位制的基数，就是在该进位制中可能用到的数码个数。

（3）位权（位的权数）：在某一进位制的数中，每一位的大小都对应着该位上的数码乘上一个固定的数，这个固定的数就是这一位的权数。权数是一个 10 的幂。

1. 十进制

十进制数是人们最习惯采用的一种数制。十进制数是用 0、1、2、3、4、5、6、7、8、9 十个不同数字，按一定规律排列起来表示的数。10 是这个数制的基数。向高位数的进位规则是“逢十进一”，给低位借位的规则是“借一当十”，数码处于不同位置（或称数位），它所代表的数量的含义是不同的。

10^3、10^2、10^1、10^0 称为十进制的权。各数位的权是 10 的幂。

如：$(5555)_{10} = 5 \times 10^3 + 5 \times 10^2 + 5 \times 10^1 + 5 \times 10^0$

又如：$(209.04)_{10} = 2 \times 10^{2} + 0 \times 10^{1} + 9 \times 10^{0} + 0 \times 10^{-1} + 4 \times 10^{-2}$

★ 任意一个十进制数都可以表示为各个数位上的数码与其对应的权的乘积之和，称为按权展开式。

★ 同样的数码在不同的数位上代表的数值不同。数位上的数码称为系数，位权乘以系数称为加权系数。

2. 二进制数

二进制的数码只有两个：0 和 1。因此其基数为 2，每个数位的位权值是 2 的幂。计数方式遵循“逢二进一”和“借一当二”的规则。按照十进制数的一般表示法，把 10 改为 2 就可得 到二进制数的一般表达式。

如：$(101.01)_{2} = 1 \times 2^{2} + 0 \times 2^{1} + 1 \times 2^{0} + 0 \times 2^{-1} + 1 \times 2^{-2} = (5.25)_{10}$

3. 八进制

运算规律：逢八进一，即：$7 + 1 = 10$，各位权为 8 的幂。

八进制数的权展开式：

如：$(206.04)_{8} = 2 \times 8^{2} + 0 \times 8^{1} + 6 \times 8^{0} + 0 \times 8^{-1} + 4 \times 8^{-2} = (134.0625)_{10}$

4. 十六进制

数码为：0～9、A～F；基数是 16，运算规律：逢十六进一，即：$F + 1 = 10$。

十六进制数的权展开式如：

$(D6.A)_{16} = 13 \times 16^{1} + 6 \times 16^{0} + 10 \times 16^{-1} = (214.625)_{10}$

（三）数制转换

1. 十进制数转换为二进制数

将十进制整数转换为二进制数采用“除 2 取余数，逆序排列”法，即用 2 去除十进制整数，可以得到一个商和余数，再用 2 去除商数，又会得到一个商和余数，如此进行，直到商为零时为止；然后把先得到的余数作为二进制数的低位，后得到的余数作为二进制数的高位，依次排列起来。

小数部分采用基数连乘法，先得到的整数为高位，后得到的整数为低位。

如：如何把十进制数 44.375 转换为二进制数？

2 | 44　　　　　余数　低位
2 | 22 ……… $0=K_0$ ↑
2 | 11 ……… $0=K_1$
2 | 50 ……… $1=K_2$
2 | 2 ……… $1=K_3$
2 | 1 ……… $0=K_4$
0 ……… $1=K_5$　高位

0.375
× 2　　　　整数　高位
0.750 ……… $0=K_{-1}$ ↓
0.750
× 2
1.500 ……… $1=K_{-2}$
0.500
× 2
1.000 ……… $1=K_{-3}$　低位

所以：$(44.365)_{10} = (101100.011)_2$

2. 各种进制转换对照表

各种进制转换对照表如表 6.1.1 所示。

表 6.1.1　　各种进制对照表

十进制数	二进制数	八进制数	十六进制数
0	00000	0	0
1	00001	1	1
2	00010	2	2
3	00011	3	3
4	00100	4	4
5	00101	5	5
6	00110	6	6
7	00111	7	7
8	01000	10	8
9	01001	11	9
10	01010	12	A
11	01011	13	B
12	01100	14	C
13	01101	15	D
14	01110	16	E
15	01111	17	F

★ 请大家熟记最常用的十进制-二进制-十六进制之间的转换。

二、码制

数字信息有两类：一类是数值，另一类是文字、图形、符号，表示非数值的其他事物。对后一类信息，在数字系统中也用一定的数码来代表，以便用计算机来处理。这些代表信息的数码不再有数值的意义，而称为信息代码或简称代码，如电报码、运动员的编号等。为了便于记忆、查找、区分，在编写各种代码时，总要遵循一定的规律，这一规律称为码制。

对数字系统而言，使用最方便的是按二进制数码编制代码。如用二进制数码来表示 1 位十进制数，简称 BCD 码，它具有二进制数的形式，又具有十进制数的特点。BCD 码可以简化两种数制之间的变换过程，从而改善人机的信息交流。在用 4 位二进制数码表示 1 位十进制数 0～9 这 10 个数时，其编码方式是很多的。一般分为有权 BCD 码和无权 BCD 码两类。

1. 有权 BCD 码

在有权 BCD 码中，每 1 位十进制数均用一组 4 位二进制数码来表示，这 4 位二进制数码中的每 1 位都有固定权，表示固定的数值。常见的有权 BCD 码如表 1.1.2 所示。

8421BCD 码是常用的代码这种编码的优点是 4 位码之间满足二进制的规则，前已述及，8、

4、2、1是4位二进制数所在4位的权。用8、4、2、1码编制的代码又称8421BCD码，意指这种编码为"以二进制编码的十进制数"，如：$[1010011]_{8421BCD}=[01010011]_{8421BCD}=[53]_D$。用8421BCD码表示42609应为：$[42609]_D=[0100\ 0010\ 0110\ 0000\ 1001]_{8421BCD}$。

有权BCD码如表6.1.2所示。

表6.1.2　　有权BCD码

权值 / 十进制数	8421	5421	2424	7321	631-1
0	0000	0000	0000	0000	0000
1	0001	0001	0001	0001	0010
2	0010	0010	1000	0010	0101
3	0011	0011	1001	0011	0100
4	0100	0100	1010	0101	0110
5	0101	1000	1011	0110	1001
6	0110	1001	1100	0111	1000
7	0111	1010	1101	1000	1010
8	1000	1011	1110	1001	1101
9	1001	1100	1111	1010	1100

2. 常用的BCD编码表

常用的BCD编码表如表6.1.3所示。

表6.1.3　　常用的BCD编码表

十进制数	8421码	余3码	格雷码	2421码	5421码
0	0000	0011	0000	0000	0000
1	0001	0100	0001	0001	0001
2	0010	0101	0011	0010	0010
3	0011	0110	0010	0011	0011
4	0100	0111	0110	0100	0100
5	0101	1000	0111	1011	1000
6	0110	1001	0101	1100	1001
6	0111	1010	0100	1101	1010
6	1000	1011	1100	1110	1011
9	1001	1100	1101	1111	1100
权	8421	无权	无权	2421	5421

三、三极管的开关特性

在数字电路中，三极管是作为开关使用的。主要工作在饱和和截止两种开关状态，放大区只是极短暂的过渡状态。三极管截止相当于开关断开，三极管饱和相当于开关闭合，因此我们最关心三极管截止和饱和时的情况。

三极管的开关特性如图 6.1.6 所示。

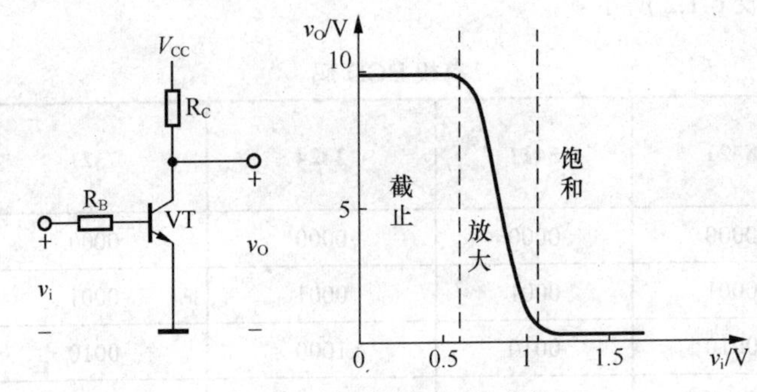

图 6.1.6　三极管的开关特性

从图 6.1.6 中的单管共射电路电压传输特性曲线上我们可以看出，v_i 在 0～0.5V 范围内三极管处于截止状态，相当于 CE 结开路；v_i 在 1V 以上时三极管处于饱和导通状态，C 极电压很低，相当于 CE 结近似短路。

三极管 3 种工作状态如表 6.1.4 所示。

表 6.1.4　　三极管 3 种工作状态

工作状态		截止	放大	饱和
条件		$i_B=0$	$0<i_B<I_{BS}$	$i_B>I_{BS}$
工作特点	偏置情况	发射结反偏，集电结反偏 $u_{BE}<0$，$u_{BC}<0$	发射结正偏，集电结反偏 $u_{BE}>0$，$u_{BC}<0$	发射结正偏，集电结正偏 $u_{BE}>0$，$u_{BC}>0$
	集电极电流	$i_C=0$	$i_C=\beta i_B$	$i_C=I_{CS}$
	ce 间电压	$u_{CE}=V_{CC}$	$u_{CE}=V_{CC}-i_CR_c$	$u_{CE}=U_{CES}$=0.3V
	ce 间等效电阻	很大，相当开关断开	可变	很小，相当开关闭合

四、三种基本逻辑关系

我们把“条件”和“结果” 之间的关系称为逻辑关系。基本逻辑关系有与逻辑、或逻辑和非逻辑，能完成相应因果关系的逻辑电路称为逻辑门电路。

我们分析以下简单的直流电路。

（一）“与” 逻辑关系

在图 6.1.7 中，我们把决定事件（Y）发生的所有条件（A，B，C，…）均满足时，事件（Y）才能发生的逻辑关系，称之为与逻辑关系。其表达式为：$Y=ABC\cdots$。

☆ 归纳一句话：有“0”就出“0”，全“1”才出“1”。其逻辑功能和其对应的真值表如表 6.1.5、表 6.1.6 所示。

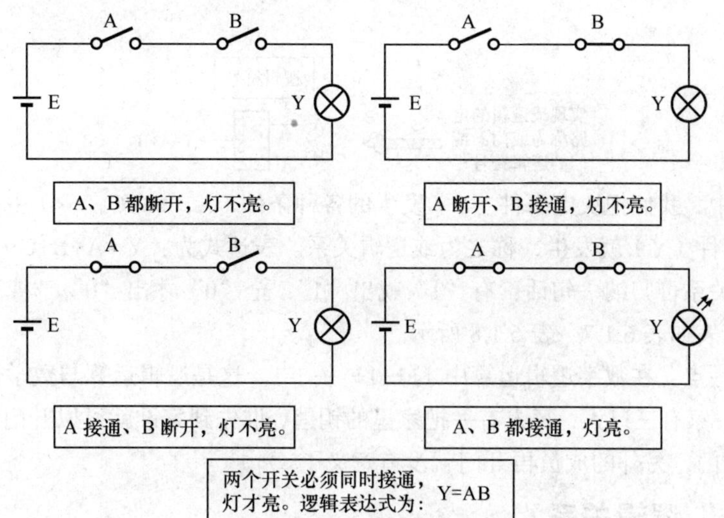

图 6.1.7 “与”逻辑关系

表 6.1.5 “与”逻辑功能表

开关 A	开关 B	灯 Y
断开	断开	灭
断开	闭合	灭
闭合	断开	灭
闭合	闭合	亮

表 6.1.6 “与”逻辑真值表

A	B	Y
0	0	0
0	1	0
1	0	0
1	1	1

☆“与”逻辑符号为：

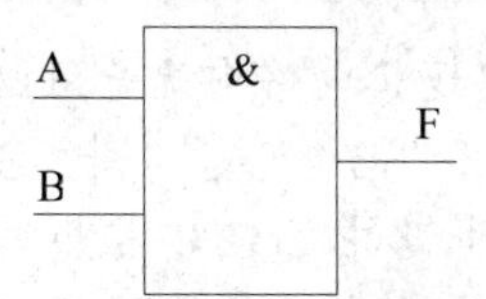

（二）“或”逻辑关系

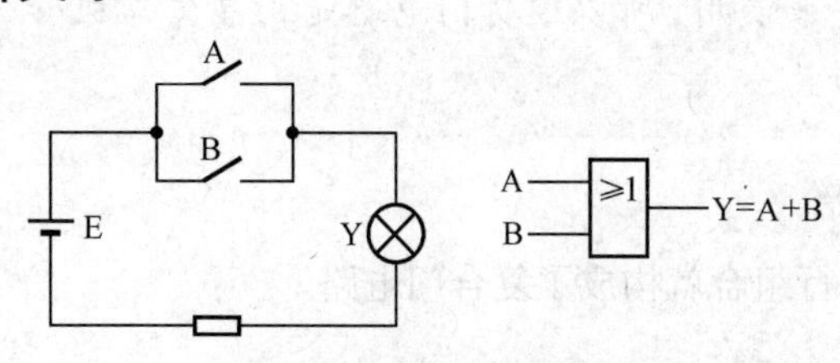

图 6.1.8 “或”逻辑关系

表 6.1.7 “或”逻辑功能表

开关 A	开关 B	灯 Y
断开	断开	灭
断开	闭合	亮
闭合	断开	亮
闭合	闭合	亮

表 6.1.8 “或”逻辑真值表

A	B	Y
0	0	0
0	1	1
1	0	1
1	1	1

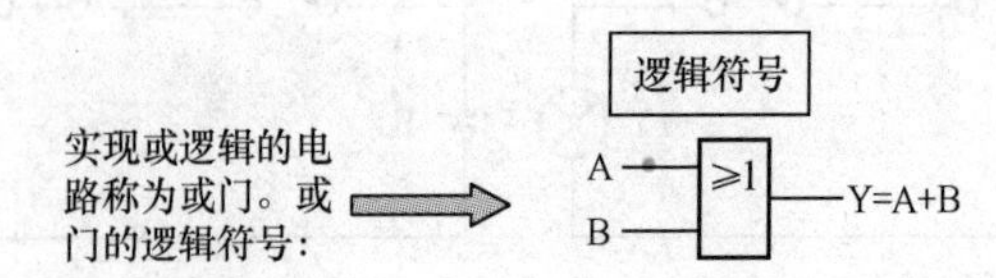

在图 6.1.8 中，我们把决定事件（Y）发生的各种条件（A，B，C，…）中只要有一个或以上条件具备，事件（Y）就发生，称之为或逻辑关系。表达式为：Y =A+B+C…。

“或”逻辑关系可归纳一句话：有“1”就出“1”，全“0”才出“0”。“或”逻辑关系的逻辑功能表和真值表如表 6.1.7、表 6.1.8 所示。

☆ 要强调一点：在数字逻辑运算中 1+1+1+ … =1。这是逻辑运算与数学运算不同之处。（生活小例子：一家有三口人，每人有一把家里的钥匙，谁先到家谁就可以开门，但是只要有一个人已经打开了门，另外的成员再开门就没有意义了。）

（三）“非”逻辑关系

“非”逻辑关系指的是逻辑的否定。当决定事件（Y）发生的条件（A）满足时，事件却不发生；条件不满足，事件反而发生。表达式为：

$$Y=\overline{A}$$

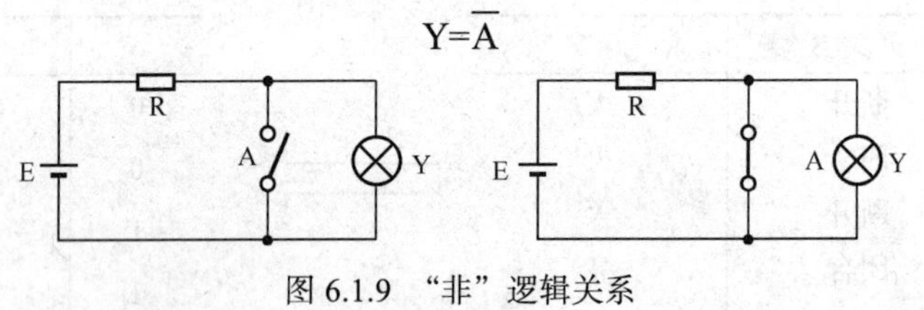

图 6.1.9 “非”逻辑关系

上述电路非常简单，开关合上灯不亮，开关打开灯却亮，这就是“非”逻辑关系。

是不是我们的数字逻辑电路中就是用以上开关控制的电路呢?当然不是了！这只是为了让大家理解“与”“或”“非”3 种基本逻辑关系而采取的一种分析方法，我们在模拟电路中已经非常熟悉晶体二极管了，它具有单向导电性，可以当成一个开关来使用，晶体三极管有饱和和截止状态，也可以当成一个开关来使用，所以逻辑门电路是由晶体二极管、晶体三极管或 CMOS 器件构成的。

（四）复合门电路

将 3 种基本门电路进行组合就构成了复合门电路。

1. 与非门

把与门和非门组合就构成了“与非门”，如图 6.1.10 所示。

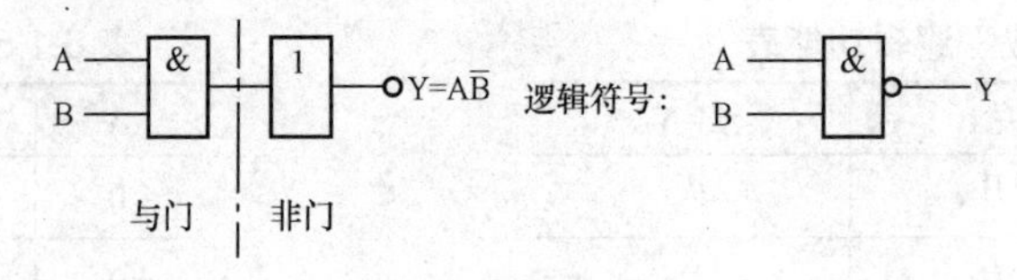

图 6.1.10 与非门电路

2. 或非门

将或门与非门组合就构成了“或非门”，如图 6.1.11 所示。

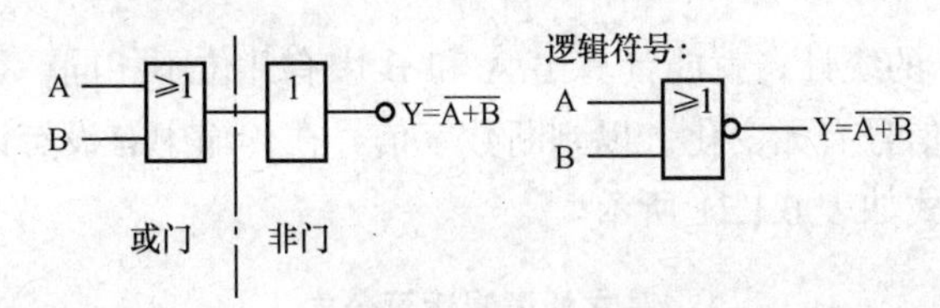

图 6.1.11　或非门电路

（1）请大家填写表 6.1.9“或”门逻辑电路的真值表；
（2）用一句话归纳或非门的逻辑功能。

表 6.1.9　　“或”逻辑真值表

A	B	Y =A+B
0	0	
0	1	
1	0	
1	1	

3. 知识拓展

（1）将“与”、“或”、“非”组合起来就构成了“与或非门”。

逻辑符号：

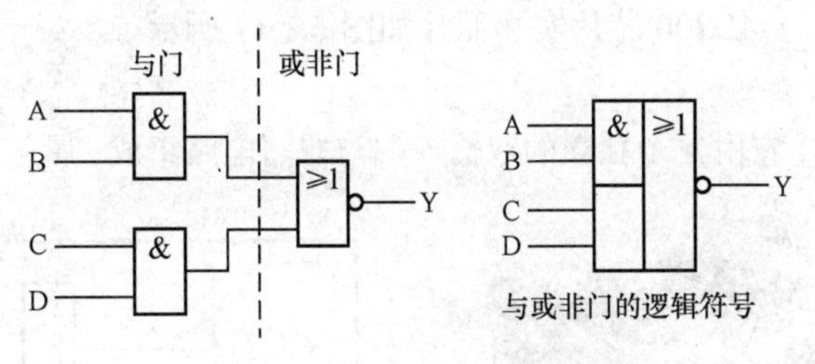

图 6.1.12　与或非门的等效电路

逻辑式：$Y=\overline{AB+CD}$

（2）异或门电路。在日常生活中，我们需要比较两个数字信号是否一样，那么用异或门就可以实现。

异或门的逻辑表达式为：

$$Y=\overline{A}B+A\overline{B}=A\oplus B$$

表 6.1.10　异或门真值表

A	B	Y=A ⊕ B
0	0	0
0	1	1
1	0	1
1	1	0

逻辑符号：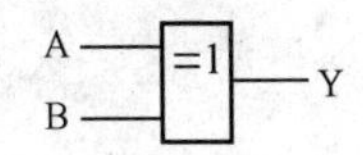

其真值表如表 6.1.10 所示。

其逻辑功能为：相同则 0，不同则 1。

例：设当 A=110100100011010011１, B =1001001000110100101 时，则输出 Y=0100000000000000010，

通过对 Y 中有多少个 1 的统计，就能计算出 A 和 B 中有几位不相同。最典型的应用就是比较发信端和收信端的数字信号有无变化，以判断数字信号在传输中有没有误码。

基本的逻辑运算公式如表 6.1.11 所示。

表 6.1.11　　　　基本的逻辑运算公式

序号	公式	逻辑功能描述	
1	$1\cdot1=1$	任意多的 1 相“与”仍等于 1，推广：AA=A	
2	$1+1=1$	任意多的 1 相“或”还等于 1，推广：A+A=A	
3	$1\cdot0=0$	0 和任意数相“与”就等于 0，推广：A0=0	
4	$1+0=1$	任意数和 1 相“或”就等于 1，推广：1+A=1	
5	$\overline{1}=0$	1 的“非”就是 0（0 的“非”就是 1），推广：$\overline{\overline{A}}=A$	非非率

（五）集成门电路

用来实现基本逻辑关系的电子电路称为门电路，能实现“与”、“或”、“非”逻辑功能的门电路称之为基本门电路，有与门、或门和非门。

按构成门电路的形式不同，集成门电路可分为分立元件的门电路和集成门电路两类，集成门电路具有体积小、重量轻、工作可靠性高、抗干扰能力强及价格低等优点，目前已得到广泛使用。因此我们重点介绍 74LS00、74LS04、74LS20、74LS86 等各种集成门电路的功能、性能指标、引脚排列及应用。74LS00 芯片实物照片如图 6.1.13 所示。

1. 74LS00

从图 1.14 可以看出，它由 4 个独立的双输入端与非门电路组成，属于 TTL 集成逻辑门电路。

图 6.1.13　74LS00 芯片实物照片

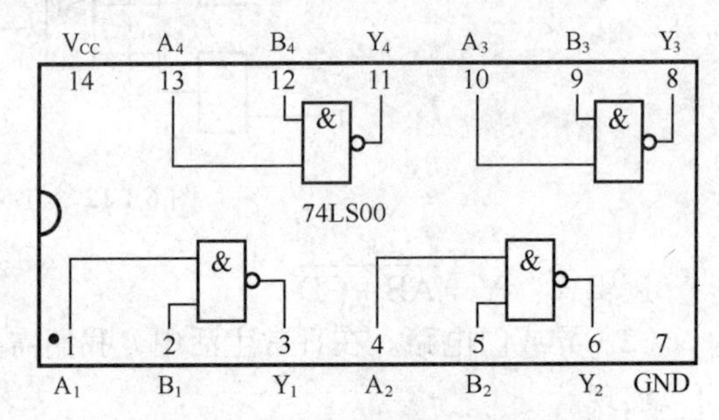

图 6.1.14　74LS00 内部电路结构

TTL 集成逻辑门电路是由晶体管做成的逻辑门电路的简称。TTL 电路产品型号较多，国外有美国德克萨斯公司 SN54/64 系列、摩托罗拉公司 MC5464 系列等，其中 54 为军用产品，74 为工业产品（主要包括标准型、高速型、低功耗型、肖特基型、低功耗肖特基型等）。由于 TTL 集成电路生产工艺成熟、产品参数稳定、工作可靠、开关速度高，因此获得了广泛的应用。我国 TTL 系列产品型号也较多，如 T4000、T3000、T2000 等。国外 TTL 集成电路只要型号一致，其功能、性能、引脚排列和封装形式就一致。

2. 74LS20、74LS30

74LS20 由两个 4 输入端构成的与非门集成芯片。74LS30 是 1 个 6 输入端的与非门集成芯片。

3. 74LS04 和 74LS86

74LS04 是由 6 个非门组成的集成芯片，74LS86 是由 4 个异或门组成的集成芯片，内部结构如图 6.1.16 所示。

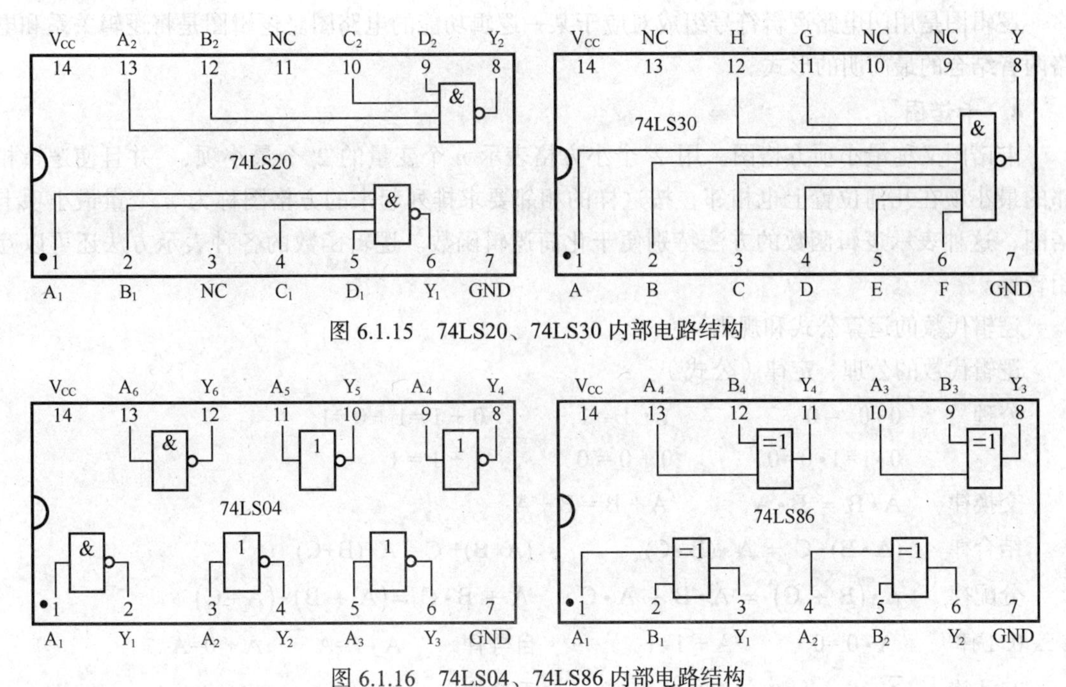

图 6.1.15　74LS20、74LS30 内部电路结构

图 6.1.16　74LS04、74LS86 内部电路结构

五、逻辑代数

（一）逻辑变量和逻辑函数

1. 逻辑变量

在逻辑代数中，变量用英文字母表示，称为逻辑变量。逻辑变量的取值只有 0 和 1 两种可能，这里的 0 和 1 已不再表示数量的大小，只代表两种不同的逻辑状态。

2. 逻辑函数

在逻辑表达式 Y =A+B 中，A、B 称为输入逻辑变量，Y 称为输出逻辑变量。一般来说，如果输入逻辑变量 A、B、…的取值确定之后，输出逻辑变量 Y 的值也被唯一地确定了，那么就称 Y 是 A、B、…的逻辑函数，并写成为

$$Y=F(A, B, \cdots)$$

（二）逻辑函数的表示方法

1. 真值表

用 0、1 表示输入逻辑变量各种可能取值的组合和对应的输出函数值排列成的表格，称为真值表。

n 个输入变量可有 2^n 种取值组合，如 2 个输入变量可有 $M=2^2=4$ 种不同取值组合，3 个输入变量可 $M=2^3=6$ 种不同取值组合，4 个输入变量可有 16 种不同取值组合……。

2. 逻辑函数式

逻辑函数式是用“与、或、非”等基本逻辑运算来表示输入变量和输出函数因果关系的逻辑表达式。

3. 逻辑图

逻辑图是用门电路逻辑符号组成对应于某一逻辑功能的电路图。逻辑图是将逻辑关系和电路两者结合的最简明的形式。

4. 卡诺图

卡诺图又称最小项方格图。用 2^n 个小方格表示 n 个变量的 2^n 个最小项，并且使逻辑相邻的最小项在几何位置上也相邻，按这样的相邻要求排列起来的方格图称为 n 变量最小项卡诺图，这种表示逻辑函数的方法特别便于化简逻辑函数。逻辑函数的各种表示方法还可以互相转换。

逻辑代数的运算公式和规则

逻辑代数的公理、定律（公式）

公理　$0 \cdot 0 = 0$　$1 \cdot 1 = 1$　$0 + 1 = 1 + 0 = 1$

　　　$0 \cdot 1 = 1 \cdot 0 = 0$　$0 + 0 = 0$　$1 + 1 = 1$

交换律　$A \cdot B = B \cdot A$　$A + B = B + A$

结合律　$(A \cdot B) \cdot C = A \cdot (B \cdot C)$　$(A+B) + C = A + (B+C)$

分配律　$A \cdot (B + C) = A \cdot B + A \cdot C$　$A + B \cdot C = (A + B) \cdot (A + C)$

0-1 律　$A \cdot 0 = 0$　$A + 1 = 1$　自等律　$A \cdot 1 = A$　$A + 0 = A$

互补律　$\overline{A} \cdot A \cdot A = 0$　$\overline{A} + A = 1$　重叠律　$A \cdot A = A$　$A + A = A$

反演律　$\overline{A \cdot B} = \overline{A} + \overline{B}$　$\overline{A+B} = \overline{A} \cdot \overline{B}$　还原律　$\overline{\overline{A}} = A$

合并律　$A \cdot B + A \cdot B = A$　$(A + B) \cdot (A + B) = A$

吸收律　$A + A \cdot B = A + B$　$A \cdot (A + B) = A$

消因律　$\overline{A} + A \cdot B = A + B$　$A \cdot (\overline{A} + B) = A \cdot B$

（三）逻辑函数的公式化简法

1. 逻辑函数的最简表达式

逻辑函数式有多种不同形式，如与或式、与非式、或与式、或非式、与或非式等。类型不同，其最简表达式的标准也不相同，我们仅以最常用的与或式为例加以讨论，如逻辑函数式 $Y = AB + BC$ 就是一个与或式。最简与或式的标准是：

（1）逻辑函数式中乘积项（与项）的个数最少；

（2）每个乘积项中变量的个数最少。

2. 常用的公式化简方法

逻辑函数式的公式化简法，也称代数法。公式化简的实质是应用逻辑函数的基本公式不断地消去多余的乘积项和乘积项里多余的变量，以求得逻辑函数的最简表达式。这里仅通过一些具体的实例介绍逻辑函数公式化简常采用的几种方法，这些方法有并项法、消项法、消因子法、吸收法及配项法等。

（1）并项法。两个有相同变量的乘积项中，若只有一个变量互为反变量，其余变量均相同，则这样的项为逻辑相邻，简称相邻项。

【例 6.1】化简 $Y = A\overline{B} + \overline{A}\,\overline{B} + ACD + \overline{A}CD$

解：$Y=A\overline{B}+\overline{A}\,\overline{B}+ACD+\overline{A}CD$

$=(A+\overline{A})\overline{B}+(A+\overline{A})CD$

$=\overline{B}+CD$

【例 6.2】化简 $Y=\overline{A}\,\overline{B}\,\overline{C}+A\overline{B}\,\overline{C}+\overline{A}B\overline{C}+AB\overline{C}$

解：$Y=\overline{A}\,\overline{B}\,\overline{C}+A\overline{B}\,\overline{C}+\overline{A}B\overline{C}+AB\overline{C}$

$=\overline{A}\,\overline{C}(B+\overline{B})+A\overline{C}(B+\overline{B})$

$=\overline{A}\,\overline{C}+A\overline{C}$

$=\overline{C}(A+\overline{A})$

$=\overline{C}$

（2）吸收法。

利用吸收律公式可以吸收一些逻辑项，实现化简。被吸收的逻辑项可以是一个逻辑式甚至是十分复杂的逻辑式。

【例 6.3】化简 $Y=A+\overline{\overline{A}\cdot\overline{B}\,\overline{C}}\cdot(\overline{A}+\overline{\overline{B}\,\overline{C}+D})+BC$

解：$Y=A+\overline{\overline{A}\cdot\overline{B}\,\overline{C}}\cdot(\overline{A}+\overline{\overline{B}\,\overline{C}+D})+BC$

$=(A+BC)+(A+BC)(\overline{A}+\overline{\overline{B}\,\overline{C}+D})$

$=A+BC$

$\overline{A}+\overline{\overline{B}\overline{C}+D}$ 被吸收。

【例 6.4】化简 $Y=\overline{AB+AC+\overline{A}D}$

解：$Y=\overline{AB+AC+\overline{A}D}$

$=\overline{A(B+C)}\cdot\overline{\overline{A}D}$

$=\overline{A(B+C)}\cdot(A+\overline{D})$

$=(\overline{A}+\overline{B+C})\cdot(A+\overline{D})$

$=(\overline{A}+\overline{B}\,\overline{C})\cdot(A+\overline{D})$

$=\overline{A}A+\overline{A}\,\overline{D}+A\overline{B}\,\overline{C}+\overline{B}\,\overline{C}\,\overline{D})$

$=\overline{A}\,\overline{D}+A\cdot(\overline{B}\,\overline{C})+\overline{D}(\overline{B}\,\overline{C})$

$=\overline{A}\,\overline{D}+A\overline{B}\,\overline{C}$

（3）消项法。若式中存在单因子项，则包含该因子的其他项为多余项，可利用公式消去，单因子项及被消去的项可以是一个逻辑函数式，甚至是十分复杂的逻辑函数式。

【例 6.5】化简 $Y=\overline{A}+\overline{A}BCD$

解：$Y=\overline{A}+\overline{A}BCD$

$=\overline{A}(1+BCD)$

$=\overline{A}$

【例 6.6】化简 $Y=AB\overline{C}+AB\overline{C}(D+\overline{B}\,\overline{C}E)$

解：$Y=AB\overline{C}+AB\overline{C}(D+\overline{B}\,\overline{C}E)$

$=AB\overline{C}(1+D+\overline{B}\,\overline{C}E)$

$=AB\overline{C}$

任务实施

1. 器材

逻辑电路实验箱、万用表、示波器、74LS00　2只；74LS86　1只。

2. 要求

（1）电路要可靠连接，正确插、拔集成电路；

（2）电路布局合理、美观，使用万用表测量动作符合专业标准；

（3）注意事项：

操作过程中要时刻注意人身安全及用电安全。

3. 步骤

（1）在老师指导下熟悉并逐渐掌握数显示波器的基本功能和使用方法。

（2）按表 6.1.12 要求，用示波器观测函数信号波形。

表 6.1.12

函数	波形（标出幅值、周期）	垂直衰减开关位置	信号波形垂直格数	水平扫描开关位置	信号波形水平格数	探头衰减比
正弦波						
三角波						
方波						

（3）进行基本门电路的功能测试。

① 测试与非门（74LS00）的逻辑功能；

② 测试异或门（74LS86）的逻辑功能；

③ 分别测试图 6.1.17（a）、（b）所示的逻辑电路的逻辑关系，写出表达式。

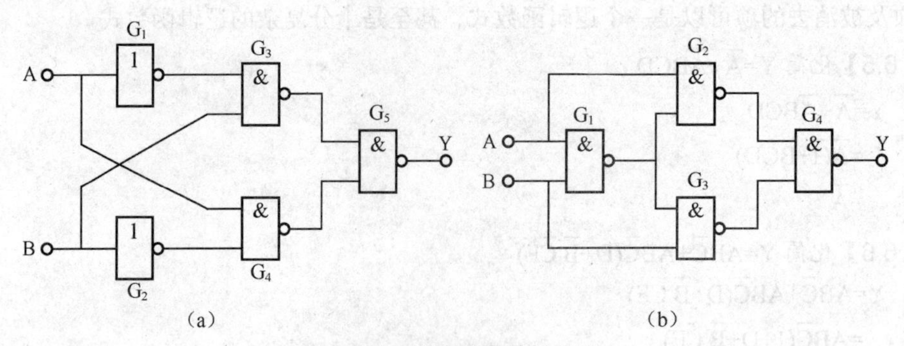

图 6.1.17　逻辑功能测试电路

任务二　制作四路抢答器

任务引入与目标

（1）学习四路抢答器的工作原理及集成数字电路芯片的使用方法；

（2）学习四路抢答器的制作方法。

【能力目标】

（1）学会四路抢答器的制作方法和技巧；

（2）提高动手能力和分析解决问题能力。

相关知识

我们在任务一中学习了基本门电路的知识，并进行了基本门电路功能的验证和测试。下面我们要介绍的四路抢答器就是巧妙应用了基本门电路中的“与非门”的逻辑功能实现抢答器功能的。我们还可以把它扩展为八路或更多路的抢答器。

一、四路抢答器的工作原理

4 个 4 输入端与非门 U_1A、U_1B、U_2A、U_2B 的输出端标识分别为 A、B、C、D，它和与非门 U_3A 的输入端 1、2、3、4 对应连接线如图 6.2.1 所示。下面分析智力抢答器的工作原理。

在图 6.2.1 中，按键 SW1～SW4 均处于释放状态时，各个与非门中与按键相连接的那个输入端经 1kΩ 电阻接地，则该输入端可视为 0 电平，因此各个与非门的输出端 A、B、C、D 均为 1，此时 U_3A 的输入端 1、2、3、4 也均为 1，与非门 U_3A 输出 0，VT1 截止，指示灯不亮，表示无人抢答。

设按键 SW1 先被按下，与非门 U_1A 输入高电平 1，因 U1A 其余 3 个输入端原来状态已为 1，所以这时输出为 A=0，发光二极管 VD_1 被点亮，提示处于 1 号台抢答状态。同时因与非门 U_3A 有一输入端为低电平，故其输出为高电平，该高电平使三极管 VT 饱和，指示灯亮，表示有人抢答了。

U_1A 输出 A=0 的状态同时加到了 U_1B、U_2A、U_2B 门的输入端，因此这 3 个与非门处于关闭状态，它们的输出总为高电平，此时按键 SW_2、SW_3、SW_4 不起作用，这就达到了抢答的目的。

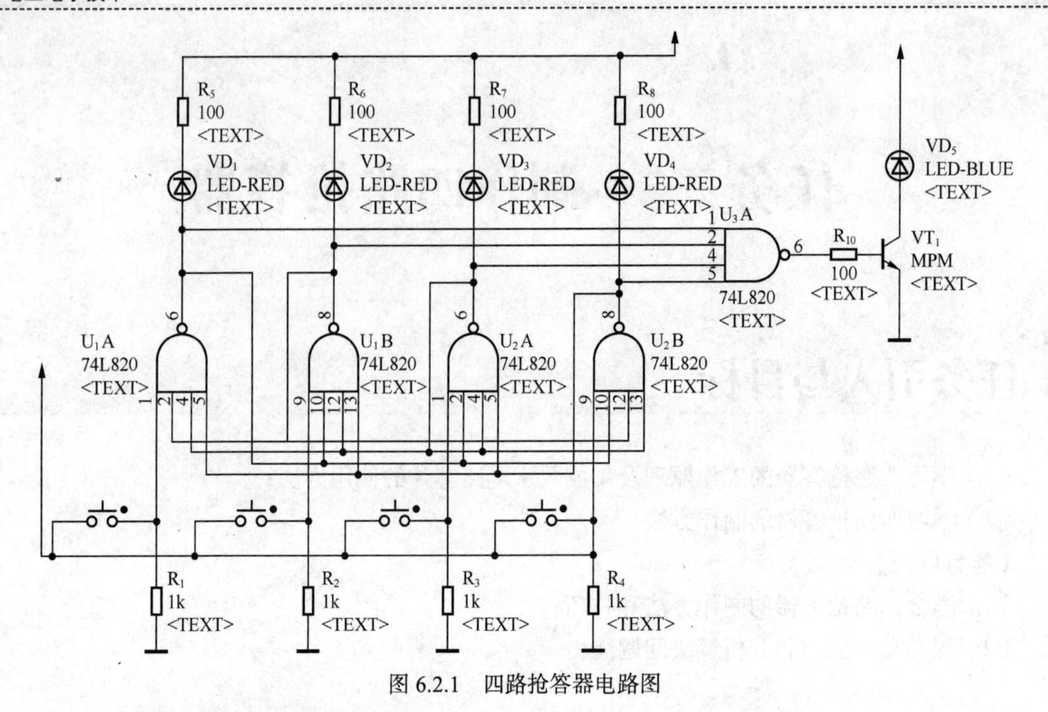

图 6.2.1　四路抢答器电路图

二、四路抢答器元器件组成

元器件清单如表 6.2.1 所示。

表 6.2.1　　　　　　　　　　**元器件清单**

器件名称	器件规格	器件数量	备　注	器件名称	器件规格	器件数量	备　注
四输入与非门	64LS20	3	个	电阻	1kΩ	4	个
电阻	100Ω	5	个	LED 发光管	普通	5	个
按键开关	单掷	4	个	VT1	9013	1	个

三、组装四路抢答器

从四路抢答器的电路图看来电路并不太复杂，但对于我们初学者来说要把它正确地连接成电路需要有认真的学习态度和一定的操作经验才行。我们应遵循以下步骤。

（1）要熟悉 74LS20 各引脚功能和内部功能。74LS20 是一块二组 4 输入端与非门集成电路，其内部框图和引脚功能如图 6.2.2 所示。把内部框图和引脚功能与电路图联系起来看它们是如何连接的。

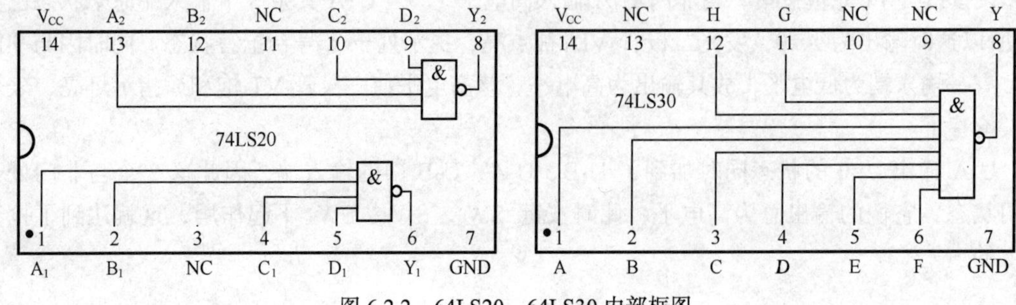

图 6.2.2　64LS20、64LS30 内部框图

（2）认真观察电路图，仔细观察电路图中各元件之间的连接特点，做到心中有数。特别指出，在上面的电路图中并不显示 64LS20 的供电端和接地端，在连接时应予以注意。

（3）检测元器件并进行归类。如不同阻值电阻的判断、按键引脚通断的判断、三极管各电极的判断、发光二极管电极的判断等。

（4）建议画出实物连线图。对于第一次组装电路，能画出正确的实物连线图是组装是否成功的步骤之一，实物连线图画正确了说明对电路图以及电路图中导线的连接已基本清楚，组装就能成功。

（5）在老师的指导下在仿真软件或面包板上按照电路图或实物连线图组装四路抢答器。

四、验证抢答器功能

（1）对连接好的四路抢答器进行一到二遍的连接复查，发现问题及时纠正，特别要注意引线接触不良故障的排除，并检查供电是否正确。

（2）验证抢答功能，看是否符合要求，如功能不能实现或功能紊乱，应重新检查元件连接。

（3）用万用表测量在四种抢答状态下 64LS20 各输入、输出引脚的电压值，并用与非门的逻辑功能知识解释。

任务实施

1. 器材

万用表、示波器、电烙铁及其他工具、四路抢答器套件。

2. 要求

（1）正确使用电烙铁等工具；

（2）电路布局合理、美观，使用万用表测量动作符合专业标准；

（3）注意事项：操作过程中要时刻注意人身安全及用电安全。

3. 步骤

（1）认真分析四路抢答器电路图，理解其工作原理；

（2）检查、测试所有元器件，包括数量、质量，并进行归类；

（3）在老师指导下在万能板上画出布线图；

（4）安装元件并检查无误后进行焊接；

（5）检查焊接面有无虚焊、短路现象；

（6）加电测试功能。

若功能不能实现，按电路图重新检查电路连接，排除故障。

也可按实习指导老师要求的内容和步骤做。

项目小结

本项目我们学习了数字信号的基本概念，基本的门电路“与”门、“或”门、“非”门及其逻辑功能和由这些基本门电路组合成的复合型的门电路“与非”门、“或非”门、“与或非”门及其逻辑功能；学习了逻辑代数的基础知识，包括基本逻辑运算、基本逻辑恒等式和常用公式；学习了逻辑函数的各种表示方法及其相互转换，逻辑函数的化简方法。通过示波器使用与门电路功能测试、制作四路抢答器任务的实施，达到理解、掌握数字电路基本知识基本概念，训练仪器仪表使用操作能力和动手制作能力的目的。本项目是学习数字电路的入门知识，只有把基本门电路的功能及其相关知识真正掌握了，继续深造才能办得到。

习　题

1．选择题

（1）逻辑变量的取值 1 和 0 可以表示：______。

A．开关的闭合、断开　　B．电位的高、低

C．真与假　　D．电流的有、无

（2）逻辑函数的表示方法中具有唯一性的是______。

A．真值表　　B．表达式　　C．逻辑图　　D．卡诺图

（3）在何种输入情况下，“与非”运算的结果是逻辑 0？______。

A．全部输入是 0　　B．任一输入是 0

C．仅一输入是 0　　D．全部输入是 1

（4）在何种输入情况下，“或非”运算的结果是逻辑 0？______。

A．全部输入是 0　　B．全部输入是 1

C．任一输入为 0，其他输入为 1　　D．任一输入为 1

（5）以下表达式中符合逻辑运算法则的是______。

A．$C \cdot C=C^2$　　B．1+1=10　　C．0<1　　D．$A+1=1$

（6）逻辑变量的取值 1 和 0 可以表示______。

A．开关的闭合、断开　　B．电位的高、低

C．真与假　　D．电流的有、无

（7）当逻辑函数有 n 个变量时，共有______个变量取值组合？

A．n　　B．$2n$　　C．n^2　　D．2^n

（8）逻辑函数的表示方法中具有唯一性的是______。

A．真值表　　B．表达式　　C．逻辑图　　D．卡诺图

（9）$F=A\overline{B}+BD+CDE+\overline{A}D=$______。

A．$A\overline{B}+D$　　B．$(A+\overline{B})D$

C．$(A+D)(\overline{B}+D)$　　D．$(A+D)(B+\overline{D})$

（10）以下式子中不正确的是______。

A．$1 g A=A$　　B．$A+A=A$

C．$\overline{A+B}=\overline{A}+\overline{B}$　　D．$1+A=1$

（11）已知 $Y=A\overline{B}+B+\overline{A}B$ 下列结果中正确的是______。

A. $Y = A$　　B. $Y = B$　　C. $Y = A + B$　　D. $Y=\overline{A}+\overline{B}$

2．判断题（正确的打√，错误的打×）

（1）逻辑变量的取值，1 比 0 大。（　　）

（2）异或函数与同或函数在逻辑上互为反函数。（　　）

（3）若两个函数具有相同的真值表，则两个逻辑函数必然相等。（　　）

（4）因为逻辑表达式 A+B+AB=A+B 成立，所以 $AB=0$ 成立。（　　）

（5）若两个函数具有不同的真值表，则两个逻辑函数必然不相等。（　　）

（6）若两个函数具有不同的逻辑函数式，则两个逻辑函数必然不相等。（　　）

（7）八进制数 $(18)_8$ 比十进制数 $(18)_{10}$ 小。（　　）

3．填空题

（1）逻辑代数又称为________代数。最基本的逻辑关系有________、________、________3种。常用的几种导出的逻辑运算为________、________、________、________、________。

（2）逻辑函数的常用表示方法有______、________、________。

（3）逻辑代数中与普通代数相似的定律有_______、________、________。摩根定律又称为________。

（4）逻辑代数的三个重要规则是________、________、________。

（5）$(10110010.1011)_2$=（______）$_8$=（________）$_{16}$

（6）$(35.4)_8$ =（______）$_2$ =（______）$_{10}$=（________）$_{16}$=（________）$_{8421BCD}$

（7）$(39.75)_{10}$=（_________）$_2$=（_________）$_8$=（__________）$_{16}$

（8）$(5E.C)_{16}$=（_________）$_2$=（_________）$_8$=（_________）$_{10}$=（_________）$_{8421BCD}$

（9）$(01111000)_{8421BCD}$ =（_________）$_2$=（_________）$_8$=（_________）$_{10}$=（__________）$_{16}$

4．思考题

（1）逻辑代数与普通代数有何异同？

（2）逻辑函数的 3 种表示方法如何相互转换？

（3）在数字系统中为什么要采用二进制？

知识拓展

1. T'触发器

在数字电路中，每来一个时钟脉冲就翻转一次的电路，都称为 T'触发器。

表 6.3.1　T 触发器功能表

Q^n	Q^{n+1}	功能
0	1	$Q^{n+1}=\overline{Q}^n$
1	0	翻转

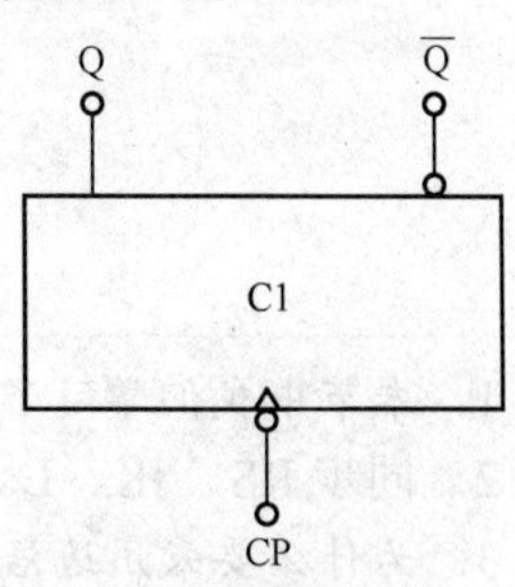

图 6.3.1　T'触发器符号

触发器的转换：

（1）JK-RS 转换

J=S

K=R

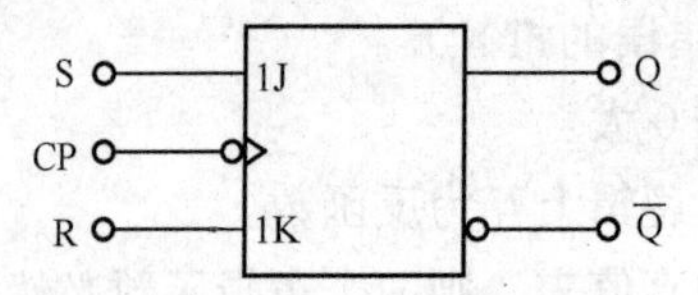

图 6.3.2　JK-RS 转换电路

（2）JK-D 转换

J=D

K=$\overline{D}$

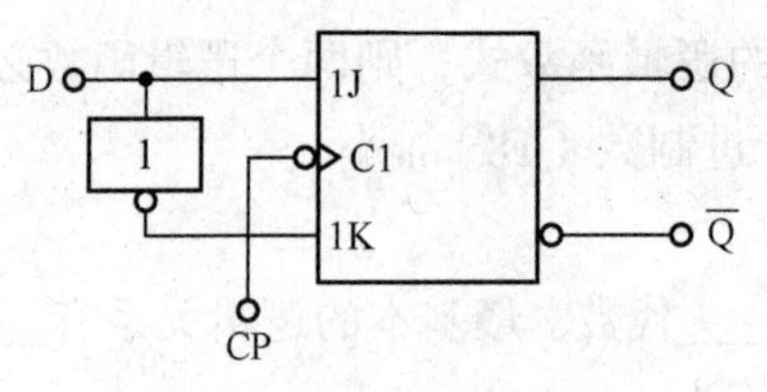

图 6.3.3　JK-D 转换电路

（3）JK-T 转换

J=T

K=$\overline{T}$

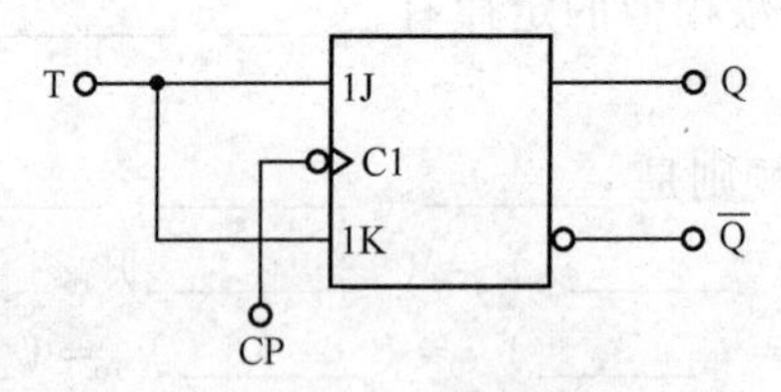

图 6.3.4　JK-T 转换电路

（4）D-JK 转换

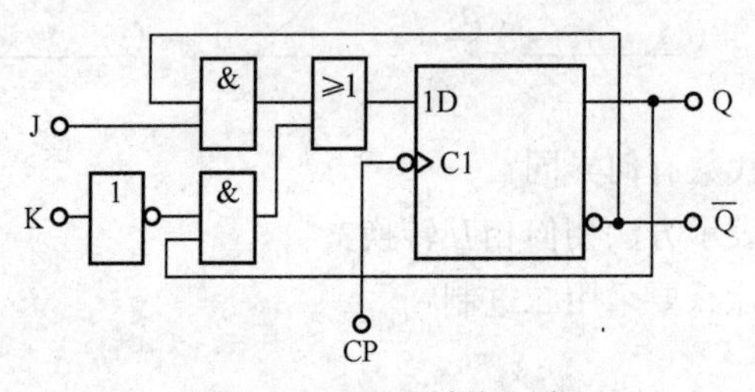

图 6.3.5　D-JK 转换电路

（5）D-T 的转换

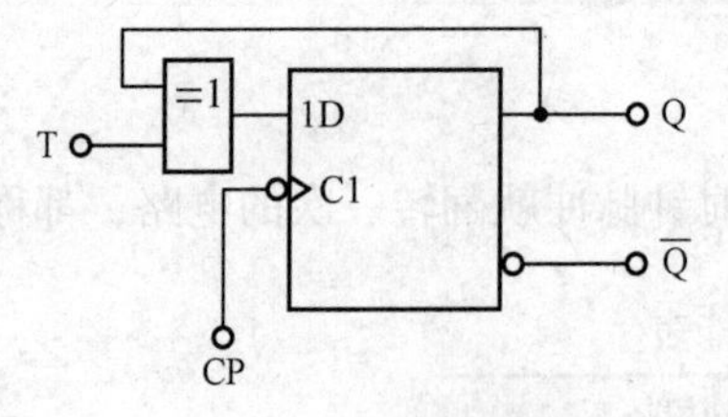

图 6.3.6　D-T 转换电路

1. 本节中我们学习了哪些触发器？
2. 同步 RS、JK、D、T 触发器的功能是什么？
3. 为什么要采用边沿触发器？

2. 其他类型 TTL 逻辑门

（1）OC 门。前面介绍的典型 TTL 与非门是不能将两个或两个以上门的输出端并联在一起的，如图 6.3.7 所示。而实际电路中往往需要将两个或两个以上的与非门的输出端并联在一起，我们称为“线与”，但是普通的与非门不能“线与”，直接并联可能会损坏门电路。

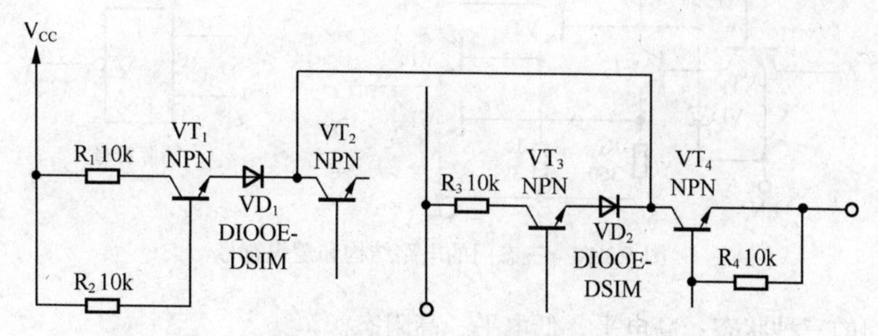

图 6.3.7　推拉式输出级并联图

解决这个问题的办法将与非门的集电极开路，我们把集电极开路的与非门称为 OC 门。图 6.3.8（a）所示为 OC 门的引脚排列图，图 3.3.8（b）所示为其逻辑符号。

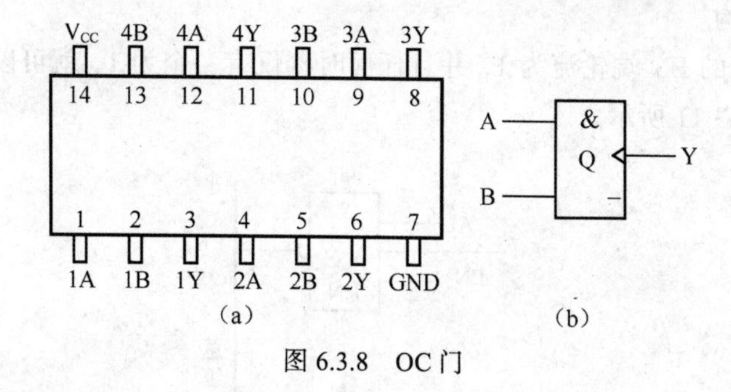

图 6.3.8　OC 门

（2）OC 门的主要应用。实现“线与”。几个 OC 门的输出端并联在一起使用，称为“线与”。为了保证 OC 门正常工作，必须再接上一个上拉电阻 R_L 与电源 V_{CC} 相连。图 6.3.9 为由三个 OC 门输出端并联后经电阻 R_L 接 Vcc 的电路。这些 OC 门中只有当输入端 A、B、C、D、E、F 同时为高电平时，输出 Y 才是低电平，只有每个 OC 门的输入端中有一个为低电平时，输出 Y 则为高电平，其逻辑表达式为：

$$Y=\overline{AB}\,\overline{CD}\,\overline{EF}$$

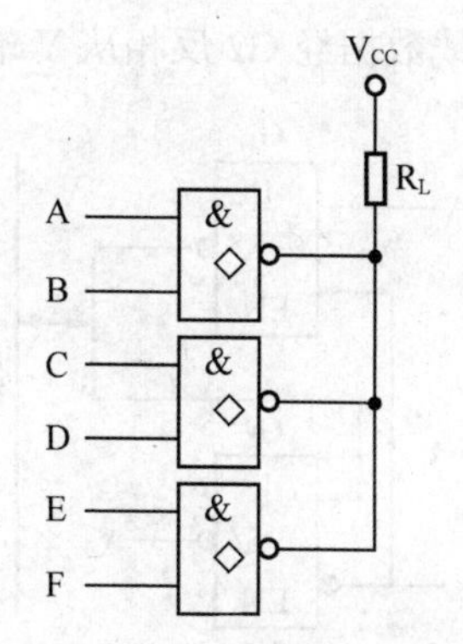

图 6.3.9　OC 门实现“线与”

（3）三态输出门电路（TS 门）。

① 三态门的电路结构和逻辑符号如图 6.3.10 所示。

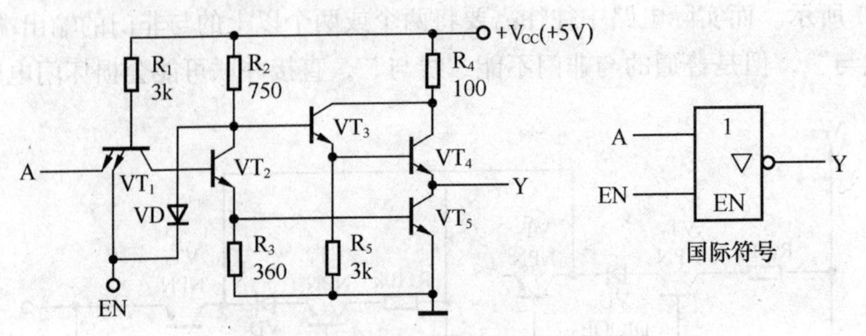

图 6.3.10 三态门的电路结构和逻辑符号

② 三态门的三种状态：高电平、低电平、高阻态。

③ 功能描述：当 EN=0 时，Y 高阻态；当 EN=1 时，$Y=\bar{A}$。A 为高电平，则 Y 为低电平；A 为低电平时，则 Y 为高电平。

④ 三态门的应用。

a. 数据总线结构。

只要控制各个门的 EN 端轮流为 1，并且任何时刻仅有一个为 1，就可以实现各个门分时地向总线传输，如图 6.3.11 所示。

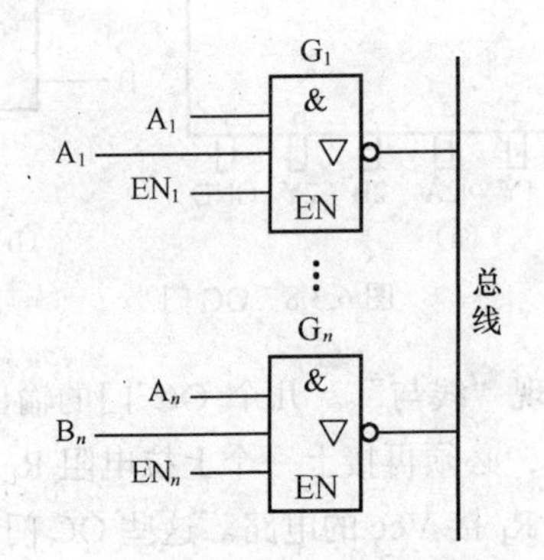

图 6.3.11 三态门的数据总线结构图

b. 实现数据双向传输。

EN=1，G1 工作，G2 高阻，A 经 G1 反相送至总线；

EN=0，G1 高阻，G2 工作，总线数据经 G2 反相从 Y 端送出，如图 6.3.12 所示。

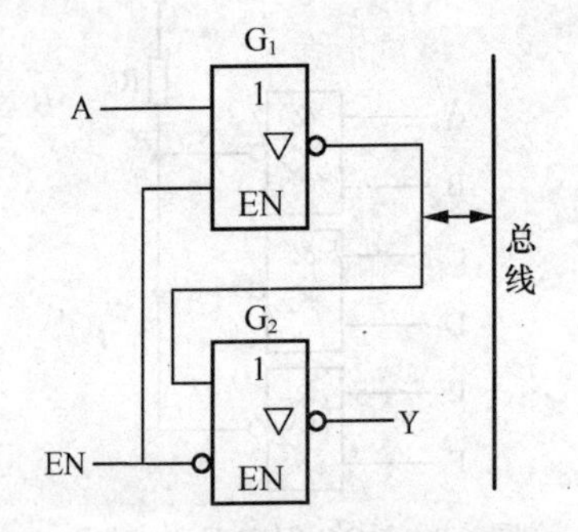

图 6.3.12 三态门实现数据双向传输

项目七

制作 LED 流水灯

在该项目中通过学习组合逻辑电路和时序逻辑电路的知识，掌握组合逻辑电路的基本设计方法，掌握触发器、常用计数器、寄存器的应用方法和技巧，通过制作 LED 流水灯学会计数器和寄存器的应用，达到训练电路设计和制作能力的目的。

该项目分解为三个任务。一是组合逻辑电路，在该内容中重点学习编码器和译码器的逻辑功能，掌握组合逻辑电路的基本设计方法，掌握编码器和译码器的功能和常用编码器、译码器集成电路的内部功能及使用方法。二是时序逻辑电路，在该内容中重点学习触发器、寄存器、计数器，会分析其工作原理和逻辑功能，并能按要求进行逻辑电路的安装和调试。三是制作 LED 流水灯。在该内容中重点学习应用学过的组合逻辑电路和时序逻辑电路的知识分析 LED 流水灯的工作原理，掌握 LED 流水灯的组装、调试方法，制作出符合要求的流水灯。

任务一　组合逻辑电路设计与编译码器功能测试

任务引入与目标

【知识目标】

（1）学习译码器、编码器、组合逻辑电路基本原理。

（2）设计一个组合逻辑电路，并在逻辑测试仪上连接验证其功能。

（3）用与非门按要求连接成常用编码器。

【能力目标】

（1）能独立完成三位二进制编码电路的连接。

（2）能独立完成三位二进制优先编码电路的测试，并能绘制其真值表。

（3）能独立完成二—十进制 BCD 码编码电路连接并绘制其真值表。

（4）能独立完成组合逻辑电路的设计。

相关知识

一、组合逻辑电路组成及其特点

在数字系统中，根据逻辑功能的不同，可以把数字电路分为组合逻辑电路和时序逻辑电路两大类。如果一个逻辑电路在任何时刻的输出状态仅由该时刻的输入状态决定，而与电路原来的状态无关，这样的电路称为组合逻辑电路，简称组合电路。

（一）组合逻辑电路的组成

组合逻辑电路由基本逻辑门和复合逻辑门按照一定的逻辑要求组合连接而成。组合逻辑电路的方框图如图 7.1.1 所示。图中 X_1、X_1、$X_3 \cdots X_n$ 表示输入逻辑变量，y_1、y_1、$y_3 \cdots y_m$ 表示输出逻辑函数。

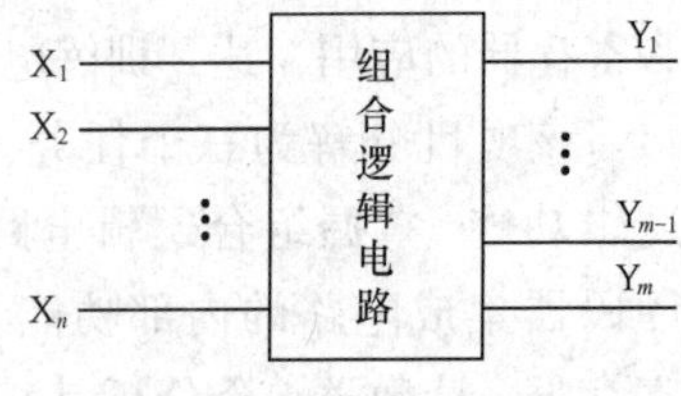

图 7.1.1　组合逻辑电路框图

组合逻辑电路的特点是：任何时刻电路的输出仅取决于该时刻电路的输入，而与电路原来状态无关。所以组合电路中不存在存储单元，只有从输入到输出的通路，没有从输出反馈到输入的回路。

（二）组合逻辑电路的特点

（1）在电路连接上，输入信号可有 1 个或若干个，输出信号可以是 1 个也可有多个，但没有从输出到输入的反馈连接。

（2）在逻辑功能上，电路的输出状态只是该时刻输入信号的函数，与该时刻以前电路的状态无关。

（3）门电路是组成组合逻辑电路的基本单元。

二、组合逻辑电路分析

在组合逻辑电路的应用中，常会碰到已知逻辑电路图，要求分析和弄清其逻辑功能这一类应用问题，这就是组合逻辑电路的分析。

（一）组合逻辑电路基本分析方法

组合逻辑电路分析步骤如下。

（1）由已知逻辑电路图，写出输出函数的逻辑表达式。

（2）化简逻辑表达式，求出输出函数的最简与或表达式。

（3）列真值表。

（4）按真值表分析、概括已知逻辑电路的逻辑功能。

（二）组合逻辑电路分析举例

下面通过具体实例来熟悉并掌握组合逻辑电路的分析方法。

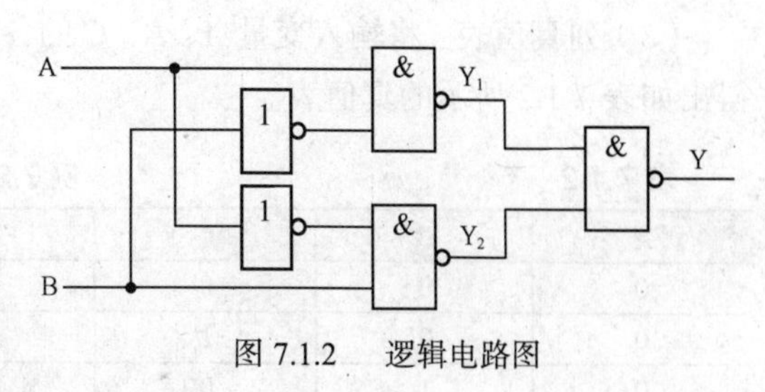

图 7.1.2　逻辑电路图

【例 7.1】已知逻辑电路如图 7.1.2 所示，试分析其逻辑功能。

解：（1）写出输出函数的逻辑表达式。由图中从输入开始依据离输入端的远近可将门电路分成两段，首先找出第一级各个与非门输出端所实现的功能，得到这一级各输出逻辑关系式分别为

$$Y_1 = \overline{A\overline{B}}$$
$$Y_2 = \overline{\overline{A}B}$$

然后以这一级各输出作为第二级门的输入，即可写出逻辑电路输出的逻辑表达式为：

$$Y = \overline{Y_1 \cdot Y_2} = \overline{\overline{A\overline{B}} \cdot \overline{\overline{A}B}}$$

（2）应用逻辑代数化简法化简上述逻辑表达式

$$Y = \overline{\overline{A\overline{B}} \cdot \overline{\overline{A}B}} = \overline{\overline{A\overline{B}}} + \overline{\overline{\overline{A}B}} = A\overline{B} + \overline{A}B$$

（3）列真值表：A、B 两个变量应有 2^2=4 组取值，按逻辑关系式计算出相应输出 Y，填入表 7.1.1 中，即得给定逻辑电路的真值表。

表 7.1.1　　例 7.1 真值表

A	B	Y
0	0	0
0	1	1
1	0	1
1	1	0

（4）分析电路的逻辑功能。由真值表分析该电路的逻辑功能是：当两个输入变量相同（同为 1 或同为 0），输出为 0；两个输入变量相异（一个输入为 1，另一个为 0），输出为 1。输出与输入之间是异或逻辑关系，该电路为异或门。

原给定电路可直接采用异或门取代，这样处理合理、经济，而且提高了可靠性。

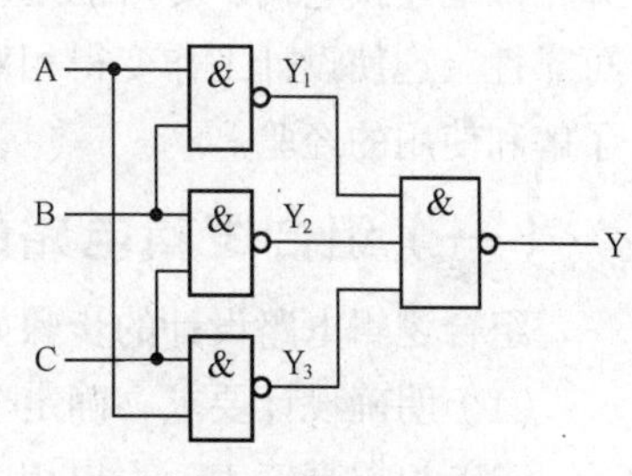

图 7.1.3　例 7.2 逻辑图

【例 7.2】分析图 7.1.3 所示逻辑电路的逻辑功能。

解：（1）写输出函数的逻辑表达式。

第一级各电路逻辑关系式分别为

$$Y_1 = \overline{AB} \qquad Y_2 = \overline{BC} \qquad Y_3 = \overline{AC}$$

然后以以上各输出作为第二级与非门的输入，即可写出逻辑电路的逻辑表达式

$$Y = \overline{Y_1 \cdot Y_2 \cdot Y_3} = \overline{\overline{AB} \cdot \overline{BC} \cdot \overline{AC}}$$

（2）应用逻辑代数化简法化简上述逻辑表达式

$$Y = \overline{\overline{AB} \cdot \overline{BC} \cdot \overline{AC}} = \overline{\overline{AB}} + \overline{\overline{BC}} + \overline{\overline{AC}} = AB + BC + AC$$

（3）列真值表。将输入变量 A、B、C 的各种取值逐一代入上式计算，并将结果填入表中即得出如表 7.1.2 所示的真值表。

表 7.1.2　　例 7.2 真值表

A	B	C	AB	BC	AC	Y
0	0	0	0	0	0	0
0	0	1	0	0	0	0
0	1	0	0	0	0	0
0	1	1	0	1	0	1
1	0	0	0	0	0	0
1	0	1	0	0	1	1
1	1	0	1	0	0	1
1	1	1	1	1	1	1

（4）分析电路的逻辑功能。该电路的逻辑功能：当 3 个输入变量中有 1 个或 1 个以上为 1 时，输出为 1，否则为 0。

以上两例逻辑分析中都用到逻辑代数化简问题，在对与或逻辑式化简时，要化简到最简逻辑式为止。

三、组合逻辑电路的设计

组合逻辑电路在实际应用中，常遇到的另一类问题是：根据给出的逻辑要求，优化设计出实用的逻辑电路，然后根据设计结果，选择适当的集成电路芯片及元件，经过组装调试，做出符合要求的应用电路。学习该方面知识，可以锻炼我们对逻辑电路知识的理解以及逻辑电路的设计开发能力。

很多种常用的组合逻辑电路已被做成标准集成电路，现成产品在市场上都可以买到。一般组合逻辑电路的设计，可以看成主要是依据逻辑要求合理选用合乎功能要求的集成电路芯片，并正确地连接它们。尽可能选用通用性好的芯片，以减少连接线，减小组装工作量，增加工作可靠性。这使设计工作变得相对轻松和可靠。完成很多繁杂的设计工作要靠对集成电路产品的了解和使用的经验。

（一）组合逻辑电路的设计方法

组合逻辑电路设计的步骤如下。

（1）明确设计要求，确定全部输入变量和输出变量，并根据设计要求列真值表。

（2）根据真值表，写出相应的输出逻辑函数表达式。

（3）化简逻辑函数表达式。

（4）根据最简逻辑函数表达式画出逻辑电路图。

（5）选择适当的集成电路芯片，按设计好的组合逻辑电路图搭接线路。

（6）测试并验证逻辑功能。

（二）组合逻辑电路设计举例

【例 7.3】试用与非门构成 3 人裁判器，竞赛规则为主裁判和两名副裁判中，除主裁判外副裁判中至少有一人判是，结果有效，否则结果无效。设计能完成这一功能的裁判器。

解：（1）按设计要求，列真值表。要定义清楚逻辑变量符号及取值0、1的含义，按设计要求，设A为主裁判，B、C为副裁判，各自判是为1，判否为0；裁判结果为Y，结果有效为1，无效为0，列出真值表如表7.1.3所示。

表7.1.3 例7.3真值表

A	B	C	Y
0	0	0	0
0	0	1	0
0	1	0	0
0	1	1	0
1	0	0	0
1	0	1	1
1	1	0	1
1	1	1	1

（2）依据真值表写出输出逻辑函数表达式。将真值表中输出为1所对应的各输入原变量、反变量组成一个乘积项，将各个为1的乘积项按或逻辑关系组合起来，即得所求输出逻辑函数表达式。可得：

$$Y = A\overline{B}C + AB\overline{C} + ABC$$

（3）化简逻辑函数表达式。用公式化简法

$$\begin{aligned} Y &= A\overline{B}C + AB\overline{C} + ABC = \overline{B}C + AB\overline{C} + ABC + ABC \\ &= AC + AB \end{aligned}$$

（4）画逻辑图。依据化简后的逻辑函数表达式画出3人裁判器逻辑电路图，如图7.14（a）、（b）所示。

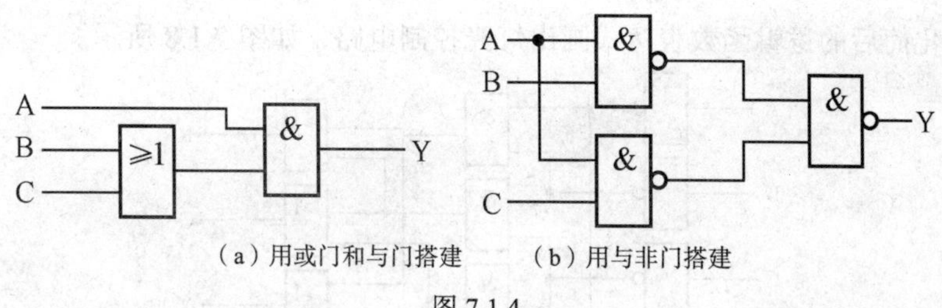

（a）用或门和与门搭建 （b）用与非门搭建

图7.1.4

图7.14（a）中用1个或门和1个与门搭接电路，图7.14（b）中用了3个与非门搭接电路。1个电路实现的逻辑功能相同，但所用门电路不同。

（5）经验证，此电路逻辑功能符合设计要求。

【例7.4】试设计一个3输入、3输出灯光控制电路，当A=1，B=C=0时，红、绿灯亮；B=1，A=C=0时，黄、绿灯亮；C=1，A=B=0时，红、黄灯亮；当A=B=0时，3个灯全亮。

解：（1）按设计要求列真值表。按设计要求，设A、B、C为3输入信号；红灯为R、绿灯为G、黄灯为Y；各自亮为1，灭为0。列出真值表如表7.1.4所示。

表 7.1.4　　　　　　　　　　　　　　　**例 7.4 真值表**

A	B	C	R	G	Y
0	0	0	1	1	1
0	0	1	1	0	1
0	1	0	0	1	1
0	1	1	0	0	0
1	0	0	1	1	0
1	0	1	0	0	0
1	1	0	0	0	0
1	1	1	0	0	0

（2）依据真值表，写出输出逻辑函数表达式为

$$R = A\overline{B}\overline{C}+\overline{A}\overline{B}C+\overline{A}\overline{B}\overline{C}$$

$$G = A\overline{B}\overline{C}+\overline{A}B\overline{C}+\overline{A}\overline{B}\overline{C}$$

$$Y = \overline{A}\overline{B}C+\overline{A}B\overline{C}+\overline{A}\overline{B}\overline{C}$$

（3）化简逻辑函数表达式。

将 $R = A\overline{B}\overline{C}+\overline{A}\overline{B}C+\overline{A}\overline{B}\overline{C}$ 用卡诺图化简，如图 7.1.5 所示。

化简得：$R = \overline{B}\overline{C}+\overline{A}\overline{B}$

由 $G = A\overline{B}\overline{C}+\overline{A}B\overline{C}+\overline{A}\overline{B}\overline{C}$ 用卡诺图化简，如图 7.1.6 所示。

化简得：$G = \overline{B}\overline{C}+\overline{A}\overline{C}$

将 $Y = \overline{A}\,\overline{B}\,\overline{C}+\overline{AB}\,\overline{C}+\overline{A}\,\overline{B}\,\overline{C}$ 用卡诺图化简，如图 7.1.7 所示。

化简得：$Y = \overline{B}\overline{C}+\overline{A}\overline{C}$

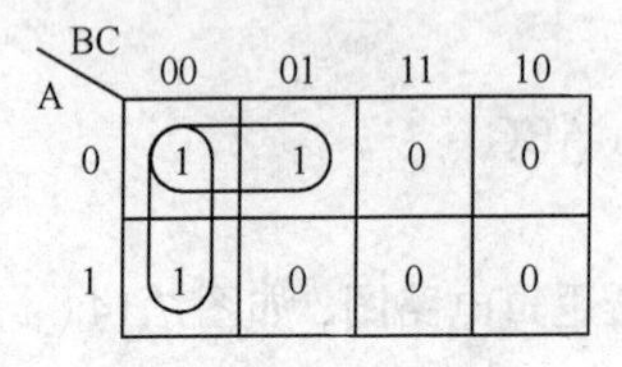

图 7.1.5　例 7.4 卡诺图 1

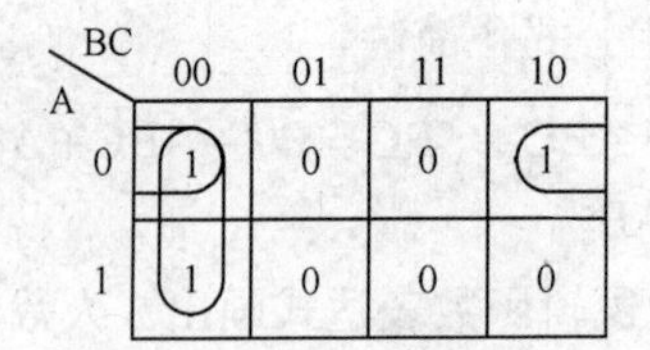

图 7.1.6　例 7.4 卡诺图 2

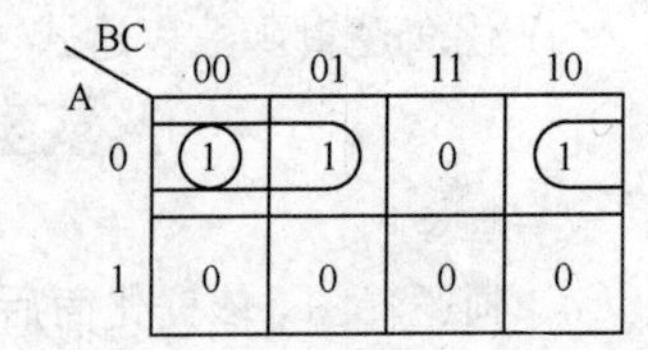

图 7.1.7　例 7.4 卡诺图 3

（4）依据化简后的逻辑函数表达式画出灯光控制电路，如图 7.1.8 所示。

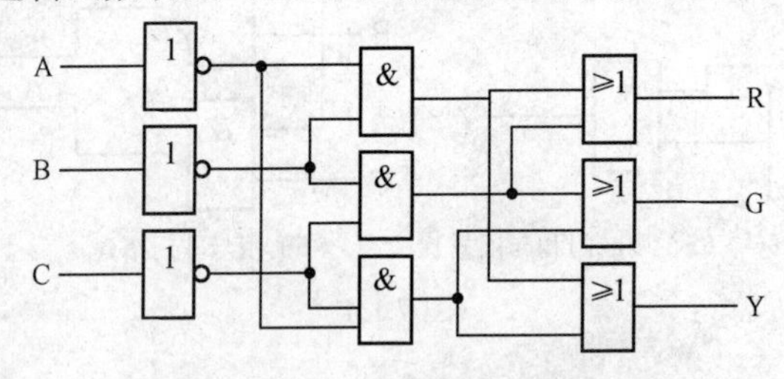

图 7.1.8　灯光控制电路逻辑图

（5）经验证，电路的逻辑功能符合设计要求。

四、常用组合逻辑电路

（一）译码器

1. 译码器的概念

所谓译码器是将代表特定信息的二进制代码翻译成对应的输出信号，以表示其原来含意的

电路。

2. 译码器分类

译码器按其功能特点可分为二进制译码器、二—十进制译码器、显示译码器 3 大类。通用译码器是将代码转换成电路输出状态的译码器，而显示译码器是能将数字和文字的符号代码译出，并驱动显示器件显示出数字或文字符号的一种功能器件，这两种译码器的应用都很广泛。

3. 二进制译码器

把输入的二进制代码的各种状态，按其原意翻译成对应输出信号的电路，称为二进制译码器。若译码器输入为 n 位二进制代码，则输出 m 个信号，$m=2^n$。图 7.1.9 所示为二进制译码器示意框图。

图 7.1.9　二进制译码器示意框图

4. 二线—四线译码器

二线—四线译码器是译码器中最简单的一种，它有 2 个输入端、4 个输出端。

（1）逻辑电路及工作原理。二线—四线译码器的逻辑电路如图 7.1.10 所示。

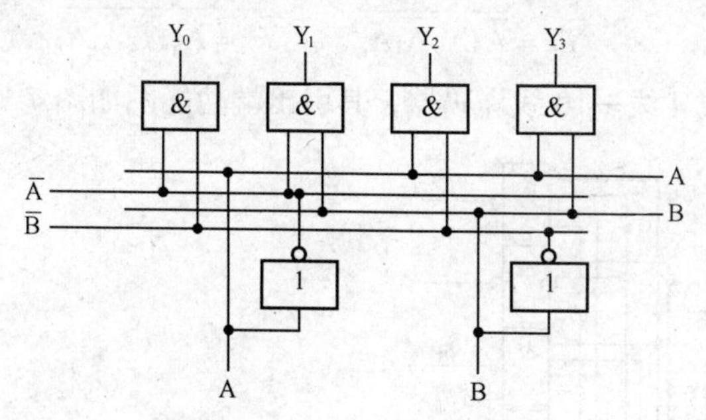

图 7.1.10　二线—四线译码器

分析二线—四线译码器的逻辑电路不难得出，其输入、输出逻辑关系可用逻辑表达式表示为

$$Y_0=\overline{A}\,\overline{B}\qquad Y_2=A\overline{B}$$

$$Y_1=\overline{A}B\qquad Y_3=AB$$

描述其输入、输出逻辑关系的真值表如表 7.1.5 所示。

表 7.1.5　二线—四线译码器的真值表

A	B	Y_0	Y_1	Y_2	Y_3
0	0	1	0	0	0
0	1	0	1	0	0
1	0	0	0	1	0
1	1	0	0	0	1

（2）典型集成电路产品及应用。二线—四线译码器的典型产品有 74LS139、74LS155、74LS156 等。74LS139 是二线—四线译码器，其外引线功能图如图 7.1.11 所示。二线—四线译码器可以用于工业自动化控制。

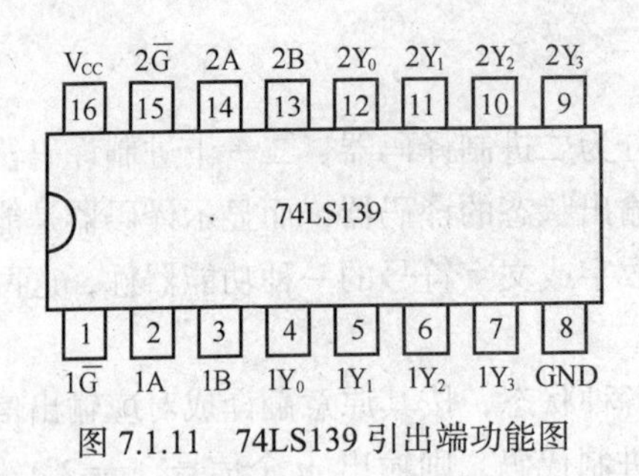

图 7.1.11　74LS139 引出端功能图

5. 二—十进制译码器（四线—十线译码器）

二—十进制译码器的逻辑功能是将输入 BCD 码的 10 个代码翻译成 10 个对应的输出信号。如图 7.1.12 所示是二—十进制译码器 74LS42 的逻辑电路。

根据逻辑电路得到：

$$\overline{Y}_0=\overline{\overline{A}_3\overline{A}_2\overline{A}_1\overline{A}_0}\qquad \overline{Y}_5=\overline{\overline{A}_3A_2\overline{A}_1A_0}$$

$$\overline{Y}_1=\overline{\overline{A}_3\overline{A}_2\overline{A}_1A_0}\qquad \overline{Y}_6=\overline{\overline{A}_3A_2A_1\overline{A}_0}$$

$$\overline{Y}_2=\overline{\overline{A}_3\overline{A}_2A_1\overline{A}_0}\qquad \overline{Y}_7=\overline{\overline{A}_3A_2A_1A_0}$$

$$\overline{Y}_3=\overline{\overline{A}_3\overline{A}_2A_1A_0}\qquad \overline{Y}_8=\overline{A_3\overline{A}_2\overline{A}_1\overline{A}_0}$$

$$\overline{Y}_4=\overline{\overline{A}_3A_2\overline{A}_1A_0}\qquad \overline{Y}_9=\overline{A_3\overline{A}_2\overline{A}_1A_0}$$

74LS42 系 TTL 集成 4 线—10 线译码器，其引出端功能图如图 7.1.13 所示。

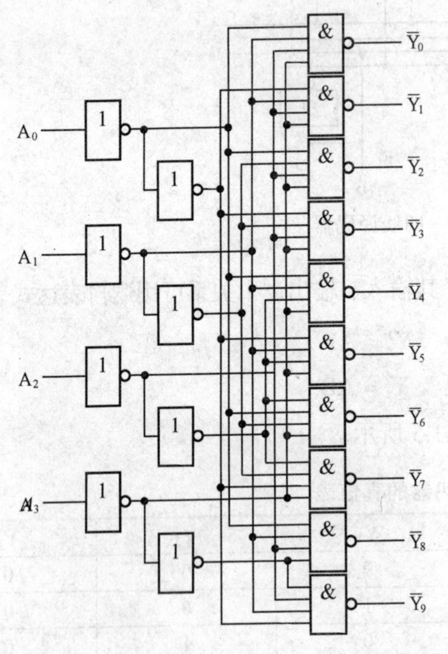

图 7.1.12　二—十进制译码器 74LS42 逻辑图

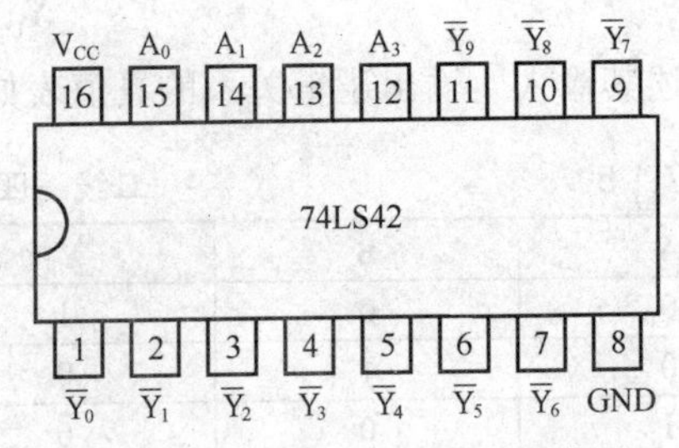

图 7.1.13　74LS42 引出端功能图

6. 显示译码器

数字显示译码器能将代表数字的代码翻译出来并驱动显示器件显示出该数字。

（1）七段显示译码器。七段显示译码器是显示译码器的代表产品，其工作原理和通用译码器并无大的区别，所不同的是七段显示译码器的每一代码经过译码被“辨别”出来的特别电路状态，要驱动某一数字显示器件的多个笔划段，使其发光显示出数字来。C4511是带驱动器的七段显示译码器，能直接驱动数码管发光。其引出端功能图如图 7.1.14 所示。

引出端中 D、C、B、A 是 BCD 码输入端，a、b、c、d、e、f、g 是译码器的输出端，与半导体数码管的相应七个输出端相连接，V_{DD} 接+5V 或+10V 电源正极。注意 LE 为低电平，LT、BI 为高电平时，译码器工作（数码管结构见下节有关内容）。

七段显示译码器 C4511 的真值表如表 7.1.6 所示。

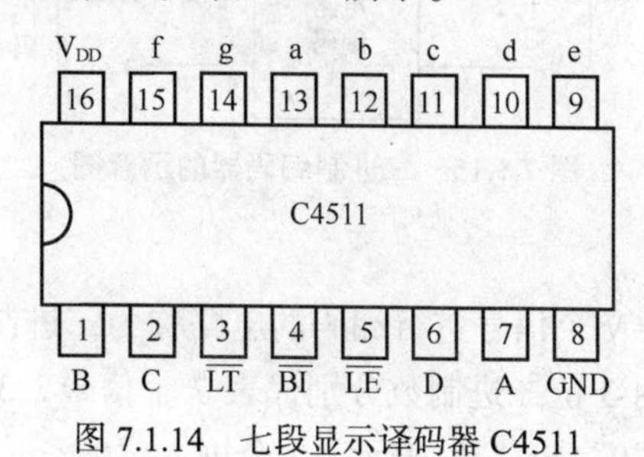

图 7.1.14　七段显示译码器 C4511

表 7.1.6　　C4511 的真值表

输入							输出							显示
$\overline{LE}$	$\overline{BI}$	$\overline{LT}$	D	C	B	A	a	b	c	d	e	f	g	
L	H	H	L	L	L	L	H	H	H	H	H	H	L	0
L	H	H	L	L	L	H	L	H	H	L	L	L	L	1
L	H	H	L	L	H	L	H	H	L	H	H	L	H	2
L	H	H	L	L	H	H	H	H	H	H	L	L	H	3
L	H	H	L	H	L	L	L	H	H	L	L	H	H	4
L	H	H	L	H	L	H	H	L	H	H	L	H	H	5
L	H	H	L	H	H	L	L	L	H	H	H	H	H	6
L	H	H	L	H	H	H	H	H	H	L	L	L	L	7
L	H	H	H	L	L	L	H	H	H	H	H	H	H	8
L	H	H	H	L	L	H	H	H	H	L	L	H	H	9
×	×	L	×	×	×	×	H	H	H	H	H	H	H	8
×	L	H	×	×	×	×	L	L	L	L	L	L	L	空白
H	H	H	×	×	×	×	其他输出同 $\overline{LE}$ ↑							

（2）几种常用的显示译码器简介。

七段显示译码器的种类很多，按制作工艺分有 TTL 和 CMOS 两大类，按功能分有直接驱动型，可直接与显示器件连接；有驱动功能型，如 74LS46 系 OC 门输出，可与高电源电压（30V）及负载连接，74LS347 可直接与数码管连接，C4055、C4056 可直接与 LCD 液晶显示器连接。非直接驱动型的七段译码器必须外接驱动器才能驱动显示器件。各种显示译码器使用时要根据其使用条件和连接对象的不同情况合理选用，才能取得满意的效果。

另外还有带计数器的译码器、带锁存的译码器，以及与显示器件连接好的译码、显示二合一，或计数—译码—显示三合一（CMOS-LDE）固体组件，可根据需要选用。

（二）编码器

1. 编码器的概念

编码是译码的反过程。能够根据输入信号产生一个确定的多位二进制代码输出的组合逻辑电路是编码器。由于输出的是二进制代码，这种编码器也称二进制编码器。图 7.1.15 是二进制编码器的示意图。

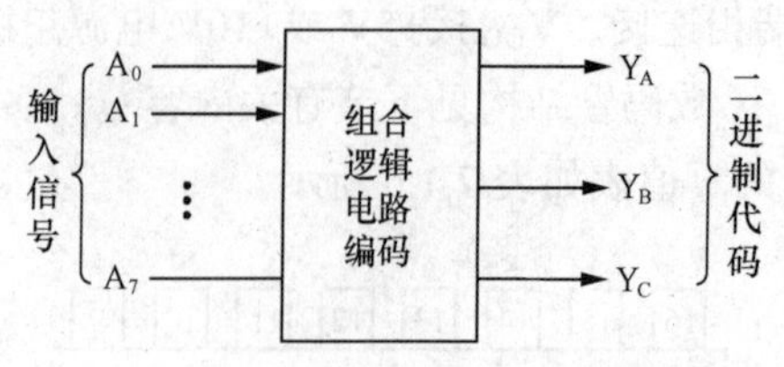

图 7.1.15　二进制编码器的示意图

2. 二进制编码器

用 n 位二进制代码对 $2^n=N$ 个信号进行编码的电路称为二进制编码器。图 7.1.16 所示为 3 位二进制编码器。该编码器用 3 位二进制数分别代表 7 个信号，3 位输出为 A、B、C。输入 7 个需要进行编码的信号，用“0”～“7”表示。7 个输入“0”～“7”为高电平有效。

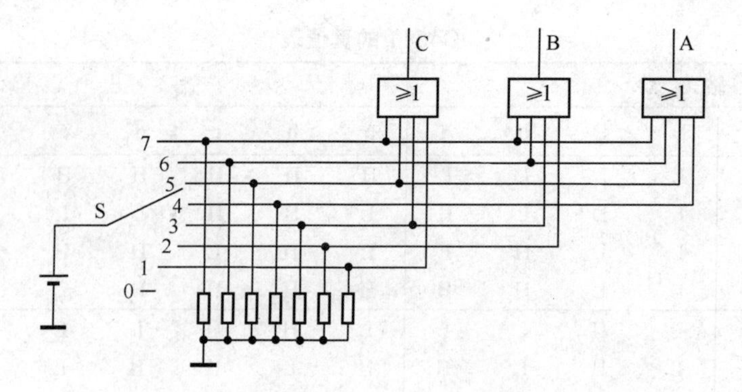

图 7.1.16　3 位二进制编码器

3 位二进制编码器的编码表如表 7.1.7 所示。

表 7.1.7　　3 位二进制编码器的编码表

输入 十进制数	输出		
	A	B	C
0	0	0	0
1	0	0	1
2	0	1	0
3	0	1	1
4	1	0	0
5	1	0	1
6	1	1	0
7	1	1	1

图 7.1.16 中旋转开关 S 的触点置于不同的输入数字时，对应的 A、B、C 的输出就代表该输入数字的二进制编码。如 S 触点置于数字“3”时，输出 ABC=011。S 触点置于数字“7”时，

输出 ABC=111。

3. 二—十进制编码器

能实现二—十进制编码的电路称为二—十进制编码器，其工作原理与二进制编码器并无本质区别，下面以 8421BCD 码编码器为例作简要说明。

表 7.1.8 所示为 8421BCD 编码器的编码表。根据编码表可以写出逻辑函数式为

A= “9” + “8”

B= “7” + “6” + “5” + “4”

C= “7” + “6” + “3” + “2”

D= “9” + “7” + “5” + “3” + “1”

表 7.1.8　　8421BCD 编码器编码表

输入十进制数	输出			
	A	B	C	D
0	0	0	0	0
1	0	0	0	1
2	0	0	1	0
3	0	0	1	1
4	0	2	0	0
5	0	1	0	1
6	0	1	1	0
7	0	1	1	1
8	1	0	0	0
9	1	0	0	1

根据逻辑函数表达式画出编码器逻辑电路如图 7.1.17 所示。

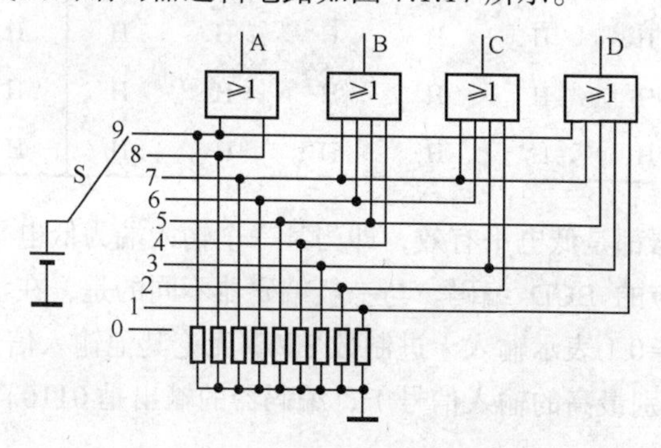

图 7.1.17　8421BCD 编码器逻辑电路

当旋转开关 S 的触点置于十进制数“0”时，A、B、C、D 的输出均为 0，即为输入十进制数“0”的编码。当旋转开关置于某十进制数时，与之对应的 8421BCD 编码即从输出端输出。如 S 置于十进制数“5”时，“5”端接高电平 1，输出 ABCD=0101，故 ABCD=0101 即为十进制数“5”的编码。

4. 优先编码器

在优先编码器中，允许几个信号同时输入，但是电路只对其中优先级别最高的输入信号进行编码，这样的编码器称为优先编码器。

74LS147 是 8421BCD 码优先编码器，图 7.1.18 是其引出端功能图。

74LS147 优先编码器共有 10 个输入端和 4 个输出端，每个输入为 0 时，表示输入该十进制数，4 个输入全为 1 时，表示输入十进制数。4 个输出端状态表示输入十进制数对应的 8421BCD 编码输出。74LS147 优先编码器功能表如表 7.1.9 所示。

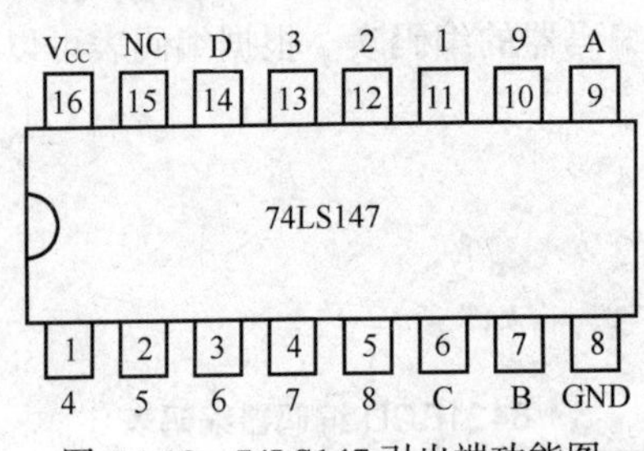

图 7.1.18　74LS147 引出端功能图

表 7.1.9　　74LS147 优先编码器功能表

输入									输出			
1	2	3	4	5	6	7	8	9	D	C	B	A
H	H	H	H	H	H	H	H	H	H	H	H	H
×	×	×	×	×	×	×	×	L	L	H	H	L
×	×	×	×	×	×	×	L	H	L	H	H	H
×	×	×	×	×	×	L	H	H	H	H	L	L
×	×	×	×	×	L	H	H	H	H	L	L	H
×	×	×	×	L	H	H	H	H	H	L	H	L
×	×	×	L	H	H	H	H	H	H	L	H	H
×	×	L	H	H	H	H	H	H	H	H	L	L
×	L	H	H	H	H	H	H	H	H	H	L	H
L	H	H	H	H	H	H	H	H	H	H	H	L

74LS147 优先编码器都是低电平有效，即当某一个输入端为低电平 0 时，4 个输出端以低电平有效形式输出其相应的 BCD 编码。与一般编码器不同的是，在优先编码器中，当有几个信号同时输入，若“9”=0（表示输入十进制数 8），无论其他输入信号是 1 还是 0，电路只对 9 进行编码（9 是优先级别最高的输入信号），编码器的输出是 0110。

5. 数码显示器

为了能将数字系统的运行数据以十进制数码直观地显示出来，常采用七段数码显示器，其主要产品有半导体数码显示器（LED）、液晶数码显示器（LCD）、等离子体显示板等。

半导体数码显示器

半导体数码显示器由 7 段可发光的线段拼合而成，每个线段都是一只发光二极管，图 7.1.19 为七段显示器的外形图。

半导体数码显示器内的 7 只发光二极管分别标为 a、b、c、d、e、f 和 g，这 7 只发光二极管可以采用两种接法：一种为共阳极接法，如图 7.1.20（a）所示，另一种为共阴极接法，如图 7.1.20（b）所示。

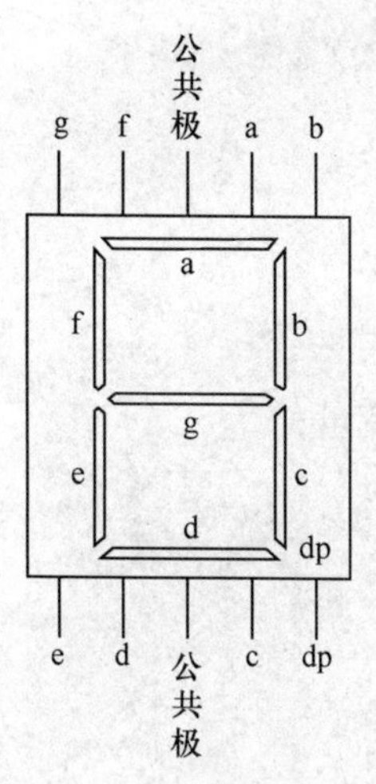

图 7.1.19　七段数码显示器

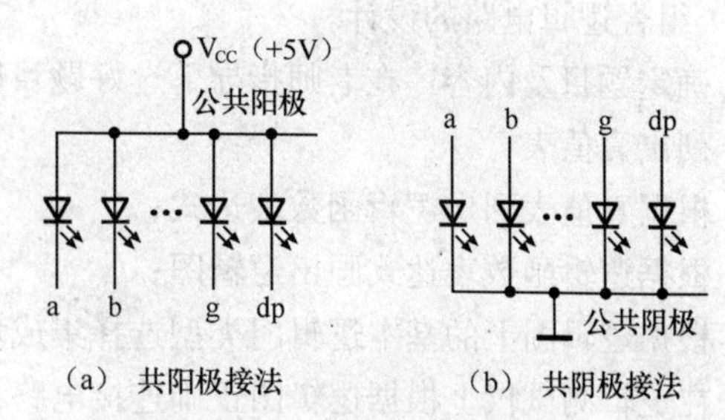

图 7.1.20　7 只发光二极管的接法

在使用中，共阳极接法的数码显示器如其阳极接高电平，则阴极接低电平的发光二极管发光。这样，通过控制 7 只发光二极管的阴极电压，即可显示出 0～9 中任何一个数字。例如型号为 BS104 的数码显示器，其阳极接高电平，当 a、b、c、d、e、f 和 g 7 只发光二极管阴极为低电平时，显示出数字 8。反之，共阴极接法的数码显示器，其阴极接低电平，则其阳极为高电平的发光二极管发光，例如 BS101 器件的 a、b、c 3 个阳极接到高电平，则可显示出数字 7。

半导体数码显示器的工作电压低、体积小、寿命长、响应速度快、显示清晰，在数字仪表和控制系统信息指示中应用较广。

图 7.1.21 是七段显示译码器 4511 与数码显示器 LED 连接示意图。

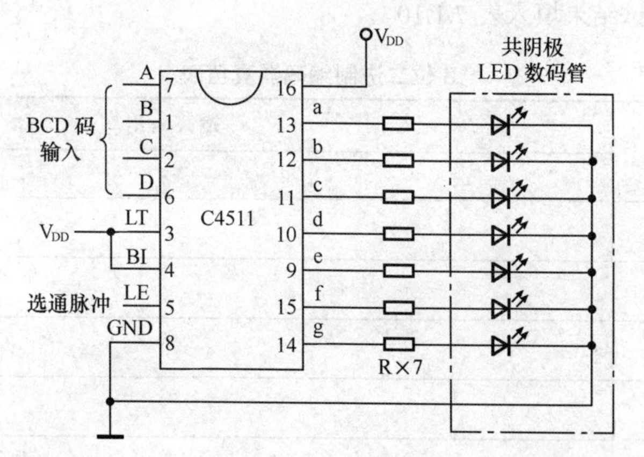

图 7.1.21　七段显示译码器 4511 与 LED 数码显示器连接示意图

任务实施

1. 器材

逻辑电路实验仪、万用表、示波器、74LS348、74LS147 等。

2. 要求

(1)电路要可靠连接，正确插、拔集成电路；

(2)电路布局合理、美观，使用万用表测量动作符合专业标准：

(3)注意事项：操作过程中要时刻注意人身安全及用电安全。

3. 步骤

(1)组合逻辑电路的设计。

① 确定题目及内容：在老师指导下选好题目确定输入、输出变量；

② 列出真值表；

③ 根据真值表列出逻辑函数表达式；

④ 根据逻辑函数表达式画出逻辑图；

⑤ 根据逻辑图上的基本逻辑门类型选择集成块的型号；

⑥ 在逻辑测试仪上根据逻辑图正确连接电路；

⑦ 验证逻辑功能。若功能错误，先检查电路连接是否正确，再检查逻辑图是否正确，直至故障排除。

也可按实习指导老师要求的内容和步骤做。

(2)编码器功能测试。

① 3位二进制编码器。按图7.1.22连接电路，输出端Y_1、Y_1、Y_0接逻辑状态指示器(0–1显示)，输入端$\bar{I}_0$、$\bar{I}_1$、…、$\bar{I}_7$可在电路板上任意确定7个位置，然后用一条导线一端接地、另一端分别接$\bar{I}_0$、$\bar{I}_1$、…、$\bar{I}_7$以产生有效输入(低电平)。

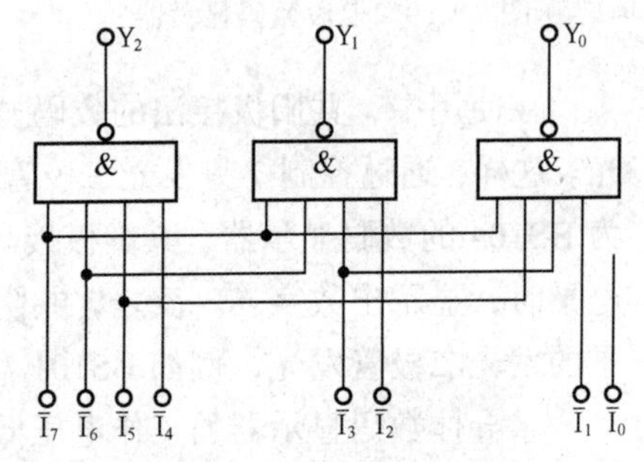

图7.1.22　3位二进制编码器

测试该电路，测试结果填入表7.1.10。

表7.1.10　　3位二进制编码器真值表

输　入	输　出		
	Y_2	Y_1	Y_0
$\bar{I}_0$			
$\bar{I}_1$			
$\bar{I}_2$			
$\bar{I}_3$			
$\bar{I}_4$			
$\bar{I}_5$			
$\bar{I}_6$			
$\bar{I}_7$			

② 集成8线—3线优先编码器74LS348。其型号与外引线功能端排线图如图7.1.23所示。

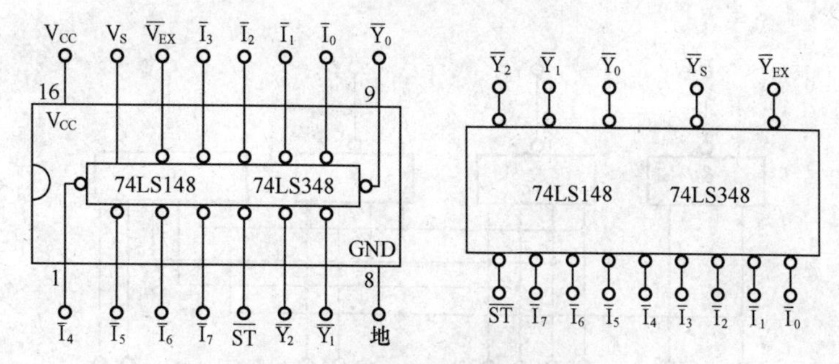

图 7.1.23 八线—三线优先编码器

验证集成八线—三线优先编码器的逻辑功能。

- 按图 7.1.24 连接电路。

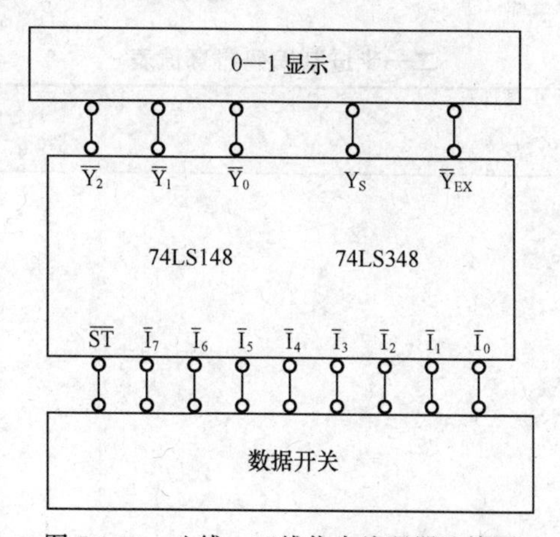

图 7.1.24 八线—三线优先编码器连接图

- 按表 7.1.11 内容设置输入数据，测试输出数据填入表 7.1.10 中。

表 7.1.11 八线—三线优先编码器测试真值表

输入									输出				
$\overline{ST}$	$\overline{I}_7$	$\overline{I}_6$	$\overline{I}_5$	$\overline{I}_4$	$\overline{I}_3$	$\overline{I}_2$	$\overline{I}_1$	$\overline{I}_0$	$\overline{Y}_2$	$\overline{Y}_1$	$\overline{Y}_0$	$\overline{Y}_{EX}$	$\overline{Y}_S$
1	0	1	0	1	1	1	0	0					
0	1	1	1	1	1	1	1	1					
0	0	1	0	1	1	1	0	0					
0	1	0	0	1	1	1	0	0					
0	1	1	0	1	0	0	0	0					
0	1	1	1	0	0	1	0	0					
0	1	1	1	1	0	0	0	1					
0	1	1	1	1	1	0	0	1					
0	1	1	1	1	1	1	0	0					
0	1	1	1	1	1	1	1	0					

③ 二—十进制编码器。

- 按图 7.1.25 连接电路。

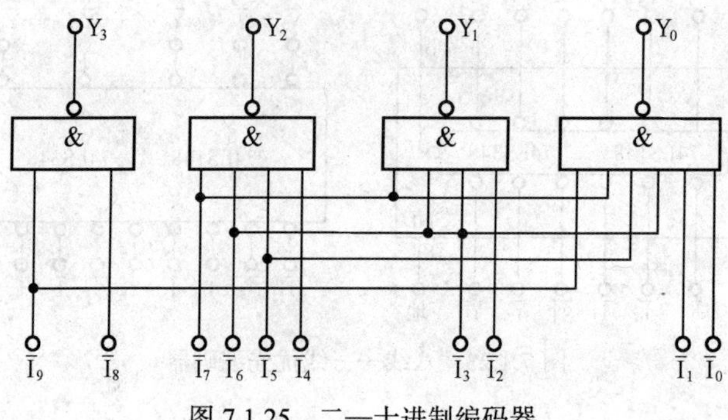

图 7.1.25　二—十进制编码器

- 测试数据填入表 7.1.12 中。

表 7.1.12　　二—十进制编码器真值表

输入 \ 输出	$\overline{Y_3}$	$\overline{Y_2}$	$\overline{Y_1}$	$\overline{Y_0}$
$\overline{I_0}$				
$\overline{I_1}$				
$\overline{I_2}$				
$\overline{I_3}$				
$\overline{I_4}$				
$\overline{I_5}$				
$\overline{I_6}$				
$\overline{I_7}$				
$\overline{I_8}$				
$\overline{I_9}$				

（3）测试集成 10 线—4 线优先编码器 74LS147 逻辑功能。

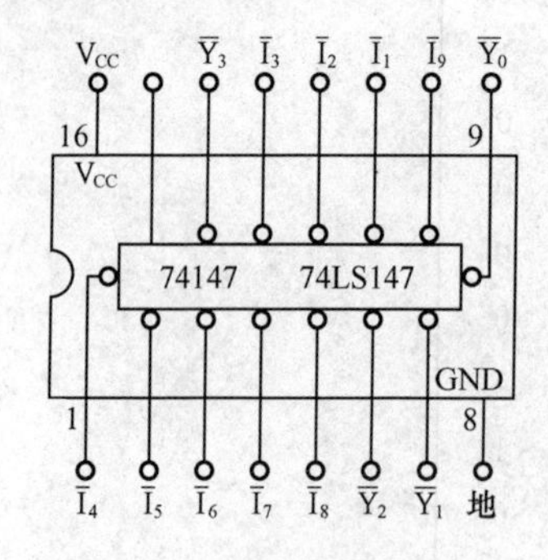

图 7.1.26　74LS147 引脚图

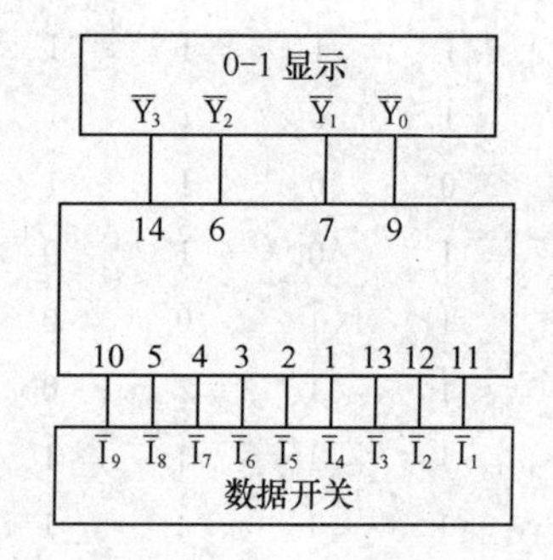

图 7.1.27　74LS147 测试接线图

① 74LS14731 引脚图如图 7.1.26 所示，按图 7.1.27 连接电路。

② 测试逻辑功能，测试数据填入表 7.1.13 中。

表 7.1.13　　　　74LS147 测试真值表

输入									输出			
$\overline{I_9}$	$\overline{I_8}$	$\overline{I_7}$	$\overline{I_6}$	$\overline{I_5}$	$\overline{I_4}$	$\overline{I_3}$	$\overline{I_2}$	$\overline{I_1}$	$\overline{Y_3}$	$\overline{Y_2}$	$\overline{Y_1}$	$\overline{Y_0}$
0	×	×	×	×	×	×	×	×				
1	0	×	×	×	×	×	×	×				
1	1	0	×	×	×	×	×	×				
1	1	1	0	×	×	×	×	×				
1	1	1	1	0	×	×	×	×				
1	1	1	1	1	0	×	×	×				
1	1	1	1	1	1	0	×	×				
1	1	1	1	1	1	1	0	×				
1	1	1	1	1	1	1	1	0				

表中“x”为任意值。

任务二　时序逻辑电路测试

任务引入与目标

【知识目标】

（1）认识二进制译码器，学会测试三位二进制译码电路。

（2）学习各种触发器、显示译码器的功能原理，学会二进制译码器的级连。

（3）认识二—十进制译码器，学会测试 BCD 译码器电路。

【能力目标】

（1）能独立完成三位二进制译码电路的连接。

（2）能独立完成二进制译码电路的测试，并能绘制其真值表。

（3）能独立完成 BCD 译码电路测试，并能绘制其真值表。

（4）能独立完成 BCD 译码显示电路连接、显示数码，并能绘制其真值表。

相关知识

一、基本 RS 触发器

基本 RS 触发器的功能要求：

在数字电路中，如要对二值（0、1）信号进行逻辑运算，常要将这些信号和运算结果保存起来。因此，也需要使用具有记忆功能的基本单元电路。我们把能够存储一位二值信号的基本单元电路称为触发器。触发器与组合的基本门电路电路不同，为实现存储一位二值信号的功能，触发器应具备以下两个基本特点。

① 它具有两个稳定状态。触发器有两个输出端，分别记作 Q 和 $\overline{Q}$，其状态是互补的，Q=1，$\overline{Q}$=0 是一个稳定状态，称 1 态。Q=0，$\overline{Q}$=1 是另一个稳定状态，称 0 态。如出现 Q=$\overline{Q}$=1 或 Q=$\overline{Q}$=0，因不满足互补的条件，故称为不定状态。

② 根据输入的不同，触发器可以置 0 态，也可以置于 1 态。所置状态在输入信号消失后保持不变，即它具有存储一位二值信号的功能。

1. 基本 RS 触发器

基本 RS 触发器又称 RS 锁存器，它不仅是各种触发器电路中结构形式最简单的一种，同时也是许多电路结构复杂触发器的一个组成部分。

（1）电路结构与符号。

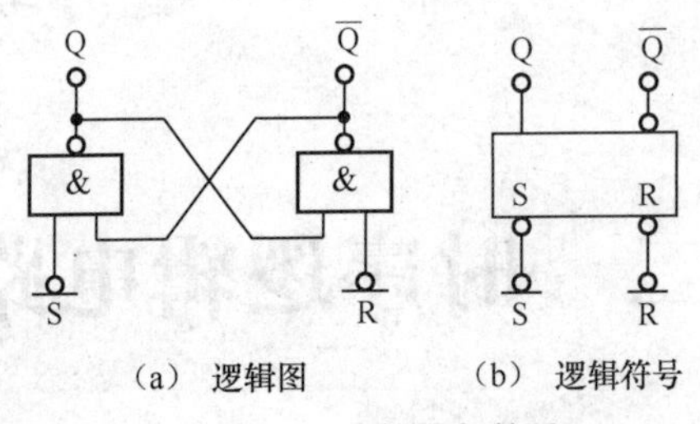

（a） 逻辑图　　（b） 逻辑符号

图 7.2.1 电路结构与符号

基本 RS 触发器的电路结构图如图 7.2.1 所示。基本 RS 触发器的电路它是由两个与非门 1.2 交叉反馈连接而成。其中 $\overline{R}$（RESET）、$\overline{S}$（SET）为两个输入端，平时 $\overline{R}$、$\overline{S}$ 为高电平，有信号时为低电平，也就是说，$\overline{R}$、$\overline{S}$ 是低电平有效，符号 $\overline{R}$、$\overline{S}$ 上的非号就是反映这一概念。图形符号的输入端用小圆圈表示该触发器用负脉冲（0 电平）触发，也是反映这一概念。$\overline{Q}$ 和 $\overline{Q}$ 为两个输出端。

（2）工作原理。

① 在 $\overline{S}$ 端加负脉冲即 $\overline{S}$=0、$\overline{R}$=1 时，触发器置 1。

若触发器的原状态为 $\overline{Q}$=1、$\overline{Q}$=0，由于 $\overline{S}$=0，使 Q=1 保持，门 1 的两个输入信号均为 1，输出 $\overline{Q}$ 仍为 0。若触发器的原状态为 $\overline{Q}$=0、Q=1，由于加在门 1 的输入 $\overline{S}$ 为 0，根据与非门的逻辑功能，“有 0 出 1”，则 Q=1，而门 1 的输入此时全为 1，则输出 $\overline{Q}$=1、Q=0。触发器状态发生了变化，触发器在输入负脉冲的作用下导致的状态转换过程称为翻转。

称触发器的状态 Q=1、$\overline{Q}$=0 为 1 态，亦称置位态，这是触发器的一个稳态。从上面的分析可知当 $\overline{S}$=0、$\overline{R}$=1 时，无论触发器原来的状态是 1 还是 0，触发器新的状态都是 1。

② 在 $\overline{R}$ 端加负脉冲，即当 $\overline{R}$=0，$\overline{S}$=1 时，触发器置 0。

采用与上面相同的方法和步骤讨论可知，只要在 $\overline{R}$ 端加负脉冲，如果原状态是 $\overline{Q}$=0、Q=1，触发器将保持原状态，如果触发器原状态是 $\overline{Q}$=1、Q=0，触发器的状态将发生翻转，新状态为 $\overline{Q}$=0、Q=1。称触发器的状态 $\overline{Q}$=0、Q=1 为 0 态，亦称复位态，这是触发器的又一个稳态。如果触发器的输入信号 $\overline{S}$=1、$\overline{R}$=0，触发器被置 0 态。

③ 当$\overline{R}$=1，$\overline{S}$=1时，触发器保持原状态不变。

当$\overline{S}$=1，$\overline{R}$=1时，如果触发器触于Q=0、$\overline{Q}$=1的状态，则由于Q=0反馈到门1的输入端，门1因输入有低电平0，输出$\overline{Q}$=1；$\overline{Q}$=1又反馈到门1的输入端，门1的输入端都为高电平1，输出Q=0。电路保持0状态不变。如果电路原处于$\overline{Q}$=1、Q=0的1状态，则电路同样能保持1状态不变。

④ $\overline{R}$=$\overline{S}$=0，不被允许。

若$\overline{R}$=$\overline{S}$=0，则Q=$\overline{Q}$=1。破坏了触发器的正常工作状态，而且一旦$\overline{R}$、$\overline{S}$端的低电平撤去，触发器的状态不确定。为保证触发器正常工作，$\overline{R}$和$\overline{S}$两个输入信号同时为0是不允许的。依据上述分析，可列出基本RS触发器的真值表，如表7.2.1所示。

表7.2.1　基本RS触发器的真值表

S	R	Q^n	Q^{n+1}	说　明
0 0	0 0	0 1	0 1	触发器保持原状态
0 0	1 1	0 1	1 1	触发器置0
1 1	0 0	0 1	0 0	触发器置1
1 1	1 1	0 1	× ×	不允许

表中×表示触发器或为0或为1状态。

2. 时钟控制RS触发器

实际应用中，常常要求触发器在某一指定时刻按输入信号所要求的状态触发翻转，这一指定时刻由外加时钟信号来决定。时钟控制RS触发器输出状态的翻转与时钟信号出现的时刻一致，所以也称为同步RS触发器，这也是时钟控制的含义。

（1）逻辑电路及逻辑符号。

时钟控制RS触发器是以基本RS触发器为基础构成的。它的逻辑电路及逻辑符号如图7.2.2所示。

（2）逻辑功能。

当时钟脉冲CP=0时，3门和4门被封锁，无论R和S如何变化，两个导引门的输出均为1，基本RS触发器的输出状态将保持不变。

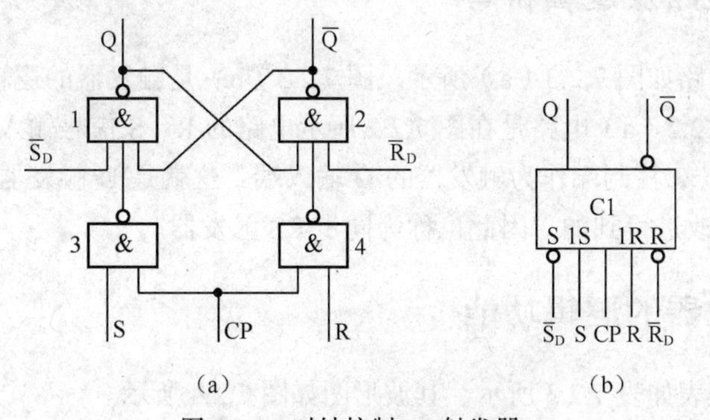

图7.2.2　时钟控制RS触发器

当CP=1时，3门和4门解除封锁，3门和4门的输出将由R和S决定，R、S及触发器的现态共同决定触发器的次态。

① 若S=1、R=0，导引门3输出为0，门1输入低电平，使触发器置1状态（Q^{n+1}=1、Q^{n+1}=0）。如果现态为1，触发器将保持1状态；如果现态为0，触发器将翻转为1状态。

② 若R=1、S=0，导引门4输出为0，门1输入低电平，使触发器置0状态（Q^{n+1}=0、$\overline{Q^{n+1}}$=1）。如果现态为0，触发器将保持0状态；如果现态为1，触发器将翻转为0状态。

③ 如果R=0、S=0，导引门3及门4输出均为1，触发器的输出状态将保持不变。

④ 如果R=1、S=1，导引门3及门4输出均为0，使触发器输出$Q^{n+1}=\overline{Q^{n+1}}$=1，输入信号撤除后，触发器状态不确定，使用中要避免这种情况出现。

由此可得时钟控制RS触发器的真值表如表7.2.2所示。

表7.2.2　　时钟控制RS触发器的真值表

CP	S	R	Q^n	Q^{n+1}	说　明
0	×	×	×	Q^n	保持
1	0	0	×	Q^n	保持
1	0	1	0	0	置0
1	0	1	1	0	
1	1	0	0	1	置1
1	1	0	1	1	
1	1	1	×	不定	不允许

二、D触发器

时钟控制RS触发器存在约束条件：必须满足RS=0，这给使用带来不便。在逻辑电路设计时满足约束条件，保证R、S不会同时为1是不难做到的。

（一）逻辑电路及逻辑符号

D触发器逻辑电路如图7.2.3（a）所示，图7.2.3（b）是触发器的逻辑符号。

显而易见，图7.2.2（a）电路是在图7.2.2所示电路的R、S信号输入端之间接入了一个非门，实现了$S=R$并以S控制端作为触发器的D输入端，这就是D触发器。这种触发器是在同步RS触发器基础上改进得到的，因此也称为同步RS触发器。

（二）D触发器的逻辑功能

D触发器的真值表如表7.2.3所示，其波形图如图7.2.4所示。

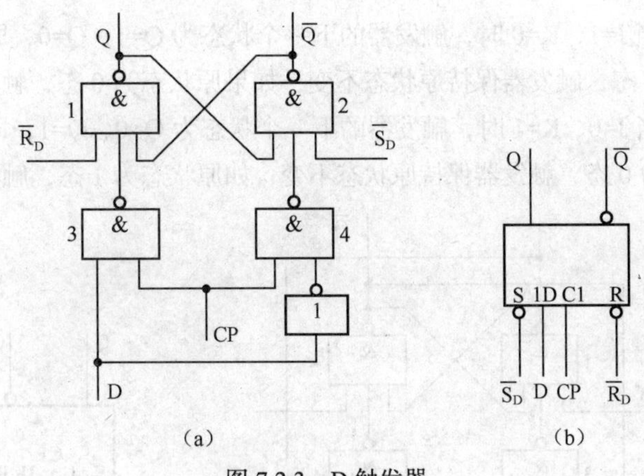

图 7.2.3　D 触发器

表 7.2.3　　D 触发器真值表

CP	D	Q^n	Q^{n+1}	说　明
0	×	×	Q^n	保持
1 1	0 0	0 1	0 0	置 0
1 1	1 1	0 1	1 1	置 1

由表 7.2.3 可见，当 CP=0 时，触发器被封锁，D 输入的变化不能影响触发器的输出（触发器输出状态保持不变）；当 CP=1 时，触发器状态与 D 输入状态相同。

三、JK 触发器

JK 触发器也是一种双输入的双稳态触发器，JK 触发器功能完善、使用灵活。

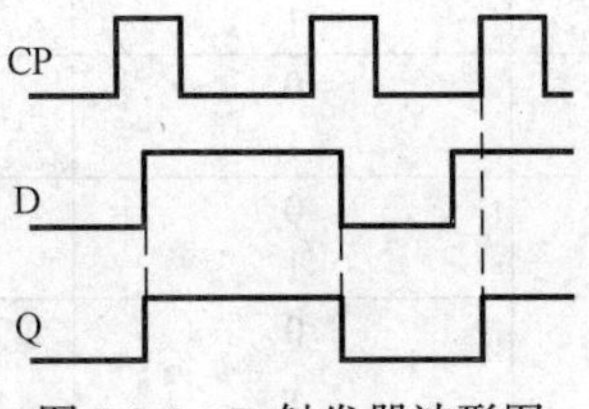

图 7.2.4　D 触发器波形图

（一）逻辑电路和逻辑符号

JK 触发器的逻辑电路是在时钟控制 RS 触发器的基础上发展而来的，从输出端 Q 和 $\overline{Q}$ 分别连线至触发器输入端，作为触发器的反馈控制，其逻辑电路和逻辑符号如图 7.2.5 所示。

（二）逻辑功能

当 CP=0 时，门 3、门 4 被封锁，J、K 变化对门 3、门 4 输出无影响，触发器保持原状态。

当 CP=1 时，门 3、门 4 开启，J、K 与 CP 及 Q^n 共同决定触发器状态。

（1）保持功能。当 J=K=0 时，无论 CP 时钟脉冲状态如何，触发器保持原状态不变，这体现了触发器具有保持功能。

（2）置 1 功能。当 J=1，K=0 时，触发器的下一个状态为 Q=1，Q=0，即为 1 态。这包含两种情况，如果原状态为 1 态，触发器保持原状态不变；如果原状态为 0 态，触发器将翻转为 1 态。

（3）置 0 功能。当 J=0、K=1 时，触发器的下一个状态为 Q=0、Q=1，即为 0 态，这时也包含两种情况，如原状态为 0 态，触发器保持原状态不变；如原状态为 1 态，触发器将翻转为 0 态。

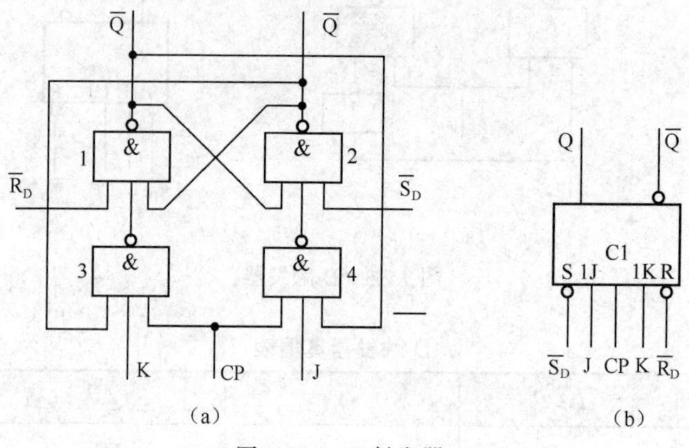

图 7.2.5　JK 触发器

由上述分析可知，J、K 两个输入信号不同时，触发器的输出 Q 与 J 的状态相同，即 J=1、Q^{n+1}=1 或 J=0，Q^{n+1}=0。

（4）计数功能。当 J=K=1 时，时钟脉冲控制端每输入一个脉冲信号触发器就翻转一次，即 Q^{n+1}=Q。此时触发器所具有的功能称为计数功能，记录触发器的翻转次数就可以得出输入时钟脉冲的个数。

由上述分析可得触发器的真值表如表 7.2.4 所示。

表 7.2.4　　JK 触发器真值表

J	K	Q^n	Q^{n+1}	说　明
0	0	0	0	保持
0	0	1	1	
0	1	0	0	置 0
0	1	1	0	
1	0	0	1	置 1
1	0	1	1	
1	1	0	1	计数
1	1	1	0	

四、边沿触发型触发器

边沿触发型触发器，简称边沿触发器。由于是在 CP 时钟信号上升或下降的瞬间接收输入信号，触发器才按逻辑功能的要求改变状态，因此称边沿触发。在时钟信号的其他时刻，触发器处于保持状态。因此，这是一种抗干扰能力强的实用触发器，应用最为广泛。

以边沿触发型 JK 触发器为例来讨论这种触发器的结构和特点。

（一）电路结构及逻辑符号

图 7.2.6（a）是一种下降沿触发的边沿触发型触发器逻辑电路图。图 7.2.6（b）是下降沿触发型边沿触发器的逻辑符号。

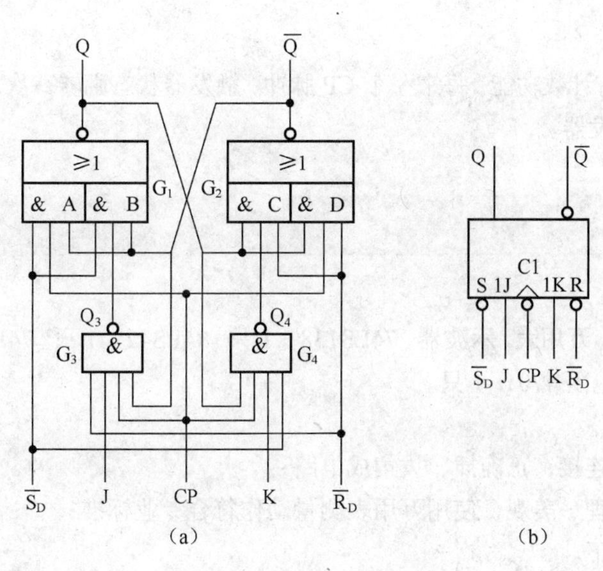

图 7.2.6　边沿触发型触发器

（二）工作原理

（1）CP=0 时，触发器的状态不变。在 CP=0 时，G3、G4 被封锁 Q_3=1、Q_4=1，与门 A 和与门 D 被封锁，因此触发器保持原稳定状态不变。

（2）CP 由 0 跳变到 1 时，触发器状态不变。在 CP=0 时，如触发器的状态为 Q^n=0、Q^n=1，当 CP 由 0 跳变到 1 时，首先与门 A 输入全为 1，则输出 Q^n+=0。由于 Q^{n+1}=0 同时加到与门 C、D 的输入端，所以输出 Q^{n+1}，触发器保持原状态不变。如触发器原为 1 状态，则在 CP 由 0 跳变到 1 时，触发器仍保持 1 状态不变。

（3）CP 由 1 跳变到 0 时，触发器的状态根据 J、K 端的输入信号确定。

① J=0、K=0 时，触发器保持原状态不变；

② J=0、K=1 时，触发器置 0 状态；

③ J=1、K=0 时，触发器置 0 状态；

④ J=1、K=1 时，触发器状态翻转，若原为 0 状态，则翻转为 1 状态；若原为 1 状态，则翻转为 0 状态。

五、T 触发器

T 触发器具有保持和计数功能。JK 触发器当 T=J=K 时，就构成了 T 触发器。T 触发器的特性表如表 7.2.5 所示。

表 7.2.5　　　　T 触发器的特性表

T	Q^n	Q^{n+1}	说　　明
0 0	0 1	0 1	保持
1 1	0 1	1 0	保持

六、T′ 触发器

T′ 触发器只具有计数功能，每来一个 CP 脉冲，触发器状态翻转一次。JK 触发器当 J=K=1 时，就构成了 T′ 触发器。

任务实施

1. 器材

逻辑电路实验仪、万用表、示波器、74LS138　1 只、74LS42　1 只、74LS247　1 只、BS1105　1 只、发光管 1 只、电阻 470Ω 7 只。

2. 要求

（1）电路要可靠连接，正确插、拔集成电路；

（2）电路布局合理、美观，使用万用表测量动作符合专业标准；

（3）注意事项如下。

① 操作过程中要时刻注意人身安全及用电安全。

② 逻辑电路实验仪上的各种拨动开关机械强度较弱，操作时不宜用力过大，应使着力点在开关柄的根部，轻轻拨动，不可用力去扳开关柄端部，否则会降低开关的使用寿命。

③ 在插入集成电路时，要先用镊子将引脚调正；拔下集成电路时，要用使两端平衡拔出，以免将引脚折断。

④ 断电连接电路，检查无误后通电。

⑤ 使用逻辑实验仪前，要先检查各开关、逻辑指示灯及电源电压。

⑥ 不得在实验仪面板上写字、做标记，严禁高温物体接触面板表面。

3. 步骤

（1）集成三线—八线译码器

集成三线—八线译码器 74LS138 引线图与逻辑功能示意图如图 7.2.7 所示。

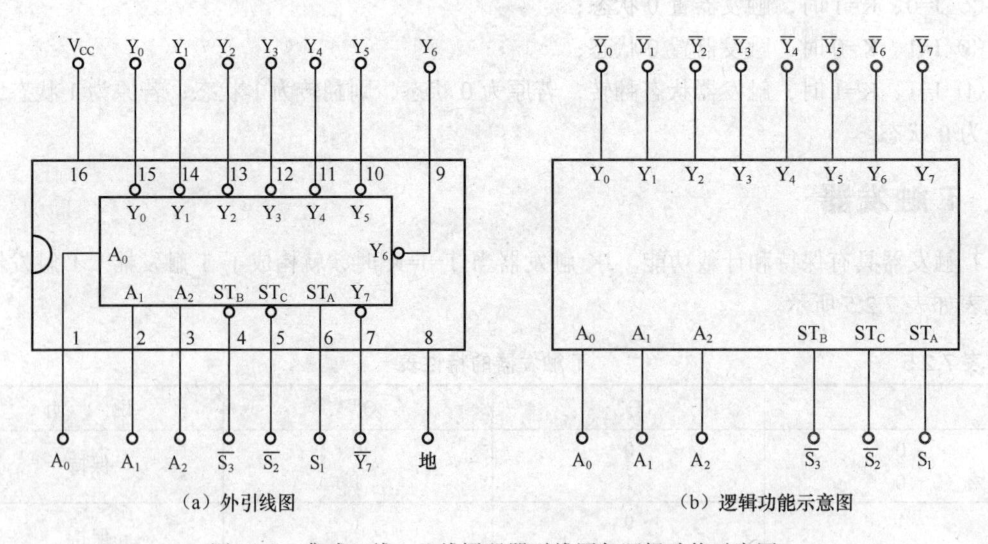

（a）外引线图　　（b）逻辑功能示意图

图 7.2.7　集成三线—八线译码器引线图与逻辑功能示意图

S_1、S_1、S_3是 3 个输入选通端，当 S_1=0 或者$\overline{S_2}+\overline{S_3}=1$时，译码被禁止，译码器的输出端全为 1；只有当 S_1=1、$\overline{S_3}+\overline{S_2}=0$时，译码器才正常运行，完成译码操作。

按表 7.2.6 内容测试集成 3 线—8 线译码器 74LS138，绘制真值表。

表 7.2.6　　集成 3 线—8 线译码器测试真值表

输入						输出							
S_1	$\overline{S_2}$	$\overline{S_3}$	A_2	A_1	A_0	$\overline{Y_7}$	$\overline{Y_6}$	$\overline{Y_5}$	$\overline{Y_4}$	$\overline{Y_3}$	$\overline{Y_2}$	$\overline{Y_1}$	$\overline{Y_0}$
1	0	0	0	0	0								
1	0	0	0	0	1								
1	0	0	0	1	0								
1	0	0	0	1	1								
1	0	0	1	0	0								
1	0	0	1	0	1								
1	0	0	1	1	0								
1	0	0	1	1	1								
0	×	×	×	×	×								
×	1	1	×	×	×								

（2）二—十进制译码器

将十进制数的二进制编码（即 BCD 码）翻译成对应的十个输出信号的电路，叫做二—十进制译码器，因为在一般情况下，BCD 码都是由 4 位二进制代码组成，形成 4 个输入信号，故常把二—十进制译码器叫做 4 线—10 线译码器。

① 集成 4 线—10 线译码器

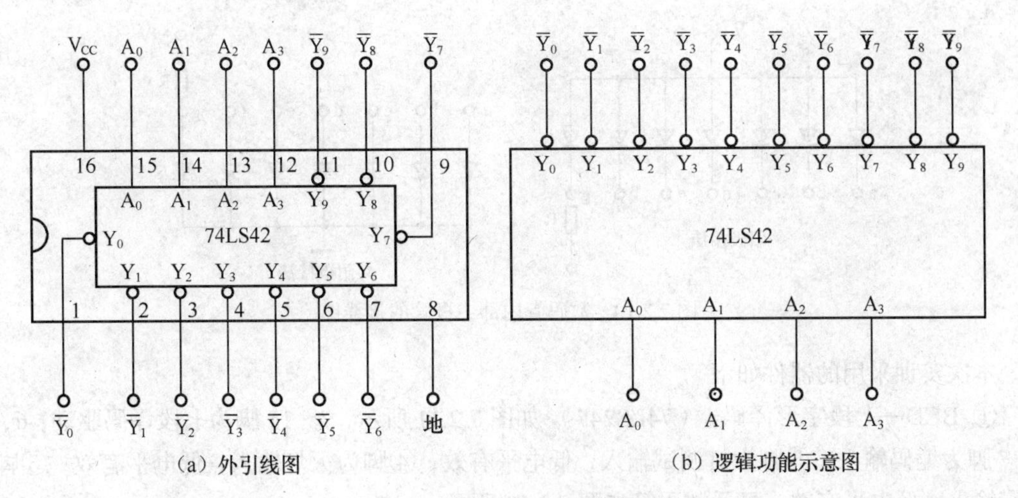

（a）外引线图　　（b）逻辑功能示意图

图 7.2.8　集成 4 线—10 线译码器

② 绘制真值表。按表 7.2.7 内容测试 4 线—10 线译码器 74LS42，并绘制真值表。

表 7.2.7　　　　4 线—10 线译码器 74LS42 测试真值表

输入				输出									
A_3	A_2	A_1	A_0	$\overline{Y_0}$	$\overline{Y_1}$	$\overline{Y_2}$	$\overline{Y_3}$	$\overline{Y_4}$	$\overline{Y_5}$	$\overline{Y_6}$	$\overline{Y_7}$	$\overline{Y_8}$	$\overline{Y_9}$
0	0	0	0										
0	0	0	1										
0	0	1	0										
0	0	1	1										
0	1	0	0										
0	1	0	1										
0	1	1	0										
0	1	1	1										
1	0	0	0										
1	0	0	1										

（3）显示译码器

常见显示译码器的输入、输出示意图如图 7.2.9 所示。

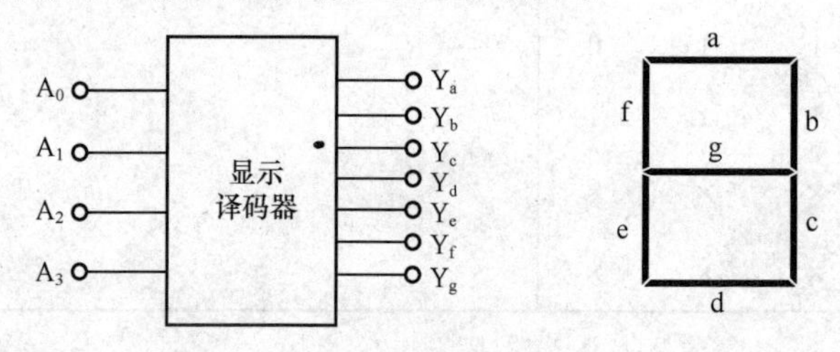

图 7.2.9　显示译码器

若采用共阳极数码管，则 Y_a～Y_g 应为 0，即低电平有效；反之，如果采用共阴极数码管，Y_a～Y_g 应为 1，即高电平有效。所谓有效，就是能驱动显示段发光。

图 7.2.10 给出两种数码管内部二极管的接线图，R 外接限流电阻，V_{CC} 是外接电源。本次实训将采用共阳极数码管。

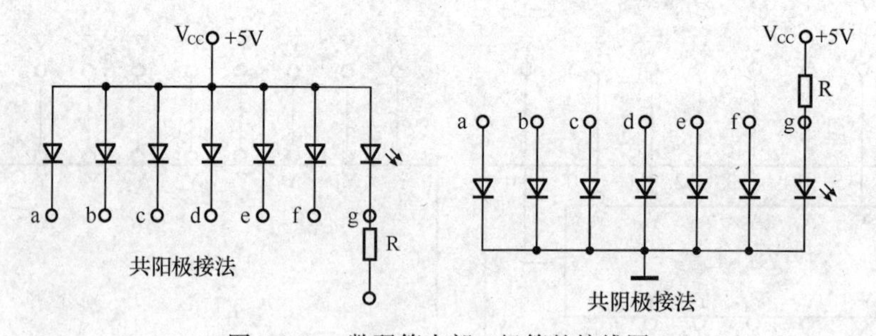

图 7.2.10　数码管内部二极管的接线图

本次实训采用的器件如下。

① BCD—七段字形译码器（74LS247）。如图 7.2.11 所示，7～15 脚为七段译码驱动；6、1、2、7 脚为编码输入；③脚为灯测试输入，低电平有效；④脚为灭灯输入，低电平有效；⑤脚为灭零输入，低电平有效。显示数码管如图 7.2.12 所示。

② 共阳极数码管 BS1105。由于内部发光二极管允许流过的电流较小，为延长数的使用寿命，在电路中一定要串联限流电阻。按电路如图 7.2.13 连接电路，检查无误后通电，将显示结

果填入表 7.2.8。

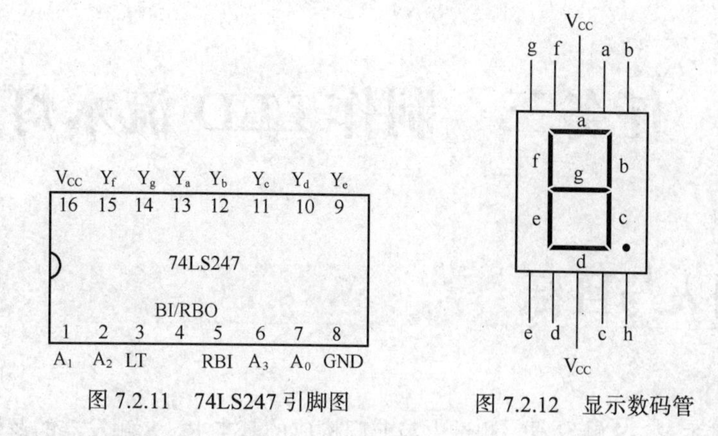

图 7.2.11　74LS247 引脚图　　　　图 7.2.12　显示数码管

a. 进行灭灯测试、灭零测试。

b. 测试过程中可以用万用表检测 74LS147 输出电平，测量数据填入表 7.2.8 中。

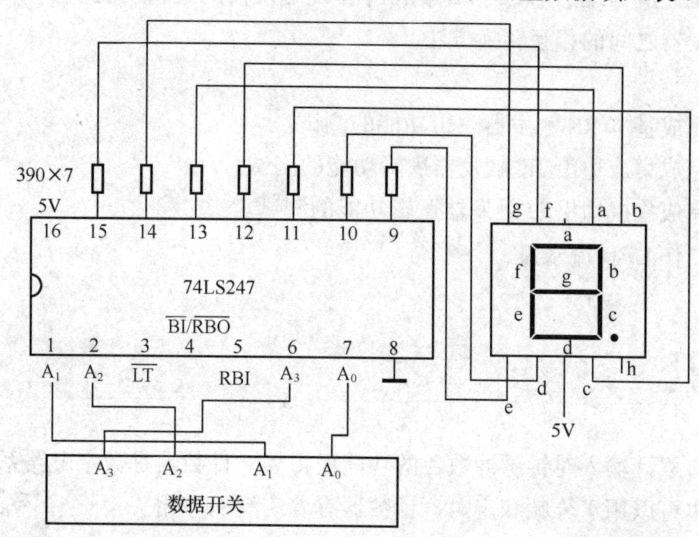

图 7.2.13　显示译码测试连接图

表 7.2.8　　　　74LS147 功能测试表

编码输入				编码输出							字形
A_3	A_2	A_1	A_0	$\overline{Y_a}$	$\overline{Y_b}$	$\overline{Y_c}$	$\overline{Y_d}$	$\overline{Y_e}$	$\overline{Y_f}$	$\overline{Y_g}$	
0	0	0	0	0	0	0	0	0	0	1	
0	0	0	1								
0	0	1	0								
0	0	1	1								
0	1	0	0								
0	1	0	1								
0	1	1	0								
0	1	1	1								
1	0	0	0								
1	0	0	1								

测试做完后由老师进行考评，总结成绩，指出不足。

任务三　制作 LED 流水灯

任务引入与目标

【知识目标】

（1）认识基本 R、S 触发器，测试由与非门构成的基本 R、S 触发器的逻辑功能。

（2）认识集成边沿 JK 触发器，测试集成边沿 JK 触发器的逻辑功能。

（3）认识集成边沿 D 触发器，测试集成边沿 D 触发器的逻辑功能。

（4）各种触发器之间的相互转换方法。

【能力目标】

（1）能独立完成基本 RS 触发器逻辑功能的测试。

（2）能独立完成集成边沿 JK 触发器逻辑功能的测试。

（3）能独立完成集成边沿 D 触发器逻辑功能的测试。

（4）能独立制作 LED 流水灯。

相关知识

计数器因具有累计输入时钟脉冲数目的功能而得名。计数器是数字电路系统的主要部件，可以用以计数，也可以用于分频和定时，计数器有着广泛的应用。

一、计数器的分类

计数器的分类方法有以下 3 种。

（1）按计数进制分为二进制、十进制、N 进制（或称任意进制）计数器。

① 二进制计数器：当输入计数脉冲到来时，按二进制数规律进行计数的电路称为二进制计数器。

② 十进制计数器：按十进制数规律进行计数的电路称为十进制计数器。

③ N 进制计数器：除了二进制和十进制计数器之外的其他进制的计数器都称为进制计数器。

（2）按计数器中触发器翻转时序的异同分为同步计数器和异步计数器。

① 同步计数器：构成计数器的所有触发器由统一的时钟脉冲 CP 控制，各触发器之间的状态变化是同时进行的。

② 异步计数器：构成计数器的各触发器不采用统一的时钟脉冲 CP 控制。

（3）按计数增减分为加法计数器、减法计数器。

① 加法计数器：也称递增计数器，每来一个计数脉冲，计数器按计数规律增加。

② 减法计数器：也称递减计数器，每来一个计数脉冲，计数器按计数规律减少。

（4）二进制计数器的特点。

二进制数只有0和1两个数字，因此可以用双稳态触发器的Q端输出状态来代表1位二进制数。当用双稳态触发器来表示二进制数时，1位二进制数要用1个触发器，*N*位二进制数就需要*N*个双稳态触发器级联。例如，二进制数110有3位，必须以3个触发器组成一个3位二进制计数器来完成计数。反过来看，以3个触发器组成3位二进制计数器最多累计的脉冲个数是多少呢？显然是2^3=8个。

二、二进制同步加法计数器

图7.3.1所示为一个3位二进制同步加法计数器的逻辑电路图。

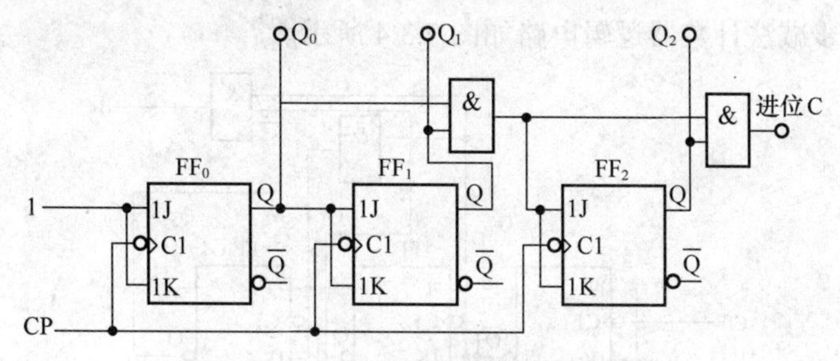

图7.3.1　3位二进制同步加法计数器

3位二进制同步加法计数器计数器状态转换表如表7.3.1所示。

表7.3.1　状态转换表

Q_2^n	Q_1^n	Q_0^n	Q_2^{n+1}	Q_1^{n+1}	Q_0^{n+1}
0	0	0	0	0	1
0	0	1	0	1	0
0	1	0	0	1	1
0	1	1	1	0	0
1	0	0	1	0	1
1	0	1	1	1	0
1	1	0	1	1	1
1	1	1	0	0	0

3位二进制同步加法计数器的状态转换图及时序图如图7.3.2、图7.3.3所示。

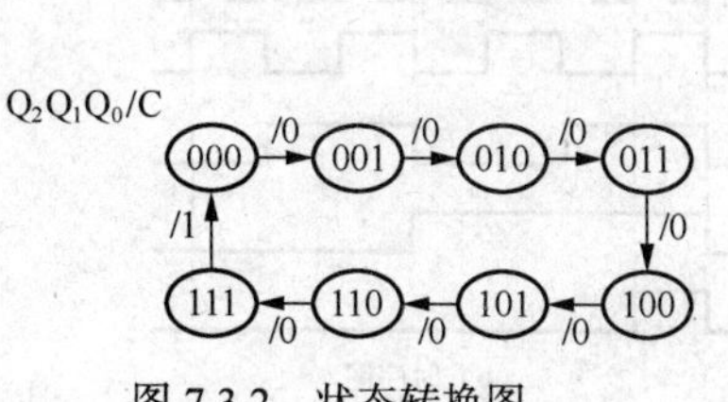

图7.3.2　状态转换图

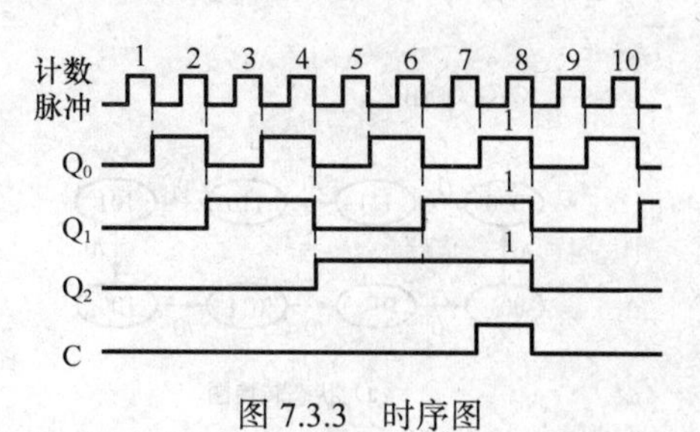

图7.3.3　时序图

从图 7.3.3 所示的波形看，Q_0的脉冲周期是计数脉冲 CP 周期的 2 倍，Q_1的脉冲周期是Q_0周期的 2 倍，又是 CP 的2^2倍，Q^2的脉冲周期又是Q_1周期的 2 倍，是 CP 的 23 倍。如果是 N 位计数器，可以作类推Q_n的脉冲周期是Q^{n-1}周期的 2 倍，是 CP 的 $2N$ 倍。如果以频率作比较，则前者是后者的 2 倍。若令 T 表示脉冲信号的周期，f为频率，根据f=1/T，不难推得二进制计数器的Q_0、Q_1、Q_1…Q_n的脉冲频率，分别是计数脉冲频率的 1/2、$1/2^2$、$1/2^3$…依次称为二分频、四分频和八分频……

显然，N 位二进制计数器具有2^n分频功能。因此，二进制计数器也具有分频器的功能。

三、二进制减法计数器

在计数方式上，二进制加法计数器是按 1 递增的，所以也称为递增计数器；而二进制减法计数器是按 1 递减的。在加法计数器中存在一个向高位进位的问题，在减法计数器中存在一个向高位借位的问题。

3 位二进制同步减法计数器逻辑电路如图 7.3.4 所示。

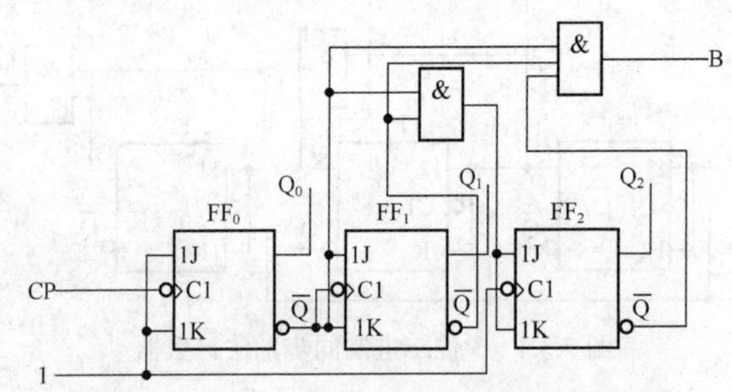

图 7.3.4　3 位二进制同步减法计数器逻辑电路

3 位二进制同步减法计数器的状态转换表如表 7.3.2 所示。

表 7.3.2　3 位二进制同步减法计数器状态转换表

Q_2^n	Q_1^n	Q_0^n	Q_2^{n+1}	Q_1^{n+1}	Q_0^{n+1}
0	0	0	1	1	1
1	1	1	1	1	0
1	1	0	1	0	1
1	0	1	1	0	0
1	0	0	0	1	1
0	1	1	0	1	0
0	1	0	0	0	1
0	0	1	0	0	0

3 位二进制同步减法计数器的状态转换图及时序图如图 7.3.5 所示。

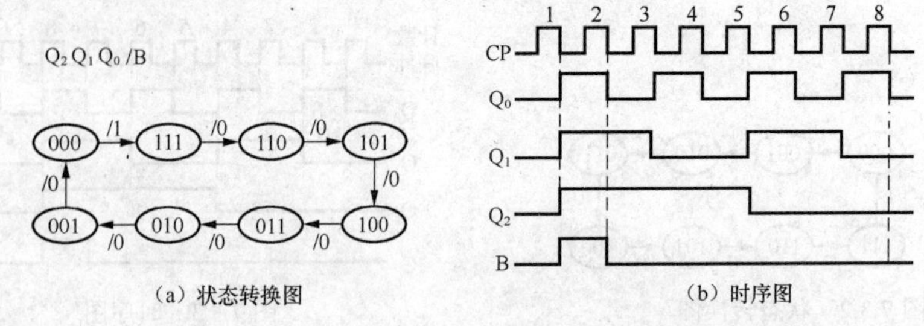

图 7.3.5　3 位二进制同步减法计数器的状态转换图及时序图

四、二进制异步加法计数器

图 7.3.6 所示为 3 位二进制异步加法计数器的逻辑电路。它由 3 个 JK 触发器连接而成，从最低位 FF_0 起，依次为 FF_0、FF_1、FF_2。

异步计数器中触发器之间连接简单，电路工作可靠，缺点是与同步计数器相比速度较慢。这是因为构成异步计数器的各触发器不是采用统一的 CP 时钟脉冲控制，计数脉冲是加到最低位 FF_0 的 CP 端，而其他触发器是靠前一个触发器输出信号 Q 触发使触发器状态翻转的。也就是说，是由相邻的低位触发器的输出来触发的。因此，触发器状态变化存在逐级延迟是显而易见的。各触发器的状态变化不是同步发生，而是“异步”的。这是异步计数器名称的由来。

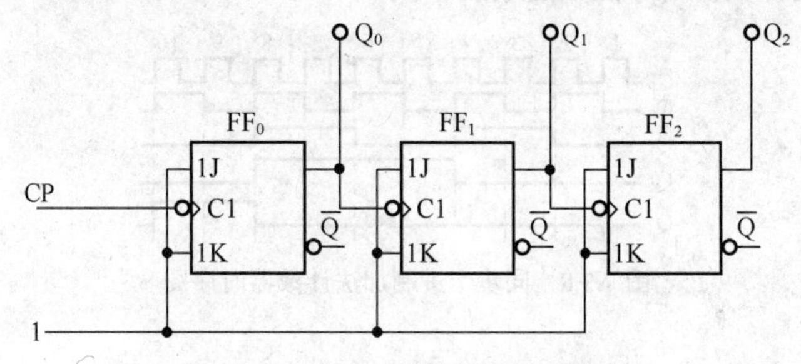

图 7.3.6 3 位二进制异步加法计数器

1. 十进制计数器

由于人们习惯于使用十进制计数，特别是按 8421BCD 编码的十进制计数器成为应用最为广泛的一种常用计数器。

用 JK 触发器组成同步十进制加法计数器逻辑电路如图 7.3.7 所示。

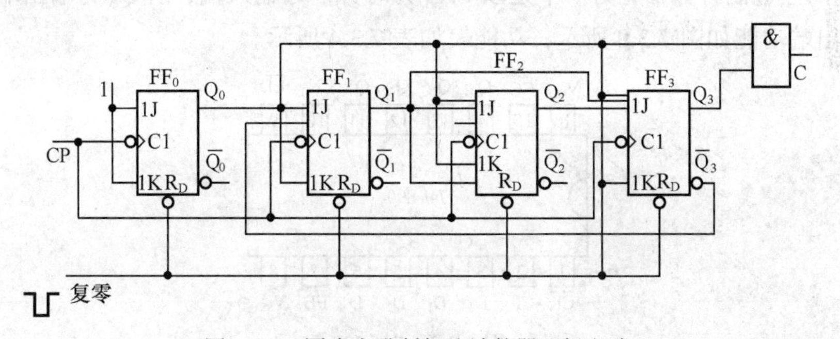

图 7.3.7 同步十进制加法计数器逻辑电路

十进制计数器的状态转换表如表 7.3.3 所示。

表 7.3.3 十进制计数器的状态转换表

Q_3^n	Q_2^n	Q_1^n	Q_0^n	Q_3^{n+1}	Q_2^{n+1}	Q_1^{n+1}	Q_0^{n+1}
0	0	0	0	0	0	0	1
0	0	0	1	0	0	1	0
0	0	1	0	0	0	1	1
0	0	1	1	0	1	0	0
0	1	0	0	0	1	0	1

续表

Q_3^n	Q_2^n	Q_1^n	Q_0^n	Q_3^{n+1}	Q_2^{n+1}	Q_1^{n+1}	Q_0^{n+1}
0	1	0	1	0	1	1	0
0	1	1	0	0	1	1	1
0	1	1	1	1	0	0	0
1	0	0	0	1	0	0	1
1	0	0	1	0	0	0	0

同步十进制加法计数器时序图如图 7.3.8 所示。

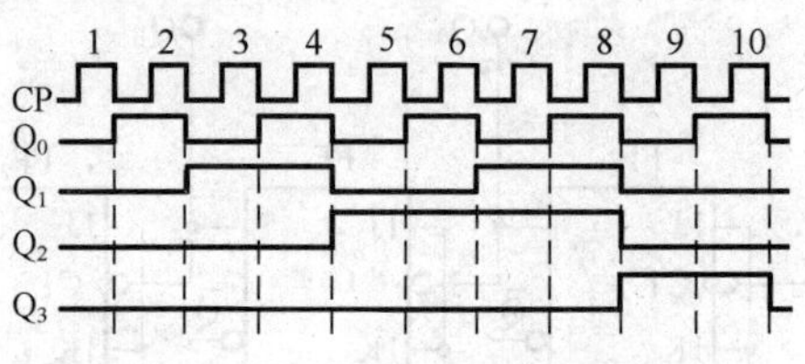

图 7.3.8　同步十进制加法计数器时序图

2. 集成计数器

中规模集成计数器有二进制、十进制和任意进制计数器多种类型，功能齐全、使用灵活，目前有 TTL 和 CMOS 两大系列的多种型号产品供选用。现举例说明其功能。

（1）中规模集成十进制计数器 C40161。

C40161 内部电路由两个独立的计数器组成，一个是以 CK_B 为时钟信号输入端，以 Q_B、Q_C、Q_D 为输出端的五进制计数器，另一个是以 CK_A 为时钟信号输入端，以 Q_A 为输出端的二进制计数器，其引出端功能如图 7.3.9 所示，功能表如表 7.3.4 所示。

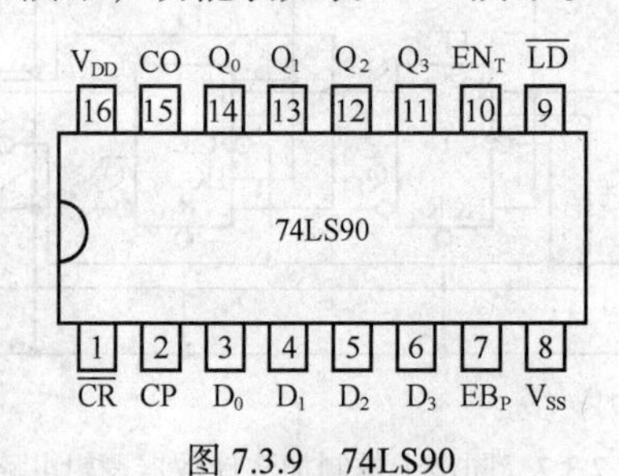

图 7.3.9　74LS90

表 7.3.4　　74LS90 功能表

Q_2^n	Q_1^n	Q_0^n	Q_2^{n+1}	Q_1^{n+1}	Q_0^{n+1}
0	0	0	1	1	1
1	1	1	1	1	0
1	1	0	1	0	-1
1	0	1	1	0	0
1	0	0	0	1	1
0	1	1	0	1	0
0	1	0	0	0	1
0	0	1	0	0	0

(2) 4 位二进制同步计数器 74LS90。

74LS90 是 4 位二进制同步计数器（有预置、异步清除），是 CMOS 系列中规模集成电路，74LS90 的引出端功能如图 7.3.10 所示。C40161 有 4 个输出端 Q_3、Q_2、Q_1、Q_0，$\overline{CR}$ 为异步清除端，当 $\overline{CR}$ =1 时，为计数器输出；$\overline{CR}$ =0 时，计数器清零，即 $Q_3=Q_2=Q_1=Q_0=0$。EN_P、EN_T 为使能端，$EN_P=EN_T=1$、$\overline{CR}$ =1 时，计数器为计数状态，$\overline{CR}$ =1，$EN_P=0$ 或 $EN_T=0$，为保持状态。$\overline{LD}$ 为同步预置端。D_0、D_1、D_2、D_3 为同步预置数码输入端。$\overline{LD}$ =1 时，计数器为计数或保持状态，$\overline{LD}$ =0 时实现同步预置，$Q_0=D_0$、$Q_1=D_1$、$Q_1=D_1$、$Q_3=D_3$。

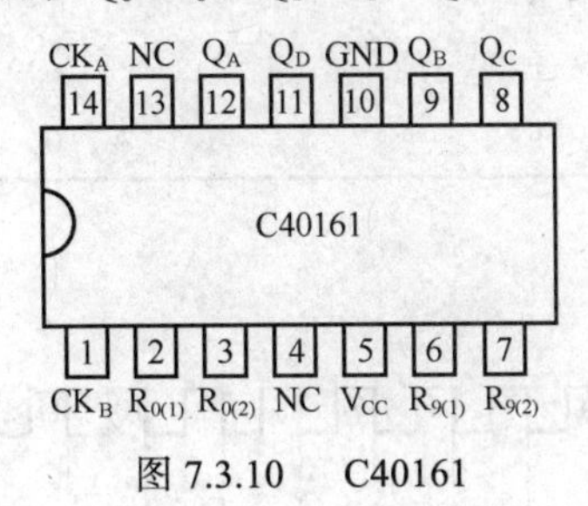

图 7.3.10 C40161

C40161 功能表如表 7.3.5 所示。

表 7.3.5 C40161 功能表

EN_T	EN_P	$\overline{LD}$	$\overline{CR}$	CP	执行功能
×	×	×	0	×	清零
1	1	1	1	↑	计数
×	×	0	1	↑	同步预置
0	×	1	1	↑	保持
×	0	1	1	↑	保持

五、十进制计数器/脉冲分配器（CC4017B）简介

1. 引脚功能

其引脚功能如图 7.3.11 所示。

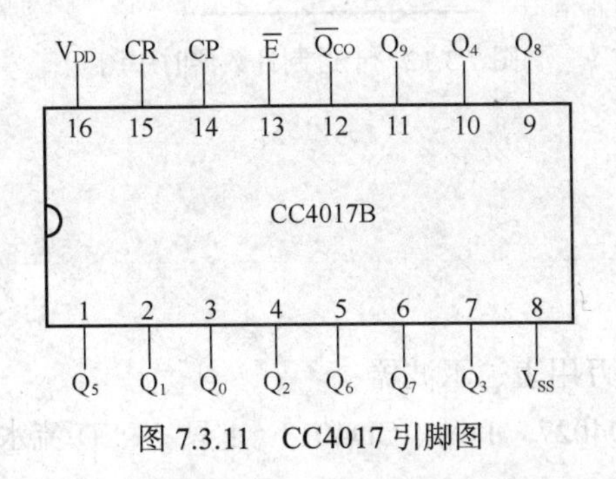

图 7.3.11 CC4017 引脚图

图 7.3.11 中 CR 为高电平清零端；$\overline{E}$ 为低电平有效的使能端，用以控制时钟信号，$\overline{E}$ 高电平时，时钟信号被禁止。CP 为上升沿触发的计数脉冲信号，节拍脉冲输出端。$\overline{Q_{CO}}$ 为计数进

位信号输出端。

2. CC4017B 功能表

其功能表如表 7.3.6 所示。

表 7.3.6　　CC4017B 功能表

CR	$\overline{E}$	CP	功　能
1	×	×	清零
0	0	↑	计数、输出节拍脉冲
0	1	×	保持
0	1	↓，0，1	保持

3. 时序图如图 7.3.12 所示

连接电路图如图 7.3.12 所示。

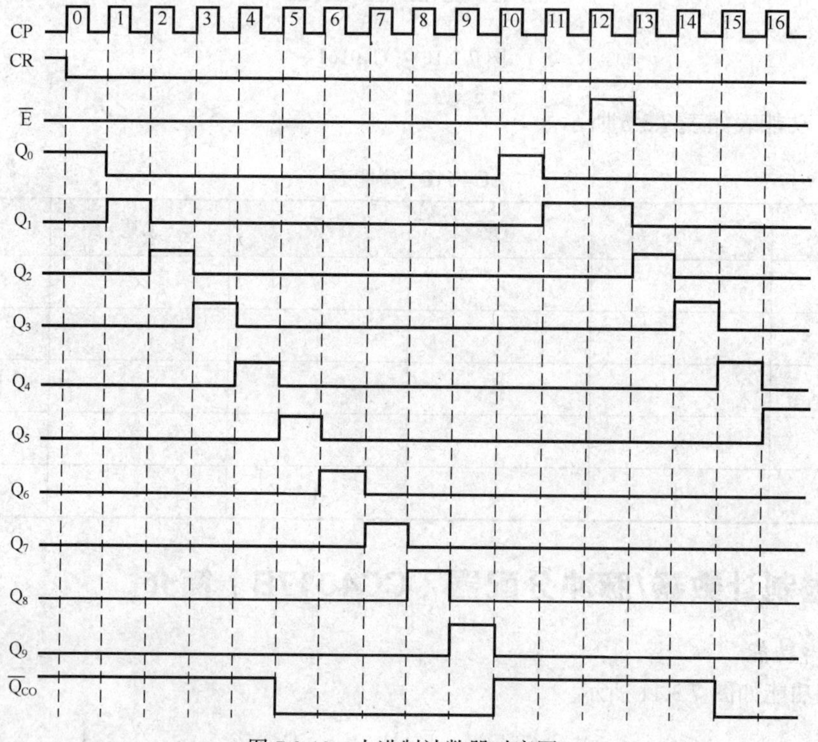

图 7.3.12　十进制计数器时序图

任务实施

1. 器材

（1）逻辑电路实验箱、万用表、示波器；

（2）74LS00　1 只；CD4027　1 只；CD4013　1 只、LED 流水灯套件。

2. 要求

（1）电路要可靠连接，正确插、拔集成电路；

（2）电路布局合理、美观，使用万用表测量动作符合专业标准；

（3）注意事项如下。

① 操作过程中要时刻注意人身安全及用电安全。

② 逻辑电路实验箱上的各种拨动开关机械强度较弱，操作时不宜用力过大，应使着力点在开关柄的根部，轻轻拨动，不可用力去扳开关柄端部，否则会降低开关的使用寿命。

③ 电路板的插孔内部的弹簧片弹力较弱，不可将直径过粗的导线、电位器引脚等直接插入，这样极容易造成接触不良，使实验不能顺利进行。

④ 在插入集成电路时，要先用镊子将引脚调正；拔下集成电路时，要用使两端平衡拔出，以免将引脚折断。

⑤ 断电连接电路，检查无误后通电。

⑥ 使用逻辑实验仪前，要先检查各开关、逻辑指示灯及电源电压。

⑦ 不得在实验仪面板上写字、做标记，严禁高温物体接触面板表面。

（4）工艺要求如下。

① 焊点：焊点光滑圆亮、大小均匀，无虚焊、无假焊，线路板清洁。

② 元件布局：线路分布简单清晰、合理，元器件安装紧凑，紧贴线路板焊点线脚短小、统一整齐。

3. 步骤

（1）测试基本RS触发器的逻辑功能。由四—二输入与非门构成的基本RS触发器逻辑功能电路如图7.3.13所示。按图7.3.13连接电路，测试结果填入表7.3.6中。

表7.3.7 测试功能表

R_D	S_D	Q^n	功能
1	0		
0	1		
0	0		
×	×	不允许	

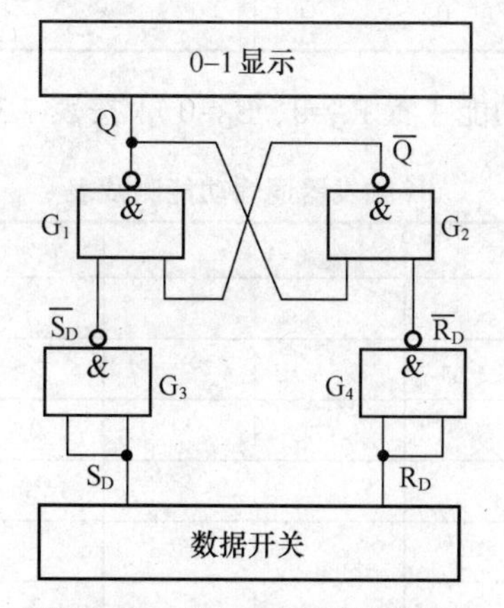

图7.3.13 基本RS触发器连接图

（2）测试集成边沿JK、D触发器的逻辑功能。

① JK 触发器 CD4027（上升沿触发）和 D 触发器 CD4013（上升沿触发）的引脚功能如图 7.3.14 所示。

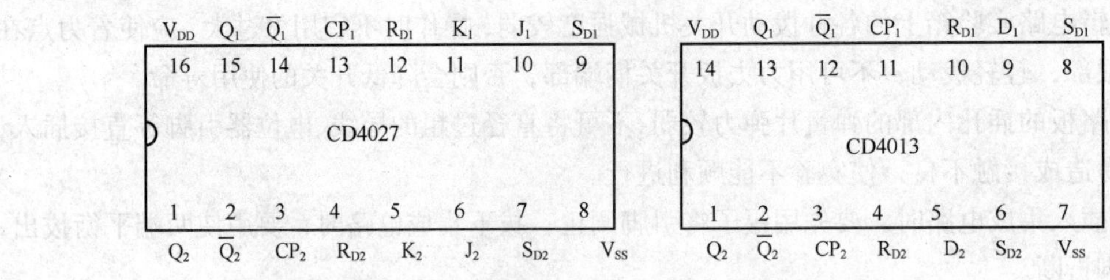

图 7.3.14　JK 触发器 CD4027 和 D 触发器 CD4013

② 测试集成边沿 JK 触发器（CD4027）的逻辑功能，测试电路如图 7.3.15 所示。

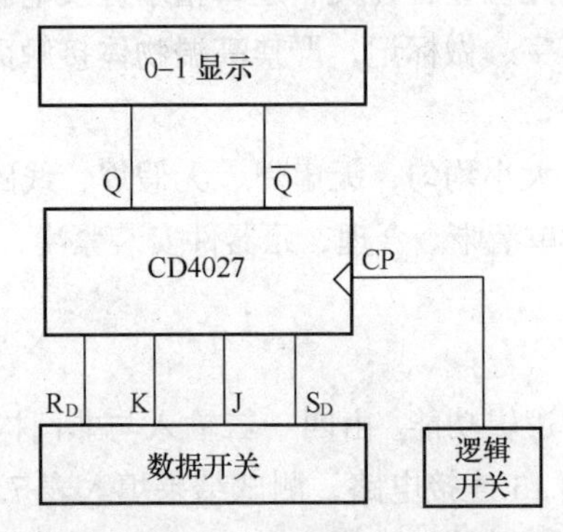

图 7.3.15　JK 触发器（CD4027）的逻辑功能测试图

- 测试 JK 触发器的异步控制端 R_D、S_D 的逻辑功能。J、K 为任意状态，R_D、S_D 的取值，按表 7.3.8 内容进行测试。

表 7.3.8　　R_D、S_D 逻辑功能测试表

R_D	S_D	Q^n	功　能
1	0		
0	1		
0	1		
0	0	JK 触发器工作	

- 测试 JK 触发器的逻辑功能（置 R_D=0、S_D=0），按表 7.3.9 的内容进行测试。

表 7.3.9　　JK 触发器逻辑功能测试表

K	J	Q^n	CP	Q^{n+1}	功　能
0	0	0	↑		
		1	↑		
0	1	0	↑		
		1	↑		
1	0	0	↑		
		1	↑		
1	1	0	↑		
		1	↑		

• 测试集成边沿D触发器（CD4013）的逻辑功能（置RD=0、SD=0），测试电路如图7.3.16所示。

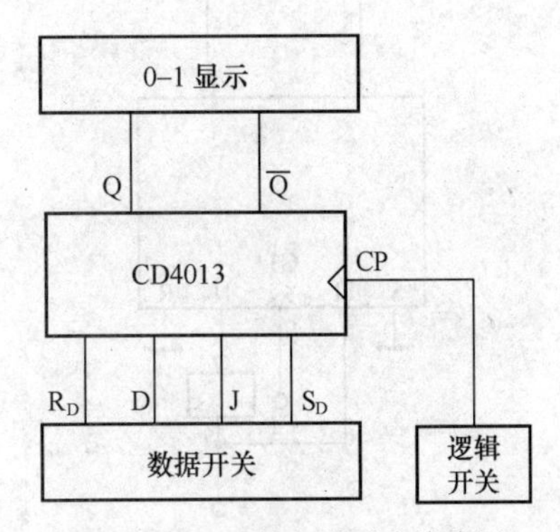

图 7.3.16　D触发器测试接线图

按表7.3.10的内容进行测试。

表 7.3.10　　D触发器测试功能表

D	Q^n	CP	Q^{n+1}	功　能
0	0	↑		
	1	↑		
1	0	↑		
	1	↑		

• 用双踪示波器观察触发器的输入、输出波形，分析其特点与规律（选做）。

将JK触发器接成计数器状态（T′触发器），CP为1kHz，用示波器观察输入（CP）、输出（Q、$\overline{Q}$）端波形，电路如图7.3.17所示。

将D触发器接成计数器状态（T′触发器），CP为1kHz，用示波器观察输入（CP）、输出（Q、$\overline{Q}$）端波形，电路如图7.3.18所示。

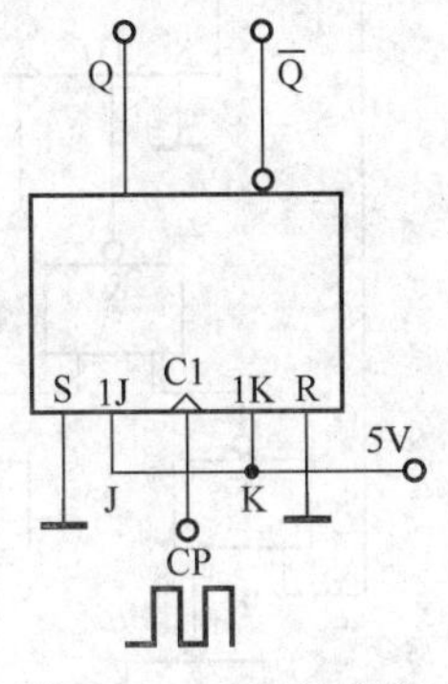

图 7.3.17　T′触发器

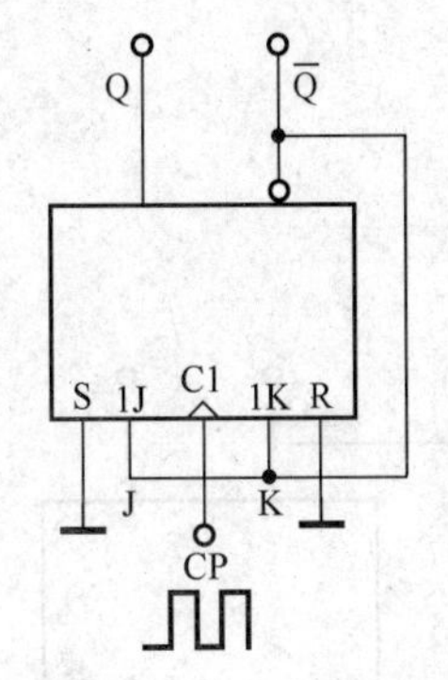

图 7.3.18　D′触发器

（3）触发器之间的相互转换（选做）

① 将JK触发器转换成D触发器，转换电路如图7.3.19所示，连接电路并测试其功能，填入表7.3.11中。

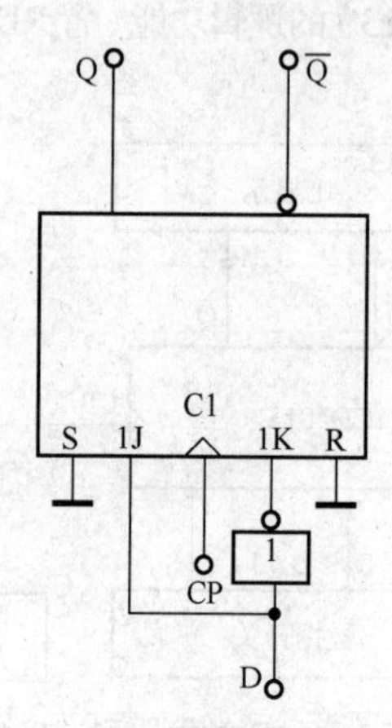

图 7.3.19　转换电路图

表 7.3.11　　逻辑功能表

D	Q^n	CP	Q^{n+1}	功　能
0	0	↑		
	1	↑		
1	0	↑		
	1	↑		

② 将 D 触发器分别转换成 T 触发器和 JK 触发器并检验其功能，转换电路如图 7.3.20、图 7.3.21 所示。连接电路，测试其功能并填表 7.3.12、表 7.3.13。

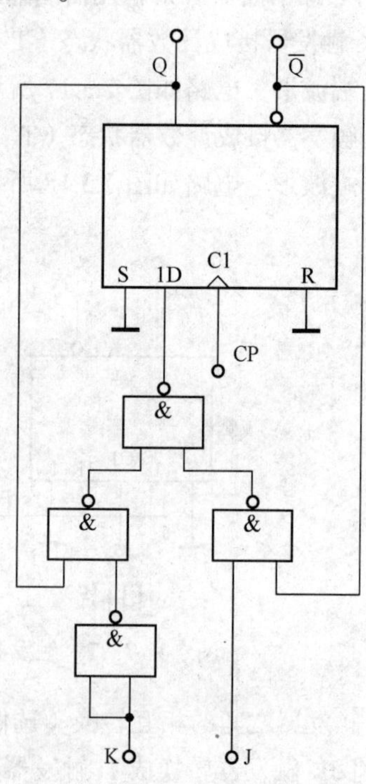

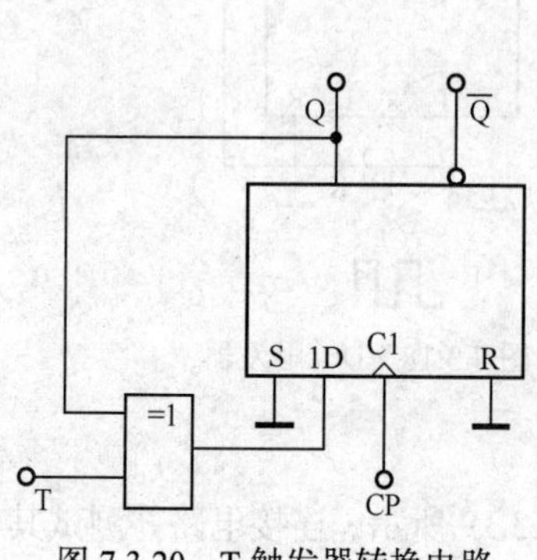

图 7.3.20　T 触发器转换电路

图 7.3.21　JK 触发器转换电路图

表 7.3.12　　T 触发器转换功能表

T	Q^n	CP	Q^{n+1}	功　能
0	0	↑		
	1	↑		
1	0	↑		
	1	↑		

表 7.3.13　　JK 触发器转换功能表

K	J	Q^n	CP	Q^{n+1}	功　能
0	0	0	↑		
		1	↑		
0	1	0	↑		
		1	↑		
1	0	0	↑		
		1	↑		
1	1	0	↑		
		1	↑		

测试做完后由老师进行考评，总结成绩，指出不足。

（4）制作 LED 流水灯制作步骤如下。

① 仔细分析并理解掌握 CD4017 内部逻辑功能和引脚功能。LED 闪光流水灯电路如图 7.3.22 所示。CC4017B 为十进制计数器/脉冲分配器，14 脚输入计数脉冲，在计数脉冲作用下，输出端按计数方式由低到高按顺序输出脉冲，点亮发光管。振荡器由 VT1、VT2、电容 C、电位器 R_P 等组成，产生时钟脉冲，送入 14 脚。若想点亮更多的发光管，可采用三极管驱动，电路如图 7.3.23 所示。

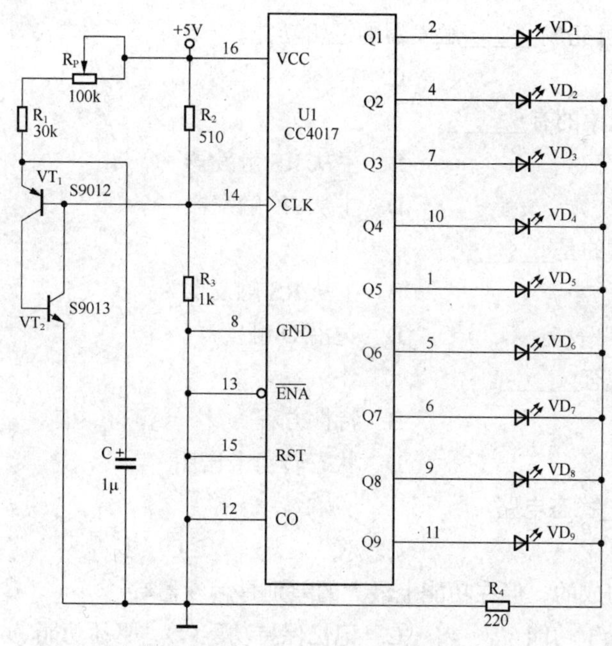

图 7.3.22　LED 闪光流水灯电路

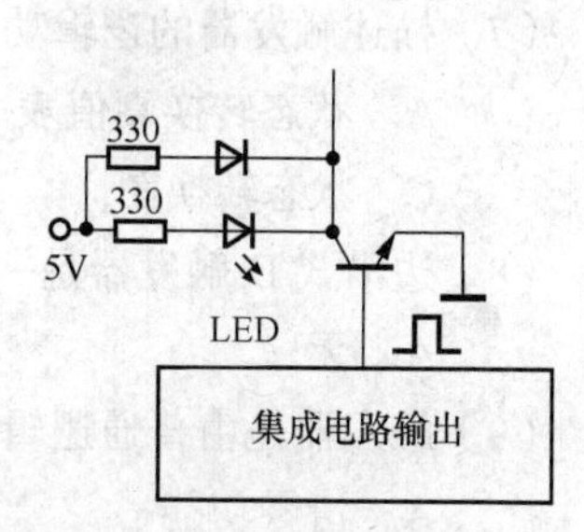

图 7.3.23　三极管驱动

② 焊接制作完成后进行功能测试，排除存在故障。在老师的帮助下应用学过的数字电路知识分析其工作原理，达到理解知识、掌握技能的作用。

项目小结

本项目我们学习了组合逻辑电路及其设计方法、基本的编码器，其中有三位二进制编码器、二—十进制编码器、译码器、计数器（包括加法计数器、减法计数器、同步和异步计数器）及其逻辑功能。在时序逻辑电路里，我们学习了基本 RS 触发器、JK 触发器、D 触发器、钟控触发器、边沿触发器及其逻辑功能。还重点介绍了具有时序逻辑功能的集成时序逻辑 IC 的应用和使用方法。通过编译码器和显示译码器功能的测试、触发器逻辑功能测试和 LED 流水灯的制作等任务的实施与训练，达到理解、掌握组合逻辑电路和时序逻辑电路基本知识及基本概念、训练元器件检测能力和动手制作能力的目的、以提高读者学习电子技术的兴趣。

习　题

1．选择题

（1）N 个触发器可以构成能寄存______位二进制数码的寄存器。

A．$N-1$　　B．N　　C．$N+1$　　D．2^N

（2）一个触发器可记录一位二进制代码，它有______个稳态。

A．0　　B．1　　C．2　　D．3　　E．4

（3）存储 8 位二进制信息需要______个触发器。

A．2　　B．3　　C．4　　D．8

（4）对于 JK 触发器，若 J=K，则可完成______触发器的逻辑功能。

A．RS　　B．D　　C．T　　D．T′

（5）下列触发器中，克服了空翻现象的有______。

A．边沿 D 触发器　　B．主从 RS 触发器

C．同步 RS 触发器　　D．主从 JK 触发器

（6）下列触发器中，没有约束条件的是______。

A．基本 RS 触发器　　B．主从 RS 触发器

C．同步 RS 触发器　　D．边沿 D 触发器

（7）描述触发器的逻辑功能的方法有______。

A．状态转换真值表　　B．特性方程

C．状态转换图　　D．状态转换卡诺图

（8）边沿式 D 触发器是一种______稳态电路。

A．无　　B．单　　C．双　　D．多

（9）触发器是由普通逻辑门电路构成的，但在功能上最大的差别是触发器有______。

A．清零功能　　B．置 1 功能　　C．记忆保持功能　　D．驱动功能

（10）逻辑电路根据电路特点可分为组合逻辑电路和时序逻辑电路。其中______是组合逻辑电路的基本单元，______是组成时序逻辑电路的基本单元。

A. 触发器　　　　B. 门电路

2．判断题（正确的打√，错误的打×）

（1）D 触发器的特性方程为 $Q^{n+1}=D$，与 Q^n 无关，所以它没有记忆功能。（　）

（2）RS 触发器的约束条件 RS=0 表示不允许出现 R=S=1 的输入。（　）

（3）同步触发器存在空翻现象，而边沿触发器和主从触发器克服了空翻。（　）

（4）主从 JK 触发器、边沿 JK 触发器和同步 JK 触发器的逻辑功能完全相同。（　）

（5）对边沿 JK 触发器，在 CP 为高电平期间，当 J=K=1 时，状态会翻转一次。（　）

（6）译码器、计数器、寄存器都是时序逻辑电路。（　）

（7）施密特触发器的特点是电路具有两个稳态且每个稳态需要相应的输入条件维持。（　）

（8）RS 触发器、JK 触发器均具有状态翻转功能。（　）

（9）构成一个七进制计数器需要 3 个触发器。（　）

3．分析题

（1）分析如图 7.3.24 所示组合逻辑电路的功能。

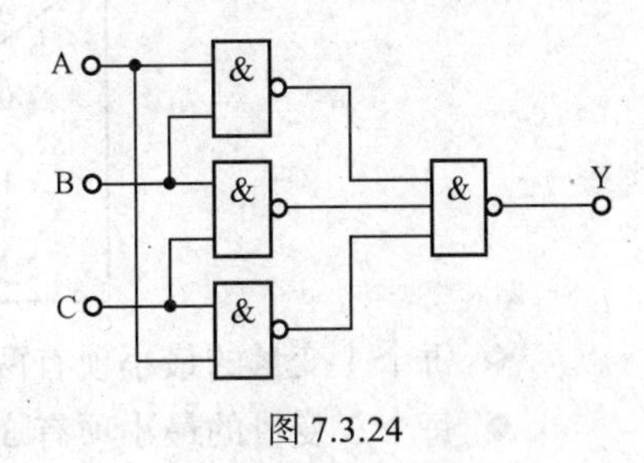

图 7.3.24

（2）试分析如图 7.3.25 所示的组合逻辑电路。

① 写出输出逻辑表达式；

② 化为最简与或式；

③ 列出真值表；

④ 说明逻辑功能。

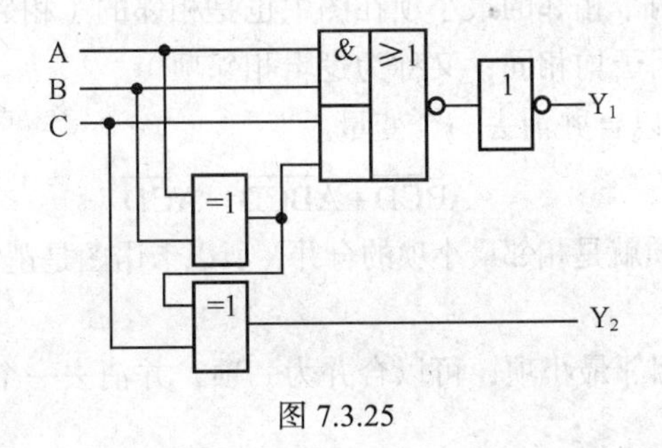

图 7.3.25

4．设计题

用与非门设计一个三人表决用的组合逻辑电路图，只要有 2 票或 3 票同意表决就通过（要求有真值表等）。

5．画图题

试画出下列触发器的输出波形（设触发器的初态为 0）。

（1）

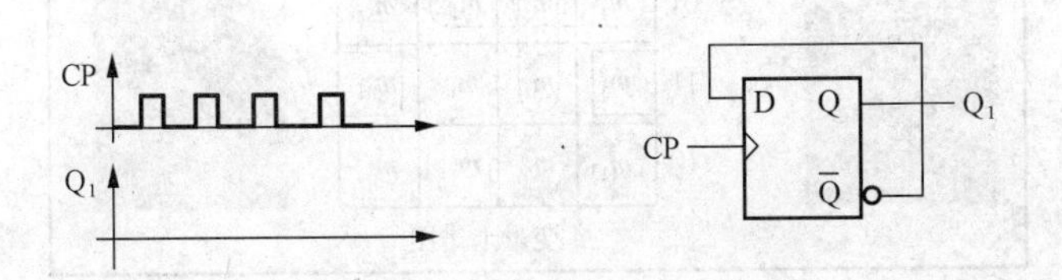

（2）

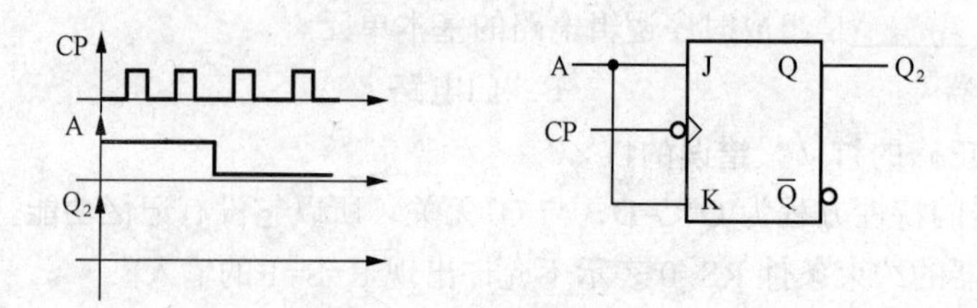

知识拓展

卡诺图的基本概念

将逻辑函数真值表中的最小项重新排列成矩阵形式，并且使矩阵的横方向和纵方向的逻辑变量的取值按照格雷码的顺序排列，这样构成的图形就是卡诺图。

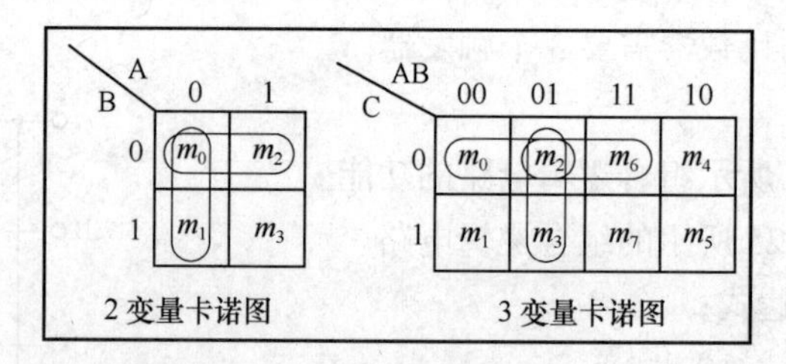

2 变量卡诺图　　3 变量卡诺图

◆ 每个 1 变量的最小项有两个最小项与它相邻。

◆ 每个 3 变量的最小项有 3 个最小项与它相邻。

卡诺图的特点是任意两个相邻的最小项在图中也是相邻的（相邻项是指两个最小项只有一个因子互为反变量，其余因子均相同，又称为逻辑相邻项）。

◆ 两个相邻最小项可以合并消去一个变量。

$$AB\overline{C}\overline{D}+A\overline{B}\overline{C}\overline{D}=A\overline{C}\overline{D}$$

★ 逻辑函数化简的实质就是相邻最小项的合并，所以卡诺图是逻辑函数化简的有效方法。

1. 卡诺图的性质

（1）任何两个标 1 的相邻最小项，可以合并为一项，并消去一个变量（消去互为反变量的因子，保留公因子）。

$$A\overline{B}C+A\overline{B}\overline{C}=A\overline{B}(C+\overline{C})=A\overline{B}$$

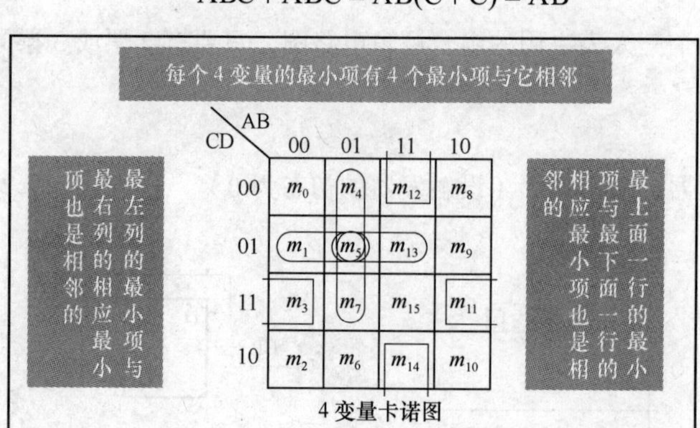

4 变量卡诺图

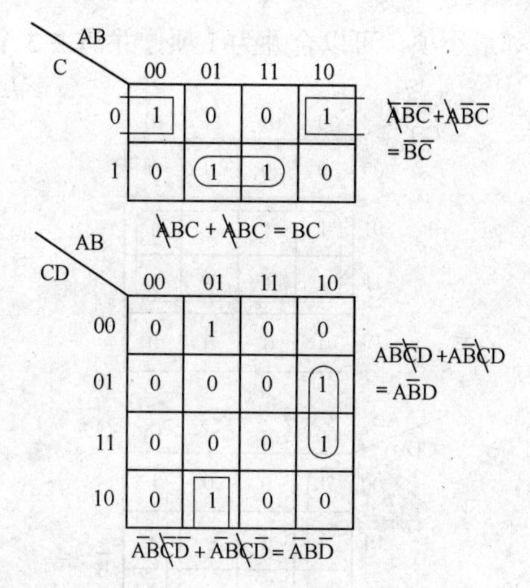

（2）任何 4 个标的相邻最小项，可以合并为一项，并消去 1 个变量。

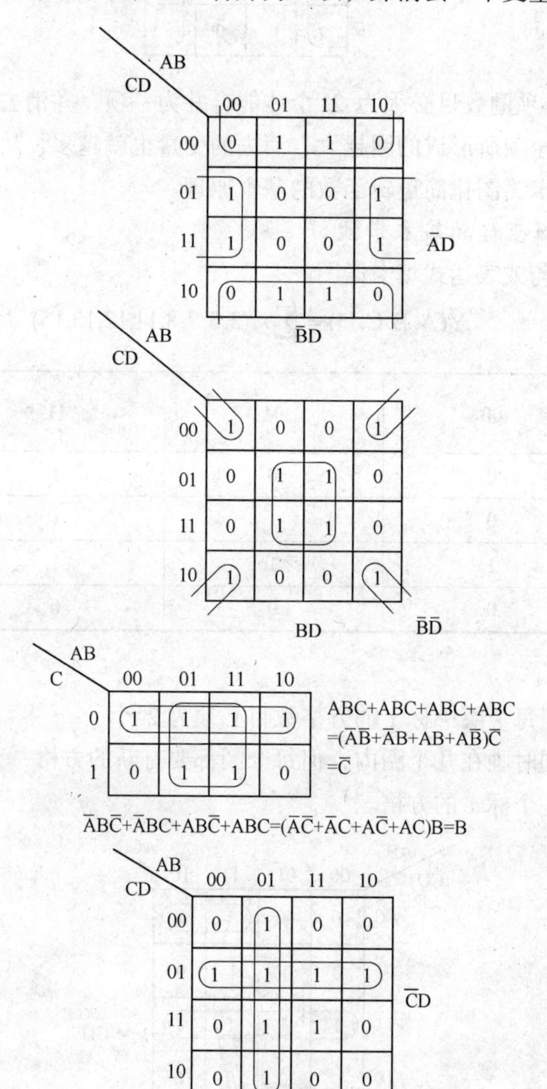

（3）任何 8 个标 1 的相邻最小项，可以合并为 1 项，并消去 3 个变量。

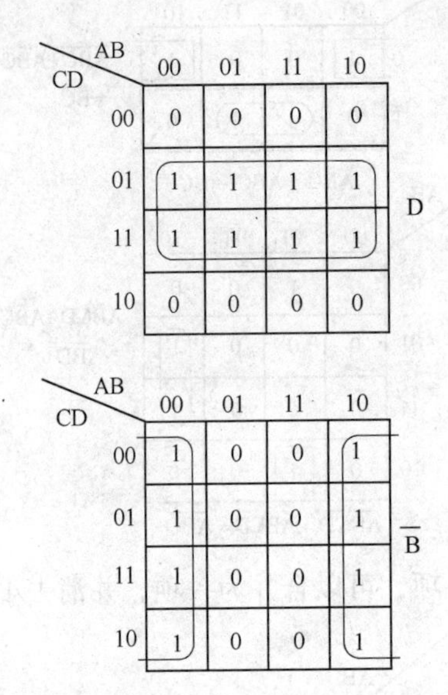

★ 小结：相邻最小项的数目必须为 2^n 个才能合并为一项，并消去个变量。包含的最小项数目越多，即由这些最小项所形成的圈越大，消去的变量也就越多，从而所得到的逻辑表达式就越简单。这就是利用卡诺图化简逻辑函数的基本原理。

2. 卡诺图化简逻辑函数的基本步骤

（1）根据真值表或与或表达式填卡诺图。

$$Y(A,B,C,D)=\sum m(3,5,7,8,11,12,13,15)$$

CD \ AB	00	01	11	10
00	0	0	1	1
01	0	1	1	0
11	1	1	1	1
10	0	0	0	0

（2）合并最小项。

① 圈越大越好，但每个圈中标 1 的方格数目必须为 2^n 个。

② 同一个方格可同时画在几个圈内，但每个圈都要有新的方格，否则它就是多余的。

③ 不能漏掉任何一个标 1 的方格。

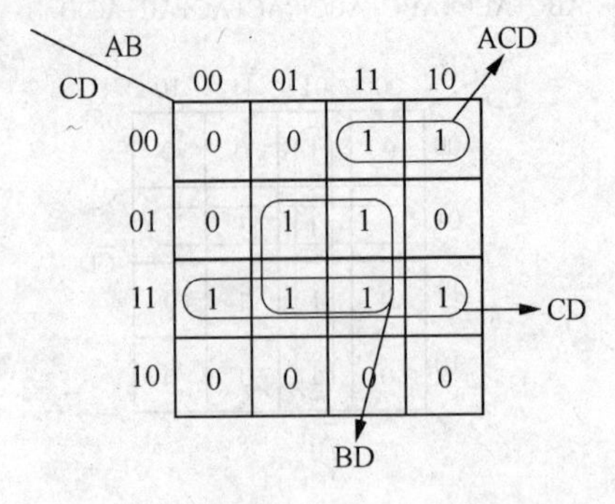

（3）将代表每个圈的乘积项相加。

$$Y(A,B,C,D)=BD+CD+A\overline{C}\overline{D}$$

★ 这就是最简与或表达式。

两点说明：

① 在有些情况下，最小项的圈法不只一种，得到的各个乘积项组成的与或表达式各不相同，哪个是最简的，要经过比较、检查才能确定。

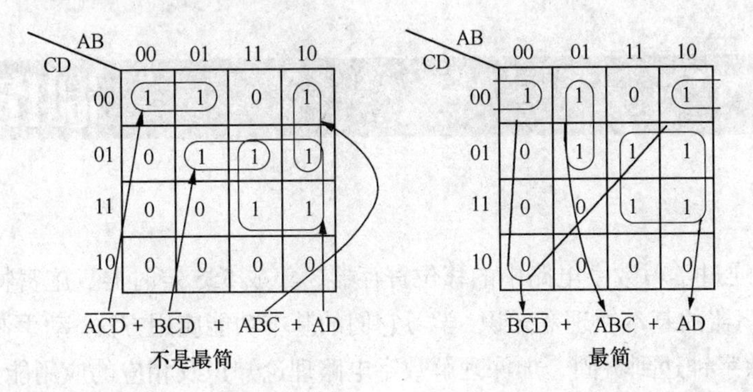

② 在有些情况下，不同圈法得到的与或表达式都是最简形式。即一个函数的最简与或表达式不是唯一的。

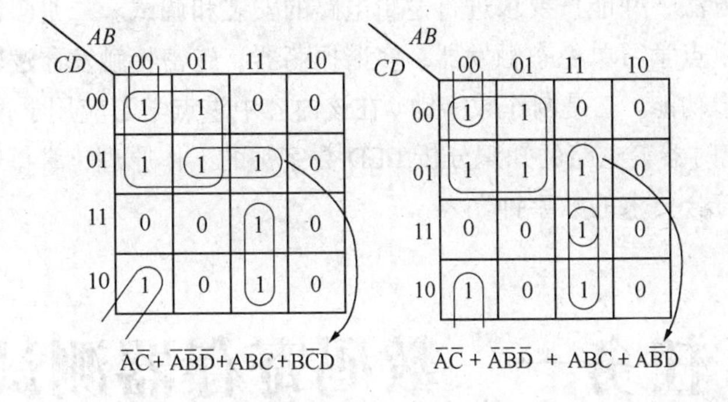

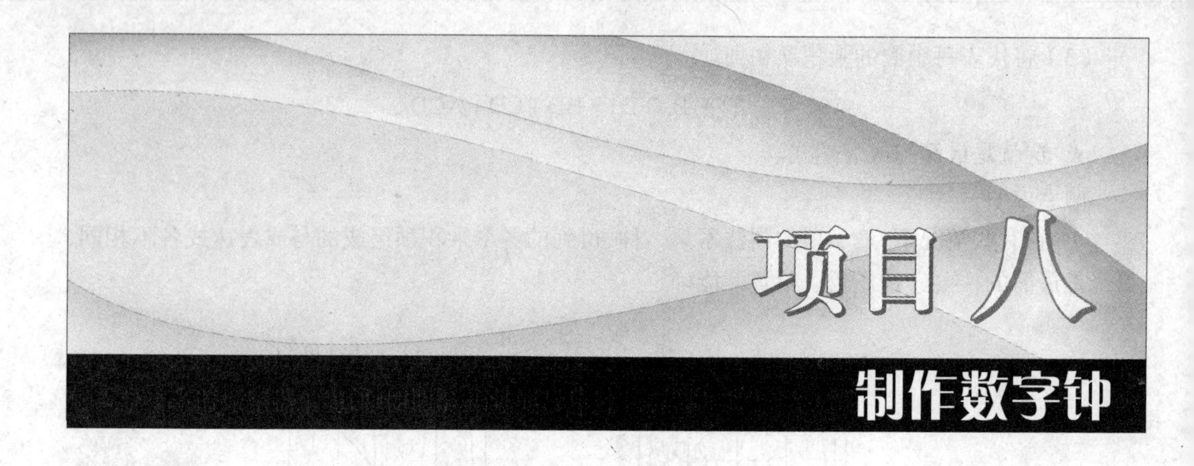

在该项目中通过学习数字电路中的移位寄存器、集成555定时器、施密特触发器、单稳态触发器、多谐振荡器的基本原理等知识，学习它们的基本功能应用方法，动手制作LED数字钟。通过制作LED数字钟达到巩固、加深理解数字电路理论知识及相应的应用能力和动手能力。

该项目分解为三个任务。一是数码寄存器测试，在该内容中重点学习移位寄存器的逻辑功能、555定时器的逻辑功能和特点，掌握常见移位寄存器的使用方法，掌握555定时器的内部功能及其基本使用方法，并能按要求进行逻辑电路的安装和调试。二是多谐振荡器、施密特触发器，在该内容中重点学习单稳态触发器、多谐振荡器、施密特触发器逻辑功能和特点，会分析其工作原理和逻辑功能。三是制作数字钟。在该内容中重点学习应用学过的计数器、寄存器、多谐振荡器、555定时器等电路的知识分析LED数字钟的工作原理，掌握LED数字钟的组装、调试方法，制作出符合要求的数字钟。

任务一　数码寄存器测试

任务引入与目标

【知识目标】

（1）学习移位寄存器工作原理。

（2）掌握四位双向移位寄存器的逻辑功能。

（3）掌握555定时器的逻辑功能。

【能力目标】

（1）学会连接四位双向移位寄存器应用电路。

（2）测试四位双向移位寄存器电路，绘制四位双向移位寄存器状态表。

（3）学会对74LS194的逻辑功能测试。

相关知识

一、数码寄存器和移位寄存器

寄存器也是由触发器并辅以门电路构成的一种时序逻辑电路。在数字电路系统中，它用来存储参与运算的二进制数码或者运算结果。移位寄存器除存储功能外还有将数码移位的功能。由于触发器具有记忆的功能，因此一位二进制数可以用一位触发器寄存，N 位二进制数要用 N 位触发器来寄存。

（一）寄存器输入输出数码的方式

寄存器输入或输出被寄存数码的方式有两种：一种是并行方式，各位数码或信息从各自对应的端口同时输入称为并行输入，或同时输出称为并行输出；另一种称为串行方式，数码从一个输入端口逐个输入寄存器，称为串行输入；从一个输出端口逐个输出寄存器，称为串行输出，如图 8.1.1（a）、（b）所示。

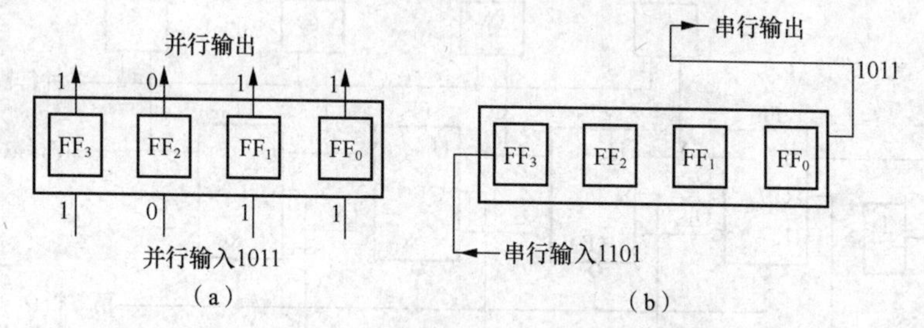

图 8.1.1　寄存器输入输出数码的方式

数码寄存器接收数码或信息时采用并行输入、输出方式；移位寄存器采用串行或并行输入方式，输出除采用串行方式外，有时可将并行和串行两种方式同时使用。

（二）数码寄存器

图 8.1.2 所示电路为 3 位数码寄存器，它由 3 个 D 触发器组成，采用并行输入和并行输出的方式。在接收数码或信息时按实际需要又有单拍式输入和双拍式输入之分。

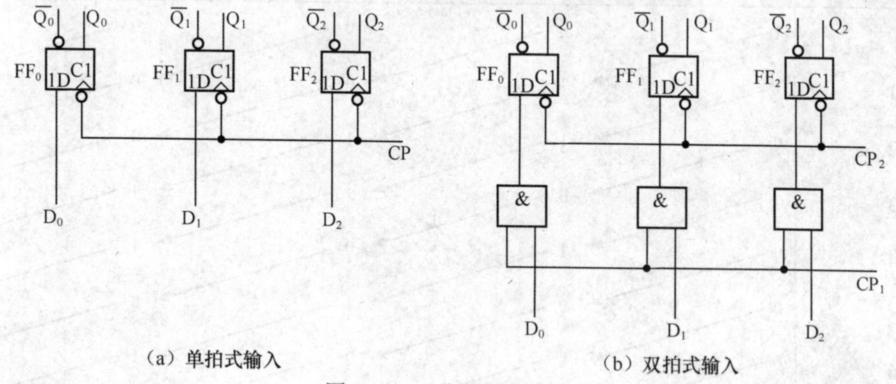

图 8.1.2　3 位数码寄存器

将待寄存的 3 位二进制数码，例如 110，即 D_2=1、D_1=1、D_0=0 分别与 D 触发器 FF_2、FF_1 和 FF_0 的各自 D 输入端依次按图 8.1.2（a）、（b）两种方式连接。

1. 单拍式输入

单拍式输入数码寄存器是这样工作的，依据 D 触发器的功能，FF_2、FF_1 和 FF_0 的状态应由各自 D 端输入状态决定，当时钟脉冲 CP 到来时，二进制数码 110 得以并行输入寄存器，存入寄存器的数码也可以从寄存器的输出端读出。

2. 双拍式输入

与单拍式输入比较，双拍式输入的待存数据不是直接与 D 触发器 FF_2、FF_1 和 FF_0 相连接，而是通过一个 2 输入与门作控制门接入的。与门的 1 个输入端输入数据，另 1 个输入端接 CP_1 信号。当 CP_1 为 0 时，与门被封锁，3 个与门输出均为 0，数据不能存入寄存器。CP_1 为 1 时，各与门才打开，待存数据才输入各个相应触发器的 D 端，下一步当 CP_2=1 时，数据存入寄存器。

（三）移位寄存器

移位寄存器也是一种常用寄存器，有单向移位（左移或右移）和双向移位（左移和右移）两类。图 8.1.3 所示为 4 位单向右移移位寄存器，当串行输入数码 1011 时（输入数码的顺序是从右到左）。

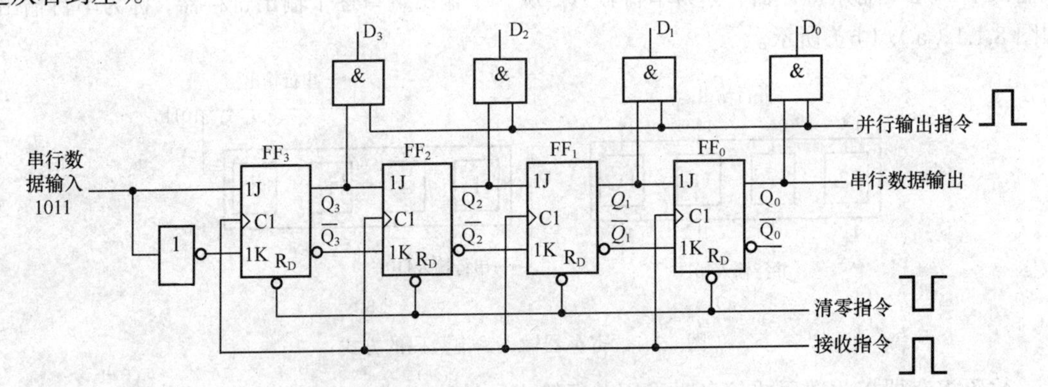

图 8.1.3　4 位单向右移移位寄存器

移位寄存器状态转换如表 8.1.1 所示。

表 8.1.1　　串行输入单向右移移位寄存器状态转换表

CP	D	Q_3	Q_2	Q_1	Q_0
0	1	0	0	0	0
1	1	1	0	0	0
2	0	1	1	0	0
3	1	0	1	1	0
4	0	1	0	1	1
5	0	0	1	0	1
6	0	0	0	1	0
7	0	0	0	0	1
8	0	0	0	0	0

由表 8.1.1 可知，在将数据存入寄存器之前，首先对寄存器清 0，使 4 个触发器的初始状态均为 0，将二进制数 1011 存入寄存器，当第一个 CP 到来时，D_3=1，则可使 Q_3=1，因为左边一位的输出接至相邻位的输入（注意这里是由左向右输出），而且前一次输入后剩下的最低位数码由 D_3 端不断补入。当第二个 CP 到来时，接入 FF_2 的 D 端是 FF_3 的输出 1，则有 D_3=1、D_2=1、D_1 和 D_0 仍为 0，由此推论第三个 CP 到来时，D_3=0、D_2=1、D_1=1、D_0=0，第四个 CP 到来时，寄存器状态由左向右依次为 1011，这样 4 位二进制数 1011 就存入了寄存器。

存入了寄存器的二进制数码 1011，此时可用并行方式从寄存器中并行输出，也可以继续输入数码，如输入 0000，所存数码可从最低位的输出端逐个移出。如寄存器中数码的移动方向是由右向左，即为左移寄存器，电路连接和图 8.1.3 相反，右边触发器的输出送给左边触发器的输入端，输入数据由 FF_0 的输入端输入。

（四）集成寄存器 74LS194 及其应用

74LS194 是一个集成 4 位双向移位寄存器，属中速 4 位双向移位寄存器。

1. SN74LS194 的管脚功能

SN74LS194 的管脚功能如图 8.1.4 所示。

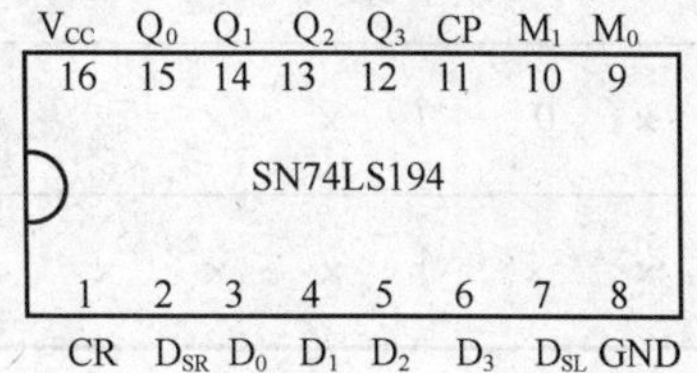

图 8.1.4 SN74LS184 双向移位寄存器

SN74LS194 管脚功能表如表 8.1.2 所示。

表 8.1.2 74LS194 管脚功能

管脚	标号	功能	管脚	标号	功能
1	$\overline{CR}$	清零端	8	M_0	工作状态控制端
2	D_{SR}	右移输入端	10	M_1	
3	D_0	并行数码输入端	11	CP	时钟脉冲，移位操作信号
4	D_1		12	Q_3	并行数码输出端
5	D_2		13	Q_2	
6	D_3		14	Q_1	
7	D_{SL}	左移输入端	15	Q_0	
8	GND	地	16	V_{CC}	电源（+）

2. SN74LS194 的功能状态表

SN74LS194 的功能状态表如表 8.1.3 所示。

表 8.1.3　　SN74LS194 功能状态表

输入										输出				功能
$\overline{CR}$	M_1	M_0	D_{SR}	D_{SL}	CP	D_0	D_1	D_2	D_3	Q_0^{n+1}	Q_1^{n+1}	Q_2^{n+1}	Q_3^{n+1}	
0	×	×	×	×	×	×	×	×	×	0	0	0	0	清零
1	×	×	×	×	0	×	×	×	×	Q_0^n	Q_1^n	Q_2^n	Q_3^n	保持
1	1	1	×	×	↑	d_0	d_1	d_2	d_3	d_0	d_1	d_2	d_3	并行输入
1	0	1	1	×	↑	×	×	×	×	1	Q_0^n	Q_1^n	Q_2^n	右移输入 1
1	0	1	0	×	↑	×	×	×	×	0	Q_0^n	Q_1^n	Q_2^n	右移输入 0
1	1	0	×	1	↑	×	×	×	×	Q_1^n	Q_2^n	Q_3^n	1	左移输入 1
1	1	0	×	0	↑	×	×	×	×	Q_1^n	Q_2^n	Q_3^n	0	左移输入 0
1	0	0	×	×	↑	×	×	×	×	Q_0^n	Q_1^n	Q_2^n	Q_3^n	保持

以上状态表就清楚地说明了 SN74LS194 的功能。

二、集成 555 定时器

555 定时器是一种将模拟功能与逻辑功能巧妙结合在一起的混合集成电路，它设计新颖、构思奇巧，是一种用途广泛的集成电路。1872 年，美国西格尼蒂克斯公司研制出 NE555 双极型定时器电路，设计原意是用来取代体积大、定时精度差的热延迟继电器等机械式延迟器。但该器件投放市场后，人们发现这种电路的应用远远超出原设计的使用范围，用途之广几乎遍及电子应用的各个领域，需求量极大。在其外部配上少量阻容元件，便能构成多谐振荡器、单稳态触发器、施密特触发器等电路。

CMOS 555 定时器的电源电压范围宽，为 3～18V，还可输出一定的功率，可驱动微电机、指示灯、扬声器等。由于它的优良性能，使用灵活方便，因而在波形的产生和变换、测量与控制、家用电器和电子玩具等许多领域中都得到了广泛的应用。

555 这个名字的由来是由于集成电路芯片中采用了 3 个 5kΩ的精确分压电阻。尽管 555 的产品型号繁多，但几乎所有的产品型号最后的 3 位数码都是 555，CMOS 产品型号的最后 4 位都是 7555，而且它们的逻辑功能和外部引出端功能排列也完全相同。也有同一集成电路上集成 2 个 555 单元电路的，其型号为 556；在同一集成电路上集成 4 个 555 单元电路的，其型号为 558。

1. 555 定时器功能

555 定时器的电路内部方框图及引脚图如图 8.1.5 所示。

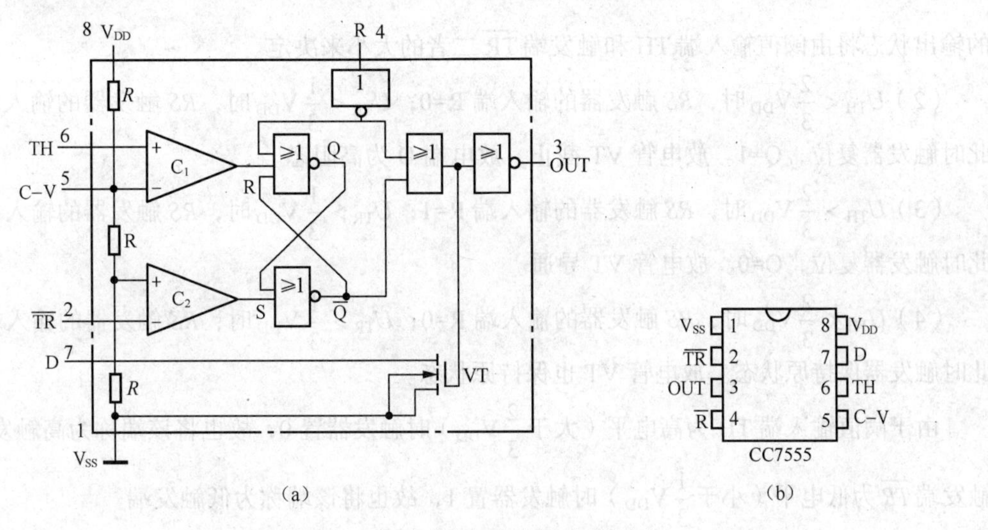

图 8.1.5　555 定时内部电路图及引脚图

2. 引脚功能表

555 定时器引脚功能表如表 8.1.4 所示。

表 8.1.4　　555 定时器引脚功能表

引脚号	标号	功能描述	引脚号	标号	功能描述
1	GND	接地端	5	CO	控制端
2	$\overline{TR}$	低电平触发端	6	TH	阈值输入端
3	OUT	输出端	7	D	放电端
4	$\overline{R}$	复位端	8	V_{CC}	电源端

注：电源工作电压范围 4.5～16V

3. 基本功能表

555 定时器基本功能表如表 8.1.5 所示。

表 8.1.5　　555 定时器基本功能表

$\overline{R}$	TH	$\overline{TR}$	OUT	VT
0	任意	任意	0	导通
1	大于 2/3V_{CC}	大于 1/3V_{CC}	0	导通
1	小于 2/3V_{CC}	大于 1/3V_{CC}	保持原状态	保持原状态
1	小于 2/3V_{CC}	小于 1/3V_{CC}	1	截止
1	大于 2/3V_{CC}	小于 1/3V_{CC}	1	截止

说明：VT 导通，为电路提供了放电通道；VT 截止将堵塞放电通道

4. 功能分析

（1）复位端 $\overline{R}$ 的优先级最高，只要 $\overline{R}$=0，电路的输出的 *OUT* 就为 0；当 $\overline{R}$=1 时，触发器

的输出状态将由阈值输入端 TH 和触发端 $\overline{TR}$ 二者的大小来决定。

（2）$U_{TH} < \frac{2}{3}V_{DD}$ 时，*RS* 触发器的输入端 R=0；$U_{TR} < \frac{1}{3}V_{DD}$ 时，*RS* 触发器的输入端 S=1，此时触发器复位，Q=1。放电管 VT 截止，放电端 D 为高阻态。

（3）$U_{TH} > \frac{2}{3}V_{DD}$ 时，*RS* 触发器的输入端 R=1；$U_{TR} > \frac{1}{3}V_{DD}$ 时，*RS* 触发器的输入端 S=0，此时触发器复位，Q=0。放电管 VT 导通。

（4）$U_{TH} < \frac{2}{3}V_{DD}$ 时，*RS* 触发器的输入端 R=0；$U_{TR} > \frac{1}{3}V_{DD}$ 时，*RS* 触发器的输入端 S=0，此时触发器保持原状态。放电管 VT 也保持原状态。

由于阈值输入端 TH 为高电平（大于 $\frac{2}{3}V_{DD}$）时触发器置 0，故也将该端称为高触发端；而触发端 $\overline{TR}$ 为低电平（小于 $\frac{1}{3}V_{DD}$）时触发器置 1，故也将该端称为低触发端。

任务实施

1. 器材

数字逻辑电路实验箱 1 台、万用表　1 块、74LS194　2 块、74LS00　1 块。

2. 要求

（1）电路要可靠连接，正确插、拔集成电路；

（2）电路布局合理、美观，使用万用表测量动作符合专业标准；

（3）注意事项：操作过程中要时刻注意人身安全及用电安全。

3. 步骤

（1）4 位双向移位寄存器 74LS194 简介。

引脚排列和逻辑功能示意图如图 8.1.6 所示。

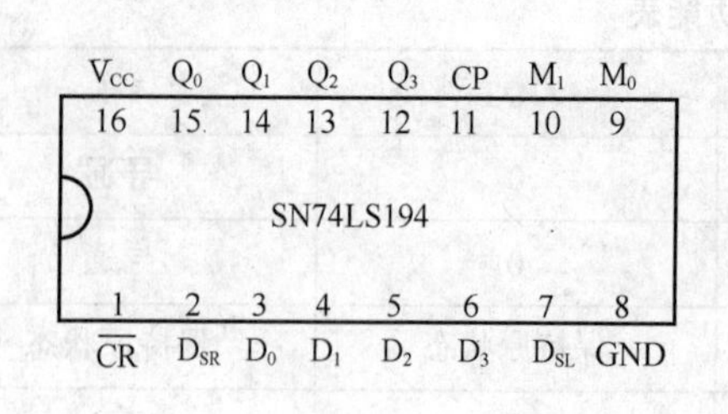

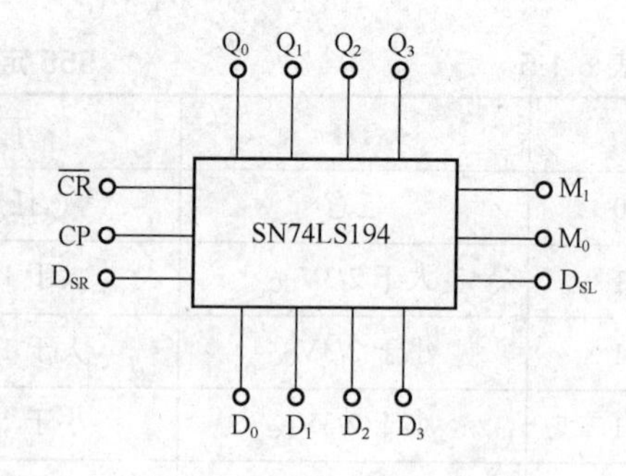

图 8.1.6　4 位双向移位寄存器 74LS194

在逻辑功能示意图中，$\overline{CR}$ 是清零端；M_1、M_0 是工作状态控制端；D_{SR}、D_{SL} 分别为右移、左移串行数码输入端；Q_0～Q_3 是并行数码输出端；D_0～D_3 是并行数码输入端；CP 是时钟脉冲移位操作信号。

（2）SN74LS194 的状态表如表 8.1.6 所示。

表 8.1.6　　　　SN74LS194 状态表

输入								输出				功能
$\overline{CR}$	M_1	M_0	D_{SR}	D_{SL}	CP	D_0	D_1	Q_0^{n+1}	Q_1^{n+1}	Q_2^{n+1}	Q_3^{n+1}	
0	×	×	×	×	×	×	×	0	0	0	0	清零
1	×	×	×	×	0	×	×	Q_0^n	Q_1^n	Q_2^n	Q_3^n	保持
1	1	1	×	×	↑	d_0	d_1	d_0	d_1	d_2	d_3	并行输入
1	0	1	1	×	↑	×	×	1	Q_0^n	Q_1^n	Q_2^n	右移输入 1
1	0	1	0	×	↑	×	×	0	Q_0^n	Q_1^n	Q_2^n	右移输入 0
1	1	0	×	1	↑	×	×	Q_1^n	Q_2^n	Q_3^n	1	左移输入 1
1	1	0	×	0	↑	×	×	Q_1^n	Q_2^n	Q_3^n	0	左移输入 0
1	0	0	×	×	↑	×	×	Q_0^n	Q_1^n	Q_2^n	Q_3^n	保持

状态表清楚地反映出 4 位双向移位寄存器 74LS194 具有下列逻辑功能：

① 清零功能。当 $\overline{CR}=0$ 时，双向移位寄存器异步清零。

② 保持功能。当 $\overline{CR}=1$，CP=0 或 $M_1=M_0=0$，双向移位寄存器保持状态不变。

③ 并行送数功能。

当 $\overline{CR}=1$，$M_1=M_0=1$ 时，CP 上升沿作用下，将并行输入端 D_0～D_3 的数码 d_0～d_3 送入寄存器中。

④ 右移串行送数功能。

当 $\overline{CR}=1$，$M_1=0$、$M_0=1$ 时，CP 上升沿作用下，可依次把加在 D_{SR} 端的数码从左边开始串行送入寄存器中。

⑤ 左移串行送数功能。

当 $\overline{CR}=1$，$M_1=1$、$M_0=0$ 时，CP 上升沿作用下，可依次把加在 D_{SL} 端的数码从右边开始串行送入寄存器中。

（3）功能测试。

① 验证 74LS184 的逻辑功能。实验电路如图 8.1.7 所示。

a. 并行送数功能按表 8.1.7 内容测试，当 CP 脉冲上升沿作用后，观察 D_0～D_3 的数码 1011 是否送入寄存器中。

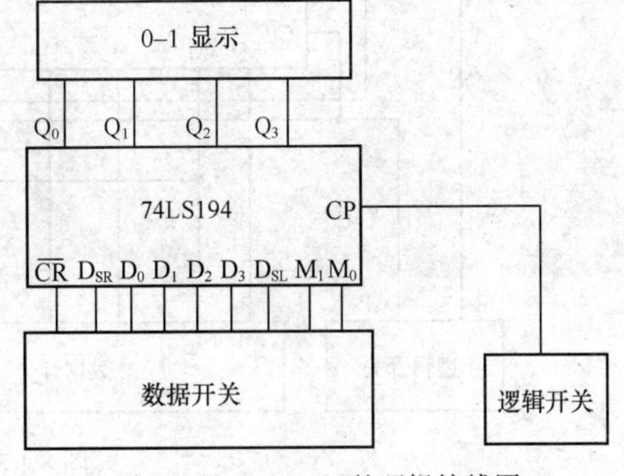

图 8.1.7　74LS184 的逻辑接线图

b. 右移串行送数功能按表 8.1.8 内容测试。

c. 左移串行送数功能按表 8.1.9 内容测试。

表 8.1.7　　并行送数功能测试功能表

$\overline{CR}$	M_1	M_0	CP	D_0	D_1	D_2	D_3	Q_0	Q_1	Q_2	Q_3
1	1	1	↑	1	0	1	1				

表 8.1.8　　右移串行送数功能测试表

序号	$\overline{CR}$	M_1	M_0	D_{SR}	CP	Q_0	Q_1	Q_2	Q_3
	0	×	×	×	×				
1	1	0	1	1	↑				
2	1	0	1	0	↑				
3	1	0	1	1	↑				
4	1	0	1	1	↑				

表 8.1.9　　左移串行送数功能测试表

序号	$\overline{CR}$	M_1	M_0	D_{SL}	CP	Q_0	Q_1	Q_2	Q_3
	0	×	×	×	×				
1	1	1	0	1	↑				
2	1	1	0	0	↑				
3	1	1	0	1	↑				
4	1	1	0	1	↑				

② 数据串行传输。移位寄存器发送数据和接收数据电路如图 8.1.8 所示，。

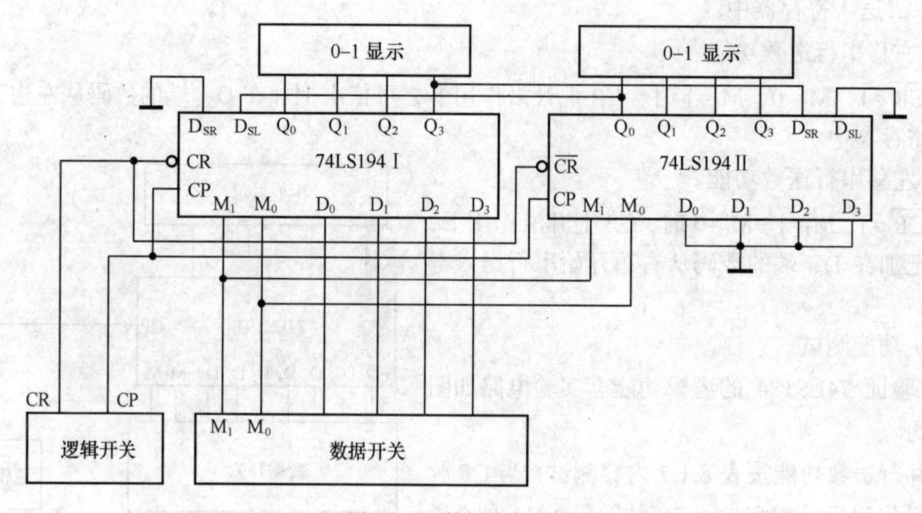

图 8.1.8　数据串行传输

a. 并行送数。使 $\overline{CR}$ =1、M_1=1、M_0=1，用数据开关置数如 D_0～D_3 置为 1101，操作逻辑开关 CP，在 CP 上升沿作用下，待传输的数据存入 74LS194-Ⅰ。

b. 右移串行传输数据。使 $\overline{CR}$ =1、M_1=0、M_0=1，此时两只移位寄存器处于右移工作方式。操作逻辑开关 CP，使之产生四个 CP 上升沿，将每一次 CP 上升沿作用下的结果，记录在表 8.1.10 中。

表 8.1.10　　数据串行传输功能测试表

序号	控制		CP	74LS194-Ⅰ				74LS194-Ⅱ			
	M_1	M_0		Q_0	Q_1	Q_2	Q_3	Q_0	Q_1	Q_2	Q_3
0	1	1	↑	1	1	0	1				
1	0	1	↑								
2	0	1	↑								
3	0	1	↑								
4	0	1	↑								

c. 仿照 b，可以进行左移串行数据传输。

任务二　多谐振荡器和施密特触发器

任务引入与目标

【知识目标】

（1）学习施密特触发器的工作原理及集成数字电路芯片的使用方法。

（2）学习多谐振荡器的制作方法。

（3）学习用 555 定时器组成施密特触发器、多谐振荡器的方法。

【能力目标】

（1）学会 555 多谐振荡器的制作方法和技巧。

（2）提高动手能力和分析解决问题能力。

相关知识

一、施密特触发器

用 555 定时器构成的施密特触发器。

施密特触发器能将缓慢变化的波形整形为边沿陡峭的矩形脉冲，同时具有回差电压和较强的抗干扰能力。

1. 电路组成

将 555 定时器的高触发端 TH（6 脚）与低触发端 $\overline{TR}$（2 脚）接在一起，作为信号的输入端，即可构成施密特触发器，如图 8.2.1 所示。电压控制端 C-V（5 脚）接有 1 个 0.01μF 的滤波电容，以提高电路工作稳定性。

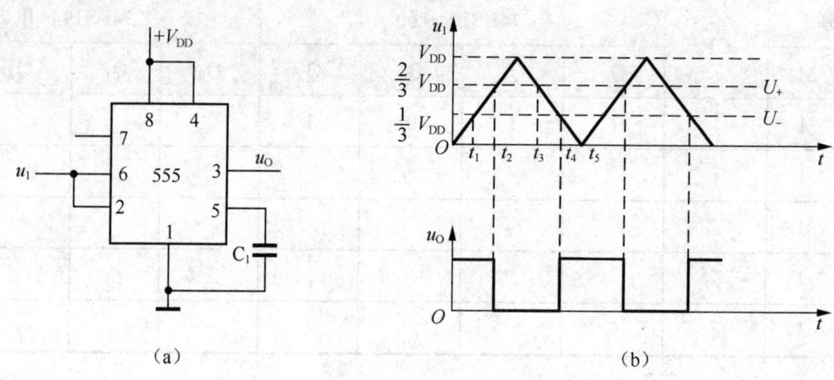

图 8.2.1　用 555 定时器构成的施密特触发器

2. 工作原理

输入波形 u_1 为三角波，如图 8.2.1（b）所示。根据上一节的 555 定时器的功能表，可以分析

（1）当 u_1<1/3 V_{DD} 时，R=0，S=1，输出端 u_O=1，对应图 8.2.1（b）中的 0～t_1 段；当 u_1 升高到大于 1/3 V_{DD}，且小于 2/3V_{DD} 时，R=S=0，触发器保持原来状态，对应图 8.2.1（b）中的 t_1～t_2 段，输出保持高电平不变。

（2）当 u_1>2/3V_{DD} 时，R=1，S=0，输出 $U_{o=0}$。对应图 8.2.1（b）中的 t_2～t_3 段，触发器处于复位状态。当输入 u_1 减小到 2/3V_{DD} 以下，尚未达到 1/3V_{DD} 的这段时间（t_3 ~ t_4），R=S=0，触发器保持原来状态，所以输出仍为低电平。

（3）当输入电压 u_1 继续下降到小于 1/3V_{DD} 时，R=0，S=1，触发器置 1，所以输出 u_O=1。只要输入电压小于 1/3V_{DD}，输出 u_O 就一直为高电平，即 t_4～t_5 时间，输出 u_O=1。

3. 施密特触发器的应用

（1）波形变换。

施密特触发器可将输入的三角波、正弦波及周期性不规则信号变换成矩形脉冲输出。假如输入的是正弦波，只要输入信号的幅度大于 U_+，即可在施密特触发器的输出端得到同频率的矩形脉冲信号，其波形变换如图 8.2.2 所示。

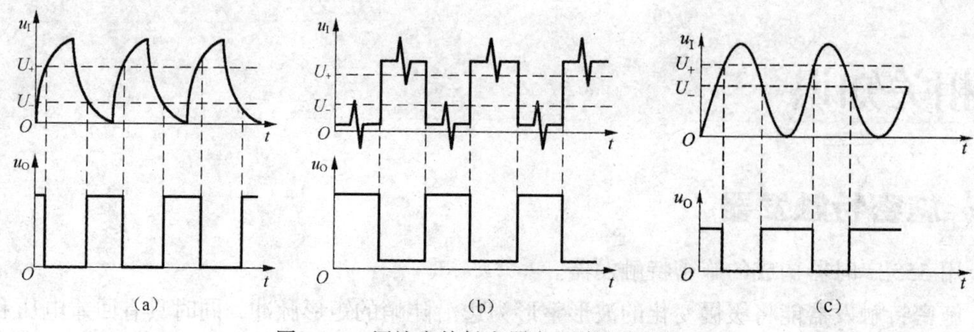

图 8.2.2　用施密特触发器实现波形变换

（2）脉冲波形整形。在数字系统中，矩形脉冲在传输中经常发生波形畸变。当传输线上的电容较大时，波形的前后沿将明显变坏，如图 8.2.2（a）所示；当其他脉冲信号通过导线之间的分布电容或公共电源线叠加到矩形脉冲上时，信号将出现附加的噪声，如图 8.2.2（b）所示。无论出现哪一种情况，都可以利用施密特触发器的回差特性将波形整形，得到比较理想的矩形脉冲。

（3）作脉冲幅度鉴别。将幅度各异的一系列脉冲加到施密特触发器的输入端时，只有那些幅度大于 U_+ 的脉冲会产生输出信号，因此可用这种方法作为脉冲幅度鉴别电路，如图 8.2.3 所示。

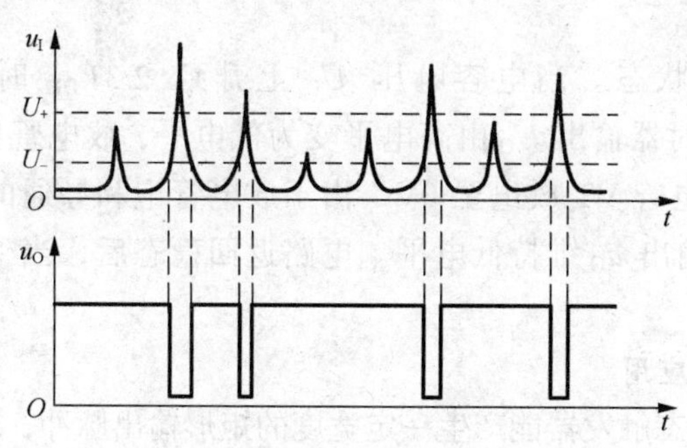

图 8.2.3　用施密特触发器鉴别脉冲幅度

二、单稳态触发器

单稳态触发器是只有一个稳定状态的电路。其特点如下。

（1）有一个稳定状态和一个暂稳状态。

（2）在触发脉冲作用下，电路将从稳态翻转到暂稳态，在暂稳态停留一段时间后，又自动返回到稳定状态。

（3）暂稳态时间的长短取决于电路本身参数，与触发脉冲的宽度无关。

用 555 定时器构成单稳态触发器。

1. 电路组成

图 8.2.4（a）是由 555 定时器构成的单稳态触发器。输入信号 u_I 加在低电平触发端 $\overline{TR}$（2 脚），并将高电平触发端 TH（6 脚）与放电端 D（7 脚）接在一起，然后再与定时元件 R、C 相接。

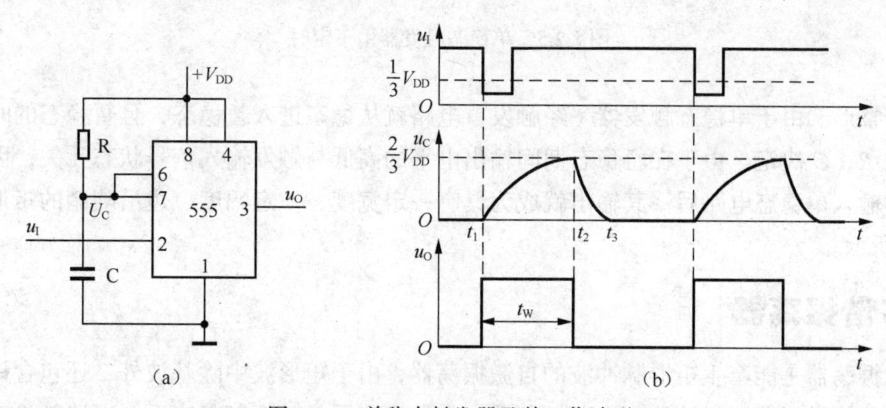

图 8.2.4　单稳态触发器及其工作波形

2. 工作原理

（1）稳定状态。接通电源前，u_1为高电平。接通电源后，V_{DD}经R对电容C充电，当电容C上的电压$U_C \geq 2/3V_{DD}$时，由于$U_1 > 1/3V_{DD}$，555定时器输出为低电平。放电管VT导通，电容C经VT迅速放电，$U_C \approx 0$，此时由于$U_{TH} < 2/3V_{DD}$，$U_{TR} > 1/3V_{DD}$，所以555定时器保持0状态不变。稳态时，$U_C=0$、$U_O=0$。

（2）暂稳态。在负触发脉冲u_1作用下，低电平触发端$\overline{TR}$得到低于$1/3V_{DD}$的触发电平，由于此时$U_C=0$，因此，$U_{TR} < 1/3V_{DD}$，$U_{TH} < 2/3V_{DD}$，555定时器输出高电平。同时放电管VT截止，电路进入暂稳态，定时开始。暂稳态阶段（$t_1 \sim t_2$），电容C充电，充电回路为V_{DD}→R→C→地。

（3）自动返回稳定状态。当电容电压U_C上升到$2/3V_{DD}$时，由于$U_{TH} \geq 2/3V_{DD}$，$U_{TR} \geq 1/3V_{DD}$，故555定时器输出U_O由高电平变为低电平，放电管VT由截止变为饱和，暂稳态结束。电容C经放电管VT放电至0V，由于放电管饱和导通的等效电阻较小，所以放电速度快，在这个阶段输出u_O维持低电平。电路返回稳态后，当下一个触发信号到来时，又重复上述过程。

3. 单稳态触发器的应用

（1）定时。由于单稳态触发器能产生一定宽度的矩形输出脉冲，若利用这个矩形脉冲去控制某一个电路，就可使它在t_W时间内动作或不动作。

如图8.2.5所示，利用单稳态触发器输出的正脉冲控制一个与门，就可以在这个矩形脉冲宽度的时间内，让另一个频率很高的脉冲信号U_F通过，而在非正脉冲期间u_F就不能通过。如果令脉冲宽度t_W=1s，再用计数器测出通过与门的脉冲数，这就是简易频率计的原理。

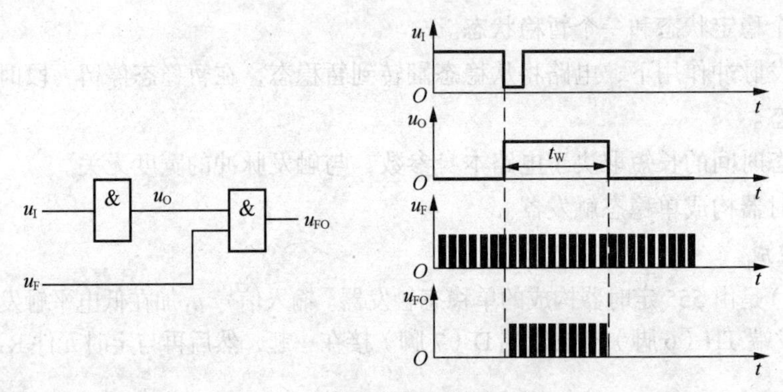

图8.2.5 单稳态触发器用于定时

（2）整形。由于单稳态触发器一经触发，电路就从稳态进入暂稳态，且暂稳态的时间仅由电路参数R、C决定。由于在暂稳态期间输出电平的高低与触发输入信号状态无关，因此不规则的脉冲输入单稳态电路后，其输出就成为具有一定宽度、一定幅度、边沿陡峭的矩形波，如图8.2.6所示。

三、多谐振荡器

多谐振荡器是能产生矩形脉冲波的自激振荡器，由于矩形波中除基波外，还包含许多高次谐波，因此这类振荡器又被称为多谐振荡器。多谐振荡器一旦振荡起来后，电路就没有稳态，

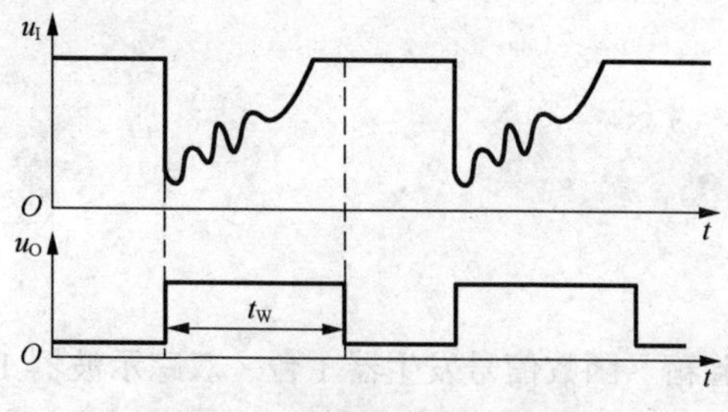

图 8.2.6 单稳态触发器用于整形

只有两个暂稳态，它们交替变化，输出连续的矩形波脉冲信号，因此它又称为无稳态电路，常用来做脉冲信号源。

用 555 定时器构成的多谐振荡器。

1. 电路组成

电路如图 8.2.7（a）所示，定时元件除电容 C 之外，还有两个电阻 R_1 和 R_2。将高、低电平触发端（6、2 脚）短接后连接到 C 与 R_2 的连接处，将放电端（7 脚）接到 R_1 与 R_2 的连接处。

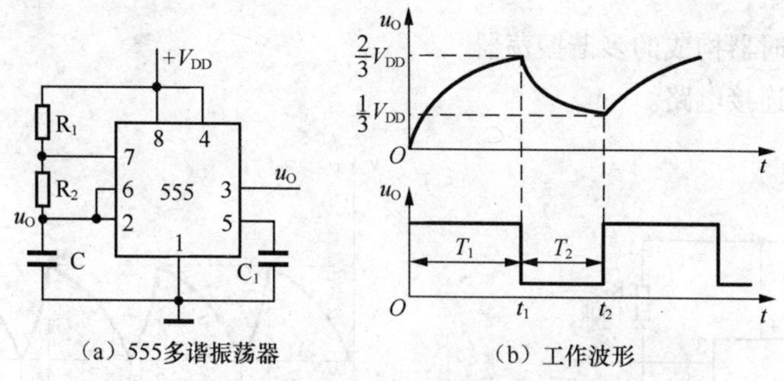

（a）555多谐振荡器　　（b）工作波形

图 8.2.7 555 定时器构成的多谐振荡器及其工作波形

2. 工作原理

接通电源瞬间 $t=t_0$ 时，电容 C 来不及充电，u_C 为低电平，此时，555 定时器内 R=0，S=1，触发器置 1，即 Q=1，输出 u_O 为高电平。同时由于 Q=0，放电管 VT 截止，电容 C 开始充电，电路进入暂稳态。一般多谐振荡器的工作过程可分为以下 4 个阶段，如图 8.2.7（b）所示。

（1）暂稳态 a（$0\sim t_1$）：电容 C 充电，充电回路为 $V_{DD}\to R_1\to R_2\to$地，充电时间常数（R_1+R_2）C，电容 C 上的电压 u_C 随时间 t 按指数规律上升，此阶段内输出电压 u_O 稳定在高电平。

（2）自动翻转 a（$t=t_1$）：当电容上的电压 u_C 上升到 $2/3V_{DD}$ 时，由于 555 定时器内 $S=0$，R=1，使触发器状态由 1 变为 0，Q 由 0 变成 1，输出电压 u_O 由高电平跳变为低电平，电容 C 中止充电。

（3）暂稳态 b（$t_1\sim t_2$）：由于此刻 Q=1，因此放电管 VT 饱和导通，电容 C 放电，放电回路为 $C\to R_2\to$放电管→地，放电时间常数 R_2C（忽略 VT 管的饱和电阻 R_{CES}，电容电压 u_C 按指数规律下降，同时使输出维持在低电平上。

（4）自动翻转 b（$t=t_2$）：当电容电压 u_C 下降到 $1/3V_{DD}$ 时，S=1，R=0，使触发器状态 Q 由低变高，Q 由高变低，输出电压 u_O 由低电平跳变到高电平，电容 C 中止放电。

由于 Q=0，放电管截止，电容 C 又开始充电，进入暂稳态 a。

以后，电路重复上述过程，电路没有稳态，只有两个暂稳态，它们交替变化，输出连续的矩形波脉冲信号。

任务实施

1. 器材

（1）数字逻辑电路实验箱、函数信号发生器 1 台、双踪示波器 1 台、万用表 1 块；

（2）材料：电阻 47kΩ　1 只、1kΩ　2 只；10kΩ　4 只、瓷片电容：102pF　1 只；103pF　3 只、二极管 1N4148　2 只、电位器 10kΩ　1 只、555 集成块 1 只、电解电容 33μF　1 只。

2. 要求

（1）电路要可靠连接，正确插、拔集成电路；

（2）电路布局合理、美观，使用万用表测量动作符合专业标准；

（3）注意事项：

操作过程中要时刻注意人身安全及用电安全。

3. 步骤

（1）用 555 定时器构成的多谐振荡器

① 按图 8.2.8 连接电路。

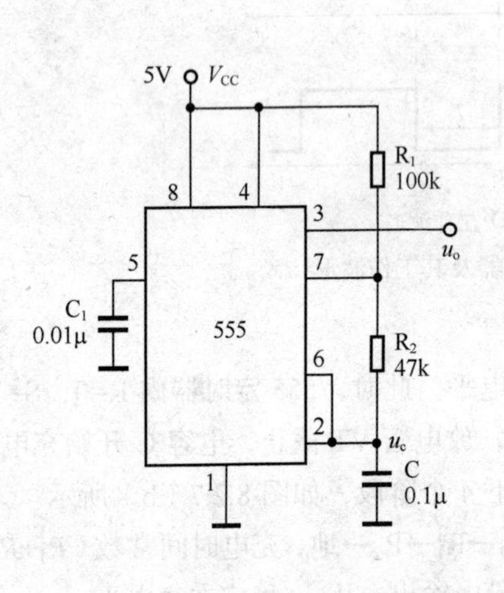

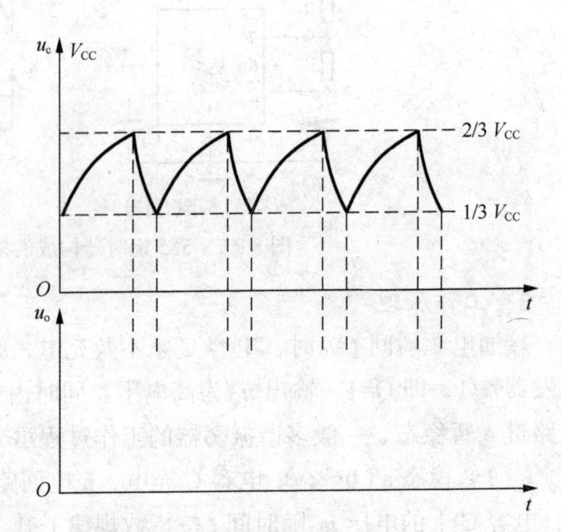

图 8.2.8　用 555 定时器构成的多谐振荡器及其工作波形

② 用示波器观测 u_c、u_o，将 u_o 波形画在图 8.2.8 中，读出电容 C 充电时间 t_{w1}、电容 C 放电时间 t_{w2}，计算占空比 q。

参考公式：

$$t_{w1}=0.7(R_1+R_2)\ C$$

$$t_{w2}=0.7R_2C\ \ T=0.7(R_1+2R_2)\ C$$

$$f=\frac{1}{T}=\frac{1}{0.7(R_1+2R_2)\ C}\approx\frac{1.43}{(R_1+2R_2)\ C}$$

占空比 q：$q=\dfrac{t_{w1}}{T}=\dfrac{R_1+R_2}{R_1+2R_2}$

（2）占空比可调的多谐振荡器。

① 利用半导体二极管的单向导电性，把电容 C 的充电回路和放电回路隔开，再加上一个

电位器，便可以得到占空比可调的多谐振荡器，如图 8.2.9 所示。

② 令 $R_V=r_1+r_2$，电容器充电时间常数：$\tau_1=(R_1+r_1)C$、$\tau_2=(R_2+r_2)C$。

电容器充电时间：

$t_{w1}=0.7\tau_1$；放电时间 $t_{w2}=0.7\tau_2$。

振荡周期：$T=0.7(\tau_1+\tau_2)=0.7(R_1+R_2+R_V)C$。

振荡频率 $f=\dfrac{1}{T}=\dfrac{1.43}{0.7(R_1+R_2+R_V)C}$

占空比 q：$q=\dfrac{R_1+r_1}{R_1+R_2+R_V}$

③ 用示波器测量 u_o 波形，分别读出 T、t_{w1}、t_{w2}，并与理论值对比。计算矩形波频率、占空比，填入表 8.2.1

表 8.2.1　　多谐振荡器功能测试表

内　容	示波器读值（μs）	理论值（μs）
T		
t_{w1}		
t_{w2}		
f	kHz	
q		

（3）单稳态触发器。

① 按图 8.2.10 连接电路，C 取 33μF，R_1 取 100kΩ，u_o 接到逻辑指示器；用一条接地线碰触 2 脚，触发后出现单稳态，观察暂稳态过程，估算暂稳态时间。

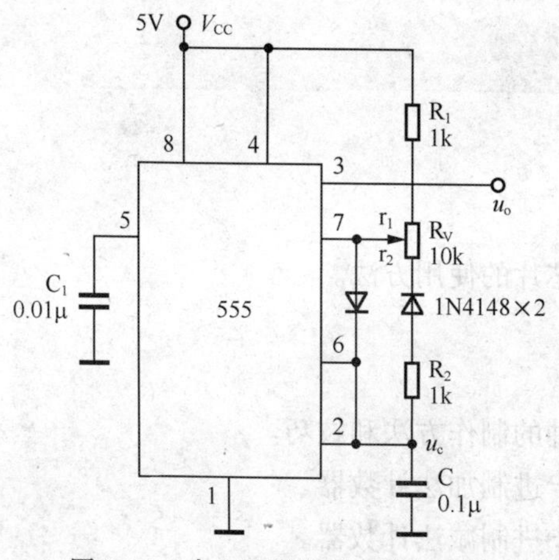

图 8.2.9　占空比可调的多谐振荡器

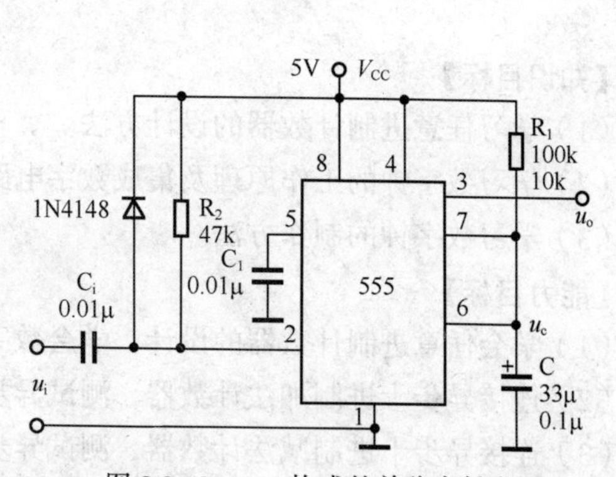

图 8.2.10　555 构成的单稳态触发器

② C 取 0.1μF，R_1 取 10kΩ，函数发生器输出正弦波(f=1kHz)送入单稳电路输入端，观察 u_o 与 u_c 波形，与输入正弦波比较，并分析输入、输出关系。

③ 将步骤（2）中输入信号改为矩形波，重复步骤（2）。

（4）555 定时器构成的施密特触发器。

① 电路如图 8.2.11 所示，连接电路，通电，在 u_i、u_{o1} 处接好示波器。

② 输入一正弦信号 u_i，幅度视具体情况而定，观察输出脉冲波形。

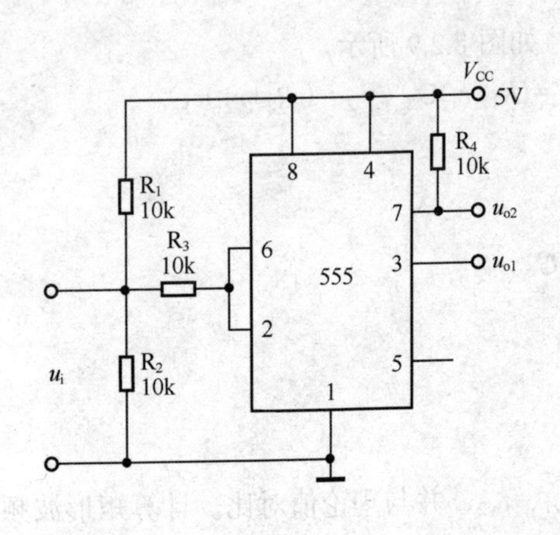

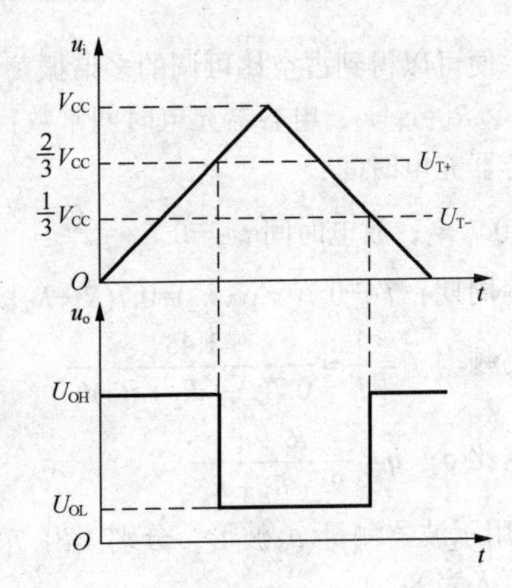

图 8.2.11　555 定时器构成的施密特触发器及其波形

③ 再将输入信号转换成三角波，观察输出脉冲波形。对比输入、输出波形，分析工作原理，求出上限阈值电压 U_{T+}，下限阈值电压 U_{T-}，回差电压 ΔU_T。

④ 用示波器双踪显示观察 u_{o1}、u_{o2} 波形，对比、分析、总结规律。

⑤ 输入三角波时、输出参考波形如图 8.2.11 所示。（供参考）

任务三　制作数字钟

任务引入与目标

【知识目标】

（1）学习任意进制计数器的设计方法。

（2）学习数字钟的工作原理及集成数字电路芯片的使用方法。

（3）学习数字钟的制作方法。

【能力目标】

（1）学会任意进制计数器的设计，学会数字钟的制作方法和技巧。

（2）连接异步十进制加法计数器，测试异步十进制加法计数器。

（3）连接异步十进制减法计数器，测试异步十进制减法计数器。

（4）观测异步十进制减法计数器波形，绘制时序图。

相关知识

在该任务中我们要学习的数字钟的制作，要用到以上已经学习过的几种数字电路知识，如编码器、译码器（包括显示译码器）、计数器、寄存器等知识。本任务是对以上几种知识的综合应用，请同学们参阅相关知识。现在我们介绍制作数字钟要用到的任意进制计数器。

一、任意进制计数电路的构成

一些集成电路计数器（如 74LS80、74LS161）除具有二进制同步计数器功能外，可适当连接引出端构成任意进制计数器。如六进制、十进制、十二进制等，通过级连，还可以组成如二十四进制、六十进制等。

1. 反馈归零法

在正常计数过程中，利用其中某个计数状态进行反馈，控制直接清零端，强迫计数器停止计数，各触发器回到 0 状态。这样可以把较大容量的计数器改换成任意进制小容量的计数器。这种方法称为反馈归零法。

用输出反馈迫使计数器归 0 的方法实现任意进制的计数，在实际应用中，常常被采用。

如用反馈归零法将 C40161 改换成六进制和十二进制计数器的电路，其电路连接如图 8.3.1 所示。

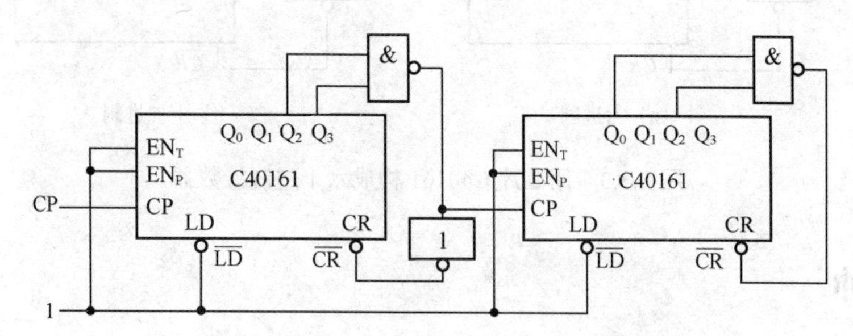

图 8.3.1　C40161 接成六进制和十二进制计数器的电路

在计数器处于计数状态时，当由 CP 端输入计数脉冲时，输出 $Q_3Q_2Q_1Q_0$ 的状态随 CP 脉冲的输入而变化，当输入第 6 个脉冲时，与非门 G 的两个输入信号 Q_2 和 Q_1 全为 1（计数器状态为 0110），与非门 G 输出为 0，使 CR=0，输出反馈的结果迫使计数器输出 $Q_3Q_2Q_1Q_0$=0000，再开始下一个计数循环，实现了六进制计数。

显然，如果使计数器计数至 12（1100），计数器清零，计数器便为十二进制计数器，此时与非门 G 的两个输入端分别连在 Q_2 及 Q_3 输出端，则计数器计数到 1100 状态归零，依此类推，可以接成十五以内的任意进制计数器，使用十分方便。

2. 反馈预置数法

利用计数器的可预置数功能，在适当时刻通过反馈将预置数置入计数器，从而实现对计数周期的控制，也可构成任意进制计数器。

这也可采用以下两种方式：用预置端置 0 和用进位输出端置最小数，一般采用前一种方式。

如将 C40161 用预置端置 0 方式构成八进制计数器。电路连接如图 8.3.2 所示。

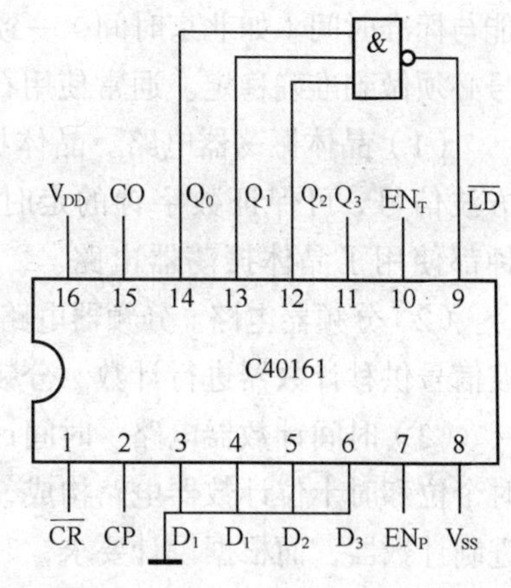

图 8.3.2　八进制计数器电路连接

C40161 按二进制计数，当计数到第七个脉冲时，输出状态为 $Q_3Q_2Q_1Q_0$ =0111，与非门输入全为 1，其输出为 0，使置数端 LD=0。计数器停止计数，待下一个计数脉冲到来时，将

$D_3D_2D_1D_0$=0000并行置入计数器，使$Q_3Q_2Q_1Q_0$=0000。此后，与非门输出由0变为1，计数器继续执行计数功能，重新开始下一循环计数。由此可知，每个计数循环为0000～0111，共8个状态，实现了八进制计数。

例：用2片集成计数器C40161组成六十进制计数器。

该六十进制计数器，由1个十二进制和1个五进制计数器构成，当十二进制计数器计满12个脉冲时，给后面五进制计数器1个计数脉冲，自身回0000状态，开始下一个计数循环过程。当计数至60时，两个计数器均清零。完成六十进制计数，开始下一轮计数。显然将十二进制和五进制计数器前后换位后连接，同样可以构成六十进制计数器。其电路连接方法如图8.3.3所示。

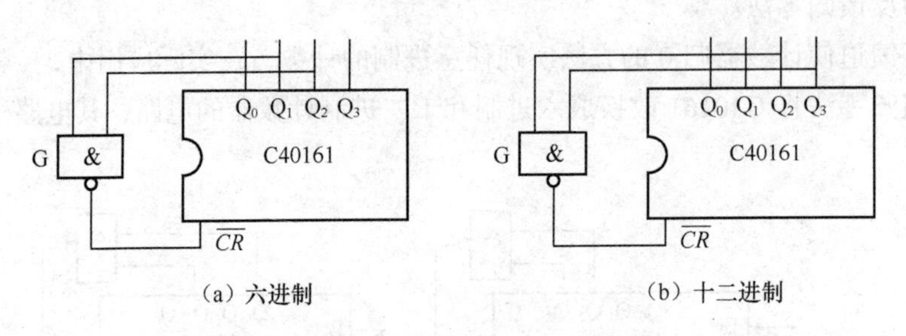

图8.3.3　用2片C40161构成六十进制计数器

二、数字钟

数字钟是一种用数字电路技术实现时、分、秒计时的装置，与机械式时钟相比具有更高的准确性和直观性，且无机械装置，具有更长的使用寿命，因此得到了广泛的使用。

数字钟从原理上讲是一种典型的数字电路，其中包括了组合逻辑电路和时序电路。目前，数字钟的功能越来越强，并且有多种专门的大规模集成电路可供选择。

从有利于学习的角度考虑，这里主要介绍以中小规模集成电路和PLD器件设计数字钟的方法。

1. 数字钟的基本组成

数字钟实际上是一个对标准频率（1Hz）进行计数的计数电路。由于计数的起始时间不可能与标准时间（如北京时间）一致，故需要在电路上加一个校时电路，同时标准的1Hz时间信号必须做到准确稳定。通常使用石英晶体振荡器电路构成数字钟。

（1）晶体振荡器电路。晶体振荡器电路给数字钟提供一个频率稳定准确的32768Hz的方波信号，可保证数字钟的走时准确及稳定。不管是指针式的电子钟还是数字显示的电子钟都使用了晶体振荡器电路。

（2）分频器电路。分频器电路将32768Hz的高频方波信号经32768次分频后得到1Hz的方波信号供秒计数器进行计数。分频器实际上也就是计数器。

（3）时间计数器电路。时间计数电路由秒个位和秒十位计数器、分个位和分十位计数器及时个位和时十位计数器电路构成，其中秒个位和秒十位计数器、分个位和分十位计数器为六十进制计数器，而根据设计要求，时个位和时九位计数器为十二进制计数器。

（4）译码驱动电路。译码驱动电路将计数器输出的8421BCD码转换为数码管需要的逻辑状态，并且为保证数码管正常工作提供足够的工作电流。

2. 数字钟的工作原理

（1）晶体振荡器电路。晶体振荡器是构成数字式时钟的核心，它保证了时钟的走时准确及稳定。一般输出为方波的数字式晶体振荡器电路通常有两类，一类是用 TTL 门电路构成，另一类是通过 CMOS 非门构成的电路，可以得知其结构非常简单。该电路广泛使用于各种需要频率稳定及准确的数字电路，如数字钟、电子计算机、数字通信电路等。

（2）分频器电路。通常，数字钟的晶体振荡器输出频率较高，为了得到 1Hz 的表示秒信号输入，需要对振荡器的输出信号进行分频。

通常实现分频器的电路是计数器电路，一般采用多级 2 进制计数器来实现。例如，将 32768 Hz 的振荡信号分频为 1 Hz 的分频倍数为 32768 倍，即实现该分频功能的计数器相当于 15 级 2 进制计数器。常用的二进制计数器有 74HC383 等。

（3）时间计数单元。时间计数单元有时计数、分计数和秒计数等几个部分。

时计数单元一般为十二进制计数器或二十四进制计数器，其输出为两位 8421BCD 码形式；分计数和秒计数单元为六十进制计数器，其输出也为 8421BCD 码。一般采用十进制计数器（如 74HC280、74HC380 等）来实现时间计数单元的计数功能。欲实现十二进制和六十进制计数还需进行计数模值转换。

（4）译码驱动及显示单元。计数器实现了对时间的累计以 8421BCD 码形式输出，为了将计数器输出的 8421BCD 码显示出来，需用显示译码电路将计数器的输出数码转换为数码显示器件所需要的输出逻辑和一定的电流，一般这种译码器通常称为 7 段译码显示驱动器。常用的 7 段译码显示驱动器有 CD4511。

（5）校时电源电路。当重新接通电源或走时出现误差时都需要对时间进行校正。通常，校正时间的方法是：首先截断正常的计数通路，然后再进行人工输出触发计数或将频率较高的方波信号加到需要校正的计数单元的输入端，校正好后，再转入正常计时状态即可。

（6）整点报时电路。一般时钟都应具备整点报时电路功能，即在时间出现整点前数秒内，数字钟会自动报时，以示提醒。其作用方式是发出连续的或有节奏的音频声波，较复杂的也可以是实时语音提示。其原理方框图如图 8.3.4 所示。

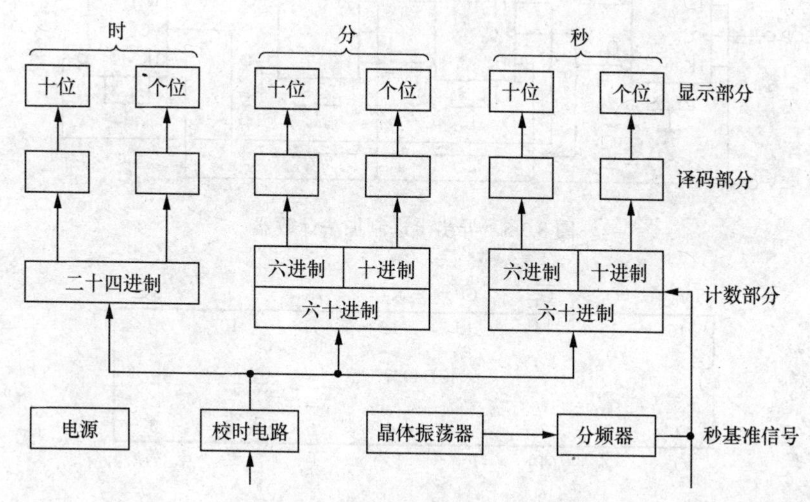

图 8.3.4　数字钟原理方框图

任务实施

1. 器材

（1）数字逻辑电路实验箱、双踪示波器 1 台、万用表 1 块、数字钟套件；

（2）元器件：CD4027 2 只、74LS00 1 只、74LS163 1 只、74LS20 1 只。

2. 要求

（1）操作过程中要时刻注意人身安全及用电安全。

（2）逻辑电路实验箱上的各种开关机械强度较弱，操作时不宜用力过大。

（3）电路板的插孔内部的弹簧片弹力较弱，不可将直径过粗的导线、电位器引脚等直接插入，这样极容易造成接触不良，使实验不能顺利进行。

（4）在插入集成电路时，要先用镊子将引脚调正；拔下集成电路时，要两端平衡拔出，以免将引脚折断。

（5）断电连接电路，检查无误后通电。

3. 步骤（或按实训老师要求进行）

（1）按图 8.3.5 连接电路，测试一位异步十进制加法计数器 CD4027。

① 加法计数器电路。

② 按表 8.3.1 内容测试，计数 CP 由逻辑开关手动产生。

③ 在老师指导下画出时序图。

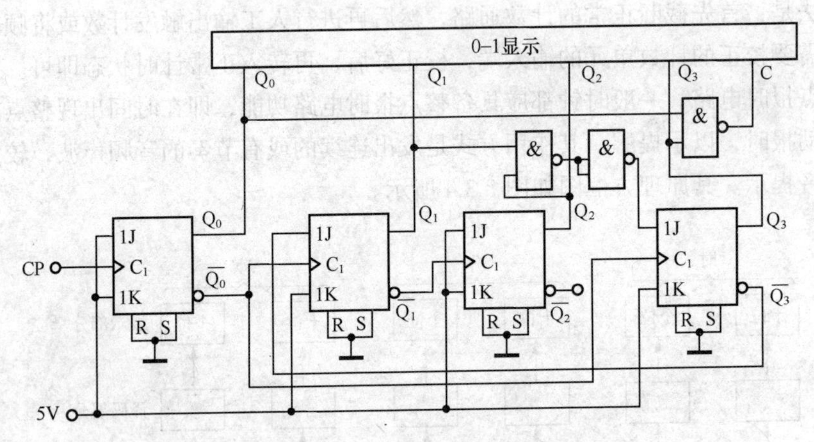

图 8.3.5　异步十进制加法计数器

V_{DD}	Q_1	$\overline{Q_1}$	CP_1	R_{D1}	K_1	J_1	S_{D1}
16	15	14	13	12	11	10	9
CD4027							
1	2	3	4	5	6	7	8
Q_2	$\overline{Q_2}$	CP_2	R_{D2}	K_2	J_2	S_{D2}	V_{SS}

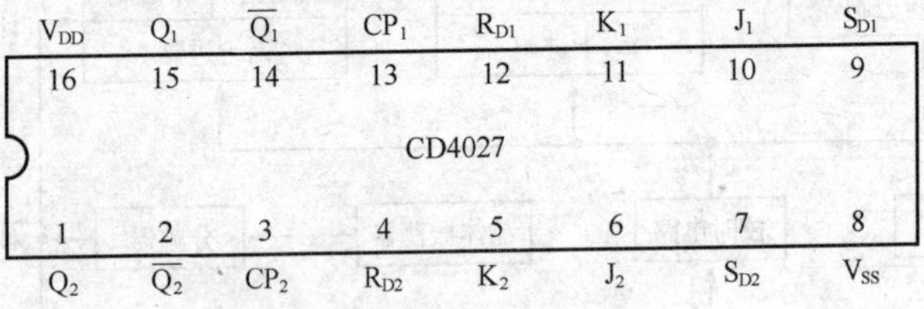

图 8.3.6　CD4027 管脚功能

表 8.3.1　　加法器测试表

计数 CP	Q_3　Q_2　Q_1　Q_0	C
0		
1		
2		
3		
4		
5		
6		
7		
8		
9		

（2）测试一位异步十进制减法计数器：按图 8.3.7 连接电路。

① 减法计数器电路。

② 按表 8.3.2 内容测试，计数脉冲由手动逻辑开关产生。

③ 在老师指导下画出时序图。

（3）测试 N 进制计数器。

① 测试电路：按图 8.3.8 连接电路。

② 按表 8.3.3 内容测试，计数脉冲由手动逻辑开关产生。

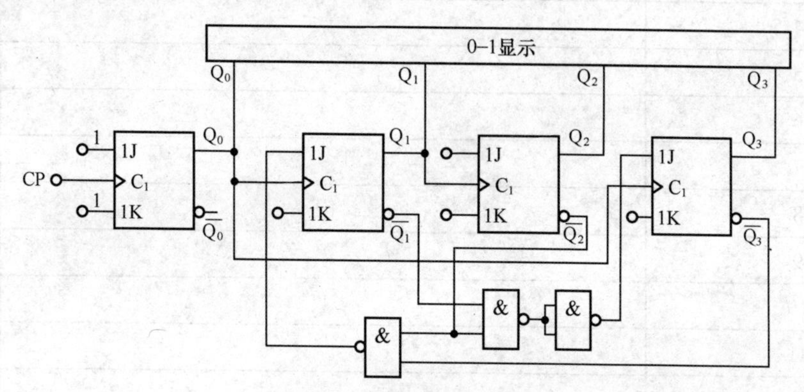

图 8.3.7　减法计数器电路

表 8.3.2　　减法器功能测试表

计数 CP	Q_3　Q_2　Q_1　Q_0	C
0		
1		
2		
3		
4		
5		
6		
7		
8		
9		

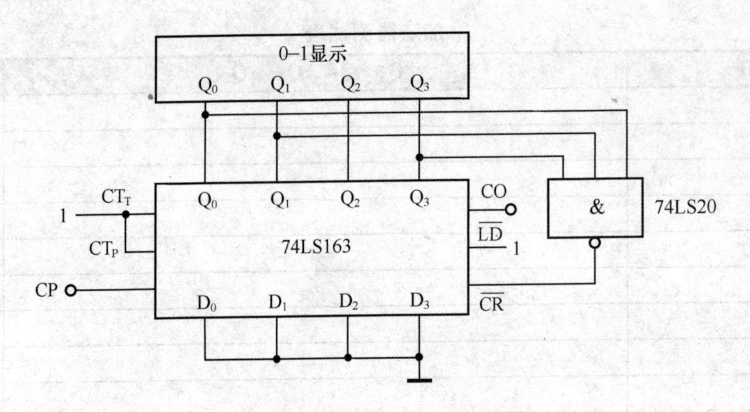

图 8.3.8 74LS163 应用电路

表 8.3.3 74LS163 功能测试表

计数 CP	Q_3 Q_2 Q_1 Q_0	CO
0		
1		
2		
3		
4		
5		
6		
7		
8		
9		
10		
11		
12		
13		

③ 在老师指导下画出时序图。

（4）制作 LED 数字钟。

① 相关准备。

a. 在老师帮助下详细分析数字钟电路图电路结构及工作原理；

b. 在老师帮助下详细分析数字钟电路图中有关集成电路的内部功能及工作原理、引脚功能。

② 制作要求（工艺要求）。

a. 焊点:焊点光滑圆亮、大小均匀，无虚焊、无假焊，线路板清洁；

b. 元件布局：线路分布简单清晰、合理，元器件安装紧凑，紧贴线路板焊点线脚短小、统一整齐。

③ 制作步骤。

a. 检测、分类元器件，保证数量和质量。

b. 对元器件进行布局设计。

c. 焊接制作完成后进行功能测试，并在老师的帮助下应用学过的数字电路知 识分析其工作原理，达到理解知识、掌握技能的目的。

项目小结

本项目我们首先学习了寄存器的基本概念，所谓寄存器就是具有记忆功能的复合逻辑电路。我们重点介绍了由 74LS194 组成的具有左移和右移功能的双向四位二进制寄存器，掌握了 74LS194 的使用方法，就可以掌握常用寄存器的应用；第二部分我们着重介绍了 555 定时器的有关知识，555 定时器是一种功能强大、应用非常广泛、具有模拟、数字信号处理功能的成熟芯片。因此，读者应重点掌握。

在该内容中，我们较详细介绍了 555 定时器的内部及引脚功能，以及由 555 定时器构建的单稳态电路、施密特触发器、多谐振荡器；在任务三中，介绍了 *N* 进制计数器的设计方法，通过 *N* 进制计数器设计方法的学习，完成了计数器的典型应用即数字钟的设计。并通过三个任务的实施操作和一个数字钟的制作的训练，达到理解、掌握寄存器、计数器的测试和应用方法，掌握 555 定时器逻辑功能与应用，掌握数字钟的制作方法和技巧，训练元器件检测能力、电子产品动手制作能力的目的。

习　题

1. 选择题

（1）触发器是由普通逻辑门电路构成的，但在功能上最大的差别是触发器有（　　）。

A. 清零功能　　B. 置 1 功能　　C. 记忆保持功能　　D. 驱动功能

（2）一只三输入端与非门，使其输出为 0 的输入变量取值组合有（　　）种。

A. 7　　B. 8　　C. 3　　D. 1

（3）已知二变量输入逻辑门的输入 A、B 和输出 F 的波形如下图所示，试根据波形图判断这是_______的波形。

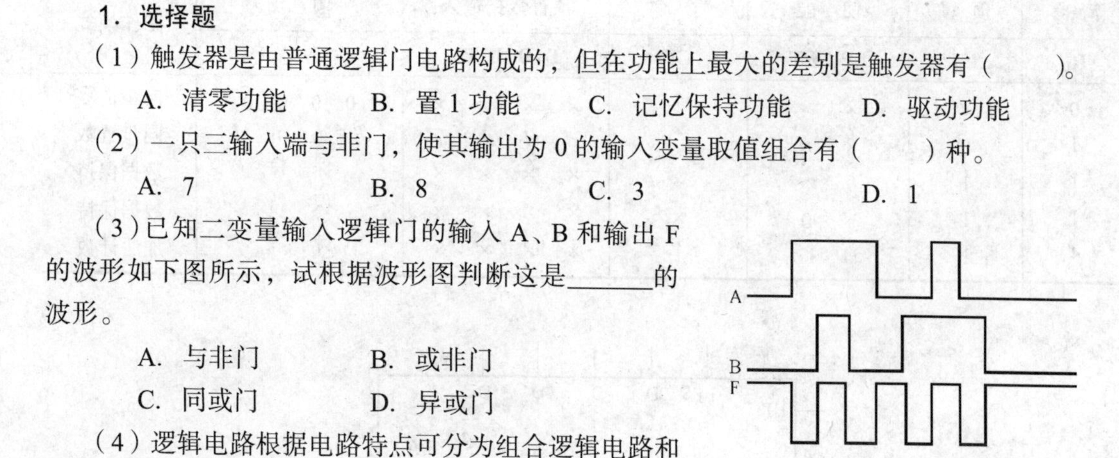

A. 与非门　　B. 或非门

C. 同或门　　D. 异或门

（4）逻辑电路根据电路特点可分为组合逻辑电路和时序逻辑电路。其中（　　）是组合逻辑电路的基本单元，而（　　）是组成时序逻辑电路的基本单元。

A. 触发器　　B. 门电路

（5）“与或非门”中，多余的与门输入脚最好（　　）处理。

A. 接地　　　　　　　B. 接电源　　　　　　　C. 悬空

2．填空题

（1）由 555 定时器构成的三种电路中，________和________是脉冲的整形电路。

（2）施密特触发器有________个稳定状态，多谐振荡器有________个稳定状态。

（3）时序逻辑电路的输出不仅和________有关，而且还与________有关。

（4）计数器按 CP 脉冲的输入方式可分为________和________。

（5）触发器根据逻辑功能的不同，可分为________、________、________、________、________等。

（6）根据不同需要，在集成计数器芯片的基础上，通过采用________、________、________等方法可以实现任意进制的技术器。

（7）一个 JK 触发器有________个稳态，它可存储________位二进制数。

（8）若将一个正弦波电压信号转换成同一频率的矩形波，应采用________电路。

（9）N 个触发器组成的计数器最多可以组成________进制的计数器。

3．判断题

（1）单稳态触发器的稳态与暂稳态都需要触发电平。（　　）

（2）时序逻辑电路与组合逻辑电路的最大区别在于它具有存储和记忆功能。（　　）

（3）多谐振荡器是在接通电源后，输出周期性的正弦波信号的电路。（　　）

（4）译码器、计数器、寄存器都是时序逻辑电路。（　　）

（5）多谐振荡器有两个暂稳态。（　　）

4．设计题

74HCT163 是具有同步清零端和同步置数端的 4 位二进制加法计数器芯片，其功能表如下表所示。运用 74HCT163 和必要的逻辑门构成一个七进制加法计数器。

74HCT163 功能表

清零	预置	使能	时钟	预置数据输入	输出	工作模式
R_D	L_D	EP ET	CP	$D_3\ D_2\ D_1\ D_0$	$Q_3\ Q_2\ Q_1\ Q_0$	
0	×	× ×	↑	× × × ×	0 0 0 0	同步清零
1	0	× ×	↑	d_3 d_2 d_1 d_0	d_3 d_2 d_1 d_0	同步置数
1	1	0 ×	×	× × × ×	保 持	数据保持
1	1	× 0	×	× × × ×	保 持	数据保持
4	1	1 1	↑	× × × ×	计 数	加法计数

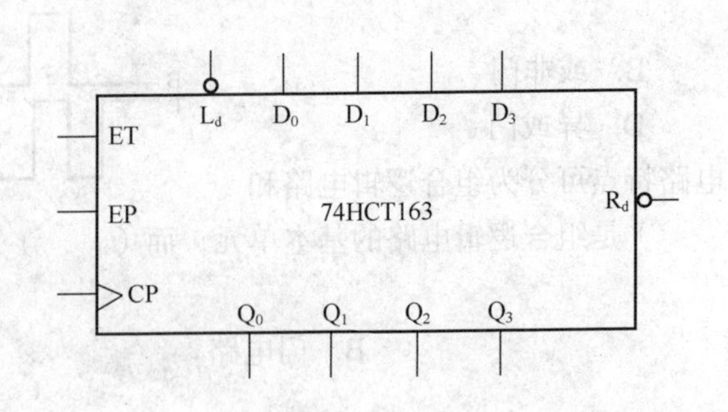

知识拓展

数字电子设备故障的检修

1. 概述

查找和修理设备故障的过程，称为故障检修过程。所有从事电子技术工作的人员都应该懂得如何检修数字电子设备的故障。在生产线、工作室以及各种使用数字电子设备的现场，某些时候某些数字电子设备发生故障是常有的事，及时完成故障检修将是十分必要的。

在电子设备中，经常出现的故障检修主要有两类：一类是已经组装好的数字电子设备不工作。例如一台样机，它是为了对已经设计好的电路进行功能和特性测试而装在试验板上的模型机。第二类需要进行故障检修的设备，是在各种场合和环境，曾经是正常工作的设备，现在出现了故障，需要进行检修。

不管是哪一类问题，主要目的是为了尽快地找到故障所在，排除故障，恢复设备的正常工作。在许多工作环境中，一个设备关键部件的损坏，就意味着这个设备工作的停止或者生产效率的降低，于是造成时间和金钱的重大损失。一个典型的情况是，正需要这个设备在某个地方发挥作用时，它却出了故障，特别是在野外工作的那种无助的环境下。为此，对故障检修人员平时的训练及知识、能力和素质的高要求是必须的。

2. 数字电子设备的基本问题

成功的故障检修取决于个人的知识和经验。这包括：关于一般设备故障的知识；为了查找问题，对设备进行测试的知识；合乎规律的检修故障的程序。导致数字电子设备故障，一般情况下有两个方面的问题，一方面是操作人员操作问题，另一方面是设备中的问题，而设备中的问题又有些是设计和制造中的问题，一共归结成八个问题。

（1）操作人员问题。在使用数字电子设备时，最常见的一个情况是操作不合要求。由于操作人员没有弄清楚怎样使用设备，或者不理解他所得到的结果，于是怀疑设备出了故障，但实际上设备能正常地工作。要解决这个问题，必须教会和训练操作人员怎样正确地操作设备。

（2）结构差错。结构差错是数字电子设备在样机设计中或制造中出现的一种问题。比如刚下线的产品，电路不能正常工作。通常其主要原因是一种结构差错，包括产品设计和生产工艺设计上的错误及生产组装线上的连线差错、元件选择差错或元件质量问题，以及诸如焊接不良等组装技术差错等造成的问题。

（3）电源故障。数字电子设备出问题的一个最常见原因是电源。所有的数字电子设备都含有一个电源部分，通过这部分把交流电压变为精确的、稳定的直流电压供给各个电路。由于电源部分通常含有大电流和高电压，所以常发生故障。电源发生故障后，设备就不能正常工作了。电源故障是最易于解决或修理的，因而电源问题是一般问题。

（4）元件失效。元件失效是数字电子设备的另一个常见的问题。由于电子元件本身的质量存在问题，或者由于设计差错带来的使用不当（例如过载），都会使元件失效。

（5）与定时有关的问题。这是一类最难查找的问题。对于大多数数字电子设备来说，时钟频率、传送时延以及其他定时特征是极其重要的。如果时钟频率有一些变化，或者某个元件引起定时误差，那就可能会出现问题。由于电压或频率发生变化及元件的老化也会产生问题。

（6）噪声问题。这是数字电子设备故障的另一个来源，噪声能使设备工作失灵。噪声是引入设备的某种外来信号，例如：来自交流线上大电流和电压波动产生的脉冲；来自设备附近磁场；来自无线电和电视发送设备的射频干扰；电源滤波器质量不好；邻近的容性或感性耦合；包括测试装置在内的外部设备连接不当，都能产生噪音。如果噪音不是连续的，而是断断续续地随机出现，这种问题易于分析，但难以排除。特别在一个噪音环境中，设备的使用不当会造成很大的麻烦。许多噪音问题可以由良好的初始设计而避免。

（7）环境故障。

这种故障是设备所处的工作环境带来的，例如恶劣的环境能使设备失效。灰尘、油、润滑脂、化学物质、含盐的气体等，以及诸如此类的东西，都能够引起设备失效。又如，过度的振动也会使设备产生故障。另外，像损伤接插件、弄断导线或者弄脏开关接点等都可能引起设备故障。

另一类环境问题是温度。电子设备对温度都很敏感，许多电子设备在设计时只限其工作在一个变化相对窄的温度范围内。如果环境温度大大地超过了许可的范围，那么设备的工作就会出现不正常的现象。例如，设备在极冷的环境温度条件下工作就会出现问题；在极度的高热环境温度下工作，也能使电子设备工作不正常。

使电子设备发生故障的最常见的环境条件是高温，许多电子设备在设计时就考虑了避免使设备受热问题。设计者通过适当地采用通风孔、散热器（片），并在许多情况下还采用了风扇，尽可能地做到排除设备自身产生的额外热量。

（8）机械问题。像开关、继电器和其他的机械部件经常出故障。连线和接插件也可看作是机械部件。插件有可能受到腐蚀或弄断。连线有可能在接头处或其他某些地方断开。任何时候移动设备，或者设备处在某些工作情况下，都有可能使接插件和连线发生故障。在电子设备中，接插件松动和接触不良造成设备故障的现象相当普遍。

3. 故障的检修步骤

检修数字电子设备基本上分四步，这四步是收集资料、查找问题、进行修理和测试电路工作情况。

（1）收集有关资料。尽可能多地掌握关于设备检修方面的资料，对检修工作有举足轻重的作用。这些资料包括以下内容。

① 关于设备的文件。这是指全部操作和维护手册、逻辑图和原理图、操作和作业程序，以及相关的信息。大多数数字电子设备都是很复杂的，离开它们的文件，几乎不可能对其进行检修。

② 一些围绕待修设备的使用和维修的有价值的资料。

例如，修理和维护工作记录。一部设备的维护历史有可能给我们提供一些有用的线索，帮助我们查找设备故障点。在某些部位，同样的毛病可以反复出现。有些人，他们熟悉设备，以前维修过它。这些人也能给我们提供一些有价值的资料，告诉我们哪些地方容易出现故障。尽快地使设备恢复工作，是维修设备工作特别是在野外维修设备的主要目标。资料收集的意义在于掌握的资料越多，检修工作就可能越快、越容易。

（2）分离故障步骤操作。

① 测试设备或电路。开机试着去操作或试验设备，准确地观察和测定出设备的故障，这是应该做的第一件事，针对要检修的设备，开机操作，使它做其应该做的事。这样就可掌握设备

运转的情况。在任何情况下，都要尽可能地从不同的角度去操作设备对其进行全面的检查。这样即可准确地观察和测定出设备的故障。

② 首先检查简单的和明显的项目。假定已经发现什么地方出了毛病， 下一件要做的事情是检查明显的和简单的问题，检查测量仪表的旋钮位置和显示，同时还要注意检查连线是否有接触不良或断线现象。有时经过长期使用后，连线的外皮会磨破并造成断线，接插件也可能会变得接触不良，也会造成正在接受检查的设备故障。有时外部设备也可能出故障，而且会影响接受检查的设备。此时要断开外部设备，重新检查接受检测设备的工作情况。

③ 进行诊断测试。对某些设备而言（例如微型计算机），存储在软盘上、盒式磁带上或光盘上的诊断程序对管理计算机是有效的。要充分利用帮助寻找诊断程序，帮助寻找具体的故障。在另外一种设备中，诊断程序是装在机器内的，通过开关控制即可实现机器自测。将诊断和自测功能设在许多大的系统或复杂的设备中，这对于迅速地找出问题是非常有价值的。如果诊断有效，那么故障就已经找出了。经过诊断，我们比开始时更了解了问题产生的原因，正是由于这一点，我们才能进行详细的故障检修。

④ 感官判断进行处理。通过感官进行检查，可以帮助我们迅速地找到问题，可眼看、手摸、鼻闻和耳听来寻找问题。通过注视观察，有可能会发现断了的连线或烧坏的元件，也可能会看到集成电路没有插在插座上或印制电路板被拔了出来，还可能会看到诸如多芯导线断开、过多地积蓄了脏东西或灰尘、风扇不运转或其他许多类似的现象。

通过嗅觉，也能判断诸如元件烧坏这种情况。电阻和晶体管出故障，通常是被烧坏的，并且会产生一种特殊的气味，这就很快地暴露了问题。

用手去触摸电路中的元件，也能给我们提供一些线索。如果一个元件过热， 就意味着有问题。当用手轻轻地触摸集成电路时，感到其温度过热，那就说明这块电路板工作不正常了。

⑤ 检查电源。这是很重要的一步，因为没有正常的工作电压，设备就不能正常工作。

a. 检查交流电源线是否已经插在市电插座上了，通过检查确定交流电源是正常的。

b. 检查直流电源输出，并测量直流电压。

测量各点的直流电压。在这里可以用标准的电压表，也可用数字万用表。检查输出电压，它的稳定度应在容许范围内。如果没有交流电压，那么首先会判断是电源保险丝烧断了。如果是，只要换上一根新的保险丝，设备即可重新开始工作。

如果是用电路自动断路器来代替保险丝，检查时要看它们是否断开了。此时要使断路器重新合上，然后设备就能很快地恢复工作。

⑥ 检查时钟脉冲。检查电路时，首先要检查的是时钟脉冲。如果时钟脉冲发生器不工作，系统也就无法运行。通过可用的文件资料找到时钟脉冲发生器，检查其输出，检查时钟脉冲最好的方法是用示波器。检查时钟脉冲发生器的输出，看时钟脉冲发生器是否在工作，时钟脉冲发生器的输出电平是否正确，以及脉冲频率是否正确。

⑦ 用信号检寻线路故障的方法。如果时钟脉冲正常，即可开始进行下一步的故障检查。

用信号检寻线路故障的方法，是从输入到输出跟踪逻辑信号，注意看必然会发生的每一个现象。首先检查设备接收信号，然后看电路的其他部分是否能正确地传输信号，最后检验数据显示。在用信号检寻故障的过程中，有可能会发现某种问题，由此可以找到问题出在哪里。

用信号法检寻故障，需要一块万用表、一台示波器、一个逻辑探针，或者其他一些用来测量各种逻辑信号的测试仪表。

⑧ 替换法。用信号检寻故障的过程中，有可能会发现某种问题。例如，只在部分电路上查到了信号，但并不确切地知道信号受阻于什么地方，或者为什么只在部分电路上找到了信号。此时可采用一种最快、最有效的检修技术来取代普通的测定法，这就是替换法。例如，在由多层印制电路板组成的一个大系统上进行检修工作，如果有可用的备用板，那么就可以换下工作似乎不正常的板，而用一个新的来代替它。这种简单的替换是一种好办法，通过这种方法常能使设备很快地工作起来。虽然不知道设备原来的板出了什么问题，但是通过这种替换法肯定能使设备较快地开始运行。

这种方法也适用于集成电路。如果集成电路是插在印制电路板的插座上，那么就能用新的来取代旧的。如果用替换法还不能解决问题，那就要真正从本质上进行故障检修。也许已经把问题划分成了一些不同的范围，那么在这种情况下即可进行详细的测试。采用各种测试仪器经过详细的测试，最终会检查出问题。

两种基本的数字测试方法：静态法和动态法。

a. 静态法：去掉时钟脉冲，使所有的逻辑电平都保持稳定，然后用万用表或逻辑探针来测量逻辑电平。在许多系统中，允许去掉时钟脉冲，用一个手动按钮来代之。此时，只要每按一次按钮，即可使电路产生一个脉冲。这就可以通过一个典型的操作顺序来进行检查，最后找到故障点。静态法测量用标准的电压表，也可用数字万用表。

b. 动态法：允许时钟脉冲正常地控制系统。通过示波器、逻辑探针或逻辑分析仪来找出问题。动态测试比静态测试在技术上要求高。通常多数设备处在动态工作条件下，最好是在设备运行时寻找问题。所以，经常、大量使用的还是动态测试法。

在采用动态测试法时，有许多可用的不同类型的测试仪器。在测试仪器的帮助下，结合上面的判断方法就能快速而准确地排除故障。

附录 1　常用电子仪器仪表

一、万用表

万用表是电子专业工作者的必备的工具，它具有测量电流、电压电阻电容等多种功能，万用表可分模拟式万用表（指针式万用表）、电子式万用表（数字式万用表）。

1. 模拟万用表

图 1（a）就是常见的模拟万用表的外观，常见的模拟万用表由刻度盘、指针量程选择开关盘、调节旋纽、插孔等组成。

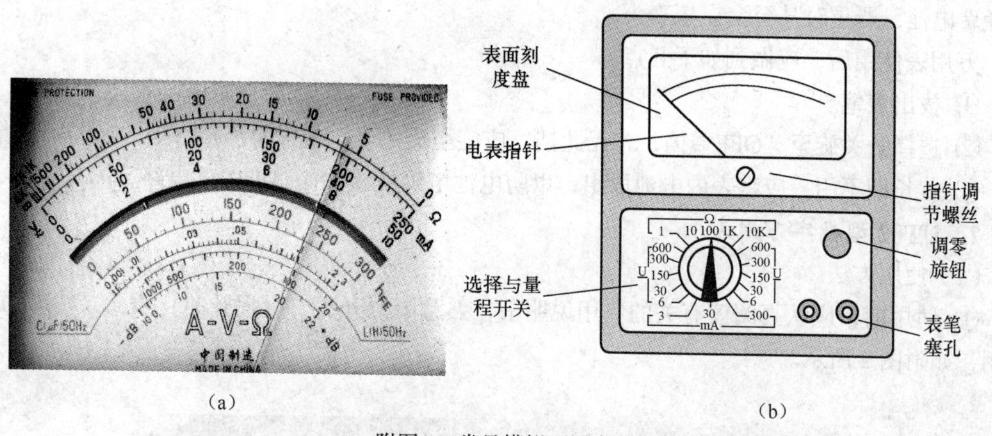

（a）　（b）

附图 1　常见模拟万用表

万用表的表头是灵敏电流计。表头上的表盘印有多种符号、刻度线和数值，如附图 1（b）所示。符号 A-V-Ω 表示这只电表是可以测量电流、电压和电阻的多用表。表盘上印有多条刻度线，其中右端标有“Ω”的是电阻刻度线，其右端为零，左端为∞，刻度值分布是不均匀的。符号“－”或“DC”表示直流，

“～”或“AC”表示交流，“≃”表示交流和直流共用的刻度线。刻度线下的几行数字是与选择开关的不同挡位相对应的刻度值。

万用表的选择开关是一个多挡位的旋转开关，用来选择测量项目和量程，如附图 1（a）所示。一般的万用表测量项目包括："mA"直流电流、"V"直流电压、"V"交流电压、"Ω"电阻。每个测量项目又划分为几个不同的量程以供选择。

表笔分为红、黑二只。使用时应将红色表笔插入标有"+"号的插孔，黑色表笔插入标有"-"号的插孔。

（1）模拟式万用表工作原理。万用表的基本工作原理是利用一只灵敏的磁电式直流电流表（微安表）做表头。当微小电流通过表头时就会有电流指示。但表头不能通过大电流，所以必须在表头上并联与串联一些电阻进行分流或降压，从而测出电路中的电流、电压和电阻。

（2）使用万用表时的注意事项。

① 调整适当的挡位。如果误用电阻挡或电流挡去测电压，就极易烧坏电表。万用表不用时，最好将挡位旋至交流电压最高挡，避免因使用不当而损坏。

② 选择适当的量程。如果不知道被测电压或电流的大小，应先用高量程挡，而后再选用合适的挡位来测试，以免表针偏转过度而损坏表头。所选用的挡位愈靠近被测值，测量的数值就愈准确。

③ 测量直流电压和直流电流时，注意"+、"-"极性，不要接错。如发现指针反转，应立即调换表棒，以免损坏指针及表头。

④ 测量电阻时，不要用手触及元件的裸体两端（或两支表棒的金属部分），以免人体电阻与被测电阻并联，使测量结果不准确。

⑤ 测量电阻时，如将两支表棒短接，调"零欧姆"旋钮至最大，指针仍然达不到 0 点，这种现象通常是由于表内电池电压不足造成的，应换上新电池方能准确测量。

⑥ 万用表不用时，不要旋在电阻挡，因为内有电池，如不小心易使两根表棒相碰短路，不仅耗费电池，严重时甚至会损坏表头。

万用表使用后，应做到如下几点。

① 拔出表笔。

② 选择开关旋至"OFF"挡，若无此挡，应旋至交流电压最大量程挡，如"1000V"挡。

③ 若长期不用，应将表内电池取出，以防电池电解液渗漏而腐蚀内部电路。

2. UT02 型数字万用表

（1）使用方法。

① 使用前，应认真阅读有关的使用说明书，熟悉电源开关、量程开关、插孔、特殊插口的作用，如附图 2 所示。

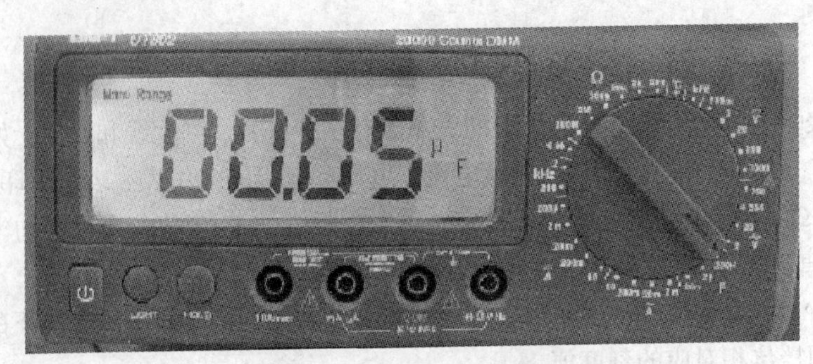

附图 2　UT02 型数字万用表

② 将电源开关置于 ON 位置。

③ 交直流电压的测量：根据需要将量程开关拨至 DCV（直流）或 ACV（交流）的合适量程，红表笔插入 V／Ω 孔，黑表笔插入 COM 孔，并将表笔与被测线路并联，读数即显示。

④ 交直流电流的测量：将量程开关拨至 DCA（直流）或 ACA（交流）的合适量程，红表笔插入 mA 孔（小于 200mA 时）或 10A 孔（大于 200mA 时）,黑表笔插入 COM 孔，并将万用表串联在被测电路中即可。测量直流量时，数字万用表能自动显示极性。

⑤ 电阻的测量：将量程开关拨至 Ω 的合适量程，红表笔插入 V／Ω 孔，黑表笔插入 COM 孔。如果被测电阻值超出所选择量程的最大值，万用表将显示“1”，这时应选择更高的量程。测量电阻时，红表笔为正极，黑表笔为负极，这与指针式万用表正好相反。因此，测量晶体管、电解电容器等有极性的元器件时，必须注意表笔的极性。

（2）使用注意事项。

① 如果无法预先估计被测电压或电流的大小，则应先拨至最高量程挡测量一次，再视情况逐渐把量程减小到合适位置。测量完毕，应将量程开关拨到最高电压挡，并关闭电源。

② 满量程时，仪表仅在最高位显示数字“1”，其他位均消失，这时应选择更高的量程。

③ 测量电压时，应将数字万用表与被测电路并联。测电流时应与被测电路串联，测直流量时不必考虑正、负极性。

④ 当误用交流电压挡去测量直流电压，或者误用直流电压挡去测量交流电压时，显示屏将显示“000”，或低位上的数字出现跳动。

⑤ 禁止在测量高电压（220V 以上）或大电流（0.5A 以上）时换量程，以防止产生电弧，烧毁开关触点。

⑥ 当显示“BATT”或“LOWBAT”时，表示电池电压低于工作电压。

二、示波器

示波器是一种使用非常广泛，且使用相对复杂的仪器。本节从使用的角度介绍一下示波器的原理和使用方法。

（1）示波器是利用电子示波管的特性，将人眼无法直接观测的交变电信号转换成图像，显示在荧光屏上以便测量的电子测量仪器。它是观察电路实验现象、分析实验中的问题、测量实验结果必不可少的重要仪器。

（2）示波器的使用方法。示波器种类、型号很多，功能也不同。数字电路实验中使用较多的是 20MHz 和 40MHz 的双踪示波器。这些示波器用法大同小异。本节针对 DS1102E、DS1000D 系列数字示波器的使用及功能做简单的描述和介绍。

DS1102E、DS1000D 系列数字示波器向用户提供简单而功能明晰的前面板如附图 3 所示，以进行基本的操作。面板上包括旋钮和功能按键。旋钮的功能与其他示波器类似。显示屏右侧的一列 5 个灰色按键为菜单操作键（自上而下定义为 1 号至 5 号）。通过它们，您可以设置当前菜单的不同选项。其他按键为功能键，您可以通过它们进入不同的功能菜单或直接获得特定的功能应用。附图 3 所示为 DS1102E 数字示波器界面。

示波器的使用步骤如下。

① 接通仪器电源。电线的供电电压为 100V 交流电至 240V 交流电，频率为 45～440Hz。接通

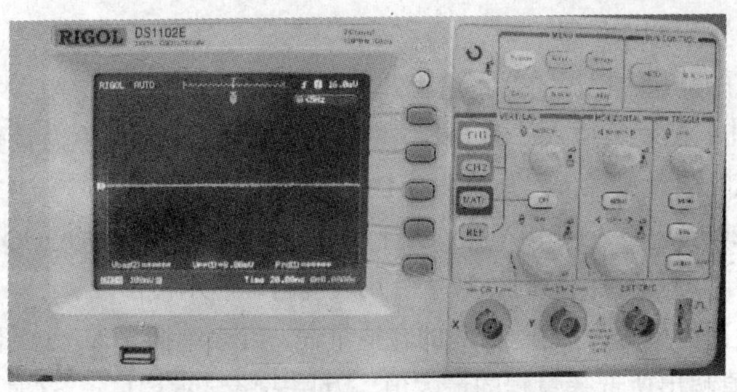

附图 3　DS1102E 数字示波器

电源后，仪器将执行所有自检项目，自检通过后出现开机画面。按“Storage”按钮，用菜单操作键从顶部菜单框中选择存储类型，然后调出出厂设置菜单框，如附图 4 所示。DS1102E 数字示波器开机自检，如附图 5 所示。

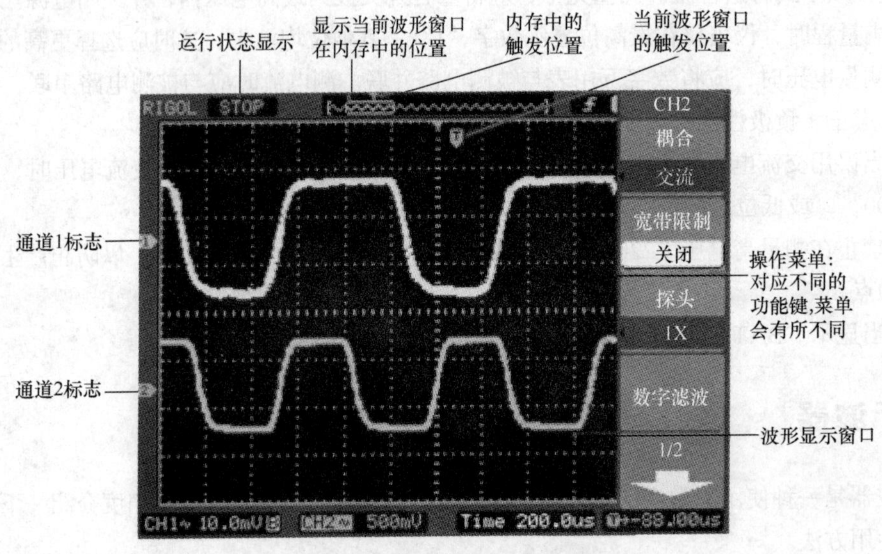

附图 4　DS1102E 数字示波器显示界面

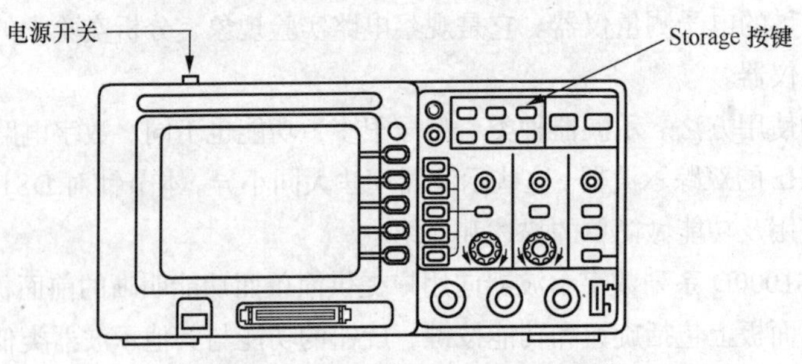

附图 5　DS1102E 数字示波器开机自检

② 示波器接入信号　请按照如下步骤接入信号。

a. 用示波器探头将信号接入通道 1（CH1）。将探头连接器上的插槽对准 CH1 同轴电缆插接件（BNC）上的插口并插入，然后向右旋转以拧紧探头，如附图 6 所示。完成探头与通道的连接后，设置探头衰减系数,方法如下：按 CH1 功能键显示通道 1 的操作菜单，选择与你使用

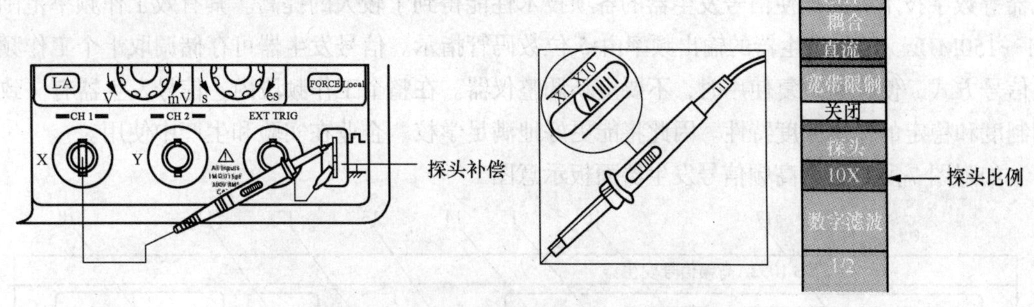

附图 6　DS1102E 数字示波器探头衰减设置

的探头同比例的衰减系数。此时设定的衰减系数为 10X。

把探头端部和接地夹接到探头补偿器的连接器上。按“AUTO”（自动设置）按钮。几秒钟内，可见到方波显示。

b. 以同样的方法检查通道 2（CH2）。按“OFF”功能按钮或再次按下“CH1”功能按钮，以关闭通道 1，按“CH2”功能按钮以打开通道 2，重复以上步骤。

③ 波形显示。电压参数的自动测量：DS1102E，DS1000D 系列数字示波器可自动测量的电压参数包括峰峰值、最大值、最小值、平均值、均方根值、顶端值、低端值。

三、信号发生器

信号发生器又称信号源或振荡器，在生产实践和科技领域中有着广泛的应用。信号发生器能够产生多种波形，如三角波、锯齿波、矩形波（含方波）、正弦波。正弦波函数信号发生器在电路实验和设备检测中具有十分广泛的用途。例如，在通信、广播、电视系统中，都需要产生高频信号的振荡器。在工业、农业、生物医学等领域内，如高频感应加热、熔炼、淬火、超声诊断、核磁共振成像等，都需要功率或大或小、频率或高或低的振荡器。

信号发生器按其信号波形分为 4 大类。

① 正弦信号发生器。主要用于测量电路和系统的频率特性、非线性失真、增益及灵敏度等。按其不同性能和用途还可细分为低频（20Hz ~ 10MHz）信号发生器、高频（100kHz ~ 300MHz）信号发生器、微波信号发生器、扫频和程控信号发生器、频率合成式信号发生器等。

② 函数（波形）信号发生器。能产生某些特定的周期性时间函数波形（正弦波、方波、三角波、锯齿波和脉冲波等）信号，频率范围可从几微赫到几十兆赫。除供通信、仪表和自动控制系统测试用外，还广泛用于其他非电测量领域。

③ 脉冲信号发生器。能产生宽度、幅度和重复频率可调的矩形脉冲的发生器，可用以测试线性系统的瞬态响应，或用作模拟信号来测试雷达、多路通信和其他脉冲数字系统的性能。

④ 随机信号发生器。通常又分为噪声信号发生器和伪随机信号发生器两类。噪声信号发生器主要用途为：在待测系统中引入一个随机信号，以模拟实际工作条件中的噪声而测定系统性能；外加一个已知噪声信号与系统内部噪声比较以测定噪声系数；用随机信号代替正弦或脉冲信号，以测定系统动态特性等。当用噪声信号进行相关函数测量时，若平均测量时间不够长，会出现统计性误差，可用伪随机信号来解决。

YB1052/YB1052A 高频信号发生器可提供载频、调频、调幅信号。它采用了单片机、数码电位器等数字技术，因此使信号发生器的各项技术性能得到了较大的提高。其有效工作频率范围为0.1～150MHz。信号发生器的输出频率由5位数码管指示。信号发生器可存储调取十个工作频率及信号方式，使你在重复使用时，不要重新调整仪器。在整个工作频段内，信号发生器有一致的调制度和稳定的输出幅度特性。因此将能更好地满足学校、企业在实验和生产中使用。

如附图7所示，为高频信号发生器面板示意图

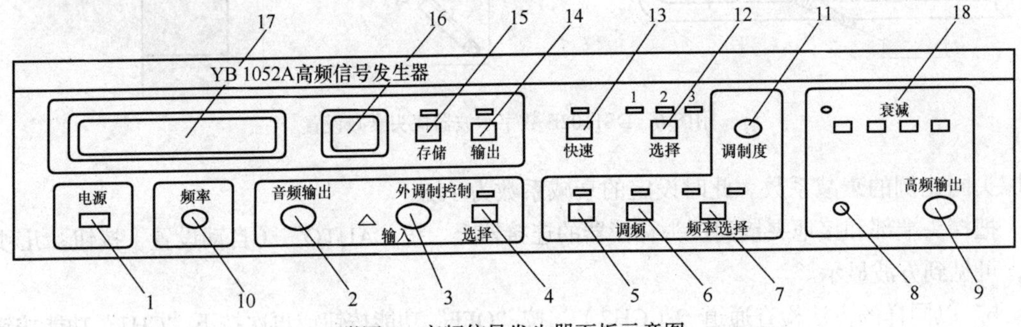

附图7 高频信号发生器面板示意图

（1）前面板各控制和指示器件使用说明（见面板示意图）。

① 电源开关；

② 音频输出；

③ 外调制输入；

④ 外调制选择按键：其上面的指示灯亮时，表明工作在外调制方式；

⑤ 调幅控制按键：其上面的指示灯亮时，表明工作在调幅方式；

⑥ 调频控制按键：其上面的指示灯亮时，表明工作在调频方式；

⑦ 内调制频率选择按键：其上面1kHz指示灯亮时表明内调制频率为1kHz，400Hz指示灯亮时表明内调制频率为400Hz；

⑧ 射频输出幅度调节钮；

⑨ 射频信号输出插座；

⑩ 频率调节钮：在按下存储或调取键后兼作存储单元的调节；

⑪ 调制度调节钮；

⑫ 工作频段选择按键：每按一次，转换一个频段，依次为1→2→3→1；

⑬ 频率快速调节选择按键：其上面的指示灯亮时，表明工作在快速调节方式，这时频率调节变化将加快；

⑭ 存储的频率和工作方式调取按键；

⑮ 射频频率和信号工作方式存储按键；

⑯ 存储或调取单元编号显示数码管：0～9；

⑰ 射频频率数码指示：5位；

⑱ 衰减开关（YB1052A）：控制输出幅度的衰减量（0～70dB）。

（2）信号发生器的操作。信号发生器开机预热5分钟后，即能进入稳定的工作状态。仪器开机后将进入上次关机时的工作状态，然后就可根据需要按说明书操作。

① 频率和工作方式的存储。先调好要存储的信号频率和工作方式，然后按一下存储键，其上面的指示灯亮后，再用调节电位器在0～9之间选一个单元，再按一下存储键，指示灯熄灭后，

所设置的信号频率和工作方式就存入你所选择的单元中。

② 存储内容的调取。先按一下调出键，其上面的指示灯亮后，再用调节电位器在 0 ~ 9 之间选一个单元，再按一下调出键，指示灯熄灭后，就完成了调取。然后信号发生器就转换到原储存在该单元中的工作方式和频率工作。

③ 信号调制方法。仪器工作在内调制方式时，可选择 1kHz 或 400Hz 信号进行调制。设置在外调制方式时，调制频率范围相对来说比较宽。选定调频或调幅，调节调制度电位器即可改变信号的调制深度，实现信号的调制输出。

四、直流稳压电源

由于电子技术的特性，电子设备对电源电路的要求就是能够提供持续稳定、满足负载要求的电能，而且通常情况下都要求提供稳定的直流电能。提供这种稳定的直流电能的电源就是直流稳压电源。

稳压电源的分类方法繁多，按显示的类型分有指针式和数字的稳压电源；按稳压电路与负载的连接方式分有串联稳压电源和并联稳压电源；按调整管的工作状态分有线性稳压电源和开关稳压电源；按电路类型分有简单稳压电源和反馈型稳压电源，等等。

1. 串联式反馈式稳压电源（见附图 8）

直流稳压电源是电子技术领域不可缺少的设备，常见的直流稳压电源大都采用串联式反馈式稳压原理，通过调整输出端取样电阻支路中的电位器来调整输出电压。

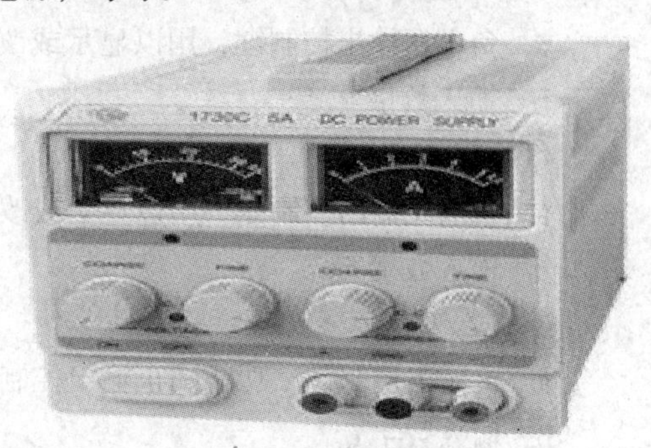

附图 8　串联稳压电源

2. YB3203 数字电源（见附图 9）

（1）前面板控制键和输出端口。前面板按键大部分有两种功能：第一是功能输出（例如+VSET、-VSET、+ISET、-ISET，跟踪等），第二是输入数据（例如 0 ~ 9）。

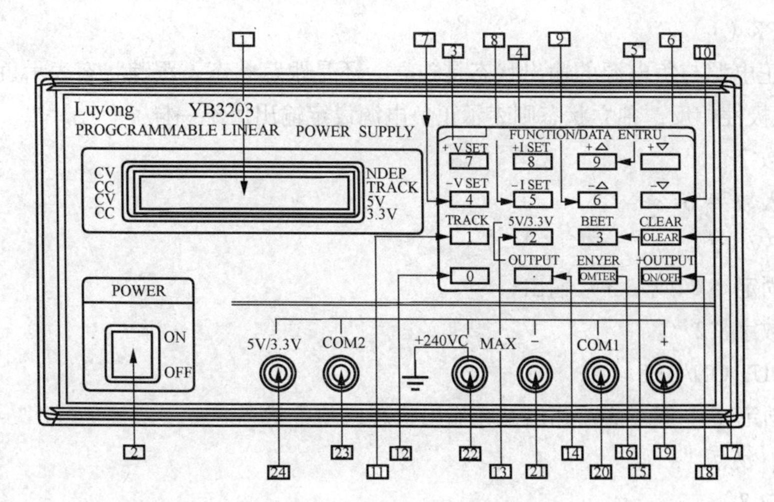

附图 9　YB3203 数字电源

① 显示窗口：显示所有功能和操作状况。

② 电源开关（POWER）：本机的主电源开关。

③ +VSET(7)。

a. 正电压输出控制键，用以显示或改变正电压设定；

b. 输入数字 7。

④ +ISET(8)。

a. 正电流输出控制键，用以显示或改变正电流设定。

b. 输入数字 8。

⑤ +△（Up）（9）。

a. 正输出控制键在固定电压模式时用来增加电压设定，在固定电流模式时用来增加电流设定，电压增加是一次 10mV，电流增加是一次 1mA，若按住键不放，设定值会一直增加直到放手。

b. 输入数字 9。

⑥ +▽（Down）：正输出控制键，在固定电压模式时用来减少电压设定，在固定电流模式时用来减少电流设定。电压是每次减少 10mV，电流是每次减少 1mA，若一直按住键不放，设定值会一直减少直到放手。

⑦ -VSET（4）。

a. 负电压输出控制键，用以显示或改变电压设定；

b. 输入数字 4。

⑧ -ISET（5）。

a. 负电流输出控制键，用以显示或改变电流设定。

b. 输入数字 5。

⑨ -△（Up）（6）。

a. 负输出控制键，功能同正输出控制键。

b. 输入数字 6。

⑩ -▽（Down）。

负输出控制键，功能同正输出控制键。

⑪ TRACK（1）。

a. 选择正电源与负电源的输出状态是独立，还是跟踪状态。跟踪状态表示负电源与正电源输出等值，但极性相反，独立状态则表示正负电源设定输出值不一样。

b. 输入数字 1。

⑫ 0 输入数字“0”。

⑬ 5V/3.3V（2）。

a. 选择固定 5V 或 3.3V 输出；

b. 输入数字“2”。

⑭ OUTPUT ON/OFF。

a. 选择固定 5V 或 3.3V 输出是在输出状态或预备状态。

b. 输入小数点“.”。

⑮ BEEP（3）。

a. 蜂鸣声控制键用来选择开或关。

b. 输入数字 3。

⑯ ENTER：数字输入键，输入所有设定的数值，使液晶显示回到输出模式（ALL OUTPUT OFF）或输入模式。

⑰ CLEAR：和数字键一起使用，用来清除已设定的数字，然后使本机回到原来的模式。

⑱ ±OUTPUT(ON/OFF)：选择正负电源是同时在输出状态或预备状态。

⑲ +（红色标志）：正输出端口。

⑳ COM1（黑色标志）：正负电源的共同输出端口。

㉑ -（白色标志）：负输出端口。

㉒ GND(绿色标志)：接地线端口连接到机壳。

㉓ COM2(蓝色标志)：固定 5V 或 3V 额定输出。

㉔ 5V/3V(红色标志)：固定 5V 或 3V 的正端口输出（相对应 COM2）。

（2）显示窗口如附图 10 所示。

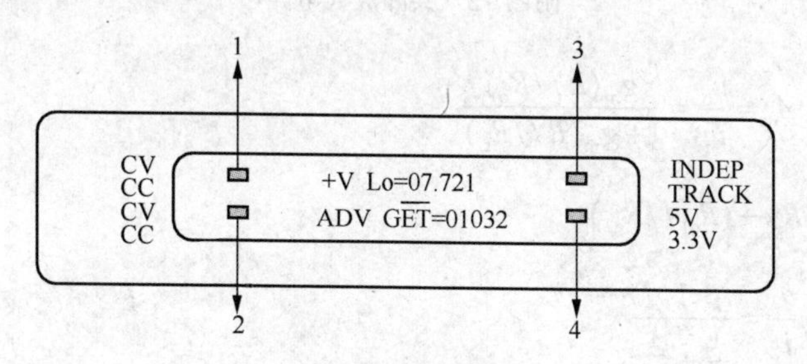

附图 10　显示窗口

① “1”表示正电源在恒压状态（CV）或恒流状态（CC），当四方形点闪烁时，正电源是在设定输出的状态。

② “2”表示负电源在恒压状态（CV）或恒流状态（CC），当四方形点闪烁时，负电源是在设定输出的状态。

③ “3”表示正电源与负电源在独立不同或跟踪的模式。

④ “4”选择固定 5V 或 3.3V，输出时四方形点会闪烁。

附录 2　场效应管放大电路

1. 共源放大电路（见附图 11）

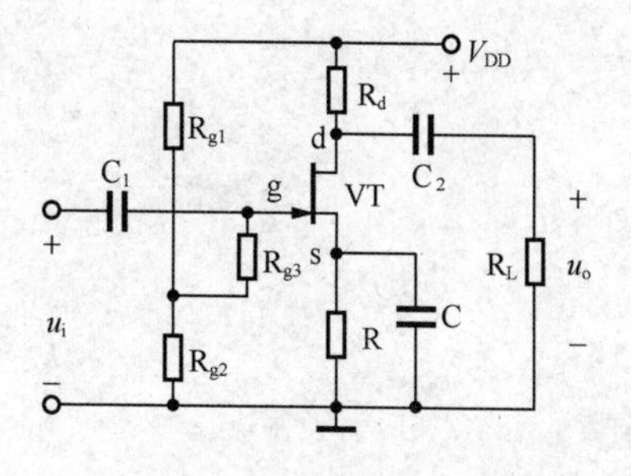

附图 11　共源放大电路

放大倍数：$A_u = \dfrac{u_o}{u_i} = -g_m(R_d // R_L)$

输入电阻：$R_i \approx R_{g3} + (R_{g1} // R_{g2})$

输出电阻：$R_o \approx R_d$

2. 共漏放大电路（见附图 2）

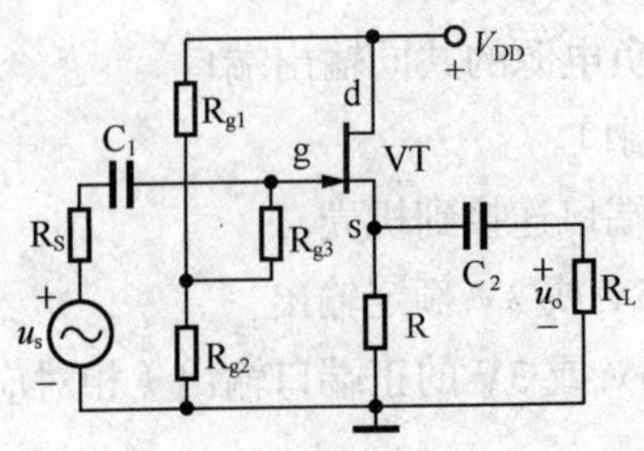

附图 12　共漏放大电路

电压放大倍数：$A_u = \dfrac{u_o}{u_i} = \dfrac{g_m(R // R_L)}{1 + g_m(R // R_L)}$

输入电阻：$R_i \approx R_{g3} + (R_{g1} // R_{g2})$

输出电阻：$R_o = \dfrac{u}{i} = \dfrac{1}{\dfrac{1}{R} + g_m}$

参考文献

[1] 童诗白，华成英．模拟电子技术．北京：高等教育出版社，2006.

[2] 龙治红，谭本军．数字电子技术．北京：北京理工大学出版社，2010.

[3] 张龙兴．电子技术基础．北京：高等教育出版社，2004.

[4] 梁德厚．数字电子技术及其应用．北京：机械工业出版社，2008.